计 算 机 科 学 丛 书

现代算法设计与分析

[印] 桑迪普·森（Sandeep Sen）
阿米特·库玛尔（Amit Kumar） 著

刘铎 李令昆 译

Design and Analysis of Algorithms
A Contemporary Perspective

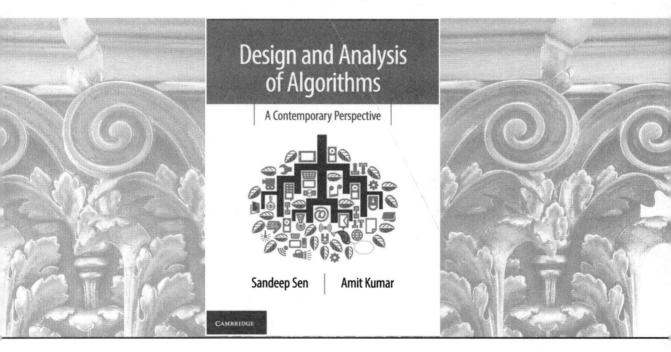

机械工业出版社
China Machine Press

图书在版编目（CIP）数据

现代算法设计与分析 /（印）桑迪普·森（Sandeep Sen），（印）阿米特·库玛尔（Amit Kumar）著；刘铎，李令昆译. -- 北京：机械工业出版社，2021.4
（计算机科学丛书）
书名原文：Design and Analysis of Algorithms：A Contemporary Perspective
ISBN 978-7-111-67955-4

I. ①现⋯ II. ①桑⋯ ②阿⋯ ③刘⋯ ④李⋯ III. ①算法设计 IV. ① TP301.6

中国版本图书馆 CIP 数据核字（2021）第 061999 号

本书版权登记号：图字　01-2020-4211

本书不仅讲解传统的算法设计策略和技巧，而且关注算法领域不断涌现的新概念、新方法和新应用，帮助读者把握技术热点及发展趋势。书中引入了降维技术、并行算法、随机算法、层次化存储结构算法和流算法等新内容，大量使用了概率分析和随机化技术，并包含众多新颖的示例，特别是强调计算模型和计算环境，不再局限于理想化的随机存取机模型。全书内容简洁明快，并配有丰富的习题和拓展阅读资料，适合作为高等院校计算机相关专业的教材，也适合业界技术人员阅读参考。

出版发行：机械工业出版社（北京市西城区百万庄大街 22 号　邮政编码：100037）
责任编辑：曲　熠　　　　　　　　　　　　　责任校对：殷　虹
印　　刷：北京文昌阁彩色印刷有限责任公司　　版　　次：2021 年 6 月第 1 版第 1 次印刷
开　　本：185mm×260mm　1/16　　　　　　　印　　张：17.25
书　　号：ISBN 978-7-111-67955-4　　　　　　定　　价：99.00 元

客服电话：（010）88361066　88379833　68326294　　　投稿热线：（010）88379604
华章网站：www.hzbook.com　　　　　　　　　　　　　读者信箱：hzjsj@hzbook.com

版权所有·侵权必究
封底无防伪标均为盗版
本书法律顾问：北京大成律师事务所　韩光 / 邹晓东

文艺复兴以来，源远流长的科学精神和逐步形成的学术规范，使西方国家在自然科学的各个领域取得了垄断性的优势；也正是这样的优势，使美国在信息技术发展的六十多年间名家辈出、独领风骚。在商业化的进程中，美国的产业界与教育界越来越紧密地结合，计算机学科中的许多泰山北斗同时身处科研和教学的最前线，由此而产生的经典科学著作，不仅擘划了研究的范畴，还揭示了学术的源变，既遵循学术规范，又自有学者个性，其价值并不会因年月的流逝而减退。

近年，在全球信息化大潮的推动下，我国的计算机产业发展迅猛，对专业人才的需求日益迫切。这对计算机教育界和出版界都既是机遇，也是挑战；而专业教材的建设在教育战略上显得举足轻重。在我国信息技术发展时间较短的现状下，美国等发达国家在其计算机科学发展的几十年间积淀和发展的经典教材仍有许多值得借鉴之处。因此，引进一批国外优秀计算机教材将对我国计算机教育事业的发展起到积极的推动作用，也是与世界接轨、建设真正的世界一流大学的必由之路。

机械工业出版社华章公司较早意识到"出版要为教育服务"。自 1998 年开始，我们就将工作重点放在了遴选、移译国外优秀教材上。经过多年的不懈努力，我们与 Pearson、McGraw-Hill、Elsevier、MIT、John Wiley & Sons、Cengage 等世界著名出版公司建立了良好的合作关系，从它们现有的数百种教材中甄选出 Andrew S. Tanenbaum、Bjarne Stroustrup、Brian W. Kernighan、Dennis Ritchie、Jim Gray、Afred V. Aho、John E. Hopcroft、Jeffrey D. Ullman、Abraham Silberschatz、William Stallings、Donald E. Knuth、John L. Hennessy、Larry L. Peterson 等大师名家的一批经典作品，以"计算机科学丛书"为总称出版，供读者学习、研究及珍藏。大理石纹理的封面，也正体现了这套丛书的品位和格调。

"计算机科学丛书"的出版工作得到了国内外学者的鼎力相助，国内的专家不仅提供了中肯的选题指导，还不辞劳苦地担任了翻译和审校的工作；而原书的作者也相当关注其作品在中国的传播，有的还专门为其书的中译本作序。迄今，"计算机科学丛书"已经出版了近 500 个品种，这些书籍在读者中树立了良好的口碑，并被许多高校采用为正式教材和参考书籍。其影印版"经典原版书库"作为姊妹篇也被越来越多实施双语教学的学校所采用。

权威的作者、经典的教材、一流的译者、严格的审校、精细的编辑，这些因素使我们的图书有了质量的保证。随着计算机科学与技术专业学科建设的不断完善和教材改革的逐渐深化，教育界对国外计算机教材的需求和应用都将步入一个新的阶段，我们的目标是尽善尽美，而反馈的意见正是我们达到这一终极目标的重要帮助。华章公司欢迎老师和读者对我们的工作提出建议或给予指正，我们的联系方法如下：

华章网站：www.hzbook.com
电子邮件：hzjsj@hzbook.com
联系电话：(010)88379604
联系地址：北京市西城区百万庄南街 1 号
邮政编码：100037

华章科技图书出版中心

算法设计与分析一直是计算机科学技术的核心。伴随着硬件技术的提升和应用场景的扩展，它现在也堪称现代所有信息技术和计算技术的核心。而且，和早期算法研究相比，它已经产生了细微而重要的变化——新概念、新理论、新方法、新应用的不断涌现给它带来了持久的生命力和活力。

本书是关于"算法设计与分析"的一本新作，两位作者都是来自印度理工学院德里分校计算机科学与工程系的著名计算机科学家。他们不仅对算法研究和应用有深刻的见解和前瞻性，而且对于算法教学有丰富的经验。

本书共 16 章，包括贪婪策略、分治技术、动态规划、网络流、快速傅里叶变换（FFT）等经典策略和技术，具有分析细致、习题丰富、繁简适中等优点。作为一部新作，其更本质性的特点如下：

- 简洁明快。本书涉及数据结构的部分较少，不会让读者感到与已经学过的数据结构课程重复，因此比较适合国内大学计算机系/学院或软件学院中"数据结构"与"算法"分为两门课程开设的实际状况。这使得本书篇幅适中、重点集中。

- 内容丰富、取材新颖。除了讲授关于算法的大量标准教科书所涵盖的经典策略和技术之外，特别介绍了降维技术、并行算法、随机算法、层次化存储结构算法和流算法/在线算法等非常新颖且活跃的算法研究领域。而且，即使是对于传统算法设计策略和技巧等内容，本书也都尽量采用了与目前一些经典和流行的算法教科书所不同的示例。

- 强调计算模型。与通常在一致化开销的随机存取机模型中介绍和分析传统算法不同，本书强调底层计算环境在算法设计中的重要作用，特别指出：算法设计不仅仅针对特定的问题，也针对特定的计算模型。此外，本书还专门针对 3 个非常重要的计算环境，即并行计算、层次化存储结构和流模型，进行了关于算法设计与分析的探讨。

- 大量使用概率分析和随机技术，它们是算法领域很多新进展中的关键技术，也是近来算法研究中发展迅猛的方向，但事实上这也恰恰是现有很多有关算法的教材没有给予足够重视的方面。

- 在第 4 章和第 13 章中，在将离散方法和连续方法进行协调和弥合以解决实际应用和数值问题方面做出了一些尝试，这也是本书的重要特色之一。

本书第 3 章由李令昆翻译，其余内容主要由刘铎翻译，并由刘铎审阅全书。对于发现的原书中的错误，我们已做了适当修正和说明。

特别感谢机械工业出版社曲熠编辑对本书翻译工作的支持与帮助。

由于译者水平有限，翻译中难免有疏漏与错误之处，恳请读者批评指正。

译者

2021 年 2 月

于北京市百万庄

过去 20 年间，我们在印度理工学院德里分校(IIT Delhi)任教，讲授了多门与算法设计和分析相关的本科生课程和研究生课程，本书即由其中的精华内容提炼而成。本书主要面向计算机科学(CS)专业的三年级本科生及入学第一学期的研究生。本书旨在为高阶算法课程提供支撑材料，在那些课程中，读者可以接触到越来越常用和适用的其他更现代的计算框架。

快速浏览一下目录就会发现，书中近一半的主题都已为讲授算法的大量标准教科书所涵盖，例如 Aho 等人的著作[7]⊖、Horowitz 等人的著作[65]⊜、Cormen 等人的著作[37]⊜，以及较新的 Kleinberg 和 Tardos 的著作[81]⊗、Dasgupta 等人的著作[40]⊗ 等。该领域的第一本经典教材是 Aho 等人的著作，他们认为"算法研究是计算机科学的核心"，并由此引入"算法"这一主题。在过去 50 年中，伴随着计算机科学的快速发展以及信息技术在更多领域中的应用，这一结论得到了更广泛的认可。由于算法具有这一基本属性，因此大约 50 年前发现的许多早期算法——例如快速傅里叶变换(FFT)、快速排序、Dijkstra 最短道路算法等——依然被收录在(包括本书在内的)每一本教材中。

对于很多计算模式及从令人惊叹的新发现与不断变更的新工艺中涌现出来的重要技术，我们的理解有了一些重要而微妙的变化，这促使我们编写了这本关于算法的新书。作为教师，我们有责任向年轻一代传递正确的关注重点，使之得以持续享受这种批判性的智力活动，并对科研领域的拓展做出贡献。越来越多的人类活动中都有计算机的辅助，高效快速算法的重要性必须随之凸显，因为这是所有自动化处理过程的核心。我们常被迫使用设计不合理的算法和蛮力算法，而这些算法通常都是错误的，会导致错误的科学结论或不当的决策。因此，将算法设计与分析的一些形式化描述引入学校课程中，并给予这门课程与数学和科学教育同等的重视程度，使学生对这门学科有充分认识，这是非常重要的。

读者对象

本书适用于已掌握基本的编程技能以及基本的数据结构知识(如数组、堆栈、列表，甚至平衡树)的学生。基于对这门课程的长期教学经验，我们确信"算法设计"可能是一

⊖ 该书有影印版 "Alfred V. Aho, John E. Hopcroft, Jeffrey D. Ullman 著. 计算机算法的设计与分析(英文版). 机械工业出版社，2006" 及中译本 "(美)阿霍，(美)霍普克劳夫特，(美)乌尔曼著，黄林鹏，王德俊，张仕译. 计算机算法的设计与分析. 机械工业出版社，2007"。——译者注

⊜ 该书第 2 版有中译本 "(美)霍洛维兹，(美)萨尼，(美)拉贾瑟克雷恩著，赵颖等译. 计算机算法(C++语言描述)(第 2 版). 清华大学出版社，2015"。——译者注

⊜ 该书第 3 版有中译本 "Thomas H. Cormen, Charles E. Leiserson, Ronald L. Rivest, Clifford Stein 著，殷建平等译. 算法导论(原书第 3 版). 机械工业出版社，2012"。——译者注

⊗ 该书有影印版 "Jon Kleinberg, Éva Tardos 著. 算法设计(英文影印版). 清华大学出版社，2006" 及中译本 "Jon Kleinberg, Éva Tardos 著，张立昂，屈婉玲译. 算法设计. 清华大学出版社，2007"。——译者注

⊗ 该书有英文注释版 "Sanjoy Dasgupta, Christos H. Papadimitriou, Umesh Vazirani 著，钱枫，邹恒明注释. 算法概论(注释版). 机械工业出版社，2008" 及中译本 "Sanjoy Dasgupta, Christos H. Papadimitriou, Umesh Vazirani 著，王沛，唐扬斌，刘齐军译. 算法概论. 清华大学出版社，2008"。——译者注

个看起来很难理解的科目，需要温和细腻的教学方式——这对于理解课程内容和维持学习兴趣都非常重要。在印度理工学院德里分校，计算机科学专业的本科生在学习完一门编程课程后将学习数据结构课程，该课程中包括一些基本的算法技术。本书面向具有这些知识背景的学生，因此我们不会正式地讲解任何基础数据结构——包括基本的图搜索算法，例如深度优先搜索（BFS）和广度优先搜索（DFS），而是侧重于已有知识的数学处理，并凸显对新思想和新技术所进行的简单明了的分析。印度理工学院德里分校计算机科学专业的本科生在学习这门课程之前，已经完成了离散数学和概率课程的学习。高效算法的设计和迅速甄别糟糕算法（无论是算法效率还是正确性方面的不足）的直觉是息息相关的。在本书中，尽管我们时刻强调严谨性，但还是刻意回避了需要漫长枯燥的形式化描述的主题和内容。

将算法设计应用于具体计算环境是非常重要的，这正是本书所追求的一个重要方向。尽管对于在真实计算模型（例如并行模型和高速缓存层次化结构模型）下的算法设计的研究已经有悠久的历史，然而这些研究依然局限于非常理想化的环境及计算能力，以及部分特定的研究生课程的教学环境。目前在一般的基础性教材中，都默认或假定问题的运行环境是对存储器的访问成本一致且支持随机存储的机器（RAM）。然而我们坚信：算法设计不仅仅针对特定的问题，也针对特定的执行模型；如果忽视算法实现所依赖的具体计算环境，那么很多问题和算法将变得不够完整，（实际上）效率也将变得较低。因此，尝试在分布式模型上运行教科书式的数据结构或者在并行计算机上运行 Dijkstra 算法将会徒劳无功。综上所述，

算法＝问题的定义＋模型

本书最后 3 章专门针对 3 个非常重要的计算环境，即并行计算、层次化存储结构和流数据。它们构成了印度理工学院德里分校"以模型为中心的算法设计"课程的核心内容，而这也可以丰富算法核心课程的多样性。当然，对于任何课程而言，添加新的内容都意味着替换掉其他一些同等课时中同样重要的主题，因此是否使用这些教学材料最终取决于授课教师。

在本书中，另一个被不断提及的方法就是在算法设计中大量使用的随机技术。为了帮助学生理解这一点，我们在第 2 章中介绍了一些基本工具及应用。即使是精通概率计算的学生（我们希望所有计算机科学专业的学生都学习过一门大学水平的概率课程），也可能会发现书中这些应用实例并不是那么容易理解。不过，对于具有数学化思维方式的学生而言，这种技术也可以转化为非常实用的工具。

过去十年中的另一个主要发展方向是：越来越多地使用代数（特别是"谱"）方法求解组合问题。这使得传统的连续数学更有意义，也更加重要。但即使是对经验丰富的研究者而言，将离散方法和连续方法这两个截然不同的世界进行协调和弥合也是一个巨大的挑战，更何况一个普通的学生。在一本书中完成这一点着实困难，但是我们依然在第 13 章中对此做出了一些尝试（介绍了"随机投影"技术）。

每章的最后都会对一些问题的历史渊源进行简要讨论，并提供现有的相关文献。书中标有 * 的章节更适合进阶读者，其他读者可以跳过这些内容而不会影响学习的连贯性。

算法课程的主要目标之一是在不牺牲严谨性的前提下鼓励对创造力的欣赏。这一点恰

恰使得算法设计成为对人类最具挑战性和吸引力的智力探索之一。

教学建议

本书共 16 章，可供教师从容地完成两个学期的教学工作，例如可以开设两门"算法"的系列课程。如果作为第一门算法课程（学生具有基本的数据结构知识背景）来讲授，教师可以选择第 3～11 章的主要内容及第 12 章的部分内容。而高阶的算法课程可以使用第 12～16 章中的材料进行教学。第 14～16 章中的内容可作为"以模型为中心的算法设计"课程的核心内容，该课程可以以更贴近实际应用的方式讲授现代框架下的计算理论。

Sandeep Sen
Amit Kumar
2019 年于新德里

致 谢

Design and Analysis of Algorithms: A Contemporary Perspective

感谢我们各自的博导 John Reif 和 Jon Kleinberg，在算法世界的旅程中，他们是鼓舞人心的大师。Sandeep Sen 还希望向硕导 Isaac Scherson 致以谢意，感谢他对自己从事算法研究的鼓励和支持。

感谢大量富有经验的科研人员和教师，如 Pankaj Agarwal、Gary Miller、Sariel Har Peled、Jeff Vitter、Ravi Kannan、Sachin Maheshwari、Bernard Chazelle、Sartaj Sahni、Arijit Bishnu 和 Saurabh Ray，他们的意见和评论不断鼓舞着我们。特别感谢 Kurt Mehlhorn，他与我们分享了关于有限精度模型中的高斯消元法的笔记，并感谢 Surender Baswana 仔细阅读了关于图的支撑子的章节。

此外，我们还要向印度理工学院德里分校计算机科学与工程系的众多学生致以谢意，他们参加了我们所开设的算法方面的课程，提出了很多深入的问题，并不断激励我们，为本书的内容组织及质量提升做出了巨大贡献。

Sandeep Sen 要感谢妻子 Anuradha 所给予的耐心和支持。她表现出了堪称楷模般的宽容，她和儿子 Aniruddha 牺牲了很多时间，以保证 Sandeep Sen 能将激情和敏锐用于写作本书。Amit Kumar 要感谢给予他耐心和坚定不移的支持的妻子 Sonal，感谢给予他爱心和关怀的女儿 Aanvi 和 Anshika，并感谢父母的鼓舞和激励。

由于打字员这一职业早已不复存在，因此必须感谢高德纳（Donald Knuth）发明和设计了 TEX，以及 Leslie Lamport 设计了 LATEX 手册，他们所做出的贡献使得我们可以简单便捷地编写此类教科书。为了世界的环境和未来，我们希望此类书籍可以采用电子媒介长期进行传播。

模型与分析

当我们给出例如某算法 A 的运行时间为 $O(n^2 \log n)$ 这样的结论时，我们需要一个底层的计算模型，在该模型中上述语句是成立的；而如果我们改变了计算模型，那么这个结论可能不再成立。在正式介绍计算模型（computational model）这一概念之前，让我们先来考虑计算斐波那契数的例子。

1.1 计算斐波那契数

斐波那契数列（Fibonacci sequence）是最常见也最著名的数列之一，它的定义如下：

$$F_i = \begin{cases} 0 & i = 0 \\ 1 & i = 1 \\ F_{i-1} + F_{i-2} & i \geqslant 2 \end{cases}$$

可以证明（留作习题）：

$$F_n = \frac{1}{\sqrt{5}}(\phi^n - \phi'^n), \quad 其中 \phi = \frac{1+\sqrt{5}}{2}, \quad \phi' = 1 - \phi。$$

显然，它关于 n 是指数增长的，而且 F_n 具有 $\theta(n)$ 的比特长度。

上述 F_n 的闭式解（也称作"解析解"）涉及黄金分割比（golden ratio）ϕ（一个无理数），然而 F_n 的值事实上是个整数，所以我们必须找到一种有效的方法来计算 F_n，既不会产生数值误差，也不会只得到近似值 ⊖。

方法 1

简单直接地使用递推式求解。很容易证明所使用的运算次数（主要是加法）正比于 F_n 的值——只需展开递归树即可，其中每个内部节点对应着一次加法运算。但正如我们之前所述（F_n 关于 n 是指数增长的），方法 1 是一个具有指数时间的算法，这是我们无法接受的。

方法 2

注意，当我们按照递推式计算数列中新的一项时，只需要使用该项之前的最后两项即可。因此，可以应用动态规划（dynamic programming）⊜ 的原理，从 $F_0 = 0$ 和 $F_1 = 1$ 开始，依次使用之前计算出来的 F_{i-2} 和 F_{i-1} 计算 F_i，其中 $i \geqslant 2$。

方法 2 所需加法运算的次数大约正比于 n，但参与加法运算的两个加数也越来越大。如前所述，$F_{\lceil n/2 \rceil}$ 大约有 $n/2$ 比特长；因此，最后的 $n/2$ 次加法运算的时间复杂度都是 $\Omega(n)$ ⊜，于是方法 2 总的时间复杂度为 $O(n^2)$。

然而，由于要计算的第 n 个斐波那契数 F_n 至多只有 n 比特长，因此有理由相信可以

⊖ 计算机中存储无理数时实际上存储的是一个有限精度的近似有理数，因此如果直接使用闭式解来计算，将只能得到近似值，和真实值存在数值误差（浮点误差）。——译者注

⊜ 不太熟悉的读者可参看本书第 5 章，该章会详细介绍动态规划技术。

⊜ 两个 k 比特长的数的加法运算的时间复杂度为 $\Theta(k)$。

找到更快的算法。

方法 3

可知有：

$$\begin{bmatrix} F_i \\ F_{i-1} \end{bmatrix} = \begin{bmatrix} 1 & 1 \\ 1 & 0 \end{bmatrix} \begin{bmatrix} F_{i-1} \\ F_{i-2} \end{bmatrix}$$

通过对上述等式进行迭代，可以得到

$$\begin{bmatrix} F_n \\ F_{n-1} \end{bmatrix} = \begin{bmatrix} 1 & 1 \\ 1 & 0 \end{bmatrix}^{n-1} \begin{bmatrix} 1 \\ 0 \end{bmatrix}$$

为计算方阵 A 的幂 A^n，我们回想一下计算 x^n 的递归算法，其中 x 是实数、n 是正整数。

$$\begin{cases} x^{2k} = (x^k)^2 & \text{偶数次幂} \\ x^{2k+1} = x \cdot x^{2k} & \text{奇数次幂} \end{cases}$$

我们可以将这个方法进行扩展，使之可以计算 A^n。

前述计算 x^n 的方法的乘法次数的上界为 $2\log n$（读者可以自己写一个递归式来验证这一点）。但实际的运行时间取决于两个数相乘所用的时间，而这又取决于它们的长度，即位数。假设 $M(n)$ 是两个 n 比特的数（逐比特）相乘所需的步骤数。于是计算实现上述方法所需的步骤数时，必须要考虑参与乘法运算的数的长度。以下结果将有助于此。

x^k 的长度的上界是 $k \cdot |x|$，其中 $|x|$ 表示 x 的长度。

于是，计算 x^k 的平方的开销的上界是 $M(k|x|)$；类似地，计算 $x \times x^{2k}$ 的开销的上界是 $M(2k|x|)$。因此计算 x^n 的总开销可写作如下递推式：

$$T_B(n) \leqslant T_B(\lfloor n/2 \rfloor) + M(n|x|)$$

其中，$T_B(n)$ 表示使用前述递归算法计算 x 的 n 次幂所需的比特运算数。于是通过不断展开上述递推式，可以得到其解是如下的和式：

$$\sum_{i=1}^{\log n} M(2^i|x|)$$

若 $M(2i) > 2M(i)$，则该求和式的界是 $O(M(n|x|))$，这也就是最后一次平方运算的开销。

回到方法 3，A 是一个 2×2 的方阵，于是每次平方运算需要 8 次矩阵中元素的乘法、4 次矩阵中元素的加法。由于乘法比加法更慢，因此只需要考虑乘法的开销。在这里，我们需要考察矩阵中元素的长度。注意如果矩阵中元素的最大长度为 $|x|$，那么该矩阵平方后，其中元素的最大长度不超过 $2|x|+1$（请读者思考该结论的正确性）。于是可以得到：计算 A^n 的总开销为 $O(M(n|x|))$，其中 $|x|$ 表示矩阵 A 中所有元素的最大长度（其证明留作习题）。因而，使用方法 3 计算 F_n 时，其运行时间依赖于数的乘法算法。好吧，乘法就是乘法——我们能对它做什么？不过在谈"能做什么"之前，让我们先来总结一下已经知道了什么。使用普通的"竖式法"将两个 n 比特长的数值相乘需要 $O(n^2)$ 步，其中每一个步骤都涉及两个数字（如果这两个数值使用二进制表示，那么涉及的就是比特）的乘法，以及生成并处理进位。当这两个数值使用二进制表示时，"竖式法"主要使用的运算是加法和移位，一个数值和一个比特相乘需要 $O(n)$ 步，n 个这样的积经过移位后累加就得到了最终结果——一共需要 $O(n^2)$ 步。

使用这样的乘法算法时，我们会发现计算 F_n 的复杂度无论如何不能优于 $\Omega(n^2)$。因此，如果想要找到（渐近复杂度意义上的）显著的算法改进，那么就必须找到一种更加快速的乘法算法。

1.2　快速乘法

问题　对于给定的两个二进制表示的数 A 和 B，计算它们的乘积 $A \times B$。

假设 A 和 B 的长度都是 $n = 2^k$——这将使计算更加简单，而且不影响复杂度的渐近分析。注意到

$$A \times B = (2^{n/2} \cdot A_1 + A_2) \times (2^{n/2} \cdot B_1 + B_2)$$

其中 $A_1(B_1)$ 表示 $A(B)$ 的前 $n/2$ 比特形成的二进制数，$A_2(B_2)$ 表示 $A(B)$ 的后 $n/2$ 比特形成的二进制数。于是可以将这个乘积表示为

$$A_1 \times B_1 \cdot 2^{n/2} + (A_1 \times B_2 + A_2 \times B_1) \cdot 2^{n/2} + A_2 \times B_2$$

在二进制中，只要在数的尾部添加 k 个 0 就可以轻易地实现"乘以 2^k"（类似地，在任意 r 进制表示中，在数的尾部添加 k 个 0 都可以实现"乘以 r^k"）。因此，通过递归计算 $n/2$ 比特长的数的 4 个乘积[⊖]，可以得到两个 n 比特长的数的乘积。但不幸的是，这个递归算法相对于"竖式法"而言并没有什么改善（参见习题 1.6）。

为实现对算法的改进，我们可以将其对计算 $n/2$ 比特长的数的乘积的递归调用减少为 3 次，即将 $2^{n/2}$ 这一项的系数重写为

$$A_1 \times B_2 + A_2 \times B_1 = (A_1 + A_2) \times (B_1 + B_2) - (A_1 \times B_1) - (A_2 \times B_2)$$

虽然严格来讲，$A_1 + A_2$ 不一定恰好是 $n/2$ 比特长，但一定不会超过 $n/2 + 1$ 比特长（请读者思考其原因）。但是我们仍然可以把它看作在递归地计算 3 个独立的 $n/2$ 比特长的数的积，然后减去必要的项以得到所需的结果。使用二进制补码（two's complement）时，加法和减法是相同的，因而减法的开销也是 $O(n)$。（请读者思考：参与减法的数的最大长度是多少？）于是得到如下递推式：

$$T_B(n) \leqslant 3 \cdot T_B(n/2) + O(n)$$

其中最后一项表明加法、减法和移位运算的复杂度。上述递推式的解是 $O(n^{\log_2 3})$（计算过程留作习题）。算法的运行时间大约为 $O(n^{1.7})$，其渐近地优于 n^2。我们也因此成功地设计了一个比 n^2 复杂度更快的计算 F_n 的算法。

使用 Schonage-Strassen 算法对前述方法进行推广，可以使得乘法运算"快得多"，只需 $O(n \log n \log \log n)$ 次比特运算。然而这种方法非常烦琐，因为它使用了模整数环上的离散傅里叶变换，并且其时间复杂度具有相当大的常数项，大到可以抵消渐近改进所带来的优势——除非参与乘法的数有几千比特长。然而可以预见，当我们出于密码学/安全需求而计算大密钥的乘积时，这样的算法将更具有相关性。我们将在第 9 章中讨论这个算法。

1.3　计算模型

虽然有几千种不同体系结构和内部组织的计算机，但最好是在汇编语言的层次上来考察它们。这是因为尽管计算机的体系结构有所不同，但对汇编语言的支持是非常相似的——主要区别在于寄存器的数量和机器的字长。然而，寄存器的数量和机器的字长也都是 2 的幂，且取值范围一般有限。因此，同一算法在不同计算机中的渐近复杂度是不变的。总而言之，我们可以将任何一台计算机都看作一台支持基本指令集的机器，该指令集由算术运算、逻辑运算和内存访问（包括间接寻址）组成。我们将避免讨论具体指令集的冗

⊖　分别是 $A_1 \times B_1$、$A_1 \times B_2$、$A_2 \times B_1$、和 $A_2 \times B_2$。——译者注

杂细节，并假定任意一台计算机的任何指令都可以使用另一台机器的固定数量的可用指令来进行模拟——这也是符合现实情况的。由于算法分析计算的是运算次数，而不是对运行时间的精确统计(不同计算机上相同程序的运行时间可能会相差一个数量级)，因此上述简化是合理的。

细心的读者会注意到，前面对方法 3 的详细分析中，我们不是简单地计算算术运算的数量，而是实际地计算所发生的比特级运算的数量。因此，乘法运算和加法运算的开销都不是始终一致的，而是正比于输入的长度。如果我们只计算 x^n 的乘法运算数量，那么它就只是 $O(\log n)$。但这实际上只是在一致化开销(uniform cost)模型中的分析，在该模型中只需要计算算术运算(及逻辑运算)的数量，而运算的开销与运算数的长度无关。基于比较的问题(例如排序、选择、归并)和许多数据结构运算常使用该模型。对于这些问题，我们通常只计算比较运算的次数(不考虑其他算术运算)，而不关心所涉及的运算数的长度。换言之，我们默认比较运算的开销都是 $O(1)$ 的。这并不会被认为是不合理的，因为对于大多数常见的排序问题而言，算法过程中所涉及数值的长度不会增加。另一方面，考虑下述问题：从 2 开始重复进行 n 次平方运算，其结果是 2^{2^n}，需要使用 2^n 比特来表示。那么假设一个具有指数长度的数值可以在 $O(n)$ 时间内写出(或者存储)将是非常不合理的。因此，一致化开销模型不能体现这个问题的实际情况。

另一个极端是对数(logarithmic)开销模型。在这个模型里，一次运算的开销正比于运算数的长度。这与物理世界非常一致，也类似于计算复杂性理论研究者最喜欢的图灵机(Turing machine)模型。我们之前所进行的算法分析实际上就是在这个模型下进行的。在这个模型中，算术运算的开销和内存访问的开销都与地址和运算数的长度成正比。

最常用的模型介于这两者之间。我们假定对于大小为 n 的输入，任何一个运算数长度为 $\log n$ ⊖ 的运算都执行 $O(1)$ 个步骤。这个假定的依据是：所有微处理器芯片都有专门的硬件电路，用于诸如乘法、加法、除法等算术运算；当运算数的长度不超过一个字长时，这些运算都使用固定的时钟周期数。而认为 $\log n$ 不超过字长是很自然的，其原因在于输入大小为 n 时，即使对其进行编址和寻址，也需要 $\log n$ 比特的地址空间。目前的高端微处理器芯片通常有 2G～4G 字节大小的 RAM 和大约 64 比特的字长，显然 2^{64} 超过了 4G 字节⊖。除了类似于上一节中处理以数值作为输入的乘法问题时所使用的对数开销模型外，我们也将使用被广泛称作随机存取机(random access machine，RAM)的计算模型。当然，我们希望对于任何算法，都能够在一开始就估计出数值的最大长度，以确保参与运算的运算数不超过 $\Omega(\log n)$，于是可以安全地使用 RAM 模型。

1.4 随机算法简介

"算法"的常规定义要求：一个算法必须确定且正确地解决给定的问题实例。也就是说，对于任何给定的实例 I，算法每次都应该能成功地返回正确的输出。它强调算法在多次重复运行中保持不变的确定性行为。但如果我们超越这个常规限制的话，将会获得一些额外的灵活性，这种灵活性可以在算法的正确性和有效性、可预测性和有效性之间提供有趣的折中与均衡。这就是目前在算法设计中已十分成熟的随机化技术。在本节中，我们将简要介绍这种新的算法模式；而且在本书中，我们也充分利用了随机化技术。事实上，在

⊖ 此处我们也可以使用 $c\log n$ 位，因为对复杂度的渐近分析不会因常数 c 而有所改变。

⊖ 因此可以对内存空间进行编址。——译者注

过去的 30 年间，随机化技术主导了算法设计，带来了很多令人惊讶的结果，也提出了很多比传统方法更简单的替代方案。

考查由 n 个元素组成的数组 A，每个元素都被染为红色或者绿色。我们要输出一个索引值 i，使得元素 $A[i]$ 是绿色的。如果没有任何的额外信息，数组也不存在特殊的结构，那么我们最终可能会探查⊖ A 的每个元素才能找到绿色元素。现在让我们假设有一半的元素是绿色的，其余一半的是红色的⊜。但即使这样，我们也可能在确定找到绿色元素之前不得不已经探查了数组的 $n/2$ 个元素——因为我们所访问的前 $n/2$ 个元素可能都是红色的。这与绿色元素的分布无关。一旦对手知道我们的（确定性的）探查次序，就可以（通过安放绿色元素）强制我们的算法进行 $n/2$ 次探查。

现在假设所有 $\binom{n}{n/2}$ 种绿色元素的位置选择都是等可能的，我们要如何利用这一点？稍加思索会发现，每个位置上的元素都等可能地为红色或者绿色。于是，我们探查的第 1 个元素可能是绿色的，其概率为 $1/2$，如果是这样，我们就完成任务了；但它也可能不是绿色的，这种情况的概率也是 $1/2$，这时，我们可以继续探查下一个位置，直到找到绿色元素为止。根据之前的论述可知，在成功找到绿色元素之前，我们可能最多需要探查 $n/2$ 个位置。但是这里有一个关键性的区别——在随机放置绿色元素时，不太可能先探查的所有 $n/2$ 个元素都是红色的。让我们来更精确地表述这一过程。

如果在探查的位置序列中，前 $m < n/2$ 个位置上的元素都是红色的，那么就意味着所有的绿色元素都在序列的后 $n-m$ 个位置中。如果所有"安排"绿色元素位置的方案都是等可能性的，那么这种情况的概率是⊜

$$\frac{\binom{n-m}{n/2}}{\binom{n}{n/2}} = \frac{(n-m)! \cdot (n/2)!}{n! \cdot (n/2-m)!} = \frac{(n-m)(n-m-1)\cdots(n/2-m+1)}{n(n-1)\cdots(n/2+1)}$$

易于验证，这个概率不超过 $e^{-m/2}$。于是，探查次数的期望至多是

$$\sum_{m \geq 0}(m+1) \cdot e^{-m/2} = O(1)$$

之前对问题的讨论中所做的计算都基于"绿色元素等概率随机安放"这一假设。我们是否可以把算法扩展到不需要这种假设的更一般的情况下？一旦读者意识到这一点，它就变得异常简单和明显。其关键是，我们不是按照预先确定的序列 $A[1]$，$A[2]$ 来探查序列中元素，而是按照随机序列 j_1，j_2，$\cdots$，j_n 来进行位置探查，其中 j_1，j_2，$\cdots$，j_n 是 $\{1, \cdots, n\}$ 的一个随机排列。

而这又会对问题有什么改变？由于 $n/2$ 个位置上的元素为绿色，因此一次随机探查发现是绿色元素的概率为 $1/2$。如果它不是绿色的，那么之后随机探查到的位置（仅限于未探查的位置）的元素是绿色这一概率将比 $1/2$ 更高——这就是条件概率的一个简单结论，前提是之前所有探查位置的元素都是红色的。形式化地讲，令随机变量 X 表示找到第一个

⊖ 此时不一定是按数组顺序依次探查。——译者注
⊜ 这时也可以看作 $n/2$ 个无区别的绿色元素在 n 个有区别的位置中的一种安排。——译者注
⊜ 此处原书疑有误。应该说：探查次数为 $m+1$ 的情况是：在探查的位置序列中，前 $m < n/2$ 个探查位置的元素都是红色的，第 $m+1$ 次探查位置的元素是绿色的，其他绿色元素都在序列的后 $n-m-1$ 个位置中。于是概率应修正为 $\binom{n-m-1}{n/2-1} / \binom{n}{n/2}$，但是上界并无变化。——译者注

绿色元素时所进行的探查次数。于是，

Pr[$X=k$]＝最初 $k-1$ 次探查到的都是红色元素而第 k 次探查到的是绿色元素的概率$\leqslant 1/2^k$ 读者可以自行验证该式的正确性。由该式也可以得到

$$\Pr[X \geqslant k] \leqslant \sum_{i=k}^{i=n/2+1} 1/2^i \leqslant 1/2^{k-1},$$

探查次数的期望至多是 $O(1)$。

这表明探查的次数不仅随 k 指数递减，而且与绿色元素的位置无关。也就是说，最差情况属于所有可能的输入数组。相比于对绿色元素位置随机性（这是我们无法控制的）的依赖，该算法使用了与之相似的随机探查序列。而这就是随机算法的精髓。在这个示例中，算法的最终结果总是正确的，即得到的一定是绿色元素。但算法的运行时间（探查次数）是一个随机变量，并且探查次数 k 与算法在 k 次探查内终止的概率之间存在着折中。

如果感觉"从一组元素中寻找一个绿色元素"这样一个假想的问题在实用性方面还不具有说服力，那么下面我们将给出上述解决方案的一个经典应用。回想在快速排序算法（quicksort）中，我们根据一个枢轴（或称作"主元"）将一组给定的 n 个数值进行划分。众所周知，快速排序算法的效率主要取决于两个分区的相对大小——它们的大小越接近越好。在理想情况下，希望枢轴是中位数，这样两个分区的大小都不至于很大。然而，如何寻找中位数本身就是一个问题；不过，中位"附近"的数也几乎同样有效，例如秩[⊖]在区间 $\left[\dfrac{n}{4},\dfrac{3n}{4}\right]$ 之间的元素作为枢轴也会产生平衡的划分。该区间内的 $n/2$ 个元素可以被视为绿色元素，由此我们可以应用前述方法。但这里还有一个小问题——如何知道探查的元素是绿色还是红色（也即其秩是否在该区间之内）？为此，我们需要实际计算所探查的元素的秩，需要（和其他元素）进行 $n-1$ 次比较，但这是可以接受的——因为快速排序中的划分步骤需要 n 个步骤，所以是被容许的。然而，这并不是对递归算法的快速排序的完整分析，这将在讨论"选择"的后续章节[⊜]中细致阐述。

1.4.1 另一种随机算法

考虑"计算两个 $n \times n$ 矩阵的乘积 $\boldsymbol{C}=\boldsymbol{A} \times \boldsymbol{B}$"这个问题的一点变化：对于给定的 $\boldsymbol{A}$，$\boldsymbol{B}$，$\boldsymbol{C}$，验证 $\boldsymbol{C}$ 是否是矩阵 $\boldsymbol{A}$ 和 $\boldsymbol{B}$ 的乘积。我们可能会尝试先计算 $\boldsymbol{A} \times \boldsymbol{B}$ 之后和 $\boldsymbol{C}$ 逐元素比对。换言之，计算 $\boldsymbol{D}=\boldsymbol{A} \times \boldsymbol{B}$ 并验证是否有 $\boldsymbol{C}-\boldsymbol{D}=\boldsymbol{O}^n$，其中 $\boldsymbol{O}^n$ 表示元素全为 0 的 n 维方阵。

这个算法非常简单直白，只是我们需要付出计算矩阵乘积的代价——而这对于问题来说并非必不可少。用初等方法计算矩阵的乘积时，需要大约 $O(n^3)$ 次矩阵元素的乘法和加法[⊜]，而理想的算法可能只需要 $O(n^2)$ 个步骤，这也就是输入的规模[⊗]。为了进一步简化问题并减少对每个元素大小的依赖，让我们来考虑布尔矩阵，其中加法是模 2 的。考虑图 1.1 中描述的算法，它计算 3 个矩阵与向量的积——$\boldsymbol{BX}$，$\boldsymbol{A}(\boldsymbol{BX})$ 和 $\boldsymbol{CX}$——共需要 $3n^2$ 次操作，这与输入矩阵的大小是匹配的，因此是最佳算法。

⊖ 元素 x 的秩指的是在集合中小于 x 的元素的个数。
⊜ 3.2 节。——译者注
⊜ 有一些精巧而复杂的算法可以将矩阵乘法的复杂度降到 n^3 以下，但也还是在 n^2 以上。
⊗ 此处指矩阵的元素数。——译者注

```
Procedure Verifying matrix product (A, B, C)
1    输入：有限域 GF(2) 上的 n×n 方阵(也即布尔矩阵)A，B，C；
2    输出：若 A·B＝C，则输出 Yes，否则输出 No；
3    选择一个随机的 n 维 0-1 向量 X；
4    if A(B·X)＝C·X then
5    │    返回 YES；
6    else
7    └    返回 NO
```

图 1.1　验证矩阵乘积的算法

观察结果　若 $A(BX) \neq CX$，则 $AB \neq C$ [一]。

然而，反过来，$A(BX) = C$ 蕴含着 $AB = C$ 这一点并不显然；例 1.1 就给出了一个反例，这也使得我们对于算法的正确性产生了严重的疑虑。

例 1.1　$A = \begin{bmatrix} 1 & 1 \\ 1 & 0 \end{bmatrix}$　$B = \begin{bmatrix} 0 & 1 \\ 1 & 0 \end{bmatrix}$　$C = \begin{bmatrix} 1 & 0 \\ 0 & 1 \end{bmatrix}$　$AB = \begin{bmatrix} 1 & 1 \\ 1 & 0 \end{bmatrix}$

$X = \begin{bmatrix} 1 \\ 0 \end{bmatrix}$　$ABX = \begin{bmatrix} 1 \\ 0 \end{bmatrix}$　$CX = \begin{bmatrix} 1 \\ 0 \end{bmatrix}$

$X' = \begin{bmatrix} 0 \\ 1 \end{bmatrix}$　$ABX' = \begin{bmatrix} 1 \\ 0 \end{bmatrix}$　$CX' = \begin{bmatrix} 0 \\ 1 \end{bmatrix}$

显然，在例 1.1 中，如果我们运行算法时选择了第一个向量 X，那么算法的输出是不正确的。然而，与其完全放弃这种方法，不如更深入地理解这个简单算法的表现。

断言 1.1　对于任意非零向量 Y 和随机向量 X，点积 $X·Y = 0$ 的概率小于 $1/2$ [二]。

向量 Y 中必然有一个分量 $Y_i \neq 0$，那么先(任意)选择 X 中其他分量，最后可以以 $1/2$ 的概率选择分量 X_i 使得 $X·Y$ 非 0。对于算法的整体表现，我们可以给出如下断言。

断言 1.2　如果 $A(BX) \neq CX$，则 $AB \neq C$。换言之，如果算法回答"NO"，则该回答必定正确；如果算法回答"YES"，那么 $\Pr[AB = C] \geqslant 1/2$。

如果 $AB \neq C$，那么在 $AB - C$ 中至少有一行是非零的。根据断言 1.1 有：该非零向量与一随机向量的点积非零的概率为 $1/2$。我们还可以得出：通过不断重复这个算法，并在算法返回 YES 时独立地选择另一个随机向量继续进行，我们可以提高算法成功的概率和对算法返回结果的认可程度。也即，如果算法连续返回 k 次 YES，则可得 $\Pr[AB \neq C] \leqslant (1/2^k)$ [三]。

读者可能已经注意到了，上述两个随机算法示例具有不同的特性。在第一个示例中，回答总是正确的，但运行时间具有概率分布；而在后者中，运行时间是固定的，但算法给

[一]　本节所谈的随机向量都是等概率选择的。——译者注
[二]　此处的 X 和 Y 都是有限域 F_2 上的向量，应恰为 $1/2$。可参见习题 1.13。——译者注
[三]　应可取得等号。——译者注

出的回答可能以一定的概率是错误的。前者称作拉斯维加斯(Las Vegas)随机算法，后者称作蒙特卡罗(Monte Carlo)随机算法。虽然 1.4.1 节这个特定的蒙特卡罗算法示例有着不对称的表现(只有当答案为"YES"时，它才可能是错误的)，但一般性的蒙特卡罗算法不要求必须如此[⊖]。

1.5   其他计算模型

抽象模型所拥有的简单性和精确性之间存在着明显的权衡和折中。RAM 模型有一个明显的(有时也是严重的)缺陷：由于假设对内存的访问开销是一致的，因此事实上也就假定了寄存器的数量是无限的。但在实际情况中，内存层次化结构是由寄存器、多级高速缓存、主存和最后一级的磁盘组成的。从寄存器到磁盘，访问开销逐层提升；而且由于工艺的原因，快速存储器的大小是有限的。最快的存储器和最慢的存储器的访问速度差异可以达到 10^5 倍，这使得我们对 RAM 模型对于具有较大规模输入的问题实例的适用性有些存疑。这种应用场景已被外部存储模型(external memory model)所修订。

1.5.1   外部存储器模型

在这个模型中，主要关注的是磁盘访问的次数。由于磁盘访问的开销远高于任何的 CPU 运算，因此该模型事实上只计算磁盘访问的次数，而忽略所有其他开销。磁盘的基本访问单元称作块(block)，它是连续的存储位置。块具有固定的大小 B，而最简单模型的参数就是 B 和更快速的存储器的大小 M[⊖]。在这个两级模型中，算法只要考虑在内部存储器和外部存储器之间块的传输开销即可，所有其他计算都可以视为"免费"的。在该模型中，对 n 个元素进行排序的复杂度是 $O\left(\dfrac{n}{B}\log_{M/B}\dfrac{n}{B}\right)$ 次磁盘访问，这也是最优的界。为了论证这一点，我们可以分析该模型中的 M/B 路归并排序。注意，从 M/B 个已经排好序的数据流各取一块可以同时装入主存。我们可以通过使用适当的数据结构，产生要输出的 B 个元素，并且可以将这 B 个元素形成的整个块写入输出流。于是每个块都读且写恰好一次，因而每次归并的 I/O 操作数为 $O(n/B)$。该算法共用 $O\left(\dfrac{n/B}{M/B}\right)$ 轮迭代，即得到所需的复杂度界。

可以对该模型做进一步细化，对模型的多个存储器级别都进行参数化，而且考虑内部存储器中的计算开销。随着模型越来越复杂，算法设计也变得越来越具有挑战性且更加艰巨。在第 15 章中，我们将讨论外部存储器模型以及许多变体中的算法设计与分析。

1.5.2   并行模型

并行计算的基本思想是一种极其直观、极其基本的智力探索。在最直观的层面上，可以将其理解为通过多人合作，如何加速一项工作以及能取得什么样的成果。它并不是分工种或分专业，而是假设每个工人/处理器都具有类似的能力。雇佣更多的工人显然会加快建筑速度，同样，使用多个处理器也可能会加快计算。在理想情况下，我们希望使用 p 个

⊖   一般来讲，无论蒙特卡罗算法返回"YES"还是"NO"，都可能正确，也可能错误。如果某算法返回"YES"时一定是正确的，则称这个算法是"偏真"的。同样，可以定义"偏假"，例如本书 1.4.1 节中的示例就是"偏假"的。——译者注
⊖   通常，M/B 远大于 B。——译者注

处理器就能将传统算法的速度提升 p 倍。然而，边际效用递减原理将体现并起作用⊖。一个很直观的原因是：随着处理器数量的增加（如同参与工作的人数的增加），处理器之间的通信需求往往会在算法运行一段时间后占据复杂度的主导地位。但更令人惊讶的是，存在一些算法上的约束，对我们所期冀的算法速度成倍提升这一目标产生了严重限制。

　　这一点在 PRAM（parallel random access machine，并行随机存取机）模型⊜（类似于RAM）中得到了最好的体现。其中，p 个处理器都连接到共享的内存，通信都通过在全局共享内存中的读写进行。它把避免读写冲突的问题留给算法设计者，并进一步假设所有操作都是全局同步的，而且没有同步开销。在这个模型中，没有额外的通信开销，因为它等同于本地内存访问。但即使在这个模型中，也已被证明并非总能获得理想的加速倍数。例如，在 n 个元素中寻找最小值这一基本问题。已经证明：当有 n 个处理器时，运行时间（并行运行的时间）至少为 $\Omega(\log \log n)$。对于某些问题，如图的深度优先搜索，我们知道即使使用任意多项式数目个处理器，也无法获得对数多项式时间⊜！由此明显看出，并非所有问题都能有效地并行化。

　　更实际的并行模型是具有底层通信网络的互连网络（interconnection network）模型。底层通信网络通常是二维网格、超立方体等规则的拓扑结构。这些模型可以嵌入 VLSI（very large scale integration，超大规模集成电路）芯片中，并根据我们的需求进行调整。为了实现并行算法，我们必须设计有效的数据路由方案。

　　并行计算的一个常见模型就是由基本逻辑门组成的硬件电路。信号通过不同的道路并行传输，而输出是输入的一个函数。衡量电路规模使用的是门的数量，并且（并行）运行时间通常使用所有从一个输入门到输出门的道路长度中的最大值来度量（每个门视作一个单位延迟）。熟悉加法器和比较器电路的读者可以在此框架中进行分析。顺序电路逐比特进行加法运算，因此实现两个 n 比特长数的求和，需要 n 个步骤；而进位保留加法器是一个低深度的电路，只需使用约 $O(\log n)$ 个步骤即可实现，比前者快得多。

　　示例　对于给定的数值 x_1，x_2，$\cdots$，x_n，计算所有的部分和 $S_i = \sum_{j=1}^{i} x_j$，其中 $1 \leqslant i \leqslant n$。一个平凡方法是由 $S_{i+1} = S_i + x_{i+1}$ 而顺序计算它们，共需要 $O(n)$ 个步骤。对于每一个 i 可以使用一个深度为 $\lceil \log i \rceil$ 的二叉树并行计算 S_i，输入作为叶子顶点，每个内部节点对应一个求和运算。树中处于同一层的所有求和运算都可以同时进行，最终的部分和结果则在根节点处。由于 $S_{i+1} = S_i + x_{i+1}$，因此对每一个 i 都独立地重复进行这种计算无疑是一种浪费。并且，它的复杂度是 $O(n^2)$，而平凡方法的复杂度仅仅是 $O(n)$。

　　与之不同，我们将使用如下策略（此处假设 n 是 2 的幂）：对于每一个偶数 i 计算 $y_{i/2} = x_{i-1} + x_i$，之后对于 y 递归计算部分和 S'_1，S'_2，$\cdots$，$S'_{n/2}$。易见，$S'_j = \sum_{k=1}^{2j} x_k = S_{2j}$。于是所有部分和 S_i 中的一半可以如此计算。之后再计算 $S_{2j+1} = S'_j + x_{2j+1}$（$0 \leqslant j \leqslant n/2 - 1$），即得另一半部分和——而这一步是可以并行进行的。

　　这个对递归的描述可以展开为一个用于计算的并行电路。该算法可以将加法推广到任一满足结合性的运算上，称为并行前缀（parallel prefix）或扫描（scan）。如果使用一个适当

⊖　随着处理器数量的增加，再新增一个处理器对速度的提升可能会比希望的小很多。——译者注

⊜　由 Fortune 和 Wyllie 于 1978 年提出。——译者注

⊜　即 $O(\log^k n)$。——译者注

定义的复合函数的话，可以使用半加器(对两个输入数据位相加，输出一个结果位和一个进位)构造进位保留加法器。在第 14 章中，我们将正式介绍并行计算模型，并讨论解决并行前缀等一些基本问题的并行算法设计技术。

最引人入胜的发展之一是量子模型，它天生就是并行的，但与已有模型有着根本不同。近年来的突破性成果之一就是因子分解的多项式时间算法[134]，而因子分解问题是传统模型中许多密码协议的安全基础。感兴趣的读者可参阅量子计算的入门教材，如 Nielsen 和 Chuang 的著作[111]，从中学习一些基础知识。

生物计算(biological computing)模型是一个非常活跃的研究领域，科学家正努力用 DNA 链组装一台计算机。与硅基设备相比，生物计算机具有许多潜在的优势，并且本质上是并行的。Adleman[2]是最早构建原型以展示其潜力的研究者之一。

拓展阅读

算法设计和计算模型之间的关联性和依赖性往往没有得到足够的重视，虽然最早的算法设计教科书之一[7]通过建立随机存取机(RAM)和随机存取存储程序(random access stored program，RASP)以及一致化开销模型和对数开销模型之间的精确联系，已经对其进行了很全面的论述。然而，在过去 20 年间，研究者已经展示了如何运用字模型来改进基于比较模型的算法(参见 Fredman 和 Willard 的论文[54])，从而突破基于比较的排序的 $\Omega(n \log n)$ 的下界。而且 Shamir[132]已经证明，如果允许使用非常大的整数作为运算数，那么就可以在 $O(\log n)$ 个算术步骤内对给定整数进行因子分解。理论计算机科学中一个非常高深的领域就是复杂性理论，其对各种计算模型之间的关系进行了精确的刻画[13,114]。

斐波那契序列是计算机科学中最常见也最著名的数列之一，它具有很多应用，例如斐波那契查找(参阅高德纳的著作[83])、斐波那契堆[53]等。乘法的分治算法被称为 Karatsuba 算法(如高德纳所述[82])。乘法运算和除法运算的算法在早期就得到了研究者的注意[17]，并且目前仍然是一个诱人的问题，因为目前已有算法的渐近复杂度依然要比加法运算高。

随机算法和概率技术为算法设计开辟了一个全新的维度，简洁优雅且威力强大。自提出素性检测算法[95,103,136]以来，它已为研究人员提供了很多令人惊讶的新方案，改变了计算机科学的思维方式。我们建议读者参阅 Motwani 和 Raghavan 所著的教材[106]，其中描述了此类方法的大量应用。

在本书的后续章节中，我们将更详细地介绍算法设计的其他模型，如并行模型、外部存储器模型和流模型。作为算法设计的老手，应该可以为任一特定的问题找到算法和模型之间的正确匹配。

习题

1.1 已知 $T(1) = O(1)$，求解下述递推式。

（i）$T(n) = T(n/2) + bn \log n$

（ii）$T(n) = aT(n-1) + bn^c$

1.2 证明：

$$F_n = \frac{1}{\sqrt{5}}(\phi^n - \phi'^n), \qquad \phi = \frac{1+\sqrt{5}}{2}, \qquad \phi' = 1 - \phi$$

其中 F_n 是第 n 个斐波那契数。使用 F_n 的递推式及生成函数方法证明：

$$F_n = 1 + \sum_{i=0}^{n-2} F_i$$

1.3 AVL 树是一种平衡二叉查找树，满足以下不变式：在每个内部节点（包括根节点）上，左子树和右子树的高度最多相差 1。

将此不变式转换为恰当的递推式，证明 n 个节点的 AVL 树的高度的界为 $O(\log n)$。

1.4 证明：如下递推关系的解是 $X(n+1) = \dfrac{1}{n+1}\dbinom{2n}{n}$。

$X(1) = 1$

$X(n) = \displaystyle\sum_{i=1}^{n} X(i)X(n-i),\ n > 1$。

1.5 证明：计算 $\boldsymbol{A}^n$ 的开销为 $O(M(n|x|))$，其中 $\boldsymbol{A}$ 是一个 2×2 的矩阵，其中最大的元素是 x，$|x|$ 表示 x 的比特长度。

1.6 （ⅰ）证明：递推式 $T(n) = 4T(n/2) + O(n)$ 的解是 $T(n) = \Omega(n^2)$。

（ⅱ）两个 n 比特长的数的乘法的改进算法的复杂度可由下述递推式给出

$$T_B(n) \leqslant 3T_B(n/2) + O(n)$$

证明：通过选择恰当的终止条件，比特复杂度的解 $T_B(n)$ 是 $O(n^{\log_2 3})$ 的。

（ⅲ）将计算两个 n 比特长的数的乘积的二路分治思想扩展到四路分治，并减少低阶乘法的次数。如此进一步扩展是否会有优势？

1.7 给定两个多项式 $P_A(n) = a_{n-1}x^{n-1} + a_{n-2}x^{n-2} + \cdots + a_0$ 及 $P_B(n) = b_{n-1}x^{n-1} + b_{n-2}x^{n-2} + \cdots + b_0$，设计一个计算多项式乘积的亚二次（$o(n^2)$ 复杂度）时间算法，可以假定系数 a_i 和 b_i 的比特长度都是 $O(\log n)$ 的，而且系数相乘的复杂度是 $O(1)$ 的。

1.8 令

$$\mathrm{fact}(n) = \begin{cases} \dbinom{n}{\frac{n}{2}} \cdot (n/2)!^2 & \text{当 } n \text{ 是偶数时} \\[2mm] n \cdot (n-1)! & \text{其他} \end{cases}$$

该式与快速计算 x^n 的递推式相似。你能否利用它设计一个计算阶乘的快速算法？

1.9 令 $p(x_1, x_2, \cdots, x_n)$ 为域 F 上一个包含 n 个变量的 d 次非零多项式。假设 $I \subseteq F$ 是一个有限集合，则满足 $p(Y) = 0$ 的 n 元组 $Y \in I^n$ 的个数不超过 $|I|^{n-1} \cdot d$。

（ⅰ）使用代数基本定理并对 n 进行归纳，证明上述结果。

（ⅱ）使用这一结果给出验证矩阵乘积 $\boldsymbol{C} = \boldsymbol{A} \cdot \boldsymbol{B}$ 的另一种证明方法。

提示：在这里，多项式的次数和域的阶分别是多少？

1.10 **比较模型。** 在与选择和排序相关的问题中，自然和直观的算法基于两个元素的比较。例如，给定 n 个元素的集合，其中最小值可恰经过 $n-1$ 次比较找到。

（ⅰ）证明：不存在算法可以使用少于 $n-1$ 次比较正确地找到最小元素。

（ⅱ）证明：恰可用 $\dfrac{3n}{2}$ 次比较在 n 个元素中同时找到最小元素和最大元素。

1.11 **不对称查找。** 一家公司生产了一种新的防震手表，保修条款的措辞是"纵使从 X 层楼失坠，依旧完好如初"，公司希望在公布该条款之前确定 X 到底可以取什么值。这必须进行实际测试，即将手表从各个楼层丢下，然后观察它是否会摔坏。比如说，如果手表从 10 层楼丢下后摔坏，那么 X 显然小于 10——然而，在这个实验中，我们会损失一块手表。

（ⅰ）假设手表从第 X 层楼抛下无碍，而从 $X+1$ 层抛下受损，而且我们只有一块测试用手表，那么必须进行的最小试验次数是多少？

（ⅱ）假设二元组 $T_n = (k, m)$ 表示，为了确定手表能够承受从第 n（但不是 $n+1$ 层）抛落而无碍，我们最多只需要 k 个手表、进行 m 次试验。（ⅰ）的问题即是限制 $k=1$。确定 $(2, m)$，并将 m 表示为 n 的函数。

（ⅲ）对于任意的常数 k，写一个恰当的递推式来计算 m，并将你所得的结果与二分查找进行
比较。

1.12 设计一个有效的算法，找出所有小于给定的正整数 n 的素数。注意小于正整数 n 的素数的个数是
$\Theta(n/\log n)$，所以你所设计的算法的运行时间应接近这个值。

提示：使用筛法，从一个大小为 n 的数组开始，首先划去 1，之后剩下的数中最小者一定是素数，
然后划去它的倍数，依次类推。如果我们想获得接近 $O(n)$ 的运行时间（初始化数组所需的时间），
算法不应该对同一个位置访问多次。

1.13 有限域 F_2 包含两个元素 0 和 1。加法和乘法都是模 2 的。令 y 是一个 n 维非零向量。选择一个 n
维随机向量 x，其中每个分量都独立等概率地为 0 或 1。证明：点积 $(x \cdot y) \bmod 2 = 0$ 的概率恰为
$1/2$。

概率基础与尾部不等式

随机算法使用随机掷币来引导算法的进程。虽然算法的实际表现可能取决于抛硬币的结果，但往往可以证明算法能够以合理的概率具有所需的性质。该模型可以显著提高算法的能力。我们将举例说明随机化技术可以设计出非常简单的算法。事实上，在有些情况下，随机化是必要的。在这一章中，我们从概率基础入手，将随机变量的概念与随机算法的分析联系起来——通常，随机算法的运行时间是一个随机变量。后面，我们将介绍对随机变量超过确定值的概率的估界技术，从而对算法运行时间进行估界。

注意：随机化技术已经作为一种基本工具而被广泛使用。对于不熟悉此方法的读者，本章给出了此类应用的一些基础知识；对于其他读者，本章可在需要时参考。

2.1　概率基础

在本节中，我们将简要回顾概率论的公理化方法——仅介绍离散概率的情况。我们从样本空间的概念开始谈起。样本空间通常用 Ω 表示，可以认为是试验结果（或基本事件）的集合。例如抛掷骰子后观察点数，那么这个试验的样本空间 Ω 就可定义为 6 个可能结果组成的集合。抽象而言，我们可以将 Ω 定义为任何一个集合（有限集合或者可数无限集合）。例如，当 Ω 取作可数无限集合时，让我们考虑如下试验：不断地抛掷硬币，直到出现一次正面（head，H）为止。这个例子中可能的结果集合是无限的——对于任一整数 $i \geqslant 0$，都存在一种结果是 i 次连续的反面（tail，T）后紧跟一次正面。给定一个样本空间 Ω，概率测度（probability measure）Pr 为每个基本事件 $\omega \in \Omega$ 指定一个非负实数值 p_ω。概率测度 Pr 应满足以下条件：

$$\sum_{\omega \in \Omega} p_\omega = 1 \qquad\qquad (2.1.1)$$

概率空间（probability space）由样本空间 Ω 及每个基本事件的概率测度组成。换言之，概率空间是由样本空间和概率测度组成的有序二元组 (Ω, Pr)。请注意，指定给每个基本事件（或结果）的实际概率是概率空间公理化定义的一部分。通常人们利用关于试验的先验知识来给出概率测度。例如，如果假定一个骰子是均匀的，那么我们可以给所有 6 个结果指定相等的概率，即 1/6。然而，如果我们怀疑骰子是偏心的，就可以为不同的结果指定不同的概率。

例 2.1　假设我们抛掷了两枚硬币，此时样本空间是 $\{HH, HT, TH, TT\}$。如果我们认为所有 4 个结果都具有同样的可能性，那么就可以给每一个结果都指定概率 1/4。然而，将概率 0.3、0.5、0.1、0.1 指定给这 4 个结果可以产生另一个概率空间。

我们现在来定义事件（event）。事件是 Ω 的一个子集。事件 E 的概率定义为 $\sum_{\omega \in E} p_\omega$，即 E 中所有结果的概率之和。

例 2.2　考虑抛掷骰子的试验，此时 $\Omega = \{1, 2, 3, 4, 5, 6\}$，并假设这些结果的概率（对应于结果的次序）分别为 0.1，0.2，0.3，0.2，0.1，0.1。那么，$\{2, 4, 6\}$ 就是

一个概率为 $0.2+0.2+0.1=0.5$ 的事件(也可以定义为"结果为偶数"的事件)。

从事件的概率的定义,即可看到它满足以下性质(证明留作练习):

1. 对任意 $A \subset \Omega$,有 $0 \leqslant \mathrm{Pr}[A] \leqslant 1$。

2. $\mathrm{Pr}[\Omega]=1$。

3. 对于两两不相交的事件 E_1,E_2,$\cdots$,有 $\mathrm{Pr}[\bigcup_i E_i]=\sum_i \mathrm{Pr}[E_i]$。

容斥原理在概率世界中也有相应的结果,即

引理 2.1

$$\mathrm{Pr}[\bigcup_i E_i]=\sum_i \mathrm{Pr}[E_i]-\sum_{i<j} \mathrm{Pr}[E_i \cap E_j]+\sum_{i<j<k} \mathrm{Pr}[E_i \cap Ej \cap E_k]\cdots$$

例 2.3   假设我们随机均匀地从 1 到 1000 中选取 1 个数字,希望计算它能够被 3 或 5 整除的概率。我们可以使用容斥原理来计算。设 E 表示可以被 3 或 5 整除的事件,E_1 表示可被 3 整除的事件,E_2 表示可被 5 整除的事件。显然有 $E=E_1 \bigcup E_2$,由上述容斥原理即得

$$\mathrm{Pr}[E]=\mathrm{Pr}[E_1]+\mathrm{Pr}[E_2]-\mathrm{Pr}[E_1 \bigcap E_2]$$

易见,当选择的数字是 3 的倍数时 E_1 发生,而 1 到 1000 中 3 的倍数有 $\lfloor 1000/3 \rfloor=333$ 个,并由此有 $\mathrm{Pr}[E_1]=333/1000$;类似地,有 $\mathrm{Pr}[E_2]=200/1000$。接下来只需要计算 $\mathrm{Pr}[E_1 \bigcap E_2]$,而这正是该数字可以被 15 整除的概率,为 $\frac{\lfloor 1000/15 \rfloor}{1000}=\frac{66}{1000}$。于是可以得到 $\mathrm{Pr}[E]=467/1000$。

定义 2.1   在 E_2 已经发生的条件下,E_1 发生的条件概率记作 $\mathrm{Pr}[E_1|E_2]$,并由下式给出(假定 $\mathrm{Pr}[E_2]>0$)。

$$\frac{\mathrm{Pr}[E_1 \bigcap E_2]}{\mathrm{Pr}[E_2]}$$

定义 2.2   称事件的集合 $\{E_i|i \in I\}$ 相互独立,若对于任意的非空子集 $S \subseteq I$,都有

$$\mathrm{Pr}[\bigcap_{i \in S} E_i]=\prod_{i \in S} \mathrm{Pr}[E_i]$$

注意:若 $\mathrm{Pr}[E_1|E_2]=\mathrm{Pr}[E_1]$,则 E_1 与 E_2 独立。

独立性这一概念通常有很直观的含义:如果两个事件分别依赖于两个毫不相关的试验,那么它们将是独立的;然而,反之不真。因此验证两个事件是否独立的唯一方法是检验它们是否符合前述定义 2.2。

例 2.4   假设我们抛掷两个(均匀的)骰子。令 E_1 表示两个骰子点数之和为偶数的事件,易于验证 $\mathrm{Pr}[E_1]=1/2$。令 E_2 表示第一个骰子点数为 1 的事件,显然有 $\mathrm{Pr}[E_1]=1/6$。而且也明显可得 $\mathrm{Pr}[E_1 \bigcap E_2]=1/12$——事实上,如果 $E_1 \bigcap E_2$ 发生,那么第二个骰子的点数只有 3 种可能。由于 $\mathrm{Pr}[E_1 \bigcap E_2]=\mathrm{Pr}[E_1] \cdot \mathrm{Pr}[E_2]$,因此这两个事件是独立的。

下面我们来引入随机变量的概念。

> **定义 2.3**　随机变量 X 是样本空间上的一个实值函数，即 $X : \Omega \to \mathbb{R}$。

换言之，随机变量为试验的每个结果都指定一个实数值。

例 2.5　考虑抛掷均匀骰子所定义的概率空间。设 X 是一个函数，如果抛掷骰子后的点数是偶数，则 X 的值为 1；如果抛掷骰子后的点数是奇数，则 X 的值为 2。那么 X 就是一个随机变量。现在考虑抛掷两个均匀骰子（36 个结果中的每一个都等可能出现）所定义的概率空间。设 X 为一个函数，其值是两个骰子点数之和。那么，X 也是一个随机变量，取值范围为 $\{2, \cdots, 12\}$。

对每个随机变量 X，我们可以将其关联多个事件。例如，给定一个实数 x，我们可以将事件 $[X \geqslant x]$ 定义为集合 $\{\omega \in \Omega : X(\omega) \geqslant x\}$；类似地，我们可以定义事件 $[X = x]$、$[X < x]$，以及对实数集的任何子集 S 定义事件 $[X \in S]^{\ominus}$。与事件 $[X \leqslant x]$ 相关的概率被称为累积密度函数（cumulative density function，CDF），与事件 $[X < x]$ 相关的概率被称为概率密度函数（probability density function，PDF）。它们有助于我们刻画随机变量 X 的行为。与事件一样，我们也可以定义随机变量之间的独立性。称两个随机变量 X 和 Y 是独立的，指的是对于在 X 和 Y 取值范围内任意的 x 和 y，都有

$$\Pr[X = x, Y = y] = \Pr[X = x] \cdot \Pr[Y = y]$$

从这个定义很容易看出，如果 X 和 Y 是独立的随机变量，那么就有

$$\Pr[X = x \mid Y = y] = \Pr[X = x]$$

类似于事件的相互独立，我们称一组随机变量 $X_1, \cdots, X_n$ 是相互独立的，指的是对于所有的实数 $x_1, \cdots, x_n$，都有

$$\Pr[X_1 = x_1, X_2 = x_2, \cdots, X_n = x_n] = \prod_{i=1}^{n} \Pr[X_i = x_i]$$

其中对所有 $i = 1, \cdots, n$，都满足 x_i 位于 X_i 的取值范围内。

假设随机变量 X 的取值范围是（可数）集合 R，则 X 的期望（expectation）记作 $\mathbb{E}[X] = \sum_{x \in R} x \cdot \Pr[X = x]$。如果我们进行相应的试验，则期望值可认为是 X 的典型值。我们可以将这种直觉形式化：大数定律指出，如果我们多次重复相同的试验，那么 X 的平均值就非常接近 $\mathbb{E}[X]$（当实验次数趋向于无穷大时，这个平均值将任意接近于 $\mathbb{E}[X]$）。

期望的线性性（linearity property）是一个非常有用的性质，可表述如下。

> **引理 2.2**　若 X 和 Y 都是随机变量，则有
>
> $$\mathbb{E}[X + Y] = \mathbb{E}[X] + \mathbb{E}[Y]$$

注意：此处并不要求 X 和 Y 是独立的！

证明：假设 R 是 X 和 Y 取值范围的并集——我们假设 R 是可数集合，尽管上式结果也适用于一般情况。我们也可以假设 X 和 Y 的取值范围都是 R（对于不在 X 的取值范围之内的 $r \in R$，可以把它加到 X 的取值范围中，并补充定义 $\Pr[X = r] = 0$），则有

$$\mathbb{E}[X + Y] = \sum_{r_1 \in R, \, r_2 \in R} (r_1 + r_2) \Pr[X = r_1, Y = r_2]$$

$\ominus$　我们仅考虑 X 可以取可数多个不同值的情况。

继而可得

$$\sum_{r_1 \in R, \, r_2 \in R} (r_1 + r_2) \Pr[X = r_1, \, Y = r_2] = \sum_{r_1 \in R, \, r_2 \in R} r_1 \cdot \Pr[X = r_1, \, Y = r_2]$$
$$+ \sum_{r_1 \in R, \, r_2 \in R} r_2 \cdot \Pr[X = r_1, \, Y = r_2] \quad (2.1.2)$$

若 X 和 Y 是独立的，则可以将 $\Pr[X = r_1, \, Y = r_2]$ 写作 $\Pr[X = r_1] \cdot \Pr[Y = r_2]$，易得结论。

注意，$\sum_{r_1 \in R, \, r_2 \in R} r_1 \cdot \Pr[X = r_1, \, Y = r_2]$ 可以写作 $\sum_{r_1 \in R} r_1 \cdot \sum_{r_2 \in R} \Pr[X = r_1, \, Y = r_2]$。但是，可以看到 $\sum_{r_2 \in R} \Pr[X = r_1, \, Y = r_2]$ 恰恰就是 $\Pr[X = r_1]$，于是 $\sum_{r_1 \in R} r_1 \cdot \sum_{r_2 \in R} \Pr[X = r_1, \, Y = r_2]$ 就等于 $\mathbb{E}[X]$；同理可证明式 (2.1.2) 等号右端的第 2 项就是 $\mathbb{E}[Y]$。 ■

期望的线性性有许多非凡的应用，并且常被用来简化复杂的计算。

例 2.6 我们有 n 封信要寄给 n 个不同的人（他们的名字写在各自的信上）。假设我们将信随机地寄给这 n 个人（更具体地讲，将第一封信寄给一名均匀地随机选择的人，将下一封信寄给从其余 $n-1$ 个人中均匀地随机选择的人，依此类推）。设 X 表示恰好收到要寄给自己的信的人数，那么 X 的期望值是多少？我们可以使用 X 的定义来计算这个期望值；然而，读者可以验证，即使 $\Pr[x = r]$ 的表达式也是比较复杂的[○]；而后，把所有这些表达式（用相应的概率加权）累加将是一个更复杂的计算过程。然而我们可以用期望的线性性来非常简单地计算 $\mathbb{E}[X]$：对于每个人 i，我们定义一个随机变量 X_i，它只可能取两个值——0 或者 1[○]，值为 1 表示第 i 个人收到了要寄给自己的信，值为 0 表示第 i 个人收到的信不是寄给自己的。易见 $X = \sum_{i=1}^{n} X_i$，于是由期望的线性性可得 $\mathbb{E}[X] = \sum_i \mathbb{E}[X_i]$。下面来计算 $\mathbb{E}[X_i]$。事实上，它等于 $0 \cdot \Pr[X_i = 0] + 1 \cdot \Pr[X_i = 1] = \Pr[X_i = 1]$。而由于第 i 个人以等概率收到这 n 封信之一，因此 $\Pr[X_i = 1] = 1/n$。于是，$\mathbb{E}[X] = 1$。

引理 2.3 若 X 和 Y 是独立的随机变量，则有
$$\mathbb{E}[X \cdot Y] = \mathbb{E}[X] \cdot \mathbb{E}[Y]$$

证明：

$$\mathbb{E}[XY] = \sum_{x_i} \sum_{y_j} x_i \cdot y_j \cdot \Pr(X = x_i, \, Y = y_j) \qquad \text{其中 } P \text{ 表示联合分布}$$
$$= \sum_{x_i} \sum_{y_j} x_i \cdot y_j \cdot \Pr(X = x_i) \cdot \Pr(Y = y_j) \qquad \text{由 } X \text{ 和 } Y \text{ 独立}$$
$$= \sum_{x_i} x_i \Pr(X = x_i) \sum_{y_j} y_j \Pr(Y = y_j)$$
$$= \mathbb{E}[X] \cdot \mathbb{E}[Y]$$
■

类似于事件，我们也可以定义一个随机变量在给定另一个随机变量的值的前提下的条件期望：设 X 和 Y 为两个随机变量，在给定事件 $[Y = y]$ 的条件下 X 的条件期望定义为

$$\mathbb{E}[X \mid Y = y] = \sum_x x \cdot \Pr[X = x \mid Y = y]$$

可以很容易证明如下全期望定理（全期望公式）：

○ 即"伯努利–欧拉装错信封问题"，或称"错排问题"，读者可参阅相关资料。——译者注
○ 这些被称作示性随机变量 (indicator random variable)，在很多情况下可以简化计算。

$$\mathbb{E}[X] = \sum_{y} \mathbb{E}[X \mid Y = y]$$

2.2 尾部不等式

在许多应用中，特别是在随机算法的分析中，我们希望能给出算法运行时间（或其他随机变量的取值）的界。尽管我们可以计算出一个随机变量的期望值，但对于"该随机变量接近其期望值的可能性有多大"这个问题，或许给不出任何有用的信息。例如，考虑在区间$[0, n]$内均匀分布的一个随机变量，此处n是一个大整数。它的期望值是$n/2$，但它在区间$[(1-\delta)n/2, (1+\delta)n/2]$中的概率仅为$\delta$，其中$\delta$是一个小常数。我们也将看到其他随机变量的例子，其中这个概率非常接近1。因此，要对随机变量进行更多刻画的话，就不能只考虑它的期望值。大数定律表明，如果我们对一个随机变量进行多次独立的试验，那么随机变量在这些试验中所取的平均值（几乎毫无疑问地）会收敛到期望值。然而，如果我们只进行一次试验，则并不会说明发生这种收敛的速度有多快，或者随机变量接近其期望值的可能性有多大。

在本节中，我们将介绍一些不等式，它们给出了一个随机变量偏离其期望值概率的界。这些不等式中最重要的就是马尔可夫不等式，它只使用了随机变量的期望值。如前所述，它可能不会产生非常紧的界，但当我们没有关于随机变量的其他任何信息时，它是所能得到的最好的界。

我们使用第1章中所提到试验的变体作为贯穿本节的一个示例。给定一个大小为m（m是偶数）的数组A。A中一半元素为红色，其余元素为绿色。我们独立地进行n次试验：每次均匀随机地选取A中一个元素，并查看它的颜色。令随机变量X表示我们选取了绿色元素的试验的次数。利用期望的线性性，很容易证明$\mathbb{E}[X] = n/2$。我们现在感兴趣的是尾部不等式，它们给出了X偏离其期望值的概率。

马尔可夫不等式（Markov's inequality）：令X是一个非负随机变量，则有

$$\Pr[X \geqslant k\mathbb{E}[X]] \leqslant \frac{1}{k} \tag{2.2.3}$$

这个结果实际上是一个"平均"观点（例如，在任何一个由n名学生组成的班级中，最多一半的学生能得到平均成绩的两倍或以上）。这个结果的证明很容易：设R为$X \geqslant 0$的取值范围，则有

$$\mathbb{E}[X] = \sum_{r \in R} r \cdot \Pr[X = r] \geqslant \sum_{r \in R : r \geqslant k\mathbb{E}[X]} r \cdot \Pr[X = r]$$
$$\geqslant k\mathbb{E}[X] \cdot \sum_{r \in R : r \geqslant k\mathbb{E}[X]} \Pr[X = r] = k\mathbb{E}[X]\Pr[X \geqslant k\mathbb{E}[X]]$$

例 2.7　令X是一个随机变量，以概率$(1-1/n)$取值为0、以概率$1/n$取值为n^2（n为一个很大的数）。那么，$\mathbb{E}[X]$的值是n而$\Pr[X < n/2]$的值是$1-1/n$，非常接近于1[一]。

现在我们将这个不等式应用到前述示例中。

例 2.8　在元素为红色或绿色的数组A的示例中$\mathbb{E}[X] = n/2$。由此可得$\Pr[X \geqslant 3n/4] \leqslant 2/3$。

注意，在例2.8中我们得到了$[X \geqslant 3n/4]$的概率的一个非常弱的界。但在理想情况

　一　随n的增大，这个概率可以任意接近于1。——译者注

下，会认为该事件的概率将随着 n 的值的增加而下降(事实上的确如此)。然而，马尔可夫不等式还不足以证明这一点。这是因为我们可以很容易地设计出一个随机变量 X，其期望值为 $n/2$，但是其值超过 $3n/4$ 的概率不超过 $2/3$ ⊖。而且 X 是几个独立随机变量的和这一附加信息，并未能被马尔可夫不等式所利用。此外，我们不能用马尔可夫不等式来描述事件 $[X \leqslant n/4]$ 的概率。我们将证明，可以利用 X 的高阶矩得到一些不等式，给出更强的界。

随机变量期望的概念可以由以下方式自然地扩展到随机变量 X 的函数 $f(X)$ 上(我们可以将 $Y := f(X)$ 视作一个新的随机变量)：

$$E[f(X)] = \sum_{r \in R} \Pr[X = r] \cdot f(r)$$

随机变量的方差由 $\mathbb{E}[X^2] - \mathbb{E}[X]^2$ 给出。考虑例 2.7 中的随机变量 X，其方差等于

$$\mathbb{E}[X^2] - \mathbb{E}[X]^2 = n^3 - n^2$$

现在让我们计算前述示例中随机变量的方差。我们首先证明：如果 X_1 和 X_2 是两个独立的随机变量，那么 $X_1 + X_2$ 的方差就是这两个随机变量的方差之和。$X_1 + X_2$ 的方差为(这里由两个随机变量的独立性可得 $\mathbb{E}[X_1 X_2] = \mathbb{E}[X_1]\mathbb{E}[X_2]$)：

$$\mathbb{E}[(X_1 + X_2)^2] - \mathbb{E}[X_1 + X_2]^2 = \mathbb{E}[X_1^2] + \mathbb{E}[X_2^2] + 2\mathbb{E}[X_1 X_2] - \mathbb{E}[X_1]^2 - \mathbb{E}[X_2]^2 - 2\mathbb{E}[X_1]\mathbb{E}[X_2]$$
$$= \mathbb{E}[X_1^2] - \mathbb{E}[X_1]^2 + \mathbb{E}[X_2^2] - \mathbb{E}[X_2]^2$$

这个结果可以由归纳法而扩展到多个相互独立的随机变量之和上。下面将以上结果应用到前述示例中。令 X_i 为一个随机变量，如果我们在第 i 个试验中选择了一个绿色元素，则取值为 1，否则取值为 0。X_i 的方差是 $\mathbb{E}[X_i^2] - \mathbb{E}[X_i]^2$。由于 X_i 是一个 0−1 随机变量，因此 $\mathbb{E}[X_i^2] = \mathbb{E}[X_i]$，于是其方差为 $1/2 - 1/4 = 1/4$。令 X 表示取得绿色元素的试验次数，则 $X = \sum_{i=1}^{n} X_i$，且其方差为 $n/4$。

如果我们知道随机变量的方差的界，那么就可以给出一个更强的尾部界：

切比雪夫不等式(Chebyshev's inequality)

$$\Pr[|X - \mathbb{E}[X]| \geqslant t] \leqslant \frac{\sigma}{t^2} \tag{2.2.4}$$

其中 σ 是 X 的方差。

将马尔可夫不等式应用于随机变量 $Y := (X - \mathbb{E}[X])^2$ 即可得到该不等式的证明。注意这是一个双边不等式——它不仅给出了 X 远高于其期望值的概率，而且也给出了 X 远低于其期望值的概率。

例 2.9 我们现在将这个不等式应用于前述示例，可以得到

$$\Pr[X \geqslant 3n/4] \leqslant \Pr[|X - \mathbb{E}[X]| \geqslant n/4] \leqslant \frac{n/4}{n^2/16} = \frac{4}{n}$$

因此，当 n 趋近于无穷时，这个概率为 0。

我们从例 2.9 中可以看出，切比雪夫不等式给出了一个比马尔科夫不等式更强的界。事实上，切比雪夫界只使用了 X 的 2 阶矩，如果有更高阶矩的信息，我们可以对 X 偏离

⊖ 这说明一般情况下，马尔可夫不等式的界不能再缩小了。例如随机变量 X 以概率 $2/3$ 取值为 $3n/4$，以概率 $1/3$ 取值为 0。——译者注

其平均值的概率给出更严格更强的界[○]。若 $X = \sum_{i=1}^{n} X_i$ 是 n 个相互独立的随机变量之和，其中每个 X_i 都是一个伯努利随机变量（即只取 0 或 1 的值），则有

切尔诺夫界（Chernoff bound）

$$\Pr[X \geqslant (1+\delta)\mu] \leqslant \frac{\mathrm{e}^{\delta\mu}}{(1+\delta)^{(1+\delta)\mu}} \tag{2.2.5}$$

式（2.2.5）中 δ 为任一正参数，μ 是 X 的期望值。类似地，有低于期望值的偏差的界：

$$\Pr[X \leqslant (1-\delta)\mu] \leqslant \frac{\mathrm{e}^{-\delta\mu}}{(1-\delta)^{(1-\delta)\mu}} \tag{2.2.6}$$

其中 δ 介于 0 和 1 之间。

在证明这些界之前，我们先给出一些其他更有用的形式，它们足以处理一般情况。很容易验证对任意 $\delta > 0$，都有 $\ln(1+\delta) > \dfrac{2\delta}{2+\delta}$，于是

$$\delta - (1+\delta)\ln(1+\delta) \leqslant -\frac{\delta^2}{2+\delta}$$

两边都取指数运算，我们就可以看到

$$\frac{\mathrm{e}^{\delta\mu}}{(1+\delta)^{(1+\delta)\mu}} \leqslant \mathrm{e}^{-\frac{\delta^2\mu}{2+\delta}}$$

由此即得到下述结果：

- $0 \leqslant \delta \leqslant 1$ 时，有

$$\Pr[X \geqslant (1+\delta)\mu] \leqslant \mathrm{e}^{-\delta^2\mu/3} \tag{2.2.7}$$

及[○]

$$\Pr[X \leqslant (1+\delta)\mu] \leqslant \mathrm{e}^{-\delta^2\mu/3} \tag{2.2.8}$$

- $\delta > 2$ 时，有

$$\Pr[X \geqslant (1+\delta)\mu] \leqslant \mathrm{e}^{-\delta\mu/2} \tag{2.2.9}$$

- 诸 X_i 同分布，$\Pr[X_i = 1] = p$，$m > np = \mu$ 时有[○]

$$\Pr[X \geqslant m] \leqslant \left(\frac{np}{m}\right)^m \cdot \mathrm{e}^{m-np} \tag{2.2.10}$$

现在我们给出切尔诺夫界（式（2.2.5））的证明，而式（2.2.6）的证明类似。

$$\Pr[X \geqslant (1+\delta)\mu] = \Pr[\mathrm{e}^{\lambda X} \geqslant \mathrm{e}^{\lambda(1+\delta)\mu}] \leqslant \frac{\mathbb{E}[\mathrm{e}^{\lambda X}]}{\mathrm{e}^{\lambda(1+\delta)\mu}}$$

其中 λ 是一个正参数（我们稍后固定），最后一个不等号由马尔可夫不等式得到。注意，由 $X_1, \cdots, X_n$ 相互独立可得 $\mathbb{E}[\mathrm{e}^{\lambda X}] = \mathbb{E}\left[\prod_{i=1}^{n} \mathrm{e}^{\lambda X_i}\right] = \prod_{i=1}^{n} \mathbb{E}[\mathrm{e}^{\lambda X_i}]$。令 p_i 表示 X_i 取值为 1 的概率，则由对于任何正实数 x 都有 $1 + x \leqslant \mathrm{e}^x$，可知 $\mathbb{E}[\mathrm{e}^{\lambda X_i}] = (1-p_i) + p_i \cdot \mathrm{e}^{\lambda} = 1 + p_i(\mathrm{e}^{\lambda} - 1) \leqslant$

[○] 对于任意随机变量 X，任意大于 2 的整数 m 和任意正数 n，有 $\Pr[|X| \geqslant n] \leqslant \mathbb{E}[|X|^m]/n^m$ 及 $\Pr[|X - \mu| \geqslant n] \leqslant \mathbb{E}[|X - \mu|^m]/n^m$。——译者注

[○] 式（2.2.8）的不等式放缩比较松，事实上使用 $\ln(1-\delta) > -\delta - \delta^2/2$ 可以证明更紧的界 $\Pr[X \leqslant (1-\delta)\mu] \leqslant \mathrm{e}^{-\delta^2\mu/2}$。——译者注

[○] 此处原书有误，式（2.2.10）其实与 δ 无关。——译者注

$e^{p_i(e^\lambda-1)}$。由 $\mu=\sum\limits_{i=1}^{n}p_i$，我们得到，

$$\Pr[X\geqslant(1+\delta)\mu]\leqslant\frac{e^{\mu(e^\lambda-1)}}{e^{\lambda(1+\delta)\mu}}$$

现在我们选择 $\lambda>0$ 来最小化不等式的右侧，即最小化 $e^\lambda-\lambda(1+\delta)$。易知，在 $\lambda=\ln(1+\delta)$ 时取得最小值。将此 λ 值代入上式即得形如式（2.2.5）的切尔诺夫界。

例 2.10   现在我们将切尔诺夫界应用于前述示例，此处 $\mu=n/2$。在式（2.2.7）中取 $\delta=1/2$，我们得到

$$\Pr[X\geqslant 3n/4]\leqslant e^{-n/24}$$

请注意，对于大的 n 值，这是一个比切比雪夫不等式更紧的界。

例 2.11   （球盒模型）假设有 n 个球，将每个球都均匀、独立地随机放入 n 个盒子之一。令 Y_i 表示在第 i 个盒子中的球的数量。随机变量 $Y:\max_{i=1}^{n}Y_i$ 表示盒中球数的最大值。下面将使用切尔诺夫界来证明 Y 以大概率是 $O(\ln n)$ 的。首先考虑一个固定的盒子 i，并证明 Y_i 以大概率为 $O(\ln n)$。对于球 j，令 X_j 为示性随机变量，如果球 j 落在盒子 i 中，则 X_j 取值为 1，否则取值为 0。显然，$\Pr[X_j=1]=1/n$。由 $Y_i=\sum\limits_{j=1}^{n}X_j$ 可得 $\mathbb{E}[Y_i]=1$。由于 $X_1,\cdots,X_n$ 是独立的伯努利随机变量，我们可以取 $\delta=4\ln n$ 并应用式（2.2.9）得到

$$\Pr[Y_i\geqslant 4\ln n+1]\leqslant e^{-2\ln n}=1/n^2$$

继而，使用布尔不等式可得

$$\Pr[Y\geqslant 4\ln n+1]\leqslant\sum\limits_{i=1}^{n}\Pr[Y_i\geqslant 4\ln n+1]\leqslant 1/n$$

于是，不存在盒子中有不少于 $4\ln n+1$ 个球的概率至少为 $1-1/n$。

如果我们直接使用式（2.2.5）的话可以得到更紧的界。习题 2.7 表明 Y 以大概率是 $O(\ln n/\ln\ln n)$ 的。

例 2.12   假设我们将一枚均匀的硬币独立地抛掷 n 次[⊖]。出现正面的次数与出现反面的次数之差的绝对值是多少？利用切尔诺夫界可以证明这个随机变量有很大概率是 $O(\sqrt{n})$ 的。下面来对此进行说明：令 X_i 为示性随机变量，若第 i 次抛硬币的结果是正面，则 X_i 的值为 1，否则 X_i 为 0。那么随机变量 $X=\sum\limits_{i=1}^{n}X_i$ 计算了试验中出现正面的抛掷次数[⊖]。显然有 $\mu:=\mathbb{E}[X]=n/2$。在式（2.2.7）和式（2.2.8）中使用 $\delta=6/\sqrt{n}$，可得 $\Pr[|X-n/2|\geqslant 3\sqrt{n}]$ 至多为 $2\times e^{-6}$，约为 0.005。

2.3 生成随机数

随机算法的表现与底层随机数生成器（random number generator，RNG）的效率密切相关。一个常见的基本假设是存在一个随机数生成器，它可以在单位时间内均匀生成一个

⊖ 此处假设 n 是一个大数。——译者注
⊜ 于是出现正面的次数与出现反面的次数之差的绝对值就是 $|X-(n-X)|=2|X-n/2|$。——译者注

在范围[0, 1]的随机实数，或者在区间[0, ⋯, N]内均匀生成 log N 个独立的随机比特。这个原语在所有的标准编程语言中都可以使用——我们称这个 RNG 为 $\mathcal{U}$。我们将对它进行改造以应用于之后各小节中所描述的各种场景。

2.3.1　生成具有任意分布的随机变量

假设离散分布 $\mathcal{D}$ 的分布函数为 $f(s)$，其中 $s = 1, \cdots, N$。我们希望根据 $\mathcal{D}$ 生成一个随机变量。可以认为分布 $\mathcal{D}$ 就表示生成一个权重为 $w_i = f(i)$ 的随机变量 X，其中 $\sum_i w_i = 1$。从这个分布中采样的一个很自然的方法就是：将区间[0, 1]划分为连续的子区间 $I_1, I_2, \cdots$，使得 I_j 的长度恰为 w_j。之后使用随机数生成器 $\mathcal{U}$ 选择区间[0, 1]中的一个随机点，若它落在区间 I_j 内，则输出 j。易见，这个随机变量取值为 j 的概率恰为 $f(j)$。

如前所述的过程的时间复杂度为 $O(N)$，因为我们需要顺序查找到随机选择的点所在的区间。可以通过使用二分查找来提高效率。具体而言，令 $F(j)$ 表示 $\sum_{i=1}^{j} f(i)$ ——它也称作 $\mathcal{D}$ 的累积分布函数(CDF)。显然，序列 $F(1), F(2), \cdots, F(N) = 1$ 构成一个单调非减序列。于是对于[0, 1]范围内一个给定的实数值 x，我们可以使用二分查找得到索引 j 使得 x 位于 $F(j)$ 和 $F(j+1)$ 之间。因此，我们可以在 $O(\log N)$ 时间内按分布 $\mathcal{D}$ 进行采样。

将单位区间划分为离散段的想法不适用于连续分布(例如正态分布)。但是，我们仍然可以对之前的想法进行简单扩展再应用。假设连续分布由累积分布函数 $F()$ 指定，其中 $F(s)$ 表示取得小于或等于 s 的值的概率。我们假设 $F()$ 是连续的(注意 $F(-\infty) = 0$，$F(+\infty) = 1$)。为了从这个分布中采样，我们再次使用 $\mathcal{U}$ 从[0, 1]中均匀地取一个随机值 x。令数值 s 满足 $F(s) = x$(这里假设我们可以计算出 F^{-1}；与之不同，在离散情况下，我们使用的是二分查找过程)，则我们输出 s 的值即可。同样易知，这个随机变量具有由 $\mathcal{D}$ 给出的分布。

2.3.2　由顺序文件生成随机变量

假设一个文件包含 N 条记录，我们希望从中均匀地随机采样，得到包含 n 个记录的子集。这个基本问题有多种采样方式：

- 有放回采样。我们可以使用 $\mathcal{U}$ 不断从文件中采样。但这可能导致重复。
- 不可重采样。我们可以使用前一种方法选择下一个样本，但丢弃重复的样本。结果是均匀采样，但可能会影响效率。特别地，我们得到第 $k+1$ 个样本所需要调用 $\mathcal{U}$ 的期望次数为 $N/(N-k)$(参见习题 2.18)。
- 依序采样。我们希望从文件中按递增顺序选采样本 $S_1, S_2, \cdots, S_n$，即 $S_i \in [1 \cdots N]$ 且 $S_i < S_{i+1}$。它可以应用于只能对记录进行一次完全扫描但不允许回溯的一些数据处理过程。

  假设在当前阶段，我们已经扫描了文件的前 t 个元素，并选定了 $S_1, \cdots, S_m$。在此条件下，我们以概率 $(n-m)/(N-t)^{\ominus}$ 选择下一个元素(即第 $t+1$ 个元素)作为

$\ominus$　可由 $\dfrac{\binom{N-t}{n-m} - \binom{N-t-1}{n-m}}{\binom{N-t}{n-m}}$ 计算。——译者注

S_{m+1}。同样地，我们使用 $\mathcal{U}$ 在范围$[0，1]$内选择一个随机值 x，然后将 x 的值与 $(n-m)/(N-t)$ 进行比较，如果 x 小于或等于$(n-m)/(N-t)$ 则选择第 $t+1$ 个元素作为 S_{m+1}，否则继续向前扫描。

为了证明这个随机采样过程的正确性，让我们计算这个过程选择给定元素 s_1，…，s_n 的概率，其中 $1 \leqslant s_1 < s_2 < \cdots < s_n \leqslant N$。假设已有 $S_1 = s_1$，…，$S_m = s_m$，在此条件下（取 $s_0 = 0$），$S_{m+1} = s_{m+1}$ 的概率是多少？要做到这一点，我们就不能选择 $s_m + 1$，…，$s_{m+1} - 1$ 中的任何一个元素，且必须选择 s_{m+1}。这个事件的概率等于

$$\frac{n-m}{N-(s_{m+1}-1)} \cdot \prod_{t=s_m+1}^{s_{m+1}-1} \left(1 - \frac{n-m}{N-(t-1)}\right)$$

对上式分别取 $m = 0$，…，$n-1$，并求它们的积，可以看到选择 s_1，…，s_n 的概率恰好是 $\dfrac{1}{\binom{N}{n}}$。

虽然前述过程可以正确地得到结果，但是 $\mathcal{U}$ 被调用了 N 次。下面是一个更有效的过程，调用 $\mathcal{U}$ 的次数更少。很容易验证 $S_{i+1} - S_i$ 的累积密度函数由下式给出（参见习题 2.19）

$$F(s) = \Pr[(S_{i+1}-S_i) \leqslant s] = 1 - \frac{\binom{N-S_i-s}{n-i}}{\binom{N-S_i}{n-i}}, \ s \in [1，N-S_i] \qquad (2.3.11)$$

因此，我们可以根据 S_1，$S_2 - S_1$，…，$S_n - S_{n-1}$ 的分布对随机变量采样，然后选择相应的元素。

- 从任意大的文件中依序采样。这种情况与之前相同，只是我们不知道 N 的值。这是流算法中的典型场景（参阅第 15 章）。

在这种情况下，我们始终维护如下不变式[⊖]：

n 个元素的样本是从迄今为止已扫描的 i 个记录中均匀随机选择的。

注意，仅当 $i \geqslant n$ 时该不变式才有意义，因为这 n 个样本必须彼此互异。此外，当 $i = n$ 时，必须选择全部样本中的前 n 个记录。现在假设这个不变式对于某个 $i \geqslant n$ 成立，令 $S_{n,i}$ 表示此时随机采样的 n 个元素。当我们扫描下一条记录时（即第 $i+1$ 条记录。而且如果文件已结束，则可能不会发生这种情况），我们希望在这 $i+1$ 条记录中依旧保持这个不变式。很明显，第 $i+1$ 条记录应以一定概率（记做 p_{i+1}）被采样，而且如果被选取，则必须替换掉之前已被采样的另一条记录。

注意到，$p_{i+1} = n/(i+1)$。由于有 $\binom{i+1}{n}$ 种方法从前$(i+1)$条记录中选择 n 个样本，而其中恰有 $\binom{i}{n-1}$ 种方法包含第$(i+1)$条记录，所以有

$$p_{i+1} = \frac{\binom{i}{n-1}}{\binom{i+1}{n}} = \frac{n}{i+1}$$

⊖ n 是固定值，i 随着扫描而递增。——译者注

如果选择第$(i+1)$条记录，我们将以等概率（即 $1/n$）选择丢弃之前所取得的 n 个样本之一。下面来说明这个做法的合理性。请注意，不变式保证了 $S_{n,i}$ 是 n 个样本的均匀采样结果集合，于是我们可以断言：等概率地随机丢弃其中一个样本将得到 $S_{n-1,i}$，也就是一个均匀采样的 $n-1$ 样本集合。换言之，选定了一个有 $n-1$ 个元素的特定子集 S^* 的概率恰好等于选择了集合 $S^* \bigcup \{x\}$（其中 $x \notin S^*$）并丢弃了 x 的概率之积。读者可以验证：

$$\frac{1}{n} \cdot (i-n+1) \cdot \frac{1}{\dbinom{i}{n}} = \frac{1}{\dbinom{i}{n-1}}$$

其中，$(i-n+1)$ 这一项表示 x 的可选择数。等式右端是从 i 条记录中均匀选择 $n-1$ 个样本的概率。由此可以得到采样算法：当我们考虑第 $(i+1)$ 条记录时，我们以概率 $n/(i+1)$ 选择它——而且如果选择了它，就必须以等概率（即 $1/n$）丢弃一个之前已选择的样本。

2.3.3　生成随机置换

很多随机算法依赖于随机置换的性质来得到所期望的良好的界。一些算法，例如 Hoare 的快速排序算法或随机增量构造算法，事实上都假设输入具有随机的顺序。然而，实际的输入可能不具有此性质。这时，就应由算法来生成一个随机置换。一般来说，任何一个这样的算法都必须能够使用随机数，并确保输入对象的所有置换都是等可能的。

我们在图 2.1 中描述了该算法。该算法共执行 n 次迭代。在第 i 次迭代中，它将 x_i 指定到置换中的一个随机位置。它将各元素根据随机置换的顺序放置在数组 A 中。请注意，A 的大小略大于 n，因此，在算法结束时 A 中的某些位置还将保持为空。但我们只需要从左到右扫描 A，并从中读取置换即可。

Procedure Random permutation $(\langle x_1, x_2, \cdots, x_n \rangle)$

1　输入：对象$\{x_1, x_2, \cdots, x_n\}$；
2　输出：一个随机置换 $\Pi = \{x_{\sigma(1)}, x_{\sigma(2)}, \cdots, x_{\sigma(n)}\}$；
3　初始化一个大小为 $m(>n)$ 的数组 A，数组元素都不做标记；
4　**for** $i=1$ to n **do**
5　　　**while** $A[j]$ 已标记 **do**
6　　　　　生成一个随机数 $j \in_u [1, m]$；
7　　　$A[j] \leftarrow i$；
8　　　标记 $A[j]$；
9　紧缩 $A[1, n]$ 中被标记的位置并返回 A，其中 $\sigma(A[j])=j$；

图 2.1　生成 n 个不同对象的随机置换

在数组 A 中，该算法标记了被占用的位置。主循环（for 循环）尝试将 x_i 指定到数组 A 中未标记（未占用）的一个随机位置。为此，它需要一直尝试，直到找到空闲位置为止（步骤 5 和 6）。我们需要证明：

（ⅰ）算法终止时，产生任一置换的可能性都相同。

（ⅱ）"步骤 6"的总执行次数的期望值不要过大——最好能够做到关于 n 是线性的。

（ⅲ）步骤 9 以连续的方式返回这 n 个元素可能需要扫描整个 A，共用 m 个步骤。

为平衡（ⅱ）和（ⅲ）的算法开销，我们必须稍加谨慎地选择 m 的值。我们做了一些简单的观察如下。

断言 2.1　如果 A 中未标记的位置数量为 t，那么这 t 个位置都是等概率被选择的。

断言 2.1 事实上就是"该位置未被标记"条件下的条件概率的一个简单应用。考虑由 n 个不同位置组成的任意一个固定的集合 N，在将元素 x_1，x_2，$\cdots$，x_n 指定到 N 中位置的条件下，x_1，x_2，$\cdots$，x_n 的所有置换的可能性相同。而断言 2.1 表明：当 x_1，x_2，$\cdots$，x_i 都被指定后，x_{i+1} 在未占用的 $n-i$ 个位置内是均匀分布的。由于这对集合 N 的任何一个选择都适用，因此各个置换的无条件概率也是相同的。

"步骤 6"的执行总次数取决于尝试查找未标记位置的失败次数。在进行了 i 次位置指定后，执行"步骤 6"成功找到未标记位置的概率是 $(m-i)/m=1-i/m$。因为每次位置选择都是相互独立的，所以为 x_{i+1} 寻找未标记位置时"步骤 6"执行次数的期望是 $m/(m-i)$。而且由期望的线性性可知，整个算法中"步骤 6"的执行总次数的期望是

$$\sum_{i=0}^{n-1}\frac{m}{m-i}=m\left(\frac{1}{m}+\frac{1}{m-1},\ \cdots,\ \frac{1}{m-n+1}\right) \tag{2.3.12}$$

当 $m=n$ 时，这个和是 $O(n\log n)$ 的[⊖]；而当 $m=2n$ 时，这个和变为 $O(n)$ 的。由于概率是独立的，我们可以用切尔诺夫-霍夫丁界（Chernoff-Hoeffding bound）得到偏离期望值的中心界：

当 $m=2n$ 时，"步骤 6"的执行总次数超过 $3n$ 的概率是多少？这等价于在 $3n$ 次执行"步骤 6"的过程中进行成功指定的次数少于 n。令 $p_i=\dfrac{2n-(i-1)}{2n}$ 表示为 x_i 找到的位置未被标记的概率，其中 $i\leqslant n$，则易得 $p_i\geqslant 1/2$。定义 0—1 随机变量 X_i，$X_i=1$ 当且仅当第 i 次执行"步骤 6"时成功找到了一个未被标记的位置。为使得算法终止，我们需要 n 个未标记的位置。如前所述可知 $\Pr[X_i=1]\geqslant 1/2$。因此，$\mathbb{E}\left[\sum_{i=1}^{3n}X_i\right]\geqslant 3n/2$。令 $X=\sum_{i=1}^{3n}X_i$ 表示执行"步骤 6"$3n$ 次时的成功次数。于是 X 是独立伯努利随机变量的和，直接应用切尔诺夫界（式（2.2.8））即可得

$$\Pr[X<n]=\Pr[X<(1-1/3)\mathbb{E}[X]]\leqslant\exp\left(-\frac{3n}{36}\right)$$

呈负指数衰减关系。

断言 2.2　n 个不同对象的随机置换可以大概率在 $O(n)$ 时间和 $O(n)$ 空间内生成。

读者会注意到，随着 m 的增大，遇到已标记位置的概率会降低。因此，对 m 的值进行估计，使得以大概率只需要执行"步骤 6"n 次，这是很有意义的。对于那些需要在线生成随机置换的应用而言，这也是非常实用的。请注意，对某一个固定的位置而言，对其进行指定尝试的次数的期望是 $\mu=n/m$，于是使用式（2.2.10），我们可以界定在这个位置上进行随机指定尝试的次数大于 1 的概率为

⊖　参见"调和级数的部分和"。——译者注

$$\left(\frac{n}{2m}\right)^2 e^{2-n/m} \leqslant O(n^2/m^2)$$

由布尔不等式可知，这 m 个位置中存在一个位置有超过 1 次指定尝试的概率的界为 $O\left(\frac{n^2}{m}\right)$。因此，选择 $m = \Omega(n^2)$ 时，执行"步骤 6"的次数以概率 $1 - O\left(\frac{n^2}{m}\right)$ 为 n——也就是说，不需要重新进行指定位置的尝试。

拓展阅读

有很多关于概率论导论和随机算法的优秀教材[105,106,126]，本章所涵盖的大多数经典主题在这些教材中都有更详细的介绍。当我们处理独立随机变量时，切尔诺夫界（Chernoff bounds）是最强的尾部不等式之一。也有一些类似的界，如霍夫丁界（Hoeffding's bound），根据相关参数的不同，有时会得到更好的结果。在很多流算法中，维护随机样本是其中一个常用的子过程（参阅第 16 章）。在大小为 $2n$ 或更大的数组中选择 n 个元素，会导致很少的重复，这一思想常用于很多其他应用之中，例如哈希函数（参阅第 6 章）。

习题

2.1 考虑连续抛掷一枚均匀的硬币，直至连续出现两次正面（H）或者连续出现两次反面（T）为止这一试验。

（ⅰ）描述这个试验的样品空间。

（ⅱ）经过偶数次抛掷后试验结束的概率是多少？

（ⅲ）抛掷次数的期望是多少？

2.2 一家公司生产的每个巧克力包装中都有一张板球运动员的照片。假设一共有 n 种不同的照片，而且每个巧克力中都等概率地出现这 n 种照片之一。如果收集完整这 n 种照片，则可以得到公司的奖励。那么要得到全部 n 种照片，需要购买的巧克力数量的期望是多少？

2.3 有 n 封信和对应的 n 个信封。假设每封信都胡乱地放入一个信封。证明：当 n 趋向于无穷大时，所有信都没有正确地放入它所对应信封的概率趋向于 $1/e$。

2.4 假设你在一个新的城市迷路了，走到了一个十字路口。该路口只有一个方向可以让你在 1 小时后到达目的地，其他三个方向分别将在你走 2、3 和 4 小时后将你带回这个十字路口。假设你选择每一个方向的概率都相等，那么你到达目的地所需时间的期望是多少？

2.5 一名赌徒使用以下策略：他第一次下注 100 印度卢比——如果他赢了，他就退出；如果他输了，他就继续下注 200 印度卢比，之后不管结果如何，都会退出。假设他每一局取胜的概率都是 1/2，那么他作为获利者离开的概率是多少？如何能够将他的策略一般化⊖？

2.6 **Gabbar-Singh** ⊖ 问题。假定一把左轮手枪中（有 6 个弹仓）有 3 个连续的弹仓是空的，有 3 个连续的弹仓装了子弹。你从一个随机弹仓位置开始射击（射击后将自动转轮），计算以下概率。

（ⅰ）第一次射击是空枪。

（ⅱ）在第一次射击是空枪的条件下，第二次射击也是空枪。

（ⅲ）在前两次射击都是空枪的条件下，第三次射击也是空枪。

2.7 在"球盒模型"的例子（例 2.11）中，证明：盒子中球数的最大值以大概率为 $O(\ln n / \ln \ln n)$ 的。

2.8 假设我们独立而均匀地将 m 个球随机放入 n 个盒子中。证明：若 $m \geqslant n \ln n$，则盒子中球数的最大值是以大概率为 $O(m/n)$ 的。

⊖ 原书如此。它其实是"翻倍投注"的一个简单情况，赔率应为 2，即如果获胜将得到所投注的 2 倍。——译者注

⊖ 印度电影"复仇的火焰（Sholay）"（1975 年 8 月 15 日印度上映）中的头号恶棍角色。——译者注

2.9 狱警通知 A、B、C 三名囚犯(隔离地关在独立的房间里),其中一人将在不泄露身份的情况下获释。囚犯 A 要求狱警透露 B、C 两人中谁将不被释放。狱警想:既然剩下的 B、C 两人中至少有一人不会获释,那么他(即使回答了 A 的问题也)并没有泄露获释者的身份。然而,A 听到狱警的回答后却非常高兴。你能解释一下吗[⊖]?

2.10 对于随机变量 X 和 Y,证明:

(ⅰ) $\mathbb{E}[X \cdot Y] = \mathbb{E}[Y \times \mathbb{E}[X \mid Y]]$

(ⅱ) $\mathbb{E}[\mathbb{E}[X \mid Y]] = \mathbb{E}[X]$

(ⅲ) $\mathbb{E}[\phi_1(X_1) \cdot \phi_2(X_2)] = \mathbb{E}[\phi_1(X_1)] \cdot \mathbb{E}[\phi_2(X_2)]$,其中 ϕ_1 和 ϕ_2 是随机变量的函数[⊖]。

2.11 举例说明,即使有 $\mathbb{E}[X \cdot Y] = \mathbb{E}[X] \cdot \mathbb{E}[Y]$,随机变量 X 和 Y 也可能不独立。

提示:考虑 X 及 X 的一个适当的函数。

2.12 设 $Y = \sum_{i=1}^{n} X_i$,其中 X_i 都是具有期望 μ 的同分布随机变量。如果 n 是取值为非负整数的随机变量,则称 Y 为随机和(random sum)。证明:$\mathbb{E}[Y] = \mu \cdot \mathbb{E}[n]$。

2.13 假设 Y 是一个随机变量,表示独立地抛掷一个均匀骰子首次得到 6 时的抛掷次数。我们必须抛掷骰子多少次才能得到 k 次 6?令随机变量 X 表示抛掷次数。

(ⅰ) 计算 $\mathbb{E}[X]$。

(ⅱ) 使用切尔诺夫界证明 $\Pr[X \geqslant 10k] \leqslant 1/2^k$。

Y 的分布称为几何分布(geometric distribution),X 的分布称为负二项分布(negative binomial distribution)。

2.14 对于离散随机变量 X,e^{sX} 被称为矩生成函数(moment generating function)。令 $M(s) = \mathbb{E}[e^{sX}]$。

证明:$\mathbb{E}[X^k] = \dfrac{d^k M}{ds^k}\Big|_{s=0}$,其中 $k = 1, 2, \cdots$。这是计算随机变量的 k 阶矩的一个实用公式。

提示:写出 e^{sX} 的级数展开。

2.15 令 $G(n, p)$ 表示一个有 n 个顶点的图,在每对顶点之间独立地以概率 p 添加边。令 X 表示图 $G(n, p)$ 的边数,则 X 的期望值是多少? X 的方差是多少?

2.16 令 $G(n, p)$ 为如习题 2.15 所述的 n 阶随机图。图中的三角形指的是三个顶点的集合 $\{u, v, w\}$(注意这是一个无序的三元组),满足每两个顶点都有边。令 X 表示图 $G(n, p)$ 中三角形的个数,则 X 的期望和方差分别是多少?

2.17 考虑 2.3.1 节中连续分布的采样算法。证明:随机变量具有所需的分布。

2.18 考虑"从包含 N 个元素的文件中均匀采样 n 个不同元素"这一问题。假设我们已经采样得到了有 k 个元素的集合 S。对于下一个样本,我们持续从文件中均匀采样,直至取到一个不在 S 中的元素为止。我们需要从文件中采样的期望次数是多少?

2.19 考虑依序采样的问题。证明:$S_i - S_{i-1}$ 的分布由式(2.3.11)给出。

⊖ 原书如此。1959 年,马丁·加德纳(Martin Gardner)在《科学美国人》(*Scientific American*)的"数学游戏"(Mathematical Games)专栏中提出了这个"三囚犯问题"(three prisoners problem)。——译者注

⊖ 原书如此,此处应要求是 X_1 和 X_2 独立的随机变量。——译者注

热 身 问 题

在本章中，我们将讨论一些基本的算法问题。每个问题都需要一种新的算法设计技术，而且它们的分析也都依赖于其背后的计算模型。我们使用读者熟悉的一些基本方法来分析。

3.1 计算最大公因子的欧几里得算法

欧几里得算法用于计算两个正整数的最大公因子（greatest common divisor，GCD），据称它是最早的真正意义上的算法。该算法基于两个非常简单的观察结果——给定两个正整数 a 和 b，它们的最大公因子 $\gcd(a, b)$ 满足如下关系：

$$\gcd(a, b) = \gcd(a, a + b)$$

$$\gcd(a, b) = b，当 b 可以整除 a 时$$

读者可以严格证明上述关系。这两个等式也表明，当 $b < a$ 时，有 $\gcd(a, b) = \gcd(a - b, b)$。重复利用这一关系式可得 $\gcd(a, b) = \gcd(a \bmod b, b)$，其中 mod 表示求余运算。于是，我们基本上就得到了如图 3.1 所正式描述的欧几里得算法。

现在，让我们在比特计算模型（即对于计算所需的二进制操作进行计数）下，分析欧几里得算法的运行时间。由于该算法依赖于整数的除法——而它本身就是一个值得探讨的话题，因此我们将计算欧几里得算法在最坏情况下的迭代次数。

Procedure Algorithm Euclid-GCD (a, b)
1   输入：正整数 a, b, 其中 $b \leqslant a$;
2   输出：a 和 b 的最大公因子;
3   令 $c = a \bmod b$;
4   **if** $c = 0$ **then**
5 | 返回 b
6   **else**
7   └   返回 Euclid-GCD (b, c)

图 3.1　欧几里得算法

> **观察结果 3.1** $a \bmod b \leqslant a/2$，即 $a \bmod b$ 余数的比特长度严格小于 $|a|$。

这可以基于 $b \leqslant a/2$ 和 $b > a/2$ 这两种情况进行简单的分类分析。这一观察结果的直接结论就是欧几里得算法的迭代次数以 $|a|$ 为界，或者等价地说，迭代次数的界是 $O(\log a)$。事实上这个界是紧的。因此，如果使用长除法来进行模运算，总的运行时间以 $O(n^3)$ 为界，其中 $n = |a| + |b|$。

3.1.1 扩展欧几里得算法

考虑由两个整数 a, b 的线性组合定义的数的集合，即 $\{xa + yb \mid x, y 是整数\}$，那么就有

$$\gcd(a, b) = \min\{xa + by \mid xa + yb > 0\}。$$

为了证明这一点，令 $l = \min\{xa + yb \mid xa + yb > 0\}$。显然，$\gcd(a, b)$ 可整除 l，因此 $\gcd(a, b) \leqslant l$。现在证明 l 可以整除 a（也可以整除 b）。我们将使用反证法，假设 $a = lq + r$，其中 $l > r > 0$。于是有 $r = a - lq = (1 - xq)a - (yq)b$，这与 l 的最小性产生了矛盾。

对于一些应用而言，我们感兴趣的是计算相应于 $\gcd(a, b)$ 的 x 和 y。我们可以在欧

几里得算法的执行过程中递归地计算出它们的值。

> **断言 3.1** 假设数对 (x', y') 对应于 $\gcd(b, a \bmod b)$，也就是说，$\gcd(b, a \bmod b) = x' \cdot b + y' \cdot (a \bmod b)$。于是有 $\gcd(a, b) = y' \cdot a + (x' - qy')b$，其中 q 是 a 除以 b 的整数商。

该断言的证明留作习题。

扩展欧几里得算法的一个直接应用就是，计算一个素域 F_q^* 中的乘法逆元，其中 q 是一个素数。$F_q^* = \{1, 2, \cdots, (q-1)\}$，其中乘法运算在模 q 意义下进行。众所周知[○]，对于每个数 $x \in F_q^*$，都存在另一个数 $y \in F_q^*$ 使得 $x \cdot y \equiv 1 \bmod q$，数 y 通常也称作 x 的逆元。为了计算 a 的逆元，我们可以使用扩展欧几里得算法得到满足 $sa + tq = 1$ 的 s 和 t，这是因为 a 与 q 互素。通过模 q 求余可以发现 $s \bmod q$ 即为所需的逆元。这个结论可以被推广到 $\mathbb{Z}_N^* = \{x \mid x \text{ 与 } N \text{ 互素}\}$ 上。我们首先要表明 $\mathbb{Z}_N^*$ 的乘法运算在模 N 意义下是封闭的，也就是说，若 $a, b \in \mathbb{Z}_N^*$ 则有 $a \cdot b \bmod N \in \mathbb{Z}_N^*$。证明留作习题。

3.1.2 在密码学中的应用

RSA（Rivest-Shamir-Adleman）公开密钥密码系统是计算机科学中最重要的发现之一。设想我们希望发送给接收者一条经过加密的消息。一个想法是发送者和接收者共同使用一个共享的密钥来对消息进行加密和解密。然而，这个解决方案并不能够满足所有的应用场景——发送者和接收者如何安全地共享密钥？如果这涉及不安全的信道，那么我们就又回到了相同的问题。Rivest、Shamir 和 Adleman 在 1977 年提出了一种更简洁优雅的方案，就是如今众所周知的 RSA 公开密钥密码系统。在这一系统中，接收者生成两个密钥——其中一个称作公开（public）密钥，所有人都可以知道它；另一个称作私有（private）密钥，只有接收者知道。任何想要发送信息给接收者的人都可以使用公钥对消息进行加密，但只有拥有私钥的人才可以将该消息解密！

RSA 公开密钥密码系统的工作原理如下。我们（也就是接收者）首先选取两个大素数 p 和 q，然后计算 $n = p \cdot q$。我们将消息视作一个满足 $0 \leqslant m < n$ 的整数 m [○]。n 的欧拉函数值记为 $\phi(n) = (p-1) \cdot (q-1)$，将其作为私钥。选取两个整数 d 和 e 满足 $e \cdot d \equiv 1 (\bmod \phi(n))$，其中 d 和 e 均与 $\phi(n)$ 互素。将 e 作为公钥[○]。通过计算 $m^e \bmod n$ 就可以对消息 m 进行加密，而计算 $(m^e)^d \bmod n$ 则可以对它进行解密。请注意，$(m^e)^d \equiv m^{k\phi(n)+1} \bmod p \equiv m \bmod p$。类似地，有 $(m^e)^d \equiv m \bmod q$，于是 $(m^e)^d \equiv m \bmod (pq) \equiv m \bmod n$。上述推导的最后一步的依据是中国剩余定理（该定理的形式化表述请参见习题 8.1）。它的安全性基于如下假设：由给定 n 和 e，很难计算得到 d。

RSA 公开密钥密码系统中所使用的两个主要的算法步骤分别是指数运算，这可以使用在第 1 章中介绍的分治技术实现；计算乘法逆元，这可以通过使用扩展欧几里得算法完成。

3.2 寻找第 k 小的元素

问题 给定由 n 个元素组成的集合 S 和一个整数 $k (1 \leqslant k \leqslant n)$，找到一个元素 $x \in S$

○ 因为它关于乘法构成一个群。

○ 必要时可以将消息进行分组处理。——译者注

○ 其他文献中通常将 d（而不是 $\phi(n)$）作为私钥，但这不存在本质性问题，因为已知 e 和 $\phi(n)$ 可以很容易计算出 d。——译者注

使得 x 的秩是 k。S 中元素 x 的秩为 k 指的是：在将集合 S 的所有元素排序后所得到的序列 x_1，x_2，…，x_k 中有 $x = x_k$。我们将元素 x 在 S 中的秩记为 $R(x，S)$。

因为 S 可以是一个多重集合⊖，因此数 x 在该有序序列中的位置并不能唯一确定。然而我们可以通过（假想地）增加额外的比特来使各元素变为唯一。例如，假设 S 是一个数组，我们可以将值等于其索引的 $\log n$ 比特附加到每个元素的尾部。由此第 i 个元素 x_i 可以视作一个数对 $(x_i，i)$⊜。这就使得 S 中的所有元素都是唯一的。当 $k = 1$（或 $k = n$）时，就是寻找集合中的最小（或最大）元素的问题。

我们可以简单地将选择问题归约为排序问题。我们首先将 S 进行排序，之后返回有序序列中的第 k 个元素。但这也表明了我们不能回避基于比较的排序方法的 $\Omega(n \log n)$ 时间下界。如果想要得到一个更快速的算法，我们就不能够先进行排序。例如，当 $k = 1$ 或 $k = n$ 时，我们可以简单地使用 $n - 1$ 次比较得到最小值或最大值。一个更快速的选择算法的基本思想基于如下的观察结果：

给定一个元素 $x \in S$，我们可以使用 $n - 1$ 次比较回答以下问题：

x 等于第 k 小的元素吗？或者 x 大于第 k 小的元素吗？又或者 x 小于第 k 小的元素吗？可以将元素 x 和集合 $S - \{x\}$ 中的各元素进行比较，并且找到 x 的秩，从而很容易地回答这个问题。使用任一元素 x 作为枢轴（分界线），对第 k 小的元素的查找可以在下面这两个集合中进行：

（ⅰ）$S_> = \{y \in S - \{x\} \mid y > x\}$，当 $R(x，S) < k$ 时

（ⅱ）$S_< = \{y \in S - \{x\} \mid y < x\}$，当 $R(x，S) > k$ 时

在偶然的情况下，$R(x，S) = k$，此时 x 就是所需的元素。在情况（ⅰ）中，我们找到 $S_>$ 中的第 k' 小的元素，其中 $k' = k - R(x，S)$。

假设 $T(n)$ 表示对于任意的 k、在最差情况下查找第 k 小的元素所需的运行时间，那么我们可以写出如下递推式

$$T(n) \leqslant \max\{T(|S_<|)，T(|S_>|)\} + O(n)$$

从直观上看，如果可以确保对于某个 $1/2 \leqslant \varepsilon < (n-1)/n$ 有 $\max\{|S_<|，|S_>|\} \leqslant \varepsilon n$（对于所有后续的递归调用也都满足），那么 $T(n)$ 就将以 $O\left(\dfrac{1}{1-\varepsilon} \cdot n\right)$ 为界⊜。所以它将在 $\Omega(n)$ 和 $O(n^2)$ 之间变化——这样就可以通过选取更小的 ε 值来得到更好的运行时间。

被用作划分集合的一个元素 x 被称作划分元（splitter）或者枢轴（pivot，也称主元）。现在我们将讨论如何选择一个好的划分元。从之前的讨论中可以知道，对于一个固定的分数 ε，我们希望选择秩在区间 $[\varepsilon \cdot n，(1 - \varepsilon) \cdot n]$ 之内的一个元素作为划分元。通常情况下，ε 被选定为 $1/4$。

3.2.1 选择随机的划分元

让我们来分析在 S 中随机均匀选择划分元的情况。也就是说，n 个元素中的任何一个都被等可能地选作划分元。这可以通过使用在 $(1，2，…，n)$ 中随机选择一个数的基本算法来完成。一个核心的观察结果是：

对于一个随机选择的元素 $r \in S$ 而言，其概率 $\Pr\{n/4 \leqslant R(r，S) \leqslant 3n/4\} \geqslant 1/2$。

⊖　多重集合中，同一个元素可以出现多次，出现多次的元素按出现的次数计算。——译者注
⊜　此句中所指的都是未排序时。——译者注
⊜　将递推式展开后求 $0 < \varepsilon < 1$ 的几何级数的和。——译者注

可以很容易地在线性时间内验证秩 $R(r，S)$ 是否在上述区间之内。如果不是，我们就独立地再随机抽取一个元素。重复这一过程，直至找到一个落在上述区间之内的划分元，我们将这个划分元称为一个好的划分元。

该过程需要重复多少轮次？

为了回答这个问题，我们需要稍微变换一下思考的角度。很容易论证，无法保证上述过程一定会在有限次轮次后终止。尽管在直觉上，我们很清楚它极不可能需要重复超过（比如说）10 次。当成功选取一个好的划分元的概率 $\geq 1/2$ 时，连续 9 次独立选取都失败的概率要小于等于 $1/2^9$。更确切地说，成功选取一个好的划分元的期望⊖次数以 2 为界。因此在（期望意义上的）两轮选取中，我们将会找到一个好的划分元，可以将问题的规模缩小为至多 $3n/4$。上述讨论可以重复应用于算法的所有递归调用中，也就是说，选择划分元（及验证它的秩）的期望次数总是 2。用 n_i 表示 i 次递归调用后的问题规模，显然有 $n_0 = n$；那么完成第 i 次递归调用所需的比较次数的期望为 $2n_i$。在 t 次递归调用后，总比较次数 X 为 $X_0 + X_1 + \cdots + X_t$，其中 t 足够大使问题规模满足 $n_t \leq C$，其中 C 是一个常数（也可以选择其他递归终止条件），而 X_i 是第 i 次递归调用中的比较次数。在等式两边同时取数学期望，有

$$E[X] = E[X_1 + X_2 + \cdots + X_t] = E[X_1] + E[X_2] + \cdots + E[X_t]$$

根据之前的讨论，我们知道 $E[X_i] = 2n_i$，而且 $n_i \leq 3n_{i-1}/4$。于是，总比较次数的期望以 $8n$ 为界。

让我们来分析最初的递归算法，在其中我们随机选择划分元并递归处理每个子问题。令 $\overline{T}(n)$ 表示（对任意的 k）选择第 k 小的元素所需的期望时间。由于每一个元素都等可能地被选作划分元，因此我们可以基于随机划分元 x 的秩与 k 的大小比较来进行分类讨论：

当 $\text{rank}(x) < k$ 时⊖：对于 x 的 $k-1$ 种可能，子问题的规模为 $n - \text{rank}(x)$。

当 $\text{rank}(x) > k$ 时：对于可能的 $n-k$ 种 x 的选择，子问题的规模为 $\text{rank}(x) - 1$。

因为每一个单独的元素被选择的概率都为 $1/n$，所以可以将递推式写为

$$\overline{T}(n) = \frac{1}{n} \sum_{i=n-1}^{k} \overline{T}(i) + \frac{1}{n} \sum_{j=n-1}^{n-(k-1)} \overline{T}(j) + O(n) \tag{3.2.1}$$

当假定 $\overline{T}(i)$ 关于 i 单调增时，我们可以验证当 $k = n/2$ 时算法处于最坏情况。此时递推式为

$$\overline{T}(n) = \frac{2}{n} \sum_{i=n/2}^{n-1} \overline{T}(i) + c'n$$

由下述归纳可以验证 $\overline{T}(n) = cn$，其中 $c > 4c'$：

$$\overline{T}(n) = \frac{2}{n} \sum_{i=0}^{n/2-1} [c(n/2+i)] + c'n \leq c \left[\frac{n}{2} + \frac{n}{4} \right] + cn/4 = cn \tag{3.2.2}$$

3.2.2 中位数的中位数

上述算法需要随机数生成器。但如果需要一个确定性的算法应该怎么做？事实上，依然可以给出一个线性时间复杂度的算法来选出第 k 小的元素，但这个算法会更复杂。这是很多随机算法的典型特点——去除算法的随机性通常会使算法更加复杂。

⊖ 请参阅第 2 章快速回顾离散概率的基本度量。

⊖ $\text{rank}(x)$ 即 $R(x，S)$。——译者注

考虑如图 3.2 所示的确定性算法，它可以在给定的 n 个元素的（无序）集合 S 中选择秩为 k 的元素。

Procedure Algorithm MoMSelect(S, k)

1　输入　有 n 个元素的集合 S；
2　输出　集合 S 中第 k 小的元素；
3　将 S 任意划分为若干组，每组有 5 个元素——记这些组为 $\mathcal{G}_1$，$\cdots$，$\mathcal{G}_t$，其中 $t = \lceil n/5 \rceil$；
4　对于 $i = 1$，$\cdots$，t，令 m_i 表示 $\mathcal{G}_i$ 的中位数（秩为 3 的元素），并令 $S' = \{m_1, m_2, \cdots, m_t\}$；
5　令 M 为 S' 的中位数，并令 $m = R(M, S)$，即 M 的秩；
6　令 $S_< = \{x \in S \mid x < M\}$ 及 $S_> = S - S_<$；
7　**if** $m = k$ **then**
8　　返回 M
9　**else**
10　　**if** $k < m$ **then**
11　　　MoMSelect$(S_<, k)$
12　　**else**
13　　　MoMSelect$(S_>, m-k)$

图 3.2　基于中位数的中位数的算法

该算法首先不断地将每 5 个连续的元素划分为组。对于每一个（大小为 5 的）组而言，可以在常数时间内找到它们各自的中位数（可以简单地通过排序完成，这只需要常数时间）。在这 $n/5$ 个中位数组成的集合中，再选取其中位数（即中位数的中位数）作为划分元。读者可能会注意到这个算法和之前的算法很像，除了（划分元）M 的选择——之前的算法是随机选取的。我们首先估计有多少个元素是可以确保为小于 M 的，因为就像之前观察到的，我们可以由此将集合 S 的规模缩小一个常数比例，进而递归地处理它们。

不失一般性，假设所有元素都是互异的。这表明大约有 $n/10$ 个中位数[⊖]小于 M。对于每一个小于 M 的中位数而言，有 3 个元素是小于 M 的，于是数组中总共至少有 $n/10 \cdot 3 = 3n/10$ 个元素是小于 M 的。类似地可以得到，数组中至少有 $3n/10$ 个元素是大于 M 的。因此，我们可以得到 $3n/10 \leqslant R(M, S) \leqslant 7n/10$，这符合 M 作为一个好的划分元的要求。

下一个问题是如何选择中位数的中位数 M。由于每组的大小都是 5，因此每个 m_i 可以在 $O(1)$ 时间内确定。然而，寻找这 $n/5$ 个元素的中位数似乎又让我们回到了原点。不过现在只有 $n/5$ 个元素而不是 n 个元素了，因此我们可以使用一种递归策略，即将上述算法的第 5 行修改为

$$M = \text{MoMSelect}\left(S', \frac{|S'|}{2}\right)$$

此时我们可以写出运行时间的递推式

$$T(n) \leqslant T\left(\frac{7n}{10}\right) + T\left(\frac{n}{5}\right) + O(n)$$

其中第二项对应于寻找中位数的中位数的递归调用（为了找到一个好的划分元）。在找到划分元之后（通过递归地调用同一算法），我们使用这个划分元将原问题的规模缩减到至多

⊖　严格地讲，此处应该使用下取整函数（floor function），但是我们力求避免引入过多的符号，而且不使用该符号并不影响算法分析。

$7n/10$。注意，要使得上述算法是线性时间复杂度的，仅仅保证所选取的划分元是好的还不够。很容易验证当递推式形如

$$T(n) \leqslant T(\alpha n) + T(\beta n) + O(n)$$

时，若 $\alpha + \beta < 1$，则该递推式的解是线性的。其证明留作习题。由 $7n/10 + n/5 = 9n/10$ 可知，前述算法是线性时间复杂度的。

3.3   词的排序

问题   给定 n 个词 w_1，w_2，$\cdots$，w_n，其长度分别为 l_1，l_2，$\cdots$，l_n，将这些词按词典序排序。所谓 "词"，指的是由给定的字母表 Σ 中的字符构成的有限长度序列。

回想词典序指的就是字典顺序。令 $N = \sum_i l_i$ 表示所有词的总长度。单个词可能会非常长，我们不能假定它一定能够放入计算机中的单个字（word）中。因此不能对它们直接进行基于比较的排序。让我们回顾一下关于整数排序的一些基本结果。

断言 3.2 n 个取值于 $[1, m]$ 范围内的整数可以在 $O(n+m)$ 步骤内进行排序。

我们为各个桶 b_i 维护了包含 m 个列表的一个数组，其中 $1 \leqslant i \leqslant m$。对于同一个桶中的多个整数，我们构造一个链表。之后，通过依次扫描所有（非空）列表将其输出。第一阶段用 $O(n)$ 步骤，第二阶段需要扫描所有这 m 个桶。请注意，我们可以通过跳过空桶来加速此过程，但目前我们并未维护关于桶是否空的信息。

如果使用某一算法排序后，输入数组中相同元素的相对次序在输出的有序数组中得以保持，那么我们称这一算法是稳定的（stable）。显然前述排序算法，通常称作桶（bucket）排序，其本质上是稳定的，这是因为包含所有值相同的元素的链表是按照元素输入的顺序构建的。

断言 3.3   使用稳定排序可以将取值于 $[1, m^k]$ 范围内的 n 个整数在 $O(k(n+m))$ 步骤内进行排序。

我们将每一个整数视作一个以 m 为基数的 k 元组[⊖]。现在使用时间复杂度为 $O(n+m)$ 的稳定排序算法，从最不重要位（least significant digit）开始，对其中每一位进行排序。当我们在各个位上都执行了该算法后，n 个整数将形成有序序列——其证明留作习题。这个算法也被称作基数排序（radix sort），当整数的位数不大时，这是一个非常理想的算法。当我们考虑将这个算法应用于词排序问题时，算法的时间复杂度为 $O(L(n+|\Sigma|))$，其中 $L = \max\{l_1, l_2, \cdots, l_n\}$。我们对这个算法的表现并不满意，因为 Ln 可能比 N（输入规模）大得多。

而前述算法之所以可能会低效，其原因在于很多词的长度可能比 L 短得多。于是如果将它们都视为长度为 L 的词（尾部添加假想的空白字符），那么我们将会渐近地增加输入大小。如果将基数排序视作一个可能的解决方案，那么各个词必须左对齐，也就是说，所有词都应该从同一个位置开始。例如，考虑英语单词 {cave，bat，at}，由于其中最长的字符串包含四个字母，因此简单地应用基数排序将需要如下所示的四个轮次。请注意，我们用 "_" 表示空字符，并假定它是秩最低的字符。

⊖   即位数至多为 k 的 m 进制数。——译者注

b	a	t	_	_
a	t	_	_	_
c	a	v	e	_

_	a	t	_	_
b	a	t	_	_
c	a	v	e	_

b	a	t	_	_
c	a	v	e	_
a	t	_	_	_

_	a	t	_	_
b	a	t	_	_
c	a	v	e	_

为了提高基数排序的效率并避免(与空白字符的)冗余比较,在基数排序到达一个词的右边界之前,我们不应该考虑该词。基数排序至多将执行 L 轮次,而且一个长度为 l 的词将会从第 $L-l+1$ 轮次开始参与排序。这很容易实现。更大的挑战在于如何能够在每个轮次中,根据字母表中参与排序的字符来缩小排序的范围。

对于给定的词 $w_i = a_{i,1}a_{i,2}\cdots a_{i,l_i}$,其中 $a_{i,j} \in \Sigma$,我们构造如下二元组——(1, $a_{i,1}$),(2,$a_{i,2}$),…。对于 n 个词,可以构造 N 个这样的对。我们可以将它们视作长度为 2 的串,其中第一个字符取自区间[1, L],第二个字符取自集合 Σ。我们可以使用两轮次的基数排序对它们进行排序,时间复杂度为 $O(N+L+|\Sigma|)$。由于 $N>L$,因此它也可以写作 $O(N+|\Sigma|)$。从这些排序后的二元组中,我们可以确切地知道出现在给定位置(在 1 和 L 之间)上的符号有哪些——令 m_i 表示在位置 i 处具有非空符号的词的数目。在基数排序算法中,当考虑位置 i 时,我们只对这 m_i 个词进行排序即可(根据它们第 i 位上的字符),这是由于其余词在此位置都是空白,因此都将出现在这 m_i 个词之前。

继续考虑之前的例子,我们得到如下二元组:

> cave:(1, c),(2, a),(3, v),(4, e)
> bat:(1, b),(2, a),(3, t)
> at:(1, a),(2, t)

这些二元组的有序序列是:

(1, a),(1, b),(1, c),(2, a),(2, a),(2, t),(3, t),(3, v),(4, e)

每个二元组都维护了一个指向原始词的指针,于是我们就可以根据给定的二元组集合恢复对应于它们的原始词的集合。现在回到使用基数排序对给定词进行排序的问题,我们将利用已排序的二元组中的可用信息。我们从 $i=L$ 开始,依次递减直至 $i=0$ 为止。对于每一个 i,令 W_i 表示至少包含 m_i 个字符的词构成的集合⊖。我们将维持这个不变式。在考察了第 $i+1$ 个至第 L 个字符之后,我们已经得到了根据这些字符排序的有序序列 W_{i+1}。随着 i 的变化,我们也始终维护着排序后的二元组的序列中的一个指针,其指向第一元素为 i 的二元组中的第一个。在第 i 个轮次中,我们对第一个元素是 i 的二元组进行稳定排序(例如,在上述例子中,若 $i=2$ 则将对二元组(2, a),(2, a),(2, t)进行稳定排序)。在这里,我们需要明确"稳定"的含义。注意,我们由前一轮次已经得到了各个词的有序序列,即对 W_{i+1} 中各词的排序(并且任何不在 W_{i+1} 中的词都将出现在 W_{i+1} 中的每一个单词之前)。当对 W_i 中所有词的第 i 位字符进行稳定排序后,我们仍然要维持之前提到的不变式。而为了维持这个不变式,我们分配了一个大小为 m_i 的数组,在其中放置了指向 W_i 中的词的指针。我们也必须注意新参与基数排序过程中的词——一旦一个新的词参与其中,它将参与之后的每一个轮次中。(这个新的词应该放在什么位置呢?)

在前述例子中,$m_4=1$,$m_3=2$,$m_2=3$,$m_1=3$。经过两个轮次后,表中有两个词,即 bat 和 cave。当 at 被添加到表中时,它无疑应被置于表中目前已有的所有串之前,因为它尾部的所有字符都是空字符。

⊖　原文如此,意即在位置 i 处具有非空符号的词的集合。——译者注

```
┌─────────┐┌─────────┐
│ b a t   ││ a t     │
│ c a v e ││ b a t   │
│         ││ c a v e │
└─────────┘└─────────┘
```

该算法的分析可以通过计算基数排序每个轮次的开销来进行，总的时间复杂度正比于 $\sum_{i=1}^{L} O(m_i)$，而它以 N 为界。因此，该算法的总运行时间是对二元组排序的时间与对基数排序的时间之和，其为 $O(N+|\sum|)$。若 $|\sum|<N$，则可给出最优运行时间为 $O(N)$。

3.4 可归并的堆

堆[一]是实现优先级队列的最常见方式之一。众所周知，它支持在对数时间内完成 min（取最小值）、delete-min（删除最小值）、insert（插入）、delete（删除）操作。一棵完全二叉树（通常使用数组实现）是表示堆的最简单方法之一。在许多情况下，我们对于将两个堆归并为一个堆这一附加操作感兴趣。二叉树不支持快速（对数多项式时间）归并，因此不适用于此目的——故而，我们将使用二项树（binomial tree）。

i 阶二项树 B_i 的递归定义如下：

- B_0 仅包含一个节点。
- 对于 $i \geqslant 0$，B_{i+1} 可由两棵二项树 B_i 构造——将其中一棵树的根节点添加为另一棵树的左子节点。

可以使用归纳法证明 B_i 具有如下性质（留作习题）。

断言 3.4

（ⅰ）B_i 中的节点数为 2^i。

（ⅱ）树 B_k 的高度是 k（定义 B_0 的高度为 0）。

（ⅲ）深度为 k 的节点恰有 $\binom{i}{k}$ 个，$k=0,1,\cdots$。

（ⅳ）B_i 的子节点依次是 B_{i-1}，B_{i-2}，$\cdots$，B_0 的根。

二项堆（binomial heap）是二项树[二]的有序集合，满足对于任意的 i，集合中至多有一棵 B_i。

我们将此性质称为序唯一（unique-order）性质。事实上，我们按照根节点，以递增顺序维护一个根节点的列表。

我们可以将这个性质视作一个数值的二进制表示，其右数第 i 位是 0 或 1，对于后者，它对数值的贡献是 2^i（对于最低位而言，$i=0$）。图 3.3 展示了如何使用二项树构造二项

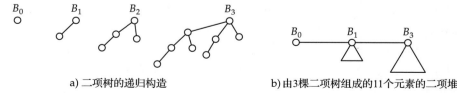

a) 二项树的递归构造　　　　　b)由3棵二项树组成的11个元素的二项堆

图　3.3

[一] 假定其是最小堆。

[二] 每个二项树遵循最小堆性质。——译者注

堆。由此类比可知，有 n 个元素的二项堆包含 $\log n$ 棵二项树$^{\ominus}$。因此，通过 $O(\log n)$ 次比较可以在 $\log n$ 个根求得最小值，继而找到最小元素。

3.4.1　归并二项堆

归并两个二项堆相当于归并根列表并还原序唯一性质。首先，我们将两个大小不超过 $\log n$ 的根列表归并到一个列表中，使得度相同的树在该列表中是相邻的（这类似于归并排序中的归并过程，并且我们可以以正比于这两个列表总长度的时间来执行此操作）。随后，我们沿着列表"前行"，只要遇到两棵度相同的树就将它们合并——它们必定是连续出现的。换句话说，每当看到两棵树 B_i（根节点的度数相等）时，我们就通过将一棵树的根作为另一棵树的根的子节点来将它们合并为树 B_{i+1}（选择哪棵树的根作为另一棵树的子节点，取决于哪个根存储的值更大，以保留堆的特性）。请注意，要维护列表按根节点度数次序组织二项树这一属性，最好是先从最高度数扫描列表。这样的话，每当我们将两棵树 B_i 替换为一棵树 B_{i+1} 时，该性质将被保留。在此列表中，一棵树 B_{i+1} 可能在两棵树 B_i 之前出现。在这种情况下，我们将不得不把两棵树 B_{i+1} 合并为树 B_{i+2}，并依此类推。合并两棵二项树需要 $O(1)$ 时间，因此运行时间与合并次数成正比。

> **断言 3.5**　两个二项堆可以通过 $O(\log n)$ 步归并，其中 n 是两棵二项树中的节点总数。

每当合并两棵树时，二项树的数目都会减少 1，因此最多会有 $2\log n$ 次树的合并。

注意：读者可将其与两个二进制表示的数求和的方法进行比较。此过程可用于实现 delete-min 操作，其细节留作习题。

插入一个新元素是很简单的——将一个节点（作为 B_0）添加到根列表并进行归并。而删除操作则需要稍加思考。让我们首先考虑 decrease-key（减小关键字的值）操作。当节点 x 的键值减小时会发生这个操作。显然，其父节点 parent(x) 的最小堆属性可能不再成立。但这可以通过将节点 x 与其父节点对换来恢复。该操作可能还要在其父节点重复进行，直到 x 的值大于其当前父节点的值或者 x 没有父节点（即根节点）为止。其开销是二项树的高度，即 $O(\log n)$。

为了删除一个节点，我们将其键值减小为 $-\infty$，使其成为根节点。现在，它等同于 delete-min 操作——这也留作习题。

3.5　一个简单的半动态词典

平衡二叉查找树——如 AVL（Adelson-Velskii-Landis）树、红黑树等——支持在最差情况下经过 $O(\log n)$ 次比较对 n 个键值进行查找和更新。这些树本质上使用的是动态结构——例如指针，它们事实上减慢了内存访问的速度。数组本质上是更优的，因为它支持对内存的直接访问，然而，它不适合插入和删除。

考虑以下方案，将 n 个元素存储在多个数组 A_0，A_1，$\cdots$，A_k 中，其中 A_i 的长度为 2^i。每个 A_i（若存在）都依序存储了 2^i 个元素，而不同数组之间是无序的。只有当 n 的二进制表示（这种表示是唯一的）中第 i 位 b_i 非零时，数组 A_i 才存在。因此，$\sum_i b_i \cdot |A_i| =$

$\ominus$　准确地说，应是 $O(\log n)$ 个。——译者注

n ，而且最多将使用 $\log n$ 个数组。

进行查找时，我们在所有数组中都进行二分查找，每个数组执行 $O(\log n)$ 步，共计 $O(\log^2 n)$ 步。进行插入操作时，我们比较 n 和 $n+1$ 的二进制表示。（在 n 的二进制表示中）存在着唯一的最小后缀，使之从 $11\cdots1$ 变化为 $100\cdots0$。也就是说，n 为 $w011\cdots1$，而 $n+1$ 为 $w100\cdots0$。于是，所有变为 0 的第 i 位对应的 A_i 中的所有元素将被归并到变为 1 的位所对应的数组中（而且数组要足够大以容纳包括新插入元素在内的所有元素）。而具体如何使用 $O(2^j)$ 次比较将这些列表归并到单个列表中留作习题（习题 3.19），其中 A_j 表示归并后的有序列表（包含 2^j 个元素）[一]。

显然，$O(2^j)$ 可能比 $O(\log n)$ 大得多，但是请注意 A_j 将继续存在于接下来的 2^j 次[二]插入操作中。因此，根据插入总数求平均值，可以得到一个合理的算法开销。作为例证，考虑一个二进制计数器，并将计数器递增时的开销与变更的位数相关联。我们观察到，在一次递增过程中，最多有 $\log n$ 位发生变更，但大多数情况下发生变更的位数要少得多。总之，当计数器从 0 增加到 $n-1$ 时，位 b_i 至多变更 $n/2^i$ 次，其中 $i \geqslant 1$。因此，大致而言，共计有 $O(n)$ 次位的变更，这意味着平均每次插入运算有 $O(1)$ 个位的变更。

类似地，当分析在上述诸数组中的插入时，执行结束于 A_j 的序列归并所需的操作总数为 $\sum_{s=1}^{j-1} O(2^s)$，等于 $O(2^j)$。因此，插入 n 个元素的过程中的操作总数可以由 $\sum_{j=1}^{\log n} O(n/2^j \cdot 2^j)$ 所限定，即 $O(n \log n)$。换句话说，插入操作的平均开销为 $O(\log n)$，它与基于树的方案是相当的。

为了将这一分析方法进行更形式化的扩展，我们引入基于势能的平摊分析（amortized analysis）的概念。

3.5.1 势能法与平摊分析

为了准确地分析算法的性能，我们获取算法或其相关数据结构在任一阶段 i 的状态（state），并使用函数 $\Phi(i)$ 表示它[三]。我们将算法的步骤 i 中所完成的平摊（amortized）开销定义为 $w_i + \Delta_i$，其中 w_i 是该步骤的实际开销[四]，$\Delta_i = \Phi(i) - \Phi(i-1)$ 称作势能差。注意，算法在 t 个步骤中的总开销为 $W = \sum_{i=1}^{t} w_i$；而另一方面，总的平摊开销是

$$\sum_{i=1}^{t} (w_i + \Delta_i) = W + \Phi(t) - \Phi(0)$$

若 $\Phi(t) - \Phi(0) \geqslant 0$，则总平摊开销就是总实际开销的一个上界。

例 3.1　在计数器问题中，我们将计数器的势能函数定义为当前值[五]中 "1" 的个数。于是，一个全 "1" 序列变为 0 的平摊开销就是 0 加上 "0" 变为 "1" 的开销，这导致了 $O(1)$ 的平摊开销[六]。

[一] j 就是之前所述的 "变为 1 的位"。——译者注
[二] 准确地讲，应该是 $2^j - 1$ 次。——译者注
[三] 也称作阶段 i 的势函数（potential function）。——译者注
[四] 这可能很难分析。
[五] 数值以二进制形式表示。——译者注
[六] 假设将 k 个 1 更改为 0、将一个 0 更改为 1，则实际开销为 $k+1$，其引起的势能变化是 $1-k$，因此其平摊开销为 2。因为总开销是 $O(n)$ 的。——译者注

例 3.2　堆栈支持压入栈(push)、弹出栈(pop)和清空栈(empty)操作。定义 $\Phi()$ 为堆栈中的元素数。如果从一个空的堆栈开始,那么 $\Phi(0)=0$。对于一个压入栈、弹出栈和清空栈的操作序列,我们可以分析其平摊开销。压入栈操作的平摊开销为 2 [一],弹出栈操作的平摊开销为 0 [二],清空栈操作的平摊开销为负数 [三]。于是,平摊开销的界为 $O(1)$,n 次操作的总开销为 $O(n)$。请注意,清空栈操作在最差情况下的开销可能非常高。

现在尝试为查找数据结构的分析定义一个适合的势能函数。我们将数组 A_i 中一个元素的势能定义为 $c(\log n - i)$,其中 c 是某个适当的常数,这就意味着插入每个新元素的(平摊)开销是 $c \log n$。这可能会导致一系列的归并,并且根据我们之前的观察可知,如果归并涉及 j 个数组,那么可以在 $O(2^j)$ 步骤内完成。具体而言,我们假设它是 $\alpha 2^j$,其中 α 是某个常数。由于元素移动到了一个编号更高的数组中,因此势能实际上是伴随着每个元素向上移动的层数而下降的。势能降低的界是

$$\sum_{i=0}^{i=j-1} c\, 2^i (j-i) = \sum_{i=0}^{j-1} \frac{c \cdot (i+1) \cdot 2^{j-1}}{2^i} \leqslant c' 2^j, \quad c' \text{ 是某个适当的常数}$$

通过平衡 α 和 c,上述关系式的界为 $O(1)$。因此,插入元素的平摊开销的界可以为 $O(\log n)$,而这是一个元素在 0 级时的初始势能。

3.6　下界

尽管设计一个更快的算法可以给我们带来很多满足感和乐趣,但如果能够通过证明一个与之匹配的下限,来表明我们的算法是可能的算法中最好的,将是锦上添花。下界要针对具有确定的能力和约束的计算模型来谈,这些能力和约束限定了任一解决特定问题的算法的行为。下界也涉及具体问题,我们必须在给定的计算模型中为它设计算法。

最常见的例子就是在基于比较的模型中证明 $\Omega(n \log n)$ 的下界。在前面的章节中,我们已经展示了可以使用基于散列的算法来避免两两比较,由此规避该下界 [四]。

让我们来特别讨论 $\Omega(n \log n)$ 这个下界。首先,我们将每个算法抽象为一棵二叉树,其中根对应于输入序列,叶子节点对应于 $n!$ 个输出置换中的每一个。对这一观察结果的证明留给读者作为习题。每个内部节点对应于算法正在比较的两个特定元素,其两个子节点分别对应于关系 > 和 ≤ [五]。对于特定的输入,算法的执行过程对应于此树中的道路,该道路中的节点数是实际进行的比较次数。请注意,在此模型中,除了比较之外,我们不考虑其他任何操作的开销,特别是在相继的比较中,为了推断(部分)顺序而进行的任何处理。例如,如果两次比较得到了结论 $a<b$ 和 $b<c$,那么就可以在不进行额外比较的情况下推断出信息 $a<c$,并且不计入任何开销。

于是,我们可以引入如下经典结果。

引理 3.1　对于任一有 N 个叶子节点的二叉树而言,其根到叶子的道路的平均长度至少为 $\Omega(\log N)$。

正式证明留给读者作为习题。作为一个推论，用于排序的平均（因此，也是最差情况下的）比较次数是 $\Omega(\log(n!))$，由 Stirling 近似[○]即得 $\Omega(n\log n)$。

如果所有的输入置换都是等可能的，那么 $\Omega(n\log n)$ 就是排序算法平均复杂度的下界，快速排序算法的平均复杂度达到了这个界。

下述简洁优雅的结果给出了平均复杂度与随机算法的期望复杂度之间的联系。

> **定理 3.1**   设 $\mathcal{A}$ 为给定问题的一个随机算法，并令 $\mathbb{E}_{\mathcal{A}}(I)$ 表示 $\mathcal{A}$ 对于输入 I 的期望运行时间。记 $T_{\mathcal{D}}(A)$ 表示确定性算法 A 在服从分布 $\mathcal{D}$ 所产生的全部输入上的平均运行时间。则有
> $$\max_{I}\mathbb{E}_{\mathcal{A}}(I) \geqslant \min_{A} T_{\mathcal{D}}(A)$$

证明：如果我们将随机算法的随机位[○]固定，那么它的行为就是完全确定的。我们记算法族为 $\mathcal{A}^s$，其中 s 表示选择的随机位串。对于服从分布 $\mathcal{D}$ 的输入而言，$\mathcal{A}^s$ 的平均运行时间的下界为 $T_{\mathcal{D}}(\mathcal{A}^s)$。于是随机算法 $\mathcal{A}$ 在服从分布 $\mathcal{D}$ 的输入上的期望运行时间的平均值可以如下写作

$$\sum_{I\in\mathcal{D}}\sum_{s}\Pr(s)\cdot T(\mathcal{A}^s(I))=\sum_{s}\Pr(s)\sum_{I\in\mathcal{D}}T(\mathcal{A}^s(I)) \qquad \text{通过交换求和符号可得到}$$

由于每个 $\mathcal{A}^s$ 都是一个确定性算法，因此服从分布 $\mathcal{D}$ 的输入上平均运行时间至少为 $T_{\mathcal{D}}^*$，其中 $T_{\mathcal{D}}^*=\min_A T_{\mathcal{D}}(A)$。由 $\sum_s\Pr(s)=1$ 可知上述等式右端至少为 $\sum_s\Pr(s)T_{\mathcal{D}}^*=T_{\mathcal{D}}^*$。这就意味着，至少存在一个输入 I^*，使得算法的期望运行时间必然会不小于平均值 $T_{\mathcal{D}}^*$，同时这也就证明了关于最差情况下期望运行时间 $\mathbb{E}_{\mathcal{A}}(I^*)$ 的界的结论。∎

就排序而言，我们可以得到结论：即使在随机排序算法家族中，快速排序也是最优的。

现在，让我们来考虑一个更基本的问题，它可以帮助我们获得关于排序的另一个证明。

元素互异性（element distinctness，ED）：给定 n 个元素构成的集合 S，我们要确定是否对于所有元素对 x，$y\in S$，都有 $x\neq y$。

这是一个判定性问题，也就是说，它的输出为是/否（YES/NO）。例如，对于输入 [5，23，9，45.2，38]，回答为是（YES）；对于集合 [43.2，25，64，25，34.7]，回答为否（NO）。我们可以使用排序来轻松地解决这个问题，因为所有具有相等值的元素都位于排序后输出中的连续位置处。因此，元素互异性问题可以归约为排序问题。我们将在第 12 章更正式地讨论可归约性的概念。

因此，排序问题的任何上界都是元素互异性问题的上界，而元素互异性问题的任一下界也都适用于排序问题。为了说明这一点，假设有一个 $O(n\log n)$ 时间的排序算法，之后我们可以得到一个元素互异性算法——首先排序，然后使用线性时间进行扫描，以找到重复的元素。这就给出了元素互异性问题的一个 $O(n\log n)$ 时间算法。

在这种联系下，集合 S 的性质对元素互异性问题的时间复杂度就至关重要。例如，若 $S=[1，2，\cdots，n^2]$，则可以使用基数排序在 $O(n)$ 时间内求解元素互异性问题。在这里，我们将重点关注比较模型中元素互异性问题的复杂性。我们的兴趣是，它是否比排序更容

○ $n!\sim\sqrt{2\pi n}\,(n/e)^n$。——译者注
○   每次随机选择都相当于若干次相继的"掷币"。——译者注

易计算。

考虑将欧几里得空间 $\mathbb{R}^n$ 中的点 $p = [x_1, x_2, \cdots, x_n]$ 作为输入。考察 $\mathbb{R}^n$ 中对应于方程 $x_i = x_j$，$i \neq j$ 的超平面。点 p 被分类为"是"当且仅当它不在任何超平面上。

> **断言 3.6**　超平面将空间划分成 $n!$ 个不相连[⊖]的区域。

显然，点坐标的任意两个不同的置换 π_1 和 π_2 都必然被这样一个超平面所分隔，这是因为至少有一对元素在 π_1 和 π_2 中的顺序是不同的。因此，区域的数量至少为 $n!$。我们鼓励读者自行证明"可取得等号"，来完成全部证明。元素互异性问题的任一算法都可以表示为一棵比较树，其中每个内部节点对应于 $x_k \leqslant x_l$ 类型的比较，而两个子节点对应于（比较结果的）两种可能性。算法沿该假想的树行进并到达一个叶子节点，在叶子节点处，给定的输入被分类为是/否。考察比较树中的任一道路——这对应于诸不等式 $x_k \leqslant x_l$ 的交集，而每个不等式都是半平面（half-plane），因此它是凸的。由于凸区域的交集也是凸的，因此道路中的任何节点都对应于 $\mathbb{R}^n$ 中的一个连通凸区域 C。于是，这棵树必然至少有 $n!$ 个叶子节点，每个叶子顶点对应的区域必然完全包含在断言 3.6 中所描述的 $n!$ 个划分块之一。请注意，如果两个点 p_1 和 p_2 可以到达带有 YES 标签的同一叶子节点，那么连接 p_1 和 p_2 的线段完全位于对应该叶子节点的凸区域中。也就是说，该线段所表示的所有输入点都将产生一个"是"的回答。如果 p_1 和 p_2 对应于不同的置换，那么连接 p_1 和 p_2 的线段将在某个对应于"否"的回答的点 $q \in \mathbb{R}^n$ 处，与分隔 p_1 和 p_2 的超平面相交。因此，该算法在到达叶子节点时会对 q 进行错误的分类。即使我们允许使用比"比较"更强的原语，例如一般的线性不等式 $\sum_i^n a_i x_i \leqslant 0$，也可以很容易地扩展得到相同的论断。因此我们可以得到如下结论。

> **定理 3.2**　对于输入 $[x_1, x_2, \cdots, x_n] \in \mathbb{R}^n$，在线性决策树模型中元素互异性问题的下界是 $\Omega(n \log n)$。

拓展阅读

RSA 算法[125]是许多密码协议的基础，它基于一个数论问题的（猜想的）困难性。也存在基于其他困难性假设的公钥密码系统[46]。Floyd 和 Rivest 描述了随机选择算法[49]，其从概念上讲比确定性的"中位数的中位数"算法[22]简单。这是大量问题的典型特点——随机化通常会简化算法。螺母和螺栓问题[85][⊖]就是另一个例子。二项堆是由 Vuileman[151]发明的。Fredman 和 Tarjan 首次引入了一种与之相关的、理论上存在优势的数据结构，称为斐波纳契堆[53]。Yao 给出了最差情况下的随机时间复杂度与平均时间复杂度之间的关系[155]。

习题

3.1　构造一个欧几里得算法的输入，使得算法的迭代次数为 $\Theta(n)$，其中 n 是输入整数的比特长度之和。

3.2　证明下述关于扩展欧几里得算法的断言。

⊖　这意味着两个区域之间的任何道路都必然与其中至少一个超平面相交。

⊖　参见习题 3.20。——译者注

令 (x', y') 表示对应于 $\gcd(b, a \bmod b)$ 的整数乘子，即 $\gcd(b, a \bmod b) = x' \cdot b + y' \cdot (a \bmod b)$。证明：$\gcd(a, b) = y' \cdot a + (x' - q \cdot y') \cdot b$，其中 q 是 a 除以 b 的整数商。

3.3 推广计算模 N 逆的算法到非素数 N 上，其中 $\mathbb{Z}_N^* = \{x \mid x \text{ 与 } N \text{ 互素}\}$。首先证明 $\mathbb{Z}_N^*$ 在模 N 乘法下是封闭的，即对任意 $a, b \in \mathbb{Z}_N^*$ 有 $a \cdot b \bmod N \in \mathbb{Z}_N^*$。

3.4 分析 RSA 密码系统加密运算和解密运算的复杂度，包括如 3.1.2 节中所述的寻找互逆对 e 和 d 的复杂性。

3.5 证明由式 (3.2.1) 给出的递归选择算法的递推式在 $k = n/2$ 时达到其最差情况。

提示：比较 $k = n/2$ 与 $k \neq n/2$ 时的递推式。

3.6 给定 n 个数 $x_1, x_2, \cdots, x_n$ 构成的集合 S，以及一个整数 k，$1 \leqslant k \leqslant n$，设计一个查找 y_1，$y_2, \cdots, y_{k-1}(y_i \in S \text{ 且 } y_i \leqslant y_{i+1})$ 的算法，使得它们可以导出 S 的 k 个大小大致相等的划分。也就是说，设 $S_i = \{x_j \mid y_{i-1} \leqslant x_j \leqslant y_i\}$ 为第 i 个分区，并假定 $y_0 = -\infty$ 和 $y_k = \infty$。S_i 中的元素数应为 $\lfloor n/k \rfloor$ 或 $\lfloor n/k \rfloor + 1$。

注意：如果 $k = 2$，那么找到中位数就足够了。

3.7 使用适当的终止条件，证明：基于中位数的中位数的确定性算法的运行时间 $T(n) \in O(n)$。

（ⅰ）尝试通过调整分组的大小来最小化复杂度中的前置常数项。

（ⅱ）该算法的空间复杂度是多少？

3.8 如果在给定的有 n 个元素的(可重)集合中，某元素的出现次数大于 $n/4$，则称它是普遍的。设计一个 $O(n)$ 的算法来查找一个普遍的元素(如果存在)。

3.9 对于 n 个互异的元素 $x_1, x_2, \cdots, x_n$，其分别具有正的权值 $w_1, w_2, \cdots, w_n$，满足 $\sum_i w_i = 1$。加权中位数是满足下述条件的元素 x_k。

$$\sum_{i \mid x_i < x_k} w_i \leqslant 1/2 \qquad \sum_{i \mid x_i \geqslant x_k, \, i \neq k} w_i \leqslant 1/2$$

描述一个 $O(n)$ 的算法找到这样的元素。注意，如果 $w_i = 1/n$，那么 x_k 是(通常的)中位数。

3.10 给定两个大小分别为 m 和 n 的有序数组 A 和 B，设计一个 $O(\text{polylog}(m+n))$ 的算法找到其(整体上的)中位数。(你可以恰好使用 $O(\log(m+n))$ 步做到这一点)。你能把它推广到 m 个有序数组吗？

3.11 **多重集合的排序。**给定 n 个元素，它们只有 h 个不同的值，证明可以通过 $O(n \log h)$ 次比较对它们进行排序。

进一步证明，如果有 n_α 个元素的值为 α，其中 $\sum_\alpha n_\alpha = n$，则可以使用如下时间复杂度进行排序。

$$O\left(\sum_\alpha n_\alpha \cdot \log\left(\frac{n}{n_\alpha} + 1\right)\right)$$

3.12 **线性时间排序。**考虑 n 个实数 $a_i (1 \leqslant i \leqslant n)$ 作为输入 S，它们是从区间 $[0, 1]$ 中独立均匀地随机选择的。使用下述算法对 S 进行排序。

（ⅰ）将 $x_i \in [0, 1]$ 哈希到位置 $A(\lceil x_i \cdot n \rceil)$，其中 A 是长度为 n 的数组。如果(该位置)有多个元素，则在相应位置创建一个列表。

（ⅱ）使用选择排序之类的简单算法对每个列表进行排序。如果 $A(i)$ 有 n_i 个元素，则将进行 $O(n_i^2)$ 次比较。

（ⅲ）将已排序的列表进行连接以输出元素的有序集合。证明该算法的期望运行时间为 $O(n)$。读者可以思考为什么即使排序在平均情况下的下界为 $\Omega(n \log n)$ 次比较，该算法也是可行的。

3.13 (可重)集合 $S = \{x_1, x_2, \cdots, x_n\}$ 的众数(mode) M 指的是最频繁出现的值(如果有多个，可以任选其一)。例如，在 $\{1.3, 3.8, 1.3, 6.7, 1.3, 6.7\}$ 中，众数为 1.3。如果众数的频率为 $m(\leqslant n)$，则请设计一个 $O\left(n \log\left(\frac{n}{m} + 1\right)\right)$ 时间算法来查找众数——请注意，m 在最初是未知的。

3.14 与通常的二路归并排序不同，请展示说明如何使用适当的数据结构在 $O(n \log n)$ 次比较中实现 k ($k \geqslant 2$) 路归并排序。注意，k 不一定是固定的(但可以是 n 的函数)。

3.15 * 我们将使用以下方法对取值范围在 0，$\cdots$，2^{b-1} 内的 n 个整数(每个整数有 b 位)进行排序。假设 b 是 2 的幂。我们将每个整数分成两个 $b/2$ 位的数——即将 x_i 分为两个部分 x_i' 和 x_i''，其中 x_i' 是高位部分。我们将较高有效位视为桶，并将 $b/2$ 个低有效位与高有效位对应的桶进行关联，并创建 $b/2$ 位数的列表。也就是说，x_i'' 被放入与 x_i' 相对应的列表中。为了归并列表，我们现在将与非空桶对应的 $b/2$ 位整数添加到之前的列表中(可以对其进行标记以区分)。现在，我们可以对 $b/2$ 位整数列表进行递归排序，并通过扫描有序元素来输出已归并的列表。注意，这个列表中的整数可能多于 n 个，因为我们还添加了桶。给出一个避免这种数量爆炸(因为它不利于递归)的方法并分析该算法。

提示：在字大小为 b 位的模型中，可能要以 $O(n \log b)$ 作为算法表现的目标。使用的空间是多少？

3.16 **奇偶归并排序。** 考虑归并两个有序序列 S_1 和 S_2 的如下(递归)算法。令 $S_{i,j}$ 表示有序序列 S_i 中的第 j 个元素，并对于 $i=1$，2，记

$$S_i^E = \{S_{i,2}, S_{i,4}, S_{i,6}, \cdots\} \quad \text{(所有偶数序数元素)}$$
$$S_i^O = \{S_{i,1}, S_{i,3}, S_{i,5}, \cdots\} \quad \text{(所有奇数序数元素)}$$

该算法(递归地)将 S_1^E 与 S_2^E 归并，并将 S_1^O 与 S_2^O 归并。将归并后的两个序列分别记为 S^E 和 S^O。从 S^O 的最小元素开始交错合并这两个序列。(即由 a_1，a_2，a_3，$\cdots$ 和 b_1，b_2，b_3，$\cdots$ 产生 a_1，b_1，a_2，b_2，$\cdots$)。

例如，如果有 $S_1 = [2, 6, 10, 11]$ 和 $S_2 = [4, 7, 9, 15]$，那么在归并奇数序数元素之后，我们得到 $S^O = [2, 4, 9, 10]$，同样可以得到 $S^E = [6, 7, 11, 15]$。交错合并后，得到 $[2, 6, 4, 7, 9, 11, 10, 15]$。

（ⅰ）证明 S^O 的最小元素是整个集合中的最小元素。

（ⅱ）假设交错合并后的序列是 α_1，α_2，α_3，$\cdots$，α_{2i}，α_{2i+1}，$\cdots$，证明我们可以通过独立比较元素对 α_{2i}，α_{2i+1} 来得到有序序列。于是，我们需要另外 $n/2$ 次比较来完成归并。

（ⅲ）如何使用奇偶归并来设计排序算法，它的运行时间又是什么？

3.17 证明可以使用归并在 $O(\log n)$ 步骤内实现二项堆的 delete-min 操作。

3.18 证明：从一棵空树开始，通过连续插入构建二项堆的平摊增量开销为 $O(1)$。(不允许其他更新。)将其与构建二叉堆的开销进行比较。

3.19 给定 k 个有序列表 S_0，S_1，$\cdots$，S_{k-1}，其中 S_i 包含 2^i 个元素。设计一个有效算法，在 $O\left(\sum\limits_{i=0}^{i=k-1} |S_i|\right)$ 步骤内将所有给定列表归并为一个单独的有序列表。

3.20 一组 n 个不同尺寸的螺母和 n 个不同尺寸的螺栓，螺母和螺栓之间是一一对应关系，因此有 n 对彼此不同的螺母和螺栓。没有可用的量具，因此唯一可用的方法就是只能将螺母和螺栓进行比较，来测试一个螺母和一个螺栓是否完全适合，或是螺母过大，或是螺栓过大。设计一种策略，使螺母和螺栓的比较测试次数最小化。

请注意，不允许将螺母与另一个螺母或螺栓与另一个螺栓进行直接比较。

3.21 给定数组 $A = x_1$，x_2，$\cdots$，x_n，对应于 x_i 的最小最近值(smallest nearest value)定义为 $V_i = \min_{j>i}\{j \mid x_j < x_i\}$。如果 x_i 右边的所有元素都大于 x_i，那么它的最小最近值称作未定义。所有最小最近值(all smallest nearest value，ANSV)问题指的是对给定数组 A 的所有下标 i 计算 V_i。例如，对于数组 $[5, 3, 7, 1, 8]$，$V_1 = 2$，$V_2 = 4$，$V_3 = 4$，$V_4 = U$，$V_5 = U$。这里的 U 表示未定义。为 ANSV 问题设计一个线性时间的算法。

3.22 证明引理 3.1。并对于任意 $2 \leqslant k < n$，将结果推广到 k 叉树。

通过论证任一排序算法的比较树都必然至少有 $\Omega(n!)$ 个叶子节点，完成排序算法的 $\Omega(n \log n)$ 下界的证明。解释为何此结果与前述习题 3.11 中多重集合排序的上界并不矛盾。

3.23 使用与 3.2 节中划分过程相同的记号，可以将随机快速排序算法运行时间的递推式表示如下：

$$T(n) \leqslant T(|S_<|) + T(|S_>|) + O(n)$$

通过适当地修改选择问题的分析过程，得到该期望运行时间的界。

优化Ⅰ：蛮力法与贪婪策略

现实生活中的许多问题都可以建模为优化问题。因此，解决这些优化问题是算法设计的最重要目标之一。一般的优化问题可以通过指定一组约束以及一个目标函数来定义。这些约束定义了一些相应的空间（如欧几里得空间 $\mathbb{R}^n$ 中的）中的一个子集，并称为可行（feasible）子集。我们将尝试在可行集上最大化或最小化（视情况而定）目标函数。解决此类问题的难度通常取决于可行集和目标函数的"复杂程度"。例如，线性规划（linear programming）就是一类非常重要的优化问题。其中，可行子集由（欧几里得空间中的）一组线性不等式指定，而且目标函数也是线性的。一类更一般的优化问题是凸规划（convex programming），其中可行集是欧几里得空间的凸子集，而且目标函数也是凸的。凸规划（并因而，线性规划）具有很好的特性，即目标函数的任一局部最优值也是全局最优值。解决此类问题的方法有很多种——所有这些方法都试图达到局部最优（我们知道这也是全局最优）。这些概念将在本章后续内容中详细讨论。更一般的问题，即非凸规划（non-convex programs），其可能具有任意的目标函数和可行子集，求解起来也可能会非常困难。尤其是离散优化（discrete optimization）问题就属于这一类，其中的可行子集可以是一个（大的）离散点集。

在本章中，我们首先讨论解决此类问题的一些最直观的方法。我们从启发式搜索方法开始，该方法尝试基于某个原则对可行子集进行搜索，由此来寻找最优解。而后，我们将介绍基于贪婪启发式的算法设计思想。

4.1 启发式搜索方法

在启发式搜索中，我们以结构化的方式探索搜索空间。一般来说，可行集（也称为可行解集）的大小可以是无限的。即使我们考虑了可行集的一些离散化近似处理（或者可行集本身就是离散的），可行解的集合也可能是指数大小的。在这种情况下，我们不能指望考察可行集中的每一个点。启发式搜索方法通过剪除搜索空间中我们确信不存在最优解的部分来避免这个问题。这些方法在实际中得到了广泛的应用，通常被认为是解决许多困难优化问题的通用技术。

我们通过考查 0-1 背包问题来说明这种技术背后的思想。0-1 背包问题如下定义。它的输入由一个参数 C（表示背包的容量）、以及 n 个体积⊖分别为 $\{w_1, w_2, \cdots, w_n\}$ 且收益分别为 $\{p_1, p_2, \cdots, p_n\}$ 的物品组成。目标是选择这 n 个物品中可装入背包的子集（即，这些物品的总体积不超过 C），使得这些物品的总收益最大化。

我们可以将此问题构造为一个离散优化问题。对于每个物品 i，我们定义一个变量 x_i，该变量的值为 0 或 1。如果在解决方案中选择了物品 i 放入背包，则 x_i 的值应为 1；否则该值为 0。注意，这个优化问题中的可行子集是 $\{0, 1\}^n$ 的子集。背包问题也可以形式化地表述为

⊖ 本书中凡论及"背包问题"时，将"体积"和"重量"视作同一个属性，"收益"和"价值"二者含义相同。——译者注

$$\text{Maximize} \sum_{i=0}^{n} x_i \cdot p_i \quad \text{满足} \sum_{i=0}^{n} x_i \cdot w_i \leqslant C，\text{及}(x_1，\cdots，x_n) \in \{0，1\}^n$$

注意，约束 $x_i \in \{0，1\}$ 不是线性的[⊖]，否则我们就可以使用线性规划来解决。解决该问题的一个简单方法是枚举这 n 个物品的所有子集，并选择满足（总容量）约束且收益最大的子集。任何一个满足背包容量约束的解都称作是一个可行解。这个算法策略的明显问题在于其运行时间至少为 2^n，对应于这 n 个物品的幂集。与之不同，我们现在不再把搜索空间看作是所有物品的子集的集合，而是以一种更加结构化的方式来考虑它。我们可以将解空间想象为是由二叉树生成的。在其中，我们从代表空集的根开始，然后根据对第一个物品的选择（即变量 x_1 的值）向左或向右移动。在第二层中，我们再次将左分支和右分支与 x_2 的选择相关联。于是，树中的每个节点都对应于一个部分解（partial solution）——如果它位于距离根深度为 j 处，那么在此处变量 $x_1，\cdots，x_j$ 的值都是已知的。这样，2^n 个叶子节点就对应于幂集的每个可能的子集，而每个可能的子集都对应于一个长度为 n 的 0-1 向量。例如，向量 $000\cdots01$ 对应于仅包含物品 n 的子集。

于是，一个过于简单化的方法就是，我们仅仅考查该树中的每个叶节点，并判断叶节点处的解所选择的物品是否适合背包。在所有这样的叶子节点中，我们选择最优解。这只不过是考查所有可能的 2^n 个不同解的蛮力策略的另一种表述。然而，我们可以设计出减少搜索空间的巧妙方法。例如，假设我们（自上而下地）遍历树，并到达了节点 v。此节点对应于一个部分解，并假定在该部分解中所选取的物品的总体积大于背包的容量。此时，我们就知道探索以 v 为根的下方子树是没有用的，因为 v 本身对应的部分解已经不能都装入背包。

可以设计出更复杂的策略来修剪搜索空间。以下是一个非常高层次的想法。我们维护一个参数 T，该参数表示迄今为止遍历树时获得的最优解的总收益。对于每个节点 v，令 $P(v)$ 表示到 v 为止的部分解（所选择的物品），之后我们要对这个部分解进行扩展，直至到达根为 v 的子树中的叶子节点集合。对于树中的每个节点 v，我们维护两个值 $L(v)$ 和 $U(v)$，分别表示所有这些叶子节点中最优解的上下界，使得扩展后的解（的总收益）位于区间 $[P(v)+L(v)，P(v)+U(v)]$ 内。当我们的算法到达某节点 v 时，如果 $T > P(v)+U(v)$，则根本不再需要探索 v 下的子树。但是，如果 $T < P(v)+L(v)$，那么则可以确保改进当前的最优解，并且算法必须探索子树。请注意，界值 $L(v)$ 和 $U(v)$ 可能不是固定的，算法可能会在执行过程中对其进行更新。

考查树中第 j 层的一个节点 v，于是 $P(v)$ 对应于一个部分解，在这个解中，我们已经决定了物品 $1，2，\cdots，j$ 中哪些物品已被选取。现在假设这个部分解不超过背包容量、总重量为 $W(v)$ 且总收益为 $P(v)$。对于 $U(v)$ 而言，我们令 ρ 表示物品 $j+1，\cdots，n$ 中的最大密度，所谓一个物品的密度指的是其收益与重量之比。观察到，$U(v)$ 可以被设置为 $(C-W(v)) \cdot \rho$。事实上，在 v 的部分解中所选择的物品已经占据了 $W(v)$ 空间。因此，我们至多只能再增加 $C-W(v)$ 的重量。在 v 之后添加的任一物品至多贡献 ρ 单位收益/每单位重量。

例 4.1　假设背包容量为 15；（各物品的）重量和收益如下表所示：

收益	10	10	12	18
重量	2	4	6	9

⊖　"$x_i = 0$ 或者 $x_i = 1$" 不是一个线性不等式。——译者注

我们将使用前述策略来设置 $L(v)$ 和 $U(v)$。观察到各物品的密度分别为 5、2.5、2 和 2。我们将估计值的初值设为 $T=0$。对于根节点 v，$L(v)$ 为 0，$U(v)$ 为 $5\times15=75$。考虑根的左子节点，它对应于选择了第 1 个物品的情况。称该节点为 w，在此节点处，背包的剩余容量为 13，T 变为 10（因为存在值为 10 的解——即只选取了第 1 个物品）。依此方式继续进行，我们对于物品的集合{1，2，4}得到 $T=38$。进一步探索该树，将进入这样一个阶段，我们选取了物品 1 且未选取物品 2。将此节点称为 u。因此可得，$P(u)+L(u)=10$，背包的剩余容量为 13。是否应该探索关于物品{3，4}的子树？由于这两个物品的密度均为 2，所以我们得到 $P(u)+U(u)=2\times13+10=36<T=38$。因此，我们无须再搜索此子树。以此方式继续进行，我们可以修剪搜索树的一大部分。然而，无法证明该方法必然会得到性能改进。

这种对搜索进行剪枝（prune）的方法称作分支定界法（branch and bound），尽管很明显使用这种策略对于算法表现提升是有帮助的，但在最差情况下也无法确保会有任何改进。

*4.1.1　博弈树

博弈树（game tree）○表示两名游戏者（参与者）之间的一场博弈（游戏）：他们交替行棋，试图获胜。例如，考虑在 3×3 的九宫格棋盘上进行的"井字棋"游戏（tic-tac-toe）。我们将两名游戏者称作 A 和 B。最初，所有 9 个小方格都是空的。两名游戏者交替行棋：A 选择一个空的小方格并写下符号×，B 选择空的小方格写下符号○。率先使得己方符号中的 3 个在棋盘上形成直线（对角线，垂直线或水平线）者获胜。

该游戏中所有策略的集合可以由一棵巨大的树来表示，树中的每个节点都对应于棋盘的一个布局（configuration）。所谓"棋盘的一个布局"是，在游戏过程中通过标记棋盘上的小方格所获得的。但要注意，棋盘上的某些标记方案不是布局。例如，我们将 4 个小方格标记为×，将 1 个小方格标记为○这种情况——由于游戏参与者是交替行棋的，因此我们永远无法达到这样的标记方案。在此树中，根节点对应于所有小方格都为空的布局。继而，游戏者 A 行棋——她有 9 个选择。因此，根节点有 9 个子节点，每个子节点对应于在 9 个小方格之一内写下符号×。考虑根节点的一个子节点 v（棋盘上恰有一个符号×）。在节点 v，轮到游戏者 B 行棋。B 有 8 个选择，因此该节点将有 8 个子节点。正如我们所看到的，这棵树有 9 层，其中奇数层（我们将包含根的最高层表示为第 1 层）对应着轮到游戏者 A 行棋，而偶数层对应着轮到游戏者 B 行棋。有三个同类符号位于同一直线上的节点对应于有一个游戏者获胜的情况。如此节点是该树的叶子节点。类似地，所有九个小方格都被标记的节点也是叶子节点（它可能对应于无人获胜的情况）。

为了简单起见，让我们来考虑一个两方游戏，当游戏结束时（即，在叶子节点处）必定有一名胜利者。基于稍后将昭示的原因，我们将对应轮到游戏者 A 行棋的节点（即奇数层的节点）称作"或"节点，用 $\vee$ 表示；同样地，我们将偶数层的节点称作"与"节点，用 $\wedge$ 表示。这种树通常被称作"与或树"（AND-OR tree）。用 1 代表游戏者 A 获胜，0 代表游戏者 A 失败。对于游戏者 B 而言，数值的含义是反过来的。叶子节点对应于游戏的最终状态，并标记为 1 或 0，分别对应于游戏者 A 获胜或失败。下面我们描述（自下而上）标记树的每个内部节点的规则。如果 $\vee$ 节点有一个子节点标记为 1，则 $\vee$ 节点的标记为 1，否则为 0，因此它类似于布尔函数"或"（OR）。一个 $\wedge$ 节点的行为类似于布尔函数"与"

○　此处假定读者已经熟知"条件期望"。

（AND）——如果它有一个子节点为 0，则该节点的标记为 0；如果它所有的子节点标记均为 1，则它的标记为 1。对节点的 0-1 标记的解释如下。如果无论游戏者 B 如何行棋，都存在着游戏者 A 的获胜策略，则该节点被标记为 1；而该节点标记为 0 则表示无论玩家 A 如何行棋，都始终存在着游戏者 B 的获胜策略。处于根节点的游戏者 A 可以选择任一将使得她获胜的分支。然而，在下一层，她的命运是掌握在游戏者 B 手中的——只有当对应游戏者 B 的所有分支都会为 A 带来一场胜利时，游戏者 A 才会有一个必胜策略；否则，游戏者 B 将会给 A 带来一场失利。请注意，此时我们认为任何一名游戏者都不会犯错误，我们关心的只是可确保实现的获胜策略。

具体而言，我们将考虑每个内部节点有两个子节点的博弈树。于是，该博弈树的节点标记（求值）方案如下所述。每个叶子节点标记为 0 或 1[一]，内部节点标记为 $\wedge$ 或 $\vee$——它将计算两个子节点的标记的布尔函数值[二]。博弈树的值是在根节点处的标记值。该值表明了哪位游戏者具有必胜策略——请注意，根节点必然会被标记为 0 或 1，所以两名游戏者之一必然会具有必胜策略。考虑一棵深度为 $2k$ 的博弈树——它具有 $2^{2k}=4^k$ 个叶子节点。因此，似乎需要大约 $O(4^k)$ 时间来对这样一棵博弈树的每个节点进行求值。我们现在证明，通过巧妙地使用随机性，可以将期望时间减少到 $O(3^k)$ 次布尔函数求值。由于底数的变化，因此这是相当可观的性能改善。

其基本思想可以借助一棵单层 $\wedge$ 树来解释。假设我们正在计算根处 $\wedge$ 节点的值，而且它的值为 0。因此，它的两个叶子节点中至少有一个值为 0。如果我们恰好先考察了值为 0 的子节点，那么之后我们就不必再计算另一个叶子节点的值。然而，很难预知两个叶子节点中的哪一个值为 0——但是如果我们随机选择一个叶子节点进行求值计算的话，那么期望查找次数是

$$\Pr[第一个考察的子节点值为零]\cdot1+\Pr[第一个考察的子节点值非零]\cdot2$$

$$=\frac{1}{2}\cdot1+\frac{1}{2}\cdot2=\frac{3}{2}$$

与两个子节点都探查的平凡策略相比，时间减少为原来的 3/4。这是 $\wedge$ 节点为 0 的条件期望。请注意，在两个子节点的值均为 0 的情况下，期望为 1。因此我们考虑的是最差情况[三]。对于另一种情况，当 $\wedge$ 节点的计算结果为 1 时，此策略将不会节省时间。我们仍然必须对两个子节点都进行探查。但是，任何带有趣味的博弈树都将至少有两层，一层是 $\wedge$，另一层是 $\vee$。于是我们可以看到，如果一个 $\wedge$ 节点的值是 1，那么它的两个子节点的值都必须是 1。现在对于这些 $\vee$ 节点，我们也可以使用前述策略来减少探查次数。本质上讲，我们将分支定界方法应用于此问题，并通过在一个节点上以随机顺序对两个子节点进行求值来获得可确保的改进。

现在考虑一般情况，假设博弈树深度为 $2k$（即，有 4^k 个叶子节点），各层交替为 $\wedge$ 和 $\vee$ 节点，每种类型都有 k 层。我们将对 k 进行归纳，证明访问叶子节点的期望次数为 3^k。基础情况（$k=1$）留给读者作为习题。假设该命题对于深度为 $2(k-1)$ 的树成立，其中 $k\geqslant2$。我们用 $N(v)$ 表示对以 v 为根的子树进行求值时访问的叶子节点数目，并使用 $\mathbb{E}[N(v)]$ 表示其期望值。

现在考虑这样一棵深度为 $2k$ 的博弈树，根据根的标记是 $\vee$ 还是 $\wedge$ 可分为两种情况。

[一]　此处假定叶子节点取值为 0 或 1 的概率相等。——译者注
[二]　在下文中，"标记的值" 与 "标记" 在作为 0 或 1 的值时含义相同。——译者注
[三]　本书此处及后文谈的都是最差情况下，数值运算有所近似，但整体渐近复杂度是一致的。——译者注

让我们考虑根的标记为 ∨ 的情况。因此，它的两个子节点，称作 y 和 z，必然被标记为 ∧（参见图 4.1）。而 y 和 z 的子节点都是深度为 $2(k-1)$ 的 ∨ 节点。

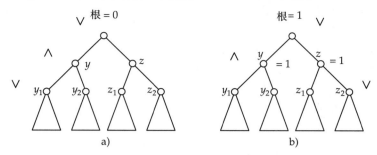

图 4.1   根节点标记为 ∨ 时的归纳证明图示

我们将考虑这两种情况。

- 根的计算结果为 0：由于根是一个 ∨ 节点，因此 y 和 z 都必须取值为 0。由于它们都是 ∧ 节点，因此 y 必然至少有一个子节点取值为 0（对于 z 来说也是如此）。从前述论证可以得出，我们最终仅计算了 y 的一个子节点的叶子节点的概率为 $1/2$（对于 z 来说情况也是类似的）。对 y 的子节点 y_1，y_2 使用归纳假设，我们可以得到 y 以下的子树的期望求值次数满足

$$\mathbb{E}[N(y)] = \frac{1}{2} \cdot \mathbb{E}[N(y) \mid \text{只对一个子节点进行了求值}] + \frac{1}{2} \cdot \mathbb{E}[N(y) \mid \text{对两}$$

个子节点进行了求值] $= 1/2 \cdot 3^{k-1} + 1/2 \cdot 2 \cdot 3^{k-1} = 3^k/2$。对于 z 之下的期望求值次数，可以得到相同的表达式，因此，求值总次数的期望为 3^k。

- 根的计算结果为 1：∧ 节点 y，z 中至少有一个必须为 1。不失一般性，假定节点 y 的求值结果为 1。有 $1/2$ 的概率是我们将首先探查 y，而后不必再探查 z。而要对 y 求值，我们将必须对 y 的两个子节点都进行考察，它们的深度都是 $2(k-1)$。将归纳假设应用于 y 的子节点，我们得到 y 之下的子树的期望求值次数为 $2 \cdot 3^{k-1}$。对于 z 之下的子树，我们可以得到相同的表达式。因此，求值总次数的期望为 $1/2 \cdot 2 \cdot 3^{k-1} + 1/2 \cdot 4 \cdot 3^{k-1} = 3^k$，其中第 1 项对应于我们首先选择 y 的事件（因此不必再对 z 进行求值），第 2 项对应于我们首先选择 z 的事件，因此需要对 y 和 z 都进行求值。

总而言之，对于一个标记为 ∨ 的根节点，无论输出是 0 还是 1，求值总次数的期望都以 3^k 为界。我们可以用叶子节点的总数来表示它。请注意，如果 N 表示叶子节点数，则 $N = 4^k$。因此，期望求值次数为 $N^{\log_4 3} = N^\alpha$，其中 $\alpha < 0.8$。根是 AND 节点的情况留作习题。

4.2   贪婪算法的框架

很少有算法技术的基础理论能像本节所给出的框架那样精确和清晰。设 S 是一个集合，M 是 2^S 的一个子集$^\ominus$，如果 (S, M) 满足如下性质，则称为子集系统（subset system）。

$\ominus$ M 是 S 的一个子集族。

对于所有的子集 $T \in M$，若 $T' \subset T$，则必有 $T' \in M$ [一]。

请注意，空集 $\varnothing \in M$。子集族 M 通常被称为独立（independent）子集，也可以视 M 为可行（feasible）子集。

例 4.2　设 $G = (V, E)$ 是一个无向图。考虑子集系统 (E, M)，其中 M 包含 E 的所有可构成森林的子集（回想如果一个边的集合不会形成回路，那么它们构成森林）。易见，它满足子集系统的上述性质。

给定一个子集系统 (S, M)，我们可以如下定义一个自然优化问题。对于任一赋权函数 $w : S \to \mathbb{R}^+$，希望找到 M 中的一个子集，其中元素的权值之和在 M 的所有子集中都是最大的，我们称这样的子集为最优（optimal）子集。请注意，这不是一个简单的问题，因为 M 的大小在 S 中可能是指数级的，而且我们可能只有 M 的隐式描述（如前述例 4.2 [二]）。在这种情况下，我们无法考察 M 中的每个子集并计算其中元素的总权值——否则算法开销过大。找到这样一个子集的直观策略就是图 4.2 所示的贪婪策略。

Procedure GenGreedy (S, M)
1　输入：$S = \{e_1, e_2, \cdots, e_n\}$ 权值依次递减；
2　$T = \varnothing$
3　**for** $i = 1$ **to** n **do**
4　　**if** $T \cup \{e_i\} \in M$ **then**
5　　　$T \leftarrow T \cup \{e_i\}$
6　输出结果 T

图 4.2　算法 Gen_Greedy

该算法的运行时间主要取决于独立性（independence）测试，而这又依赖于具体问题。即使没有显式地给出 M，我们也假定 M 的隐式特征可用于进行此测试。在无向图中森林的例子里，我们只需要检查集合 T 是否包含回路。

而似乎更为重要的问题是：T 是否是 M 中的最大权值子集？下面的结果给出了这个问题的回答。

定理 4.1　下列陈述彼此等价。
1. 算法 Gen_Greedy 对于任意的赋权函数，都可以输出最优子集。
2. 交换性质（Exchange property）
　对于任意一对子集 $S_1, S_2 \in M$，若 $|S_1| < |S_2|$，则存在元素 $e \in S_2 - S_1$ 使得 $S_1 \cup \{e\} \in M$ [三]。
3. 秩性质（Rank property）
　对于任意的 $A \subseteq S$，A 的所有极大独立子集都具有相同的基数。称 A 的子集 T 是极大独立子集，指的是 $T \in M$，且对于任意的 $e \in (A - T)$，都有 $T \cup \{e\} \notin M$。这也称作子集系统的秩。

满足上述 3 个等价条件中任一个的子集系统称作拟阵（matroid）。使用该定理并证明性质 2 或 3 成立，就可以证明贪婪策略对该问题有效。反过来，如果我们能够（通过给出一个恰当的反例）证明其中一个性质不成立，那么贪婪策略就可能无法返回最优子集。

证明：我们将如下循环论证：

[一]　这也称作遗传性质（hereditary property）。——译者注
[二]　Cayley 公式表明，有 n 个带标号的节点的完全图的支撑树有 n^{n-2} 棵。
[三]　这也称作增广性质（augmentation property）。——译者注

性质 1 ⇒ 性质 2，性质 2 ⇒ 性质 3，性质 3 ⇒ 性质 1。

- 性质 1 ⇒ 性质 2。我们采用反证法进行证明。假设性质 2 不适用于某些子集 S_1 和 S_2。也就是说，我们不能将 S_2-S_1 中的任何元素添加到 S_1 并保持其独立性。我们将证明此时性质 1 不成立。用 p 表示 $|S_1|$（因此，$|S_2| \geqslant p+1$）。现在，我们在 S 的元素上定义一个赋权函数，使得算法 Gen_Greedy 无法输出最优子集。S 中元素的赋权函数定义如下：

$$w(e) = \begin{cases} p+2 & \text{当 } e \in S_1 \text{ 时} \\ p+1 & \text{当 } e \in S_2-S_1 \text{ 时} \\ 0 & \text{其他} \end{cases}$$

算法 Gen_Greedy 将从 S_1 中提取所有元素，而后它将无法从 S_2-S_1 中选择任何元素。因此，算法 Gen_Greedy 给出的解具有总权值 $(p+2)|S_1| = (p+2) \cdot p$。现在考虑由 S_2 中元素组成的解。S_2 中元素的总权值为 $(p+1)|S_2-S_1| + (p+2)|S_2 \cap S_1| > (p+2) \cdot p$。因此算法 Gen_Greedy 并未输出最优子集，即性质 1 不成立。

- 性质 2 ⇒ 性质 3。令 S_1 和 S_2 是 A 的两个极大独立子集，并且为了应用反证法，假设 $|S_1| < |S_2|$。然后，性质 2 意味着我们可以将元素 $e \in S_2-S_1$ 添加到 S_1 且保持其独立。然而，这与 S_1 是极大的这一假设相矛盾。因此，这两个集合必须具有相同的基数。

- 性质 3 ⇒ 性质 1。我们仍然采用反证法进行证明。假设性质 1 不成立，即存在一种对权值 $w(e)$ 的选择，使得算法 Gen_Greedy 的输出不是最优子集。设 $e_1, e_2, \cdots, e_n$ 是算法 Gen_Greedy 按权值的降序所选择的元素，记这些元素的集合为 E_1。此外，令 $e'_1, e'_1, \cdots, e'_m$ 是最优解的元素，而且是按其权值的降序排列的，记这些元素的集合为 E_2。首先，观察到 E_1 是极大的——实际上，如果我们可以将元素 e 加到 E_1 中并保持它独立，那么算法 Gen_Greedy 应该已经将 e 添加到集合 E_1 中了（如算法 Gen_Greedy 的过程中所描述的）[⊖]。由性质 3 可以得出 $m=n$。

由于贪婪解的总权值不是最大的，因此必然存在最小的 $j \leqslant m$ 使得 $w(e_j) < w(e'_j)$。否则，$m=n$ 的事实就意味着 E_1 的权值不小于 E_2 的权值。令 $A = \{e \in S | w(e) \geqslant w(e'_j)\}$ 是权值至少为 $w(e'_j)$ 的元素集。子集 $\{e_1, e_2, \cdots, e_{j-1}\}$ 关于 A 是极大的（请读者考虑其原因）。$\{e'_1, e'_2, \cdots, e'_j\}$ 则形成具有更大基数的 A 的独立子集。这表明性质 3 不成立。∎

很多自然问题都可以使用子集系统来建模。在本节中，我们介绍拟阵的一些著名示例以及相应的最大权值独立集问题。

例 4.3　半匹配问题（Half-matching problem）　给定一个边的权值非负的有向图，要求边的子集满足由它导出的子图中任一顶点的入度不超过 1。我们希望找出满足上述要求的边的最大赋权子集。我们来看一下如何将这个问题转化为拟阵中最大权值独立集的问题。

子集系统的定义是清晰的——集合 S 是有向图中边的集合，M 是边集合的所有满足下述要求的子集 E' 的集合族：由 E' 导出的子图中每个顶点的入度至多为 1。现在，我们来证明这个子集系统是一个拟阵。我们将证明性质 2。考虑两个子集 S_p 和 S_{p+1}，分别包括 p 和 $p+1$ 条边。设 V_p 为由 S_p 中边的终点构成的集合，即 $V_p = \{u : \exists e = (v, u) \in$

S_p）。根据独立集的定义可知 $|V_p|=|S_p|=p$。类似地，可定义 V_{p+1}。由于 $|V_{p+1}|>|V_p|$，因此存在顶点 $u\in V_{p+1}-V_p$。考虑 S_{p+1} 中终点为 u 的边 e。显然，$e\notin S_p$ 且在 S_p 中加入 e 将保持该集合的独立性。因此，该子集系统是一个拟阵。

例 4.4　最大权值二部匹配（Maximum weight bipartite matching）　我们现在给出一个不是拟阵的子集系统的重要示例。设 G 是对边赋有权值的二部图。G 中的匹配指的是边的没有公共顶点的子集。最大权值匹配问题试图找到一个匹配，其边的总权值最大。如前所述，我们可以定义与 G 中匹配相对应的子集系统。我们定义子集系统 (S, M)，其中 S 是 G 中的边集，M 由边集的所有构成匹配的子集组成。然而，这个子集系统并不是一个拟阵。

要了解其原因，请考虑一个简单的"之字形"二部图（如图 4.3 所示）。其中有两个极大独立集：一个具有基数 2，另一个只包含 1 条边。因此，它不符合性质 3。事实上，寻找最大权值匹配的算法比简单贪婪策略要复杂得多。

图 4.3　匹配 (a, d) 是一个极大独立集，但 (a, b)，(c, d) 是一个更大的极大独立集

4.2.1　最大支撑树

在最大支撑树问题中，给定了一个无向图 $G=(V, E)$ 和一个赋权函数 $w: E\to\mathbb{R}^+$。假设图是连通的，我们希望找到它的一棵支撑树，其各边的总权值最大。此处可以很自然地定义一个子集系统 (S, M)，其中 S 是边的集合，M 由 S 中构成森林的子集组成（即，不包含回路）。对于任意的 $A\subset E$，令 $V(A)$ 表示 A 中边的端点集合。请注意，此处的最大独立子集是支撑树。我们知道有 n 个顶点的连通图中的每棵支撑树都有 $n-1$ 条边；如果该图有 k 个连通分量，则支撑森林有 $n-k$ 条边。因此如果由 A 中边导出的子图中有 k 个连通分量，那么 A 的极大子集具有秩 $V(A)-k$。于是，由性质 3 可知该集合系统是拟阵。

4.2.2　寻找最小权值子集

拟阵的贪婪算法可以找到最大总权值独立集。是否可以将算法推广到寻找最小权值的最大独立子集问题上，例如最小支撑树（MST）问题？著名的 Kruskal 算法（参见图 4.4）似乎与贪婪框架相同，只是 Kruskal 算法在每个阶段都选择最小权值元素。我们是否需要为最小化问题也发展一套类似的理论？幸

Procedure Kruskal (G, w)

1　输入：图 $G=V, E$，赋权函数 $w: E\to\mathbb{R}^+$；
2　对 E 按权值递增排序为 $\{e_1, e_2, \cdots, e_m\}$；
3　$T=\varnothing$
4　**for** $i=1$ to m **do**
5　　**if** $T\cup\{e_i\}$ 中不包括 G 的回路 **then**
6　　　$T\leftarrow T\cup\{e_i\}$
7　输出结果 T，即是 G 的 MST。

图 4.4　计算最小支撑树的 Kruskal 算法

运的是，我们可以简单地将它归约到最大化问题。用每个元素权值的负数替换原权值是行不通的，因为贪婪算法要求所有的权值都是非负值。

假设 S 中元素的最大权值为 $g=\max_{x\in S}\{w(x)\}$。我们定义另一个与之相关的赋权函数 $w'(x)=g-w(x)$，$\forall x\in S$。因此，$w'(x)\geqslant 0$。假设我们现在使用赋权函数 w' 来运行算法 Gen_Greedy 算法。这将得到关于赋权函数 w' 的最大权值独立子集。令此子集按权

值 $w'(y_i)$ 递减排序为 $\{y_1, y_2, \cdots, y_n\}$，其中 n 等于拟阵中任一极大独立集的大小，即它的秩（性质 3）。

$$\sum_{i=1}^{n} w'(y_i) = \sum_{i=1}^{n}(g - w(y_i)) = ng - \sum_i w(y_i)$$

这意味着在所有的极大独立子集中，$\sum_i w(y_i)$ 必然是最小的（否则，我们将可以提高 w' 意义下的最大值）。而且，$y_1, y_2, \cdots, y_n$ 关于赋权函数 w 必然是递增的。这意味着如果我们在每一步选取最小可行元素来运行算法 Gen_Greedy，我们就可以得到最小赋权独立子集。Kruskal 算法是这一事实的一个特例。

这一归约的关键点在于拟阵的秩性质，它使得我们能够用固定项 ng 减去最大大集的总权值来表示最小子集的总权值，其中 n 是拟阵的秩。如果 n 并非对所有极大独立子集都是固定值，那么上述论证将无效。

4.2.3　一个调度问题

我们现在给出贪婪算法的另一个应用。与其他示例不同，这个应用所对应的拟阵的构造并不显而易见。考虑如下调度问题。给定一组作业 $J_1, J_2, \cdots, J_n$。每个作业 J_i 都有一个完成的截止时间 d_i，并且如果完成时超过了它的截止时间，则有相应的处罚 p_i。现有一台机器，每个作业都需要在这台机器上（按某个顺序）依次处理，而且每个作业都需要单位时间来完成。我们的目标是确定处理作业的一个顺序，以最小化未在截止时间前完成的所有作业造成的总处罚。或者等价地讲，我们希望最大化在截止时间之前完成的所有作业的总处罚。

为了应用贪婪算法，我们定义一个子集系统 (S, M)，其中 S 是所有作业的集合。作业的集合 A 称作是独立的（independent），指的是存在一个调度，可以完成 A 中所有作业而不造成任何处罚；也就是说，可以使得 A 中所有作业都能在截止时间之前完成。我们来证明该子集系统具有性质 2，从而就证明了它是一个拟阵。回想性质 2 的陈述：给定两个独立集 A 和 B，$|B| > |A|$，则存在一个作业 $J \in B - A$，使得 $\{J\} \cup A$ 是独立的。我们通过对 $|A|$ 进行归纳来证明这一点。$|A| = 0$ 的情况是平凡的。现在假设性质 2 在 $|A| = m - 1$ 时成立。选取两个独立集 A 和 B，其中 $|A| = m < n = |B|$。

考虑一个可行的调度 F_A（即 A 中作业的处理顺序），使得每个作业都在其截止时间之前完成。请注意，由于所有作业都消耗单位时间，因此该顺序中的第 i 个作业将在时刻 i 完成。假设这个处理顺序为 $A_1, A_2, \cdots, A_m$（注意 $A_1, A_2, \cdots, A_m$ 是集合 A 中的作业）。同样地，考虑 B 的一个类似的调度 F_B，并设 B 中作业的处理顺序为 $B_1, B_2, \cdots, B_n$。

注意，B_n 的截止时间至少为 n（因为在 F_B 中它在截止时间之前完成）。如果 $B_n \notin A$，那么我们可以将 B_n 添加到 A 中，并将其安排作为最后一个作业——它将在时刻 $m+1$ 完成；而它在 B 的调度中是在时刻 n 完成。由于 $m+1 \leqslant n$，因此该作业将在其截止时间之前完成。现在，假设 $B_n \in A$，分别从 A 和 B 中移除 B_n 来形成集合 A' 和 B'。通过归纳假设可知，存在一个作业 $J \in B' - A'$，使得 $A' \cup \{J\}$ 也是独立集。令 A'' 表示 $A' \cup \{J\}$，于是可知 A'' 中存在一个作业的排序 $F_{A''}$，使得每个作业都可以在截止时间前完成。现在我们断言 $A'' \cup \{B_n\}$（也就是 $A \cup \{J\}$）也是独立的。事实上，考虑如下调度——首先根据 $F_{A''}$ 处理 A'' 中的作业，然后处理 B_n。由于 $|A''| = m$，请注意 B_n 将在时刻 $m+1 \leqslant n$ 结束，即在其截止时间之前。于是我们可以看到 $A \cup \{J\}$ 是独立集。由于 $J \in B - A$，因此性质 2 成立。

现在，我们所构造的子集系统形成一个拟阵，于是可以使用贪婪算法来解决最大化问题。剩下的唯一细节就是如何验证一组作业是否构成独立集。为此，我们只需要按截止时间的顺序对作业进行排序，并检查是否该排序中所有作业都满足截止时间（请参见习题4.15）。

4.3　最小支撑树算法的高效数据结构

在本节中，我们再次讨论（连通）无向图中最小支撑树的贪婪算法。这个算法（图 4.4）也称作 Kruskal 算法，它在拟阵理论得以发展之前就已经被发现了。我们在不引入拟阵概念的情况下再次讨论它。我们首先按权值递增的顺序对边进行排序。该算法维护一个边的集合 T，这些边最终将形成所需的支撑树。它按此顺序逐条考察边，并且仅当将边 e 添加到 T 后不会产生回路（即，当集合在拟阵意义上保持其独立性）时，才将边 e 添加到 T。

有效实现该算法的关键是回路测试（cycle test），即，如何快速地确定要添加的边是否会导致 T 中产生回路？我们可以将 Kruskal 的算法看作如下过程：它从由各个顶点组成的森林开始，然后通过向集合 T 添加边来逐渐将图连接，从而使树生长。事实上，在任一时刻，集合 T 都是一个森林。只有当 e 的两端不在 T 的同一个连通分支（即一棵树）中时，才将边 e 添加到 T。添加两端在 T 的同一棵树中的边将产生一个回路（参见图 4.5），反过来，如果边 e 的两端位于 T 的不同树中，那么我们可以在不产生回路的情况下将 e 添加到 T。当我们将这样的边添加到 T 时，T 的两个连通分支合并为一个新的连通分支。

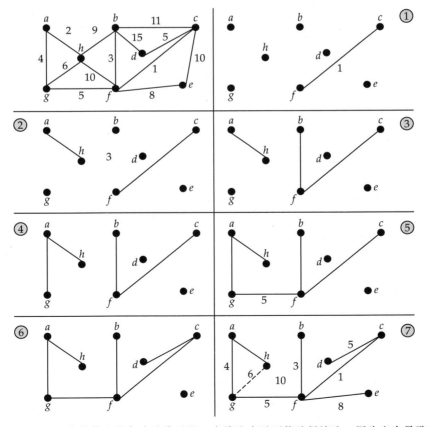

图 4.5　Kruskal 贪婪算法的各次迭代过程。虚线边表示不能选择该边，因为它会导致回路

因此，如果可以维护根据 T 中树进行的顶点划分，我们就可以给出回路测试查询的回答。显然，我们需要维护一个支持如下操作的数据结构。

查找（Find）——对于给定的顶点，查找它所属的连通分支。

合并（Union）——将两个连通分支合并为一个新的连通分支。

查找操作对应于添加边是否会产生回路的检查。事实上，我们只需要检查边的两个端点是否属于同一个连通分支即可。合并操作用于更新连通分支的集合。当我们添加一条边时，T 中的两个连通分支合并为一棵树。

这种数据结构也就顺理成章地被称作并查集（Union-Find）数据结构。事实上，我们可以在更一般的情况下考察该数据结构。给定一个集合 S，我们将维护一个不相交子集族，其中每个子集都是连通分支。并查集数据结构支持两种操作：给定 S 中一个元素，查找子集族中包含该元素的子集；将子集族中的两个子集替换为它们的并集。接下来，我们将讨论如何实现这个数据结构。

4.3.1　并查集的一种简单数据结构

我们将考察更一般的情况，其中给定了一个包含 n 个元素的集合，元素分别标记为 1，2，$\cdots$，n。此外还给定了 $\{1,\ 2,\ \cdots,\ n\}$ 的一个子集族——其中的子集构成 $\{1,\ 2,\ \cdots,\ n\}$ 的不相交划分。初始化时，我们假设这个子集族由 n 个单元素集合组成，每个子集恰包含一个元素（这对应于最小支撑树算法中集合 T 为空集的情况）。

我们使用大小为 n 的数组 A 来表示这些子集。对于每个元素 i，$A(i)$ 包含为含有 i 的子集的标签——我们为子集族中的每个子集分配一个唯一的标签。初始化时，我们将 $A(i)$ 设置为 i。因此，所有标签一开始是互异的。合并集合时（在合并操作期间），我们创建了一个新的集合——我们需要给它分配一个新的标签。我们将确保每个子集的标签始终取值在 1，2，$\cdots$，n 范围内。对于每个子集（标签），我们也都维护了指向其所有元素的指针（即属于该子集的元素在数组中的索引）。现在，我们可以如下所示地执行查找和合并这两个操作：

查找。这真的很简单——对于顶点 i，返回 $A(i)$ 即可。这需要 $O(1)$ 时间。

合并。为执行 $\mathrm{union}(S_j,\ S_k)$，其中 S_j 和 S_k 是两个子集的标签，我们首先考虑这两个子集中的元素，将其中元素 i 的 $A[i]$ 值更新为唯一的标签。具体而言，我们将标记为 S_j 的子集中所有元素的 $A[i]$ 值更新为 S_k。该操作的时间与子集 S_j 中的元素数成正比。请注意，我们在这里有另一个选择——我们可以将 S_k 对应的子集中所有元素的标签更改为 S_j。显而易见，我们会改变较小子集的标签（这称作按秩合并（union-by-rank）的启发式方法）。

请注意，单次合并操作的时间可能非常长。与之不同，我们将分析例如 Kruskal 算法中一系列合并操作所花费的总时间。考虑一个固定元素 x。分析的关键在于对以下问题的回答：

x 的标签可以更改多少次？

每当标签变化时，包含 x 的子集的大小都会增加（至少）一倍，这是因为我们使用了按秩合并的启发式方法。在我们的子集系统中，任意一个子集的大小最多为 n，这意味着对任一元素 x 而言，其标签变化的最大次数为 $\log_2 n$；对于所有 n 个元素而言，标签变化的总次数为 $O(n \log n)$。Kruskal 算法共涉及 $|E|$ 次查找操作和至多 $|V|-1$ 次合并操作；因此，

可以使用前述的数据结构在 $O(m+n \log n)$ 步骤内完成此操作[二]。

4.3.2　更快的方案

前述数据结构给出了 $m \in \Omega(n \log n)$ 时的最优性能——事实上，任何最小支撑树（MST）算法都必须考虑每一条边。因此，从理论上讲，我们希望为边数较少的图设计更好的方案。为此，我们将探索能更快实现并查集数据结构的方案。

与数组不同，使用树更容易将数据结构可视化[二]。我们将每个子集都表示为根树。维护以下不变式，即每棵这样的树的节点数和相应连通分支中的元素个数都相等——树的每个节点都由子集中唯一的元素标记。图 4.6 给出了一个例子。我们可以根据它们的根的标签来标记这三个集合，分别是 6、12 和 5。

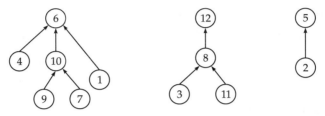

图 4.6　并查集数据结构示例，它存储了元素 $\{1, 2, \cdots, 12\}$。3 个子集分别是 $\{6, 4, 10, 1, 9, 7\}$、$\{12, 8, 3, 11\}$ 和 $\{5, 2\}$

最初，所有树都是单个节点（表示单个元素构成的子集）。每棵树的根都关联着一个（相对应的子集的）标签以及一个表示该树中任一叶子节点的最大深度的秩。为了执行 Find(x) 操作，我们从节点 x 开始遍历树，直至到达根，并返回其标签值即可。因此，查找操作的开销是节点的最大深度。

为了执行 Union(T_1, T_2) 操作，其中 T_1 和 T_2 是两棵树的根，我们将一棵树的根作为另一棵树的根的子节点。为了使树的深度达到最小化，我们具有将秩较小的树的根附加到秩较大的树的根上。这种策略称作按秩合并启发式方法。合并后结果树的秩定义如下：如果 T_1 和 T_2 的秩相等，则新树的秩为 T_1（或 T_2）的秩加 1，否则，等于 T_1 和 T_2 的秩中的大者。请注意，一旦根节点成为另一个节点的子节点，它的秩就不再改变。很明显，合并操作使用 $O(1)$ 个步骤。秩为 r 的树至少有 2^r 个节点，其证明留作习题。因此，此数据结构中任意树的深度都以 $\log n$ 为界。因此，查找操作的时间开销为 $O(\log n)$。我们已经论述了合并操作的时间开销为 $O(1)$。因此，Kruskal 算法可以在 $O(m \log n+n)$ 时间内实现。这似乎比前述数组实现方式更糟。看起来，我们并没有什么收获。因此，我们还将使用下述另一个启发式方法。

道路压缩启发式方法　在这个启发式方法中，我们试图通过压缩（compressing）任意从根开始的道路上的节点序列来降低树的高度，甚至于将其降低到 $\log n$ 以下。当我们执行 Find(x) 操作时，令 x, x_1, x_2, $\cdots$, x_r 表示（x_r 是 x 对应的根）表示访问的节点序列（自 x 开始的反向序列）。在这个启发式方法中，我们更新 x_r 为 x_1, x_2, $\cdots$, x 的父节点（即，x_r 将此道路中的所有其他节点作为其子节点）。图 4.7 给出了一个示例。

显然，这样做的动机就是使得更多的节点靠近根节点，从而减少涉及这些节点的后续

[二]　m 表示图的边数，n 表示图的顶点数。——译者注
[二]　不应将这里谈的"树"与我们试图构造的 MST 混淆。

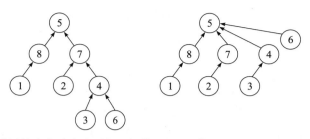

图 4.7   道路压缩启发式方法示例。操作 Find(6) 使 6、4 和 7 成为根节点的子节点

查找操作的时间。请注意，在道路压缩启发式过程中的时间开销并不大——仅仅将当前 "查找" 操作的成本增加了一倍[一]。

虽然直觉上很清楚这种方法应该会给我们带来益处，但是我们必须严格分析它是否确实导致了渐近改进。在进行分析之前，我们首先介绍一个增长非常缓慢的函数，它将用于表示此类树的高度。

4.3.3   增长最慢的函数

让我们来看一个快速增长的函数，称为 2 的塔（tower of two），它看起来像

$$2^{2^{2^{\cdot^{\cdot^{2}}}}} \Big\} i$$

这可以更形式化地定义为以下函数

$$B(i)=\begin{cases} 2^1 & i=0 \\ 2^2 & i=1 \\ 2^{B(i-1)} & i\geqslant 2 \end{cases}$$

我们现在定义一个运算，它将 log 函数迭代 i 次。更形式化地讲，我们定义

$$\log^{(i)} n=\begin{cases} n & i=0 \\ \log(\log^{(i-1)} n) & i\geqslant 1 \end{cases}$$

$B(i)$ 的逆函数定义为[二]

$$\log^* n=\min\{i\geqslant 0 \mid \log^{(i)} n\leqslant 1\}$$

换言之，

$$\log^* 2^{2^{2^{\cdot^{\cdot^{2}}}}} \Big\}n =n+1$$

我们将使用函数 $B()$ 和 $\log^*()$ 来分析道路压缩的效果。若 $\log^* x=\log^* y$，则称整数 x 和 y 在同一个块（block）中。

尽管 $\log^*()$ 函数似乎比我们所能想象到的任何东西都慢（例如，$\log^*(2^{65536})=5$），但有一个称作逆 Ackerman 函数的广义函数族甚至更加慢！

Ackerman 函数定义为[三]

$$A(1, j)=2^j \qquad\qquad\qquad j\geqslant 1$$
$$A(i, 1)=A(i-1, 2) \qquad\qquad i\geqslant 2$$
$$A(i, j)=A(i-1, A(i, j-1)) \quad i, j\geqslant 2$$

[一] 请注意，路径压缩时，并不对节点的秩进行更改；换言之，此时节点的秩不再代表树的深度。——译者注
[二] 事实上，$\log^*(B(i))=i+1$ 并不是完全严格的 "逆函数"。——译者注
[三] 此处关于 Ackerman 函数的定义与通常定义有所不同，但不影响后续内容。——译者注

请注意，$A(2,j)$ 与之前定义的 $B(j)$ 是相同的。逆 Ackerman 函数由下式给出

$$\alpha(m,n)=\min\{i\geqslant 1\,|\,A(i,\lfloor\tfrac{m}{n}\rfloor)\geqslant\log n\}$$

要了解其增长速度，请验证

$$\alpha(n,n)=4,\ \text{对于}\ n=2^{2^{2^{\cdot^{\cdot^{2}}}}}\Big\}16$$

4.3.4　整合

　　显然，查找操作的开销是并查集数据结构的关键分析。由于任一根节点的秩最多为 $\log n$，因此对于任何单独的查找操作，我们得到其上界为 $\log n$。我们现在证明，道路压缩启发式方法将查找操作的开销进一步降低到了 $O(\log^* n)$。在此之前，我们需要回顾一下秩函数的定义。之前，我们将节点 v 的秩定义为 v 到以 v 为根的子树中的叶子节点的最大距离。现在，我们不能再使用这个定义了，但将继续使用过去定义这些值的方式。换言之，每个节点都维护一个秩。当我们需要使根节点 u 成为另一个根节点 v 的子节点时，v 的秩会像之前一样更新——若 $\text{rank}(u)<\text{rank}(v)$，则保持为 $\text{rank}(v)$ 不变；否则更新为 $\text{rank}(v)+1$ ⊖。下面陈述了秩函数的一些简单性质，其证明留作习题。

> **引理 4.1**　秩函数具有以下性质：
> - 性质 1：根节点的秩严格大于它的任一子节点的秩。
> - 性质 2：秩为 r 的节点至多有 $n/2^r$ 个。
> - 性质 3：对任一节点 v 而言，其父节点的秩永远不会降低（请注意，父节点可能会因为合并操作及之后的道路压缩操作而更改）。
> - 性质 4：如果一棵树的根节点由 w 变为 w'，则 w' 的秩严格大于 w 的秩。

　　对于节点 v，我们称 $\log^*(\text{rank}(v))$ 为 v 的块号（block number）。我们将采用以下策略来计算查找操作的开销。让我们将查找操作对节点进行的每次访问称为对节点计费（charging）。显然，所有查找操作的总成本以计费总数为界。我们区分三类计费。

　　基础计费（Base charge）——如果 v 的父节点是（包含 v 的树的）根节点，则 v 产生一个基础计费。显然，每一次查找操作最多会产生一个基础计费，一共会产生 m 个基础计费。

　　块计费（Block charge）——如果 v 的父节点 $p(v)$ 的块号严格大于节点 v 的块号，即 $\log^*(\text{rank}(p(v)))>\log^*(\text{rank}(v))$，则我们为 v 分配一个块计费。显然，单次查找操作的块费的最大数目是 $O(\log^* n)$。

　　道路计费（Path charge）——查找操作产生的既不是块计费也不是基础计费的任何计费。

　　根据上述观察结果，我们将重点计算道路计费。考虑一个节点 v。每当它得到一个道路计费时，它的父节点就变为根节点。要使它再次产生道路计费，它所在的树的根节点就必须要更改⊜。但是由前述性质 4 可知，（它所在的树的）根节点的秩将提升。假定 v 的秩位于块 j 中，于是，v（在保持块号不变的前提下）至多可以在 $B(j)-B(j-1)\leqslant B(j)$ 次查

⊖　就是说，此时节点的秩初始都为 0，但不再代表树的深度，仅当进行合并操作时节点的秩有可能发生变更。——译者注

⊜　否则只会产生基础计费。——译者注

找操作中产生道路计费[⊖]。

由于秩为 r 的元素最多有 $n/2^r$ 个（性质 2），因此其秩的块号为 j 的元素数目至多为

$$\frac{n}{2^{B(j-1)+1}}+\frac{n}{2^{B(j-1)+2}}+\cdots+\frac{n}{2^{B(j)}}=n\left(\frac{1}{2^{B(j-1)+1}}+\frac{1}{2^{B(j-1)+2}}+\cdots\right)\leqslant 2n\cdot\frac{1}{2^{B(j-1)+1}}=\frac{n}{2^{B(j-1)}}$$

所以，块 j 中的元素的道路计费次数最多为 $n/2^{B(j-1)}\cdot B(j)$，这是 $O(n)$ 的。对于所有 $\log^* n$ 个块，累积的道路计费为 $O(n\log^* n)$。此外，块计费的总数将为 $O(m\log^* n)$。因此，查找操作和合并操作的总时间开销为 $O((m+n)\log^* n)$。

[*]**4.3.5 仅做道路压缩**

为了更好地理解道路压缩的作用，让我们分析不使用按秩合并启发式方法的道路压缩。我们可以定义一个与之前版本类似的节点的秩，只需稍做变化。如果具有秩 r_1 的树 T_1 链接到具有较小的秩 r_2 的树 T_2，则 T_2 的根的秩变为 r_1+1。如果 T_2 链接到 T_1，则秩保持不变[⊖]。如果不使用按秩合并启发式方法的话，那么这两种选择都是允许的，因此不能将节点的秩的界取作 $\log n$；而且在最差情况下，节点的秩可以是 $n-1$。

我们将节点 x 的父节点表示为 $p(x)$。节点 x 的等级（level），记为 $l(x)$，指的是满足 $2^{i-1}\leqslant\mathrm{rank}(p(x))-\mathrm{rank}(x)<2^i$ 的整数 i。因此，$l(x)\leqslant\log n$。请注意，$l(x)$ 仅对非根顶点有定义。

我们对从 x 到根的道路中的所有节点（除了根）都进行一个单位的计费，由此来计算 Find(x) 操作的开销。唯一的例外是：对于任一等级 $i(1\leqslant i\leqslant\log n)$，在这条指向根的道路中，等级为 i 的节点中的最后一个节点不进行计费；取而代之的是，这些节点的计费由查找操作支付。显然，查找操作为此支付的计费开销的数目是 $O(\log n)$ 的。

> **断言 4.1** 对于任何其他节点 y，我们断言：每当它被查找操作计费时，$l(y)$ 至少增加 1。

由于 $l(y)$ 以 $\log n$ 为界，这就表明任一节点 y 至多会产生 $\log n$ 次计费。

现在让我们看看为什么断言 4.1 是正确的。假设 y 的等级为 i，由于在这条到根的道路中，y 不是其所在等级的最后一个节点，所以在该道路中，y 上方还有另一个节点 v，满足 $l(v)=l(y)=i$。根据等级的定义，有

$$\mathrm{rank}(p(v))-\mathrm{rank}(y)=\mathrm{rank}(p(v))-\mathrm{rank}(v)+\mathrm{rank}(v)-\mathrm{rank}(y)$$
$$\geqslant\mathrm{rank}(p(v))-\mathrm{rank}(v)+\mathrm{rank}(p(y))-\mathrm{rank}(y)\geqslant 2\cdot 2^{i-1}=2^i.$$

倒数第二个不等式源于如下事实：在从 y 到根的道中，v 位于 $p(y)$ 之上[⊜]。因此，v 的秩不小于 $p(y)$ 的秩。设 w 为 v（在此次查找操作之前）的父节点，r 为该树的根。再一次由秩的单调性可得 $\mathrm{rank}(r)\geqslant\mathrm{rank}(w)$。我们之前已经证明了 $\mathrm{rank}(w)-\mathrm{rank}(y)\geqslant 2^i$，所以 $\mathrm{rank}(r)-\mathrm{rank}(y)\geqslant 2^i$。（在此次查找操作之后，）因为 r 现在成为 y 的父节点，所以 $l(y)\geqslant i+1$。这就证明了断言 4.1。

于是，在所有联合查找操作的过程中，一个节点最多被计费 $\log n$ 次。由此，所有查

⊖ v 的父节点的块号也必须是 j，否则只会产生块计费。而每次产生道路计费（及之后的道路压缩）都将使得 v 的父节点（也就是新的根）的秩严格增大。所以 v 的父节点的秩的可能取值，也就是在保持块号为 j 的前提下产生道路计费的次数上限，是 $B(j)-B(j-1)\leqslant B(j)$。——译者注

⊜ 由此可知从节点到根的道路上，各个节点的秩是严格单调增的。——译者注

⊜ 也有可能 v 就是 $p(y)$。——译者注

找操作的总开销为 $O(m \log n)$。

4.4 其他不同形式的贪婪策略

拟阵结构与图 4.2 中描述的贪婪算法的形式密切相关。但也可能有其他变体，当它们尝试选择下一个最佳元素时，不必按照权值的逆序来进行。这样的经典算法之一就是求 MST 的 Prim 算法，如图 4.8 所示。回想 Kruskal 算法维护了多个连通分支——在每一个步骤中，它都会选择一条边，并将其中的两个连通分支合并为一个。在 Prim 算法中，我们仅维护一个连通分支，该分支最初时仅是权值最小的一条边。算法在每一个步骤中都会寻找具有最小权值的一条边，该边可以将连通分支再扩展（extend）一条边。

Procedure Prim (G, w)

1　输入：图 $G = V, E$，赋值函数 $w : E \Rightarrow \mathbb{R}$；
2　$T = e_1$，其中 $e_1 \in E$ 是具有最小权值的边；
3　**for** $|T| \leqslant n - 1$ **do**
4　　　令 (u, v) 是 $V_T \times (V - V_T)$ 中具有最小权值的边；
5　　　$T \leftarrow T \cup \{(u, v)\}$；
6　输出结果 T，即是 G 的 MST。

图 4.8　计算最小支撑树的 Prim 算法

虽然直觉上感觉 Prim 算法是正确的，但请注意，它选择的边序列可能与 Kruskal 算法的不同，因此它需要一个单独的正确性证明。显然，它会输出一棵树。实际上，它总是会选择这样一条边，其端点之一不在连通分支 T 中。因此，增加的边不会产生回路。

让我们先来讨论算法的运行时间。Prim 算法需要选取从当前的树 T 向外的边中权值最小者。为此，我们可以为每个顶点维护一个标签，表示它与树 T 的距离。如果 $v \in T$，则其标签值为 0。设 $N(v)$ 表示 G 中 v 的相邻顶点集合，则 v 的标签值为 $l(v) = \min_{u \in N(v)} w(u, v) + l(u)$。（如果 v 的相邻顶点都不属于 T，则其标签值为 ∞。）顶点的标签值维护了它到 T 中最近顶点的最短距离。关于维护该数据结构及更新标签值所需时间的具体细节将留作习题（另请参阅第 10 章中的 Dijkstra 算法）。我们可以使用堆数据结构来存储这些标签，可使得找到最小权值边的时间开销为 $O(\log n)$。因此，该算法可以在 $O(m \log n)$ 时间内实现。

为证明其正确性，我们将引入一个非常有用的结论，其证明留作习题。对于无向赋权图 $G = (V, E)$，将其边根据以下规则着以红色或者蓝色（或不着色）：

- 红色规则（Red rule）：如果一条边是一个回路中最重（即权值最大）的边$^\ominus$，则将其染为红色。
- 蓝色规则（Blue rule）：如果一条边是穿过图中任一割（cut）的边中最轻者，则将其染为蓝色。所谓割，指的是顶点集 V 的划分。穿过割的边在每个划分块中各有一个端点。
- 可以以任意顺序应用上述这两个规则。

　$\ominus$　假设所有边的权值彼此不同。

> **定理 4.2(红蓝规则)**　存在 G 的一棵 MST，其包含所有蓝色的边，且不包含任何红色边。

该定理的证明留作习题。定理 4.2 与所有已知的 MST 算法都有着深刻的联系。Prim 算法可以看作是蓝色边的集合，其中每条蓝色边都是由树中顶点和其余顶点所定义的割中的最轻者。

Kruskal 算法可视作将两个端点在同一个连通分支中的边着以红色，并且算法中添加边的顺序就确保了该边是(由此边与连通分支中的边所形成的回路中)最重的边。另一方面，如果一条边连接了两个连通分支，而且两个连通分支位于不同的划分块中(其他连通分支可以任意分配给这两个划分块其中之一)，那么这条边必然是一条割边。此外，它是未添加的边中最轻的。由定义可知，它必然被着以蓝色。

图 4.9 描述了一个不太知名的算法，称作 Borüvka 算法。与 Kruskal 算法一样，该算法在任一时刻都维护了多个连通分支。集合 $\mathcal{F}$ 表示这些连通分支的集合。在任一时刻，它都选择 $\mathcal{F}$ 中的一个连通分支 C，并选择恰好有一个端点在 C 内的边中具有最小权值者——这条边的另一个端点在 $\mathcal{F}$ 中另一个连通分支 C' 内。算法选取这条边 e，并用 $C \cup C' \cup \{e\}$ 代换 C 和 C'。请注意 C 的选择是任意的。当 $\mathcal{F}$ 中只有一个连通分支时，算法终止。

Procedure Boruvka (G, w)

1　输入：图 $G = V, E$，赋值函数 $w : E \Rightarrow \mathbb{R}$；
2　$\mathcal{F} = \{\{v_1\}, \{v_2\}, \cdots\}$，其中 $v_i \in V$ 是初始化时的各连通分支，不包含任何边；
3　$T = \varnothing$；
4　**while** $|\mathcal{F}| > 1$ **do**
5　　　选择 $\mathcal{F}$ 中一个连通分支 C；
6　　　令 $(v, w) \in E$ 为由 C 发出的具有最小权值的边；
7　　　假设点 w 在 F 中一个连通分支 C' 内；
8　　　在 $\mathcal{F}$ 中将 C 和 C' 替换为 $C \cup C' \cup \{(v, w)\}$。
9　输出 F 中唯一的连通分支，即是 G 的 MST。

图 4.9　计算最小支撑树的 Borüvka 算法

该算法的正确性源于蓝色规则的使用，以及一个关于边权值唯一性的附加假设[⊖]。事实上，每当我们添加一条连接 C 和 C' 的边时，它是 C 和其余顶点形成的割中最轻的边。Borüvka 算法有很多优点：它本质上是并行的，因为所有连通分支都可以同时选择最近的相邻顶点。此外，目前已知的最快的线性 MST 算法就是基于该算法的变体，并在其中巧妙地使用了随机化技术。

4.5　与贪婪策略的折中

到目前为止，我们已经证明了贪婪策略对于一大类问题可以产生最优解。然而，在很多情况下，贪婪策略并不总是能产生最优解。但由于它的简单和高效，所以仍然很具有吸引力。如果我们将寻找最优解这一目标让步于接近(near)最优解，将会如何？在后续章节中，我们将更正式地讨论算法设计中有关这一方面的内容——此处我们以一个示例进行

　⊖　可以在边的权值尾部添加不同的最低有效位，使原来相同的权值变得不同。

说明。

回想例 4.4 中讨论的最大匹配问题。尽管该示例讨论的是二部图的特殊情况，但相同的定义也适用于一般图。更形式化地讲，给定一个无向图 $G=(V, E)$，我们希望找到一个子集 $E' \subset E$，使得 E' 中任意两条边都不存在共同端点（即 E' 导出的子图中每个顶点的度数都恰为 1），并且我们希望最大化 E' 的边数。在赋权图中，我们希望最大化 $\sum_{e \in E'} w(e)$，其中 $w(e)$ 是 e 的权值。我们在例 4.4 中已经证明了匹配对应的子集系统不是拟阵。

尽管如此，让我们坚持使用贪婪策略来寻找匹配并分析其结果。考虑以下算法：按权值的降序对边进行排序。维护解集 G，将其初始化为空。我们按这个排序结果依次考察边，如果它与到目前为止 G 中选择的任何边都没有公共端点，则将该边添加到 G 中。很容易证明，该算法可能无法给出最优解。但事实上，G 中边的总权值至少是最优解的一半。我们现在来证明这一点。

设 O 表示最优解。令 $w(O)$ 和 $w(G)$ 分别表示 O 和 G 中边的总重量。显然有 $w(O) \geqslant w(G)$。考虑一条边 $e=(x, y) \in O \setminus G$。当贪婪算法考虑 e 时，必定有一条边 $e' \in G$ 与 e 有一个公共端点。此外，有 $w(e') \geqslant w(e)$。因此，我们可以定义一个映射 $B：O \setminus G \to G \setminus O$（将边 $e \in O \setminus G$ 映射到 $e' \in G \setminus O$）。有多少条边在映射 B 下的像是 G 中的边 e'？我们断言：最多可以有 2 条这样的边，而且这两条边的权值至多为 $w(e')$。事实上，e' 有两个端点，若 $B(e)=e'$，则 e 必须与 e' 有一个公共端点。由 O 中（同样，在 $O \setminus G$ 中）没有任何两条边具有同一公共端点这一事实即可证明此断言。所以，$O \setminus G$ 中边总权值至多为 $G \setminus O$ 中边总权值的两倍。于是，$w(O)=w(O \setminus G)+w(O \cap G) \leqslant 2w(G \setminus O)+w(G \cap O) \leqslant 2w(G)$，或等价地写为 $w(G) \geqslant w(O)/2$。

因此，即使未能产生最优解，贪婪策略也可得到一些可证明的性能保证。

*4.6　梯度下降

到目前为止，我们已经使用贪婪策略解决了"离散"优化问题，即问题中的决策变量可以取有限多个值。例如，在最小支撑树问题中，每条边都有一个变量——我们是否应该将这条边包含在最小支撑树的解之中？这个变量是一个二值变量，因为它只能取两个值之一——true 或 false。类似地，在寻找拟阵中最大权值独立集这个更一般性的问题中，我们也必须决定是否将一个元素添加到独立集中。我们现在来考虑贪婪策略的另一种不同的应用，其中变量的值可以取自连续区间。

给定一个连续（可微）函数 $f：\Re^n \to \Re$，它的定义域 $\mathrm{dom}(f)$ 是一个凸的紧致集。我们希望找到 f 的一个最小值，即点 $x^* \in \mathrm{dom}(f)$，使得 $f(x^*) \leqslant f(x)$ 对所有 $x \in \mathrm{dom}(f)$ 成立。因为定义域是一个紧致集，所以我们知道至少存在一个这样的点 x^*，但它可能不是唯一的。这个问题没有很好地定义，因为我们可能无法用有限的精度来表示点 x^*。例如，考虑函数 $f(x)=x^2-2$。显然，$x^* = \sqrt{2}^{\ominus}$，但它无法使用有限个比特来表示。我们假定输入实例也提供了一个误差参数 ε。我们的目标是找到一个点 x，使得 $f(x)-f(x^*) \leqslant \varepsilon$。

对于一般的函数 f，我们不知道如何在多项式时间内解决这个问题（其中，多项式可能包含一些参数项，其取决于 f 的定义域的直径和 f 的斜率的界）。我们专注于讨论一类特殊的函数，称作凸函数（convex functions）。事实证明，此类函数的任一局部最小值也都

　　$\ominus$　原书如此。——译者注

是全局最小值。于是，使用贪婪算法来找到此类函数的局部最小值即可。设 f 是一个单变量的函数，即 $f:\Re\to\Re$。如果对于任意 x，$y\in\mathrm{dom}(f)$ 以及参数 $\lambda(0\leqslant\lambda\leqslant1)$，$f$ 都满足下式，则称 f 是凸的。

$$f(\lambda x+(1-\lambda)y)\leqslant\lambda f(x)+(1-\lambda)f(y) \qquad (4.6.1)$$

直观地讲，上式意味着如果我们从函数 f 的图像上看，那么连接点 $(x,f(x))$ 和 $(y,f(y))$ 的线段在区间 $[x,y]$ 内应该位于曲线 f 的上方（参见图 4.10）。如果上述不等式是严格小于，则我们称 f 是严格凸的。我们尚不清楚如何使用此定义来轻松检查函数是否为凸的。但幸运的是，如果我们给 f 一些并不严苛的假设，那么还有其他的等价定义，而且这些定义更容易使用。事实证明，如果 f 是可微的，那么只需对每对点 x，$y\in\mathrm{dom}(f)$ 验证下式是否成立即可，式中 $f'(x)$ 表示 f 关于 x 的导数。

$$f(y)\geqslant f(x)+(y-x)\cdot f'(x) \qquad (4.6.2)$$

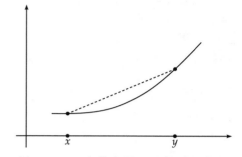

图 4.10　一个单变量凸函数。连接点 $(x,f(x))$ 和 $(y,f(y))$ 的线段保持在函数 f 图像的上方

这个结果为凸函数提供了另一种思考方式：如果我们在函数 f 的曲线上的任一点处绘制切线，那么 f 的整个曲线都将位于切线上方。如果 f 恰好是二阶可微的，那么凸函数的另一个直观定义是：f 的二阶导数始终是非负的（参见习题 4.23）。

我们现在将这些定义扩展到多变量函数。如果函数 $f:\Re^n\to\Re$ 在任一条直线上的限制（restriction）都是（如前定义的）凸函数，则我们称 f 为凸函数。回想一条直线可以由两个向量指定：直线上的一个点 x_0 以及一个方向 d。这条直线上的任一个点都可以用一个参数 t 来描述为 $x_0+t\cdot d$。于是，我们可以定义一个函数 $h(t)=f(x_0+t\cdot d)$，并将 h 视作 f 在这条直线上的限制。根据我们的定义，如果每一个这样的函数 h 都是凸的，那么 f 是凸的。

类似于单变量函数的情况，现在我们希望能够根据 f 的一阶和二阶导数来定义其凸性。令 ∇f 表示 f 的梯度。习题 4.25 给出了类似命题。事实上，凸函数的局部最小值也是全局最小值。更确切地说，有

引理 4.2　假设 $x\in\mathrm{dom}(f)$ 是 f 的局部最小值，也就是说，存在半径 $r>0$，使得 $f(x)\leqslant f(y)$ 对所有满足 $\|y-x\|\leqslant r$ 的 y 都成立。那么 x 也是 f 的全局最小值，即 $f(x)\leqslant f(y)$ 对所有 $y\in\mathrm{dom}(f)$ 成立。

该命题的直观理由如下。假设一个凸函数在 x 处有一个局部最小值。令 x' 为 f 的定义域中的任一其他点。考虑 f 在沿连接 x 和 x' 的直线上的一维投影。下面应用反证法，假设 $f(x')<f(x)$。于是由 f 的凸性可知，f 的一维投影对应的曲线位于连接 x 和 x' 的直线下方。因此，我们可以在 x 附近找到一个点 x''，使得 $f(x'')<f(x)$。这与 x 是局部最小值的事实相矛盾。

因此，如果我们想要找到凸函数的最小值，只需要找到 f 的局部最小值就足够了——请注意，一般来说，凸函数的局部最小值不唯一，但是严格凸函数有唯一的局部最小值。梯度下降算法是用于求凸函数最小值的常用贪婪算法。直观地讲，它从 f 的定义域中的任意点开始，并尝试沿当前点的"最陡方向"移动。

该算法从初始猜测点 x_0 开始，然后不断迭代移动到具有更小的 $f(x)$ 值的点 x。它的

直观想法可以描述如下。假设我们当前在点 x 处，并且希望沿方向 $\boldsymbol{d}$ 前进一小步，步长大小为 η。也就是说，我们希望移动到点 $x+\eta\boldsymbol{d}$，其中 $\boldsymbol{d}$ 是单位矢量。$\boldsymbol{d}$ 的最佳选择应该是什么？如果 η 很小，那么我们可以如下使用泰勒展开式对 f 进行线性近似，在这里我们假设 $\boldsymbol{d}$ 和 $\nabla f(x)$ 是列向量，$\boldsymbol{d}^{\mathrm{T}}$ 表示 $\boldsymbol{d}$ 的转置。

$$f(x+\eta\boldsymbol{d})\approx f(x)+\eta\boldsymbol{d}^{\mathrm{T}}\,\nabla f(\mathrm{x})$$

现在，我们知道 $|\boldsymbol{d}^{\mathrm{T}}\,\nabla f(x)|\leqslant\|\boldsymbol{d}\|\cdot\|\nabla f(x)\|^{\ominus}$，当且仅当 $\boldsymbol{d}$ 是沿 $\nabla f(x)$ 方向的（使用柯西–施瓦兹不等式可得）时，等号成立。因此，我们应该沿着负梯度方向选取 $\boldsymbol{d}$。由此可得图 4.11 中描述的梯度下降算法。通常被称为"学习率"的参数 η 应谨慎选择：如果它太小，那么朝着局部最小值前进的速度会很慢；而如果我们选择 η 较大，则可能无法收敛到所需的点。类似地，算法需要运行的时间 τ 取决于我们想要接近最优解的程度。

Procedure Gradient descent (f, η, x_0)

1　输入：凸函数 f，步长 η 及初始点 x_0；
2　**for** $t=1,\cdots,\tau$ **do**
3　　$\llcorner\ x_t\leftarrow x_{t-1}-\eta\,\nabla f(x_{t-1})$
4　输出 x_τ。

图 4.11　梯度下降算法

让我们来看一个例子。考虑函数 $f(x)=x^2-1$。显然，$x^*=0$ 是全局最小值。现在，如果我们从 $x=1$ 开始，并设置步长 $\eta=10$，则很容易看出后续的各点将偏离 x^*。因此，保持 η 的值小很重要，该值最好远小于当前点与希望的最小值点之间的距离。然而，如习题 4.28 所示，如果我们不假设 f 的光滑性，那么即使很小的 η 值也会导致振荡行为。该习题中梯度下降的振荡行为是因为函数的导数在 $x=0$ 时突然发生变化。我们现在假定函数的导数不能快速变化，也就是说，存在参数 L，使得对于所有 $x,y\in\mathrm{dom}(f)$ 都有

$$\|\nabla f(x)-\nabla f(y)\|\leqslant L\cdot\|x-y\|.$$

这样的凸函数称作是 L 光滑的。由 L 光滑性可以得到：凸函数在一个点附近不能过快地偏离该点的切线。设 x 和 y 是单变量 L 光滑函数 f 的定义域中的两点。那么就有

$$0\leqslant f(y)-f(x)-f'(x)\cdot(y-x)\leqslant\frac{L}{2}\cdot(y-x)^2.\tag{4.6.3}$$

第一个不等式由凸性的定义即得。对于另一个不等式，请注意

$$f(y)-f(x)-f'(x)\cdot(y-x)=\int_0^1(f'(x+t(y-x))\cdot(y-x)-f'(x)\cdot(y-x))\mathrm{d}t$$

$$=\int_0^1(f'(x+t(y-x))-f'(x))\cdot(y-x)\mathrm{d}t$$

$$\leqslant L\cdot\int_0^1 t(y-x)^2\mathrm{d}t=\frac{L}{2}\cdot(y-x)^2.$$

第一个等号源于以下事实：如果用 $g(t)$ 表示 $f(x+t(y-x))$，其中 t 是一个实数，则 $\int_0^1 g'(t)=g(1)-g(0)$。而最后一个不等式使用了 f 是 L 光滑的这一事实。下述定理表明，只要我们选择适当的步长 η，梯度下降就可以在少量步骤内收敛。我们仅针对单变量的函数 f 证明这一点——当 f 是多变量的函数时，更一般性证明的思想是类似的，尽管细节部分需要做更多工作。我们首先观察得到关于 L 平滑性的一个简单结论。

　　$\ominus$　我们用符号 $|x|$ 表示绝对值，用符号 $\|x\|$ 来表示向量的长度。

> **定理 4.3** 设 f 为 L 光滑的凸函数。令 x^* 表示 f 的全局最小值。如果使用步长 $\eta = 1/L$ 执行梯度下降算法，那么对于所有的 $t \geq LR^2/\varepsilon$ 都有 $f(x_t) - f(x^*) \leq \varepsilon$，其中 R 表示 $|x_0 - x^*|$。

为了证明这个结论，我们先证明梯度下降算法在每个步骤上都对问题求解有一定推进——如果我们离 x^* 越远，则推进会越大；而当我们开始接近 x^* 时，推进会变缓。从梯度下降算法的描述中，我们知道 $x_s - x_{s+1} = \eta f'(x_s) = f'(x_s)/L$。利用这个事实，并在不等式 (4.6.3) 中代以 $x = x_s$ 和 $y = x_{s+1}$，我们可得

$$f(x_s) - f(x_{s+1}) \geq (x_s - x_{s+1})f'(x_s) - \frac{L}{2}(x_s - x_{s+1})^2 = \frac{1}{2L} \cdot f'(x_s)^2.$$

因此，如果 $f'(x_s)$ 的值很大，我们会获得更大的进展；而当我们接近 x^* 时，$f'(x_s)$ 的值会接近 0，因此，进展也会减缓。现在，我们来使这个论述更加形式化。不失一般性地假设 $x_0 > x^*$。我们稍后将证明，对于所有的 $s \geq 1$，$x_s \geq x^*$。目前先假设它成立，那么就可以得到 $x_s - x^* \leq x_0 - x^* = R$。现在，如果用 δ_s 表示 $f(x_s) - f(x^*)$ 的话，那么上述观察结果可以重新表述为

$$\delta_s - \delta_{s+1} \geq \frac{f'(x_s)^2}{2L} \tag{4.6.4}$$

f 的凸性意味着

$$\delta_s = f(x_s) - f(x^*) \leq f'(x_s)(x_s - x^*) \leq Rf'(x_s).$$

将上式代入不等式 (4.6.4)，我们得到

$$\delta_s - \delta_{s+1} \geq \frac{\delta_s^2}{2LR^2}.$$

留给我们的问题只剩下求解这个递推关系了。注意，

$$\frac{1}{\delta_{s+1}} - \frac{1}{\delta_s} = \frac{\delta_s - \delta_{s+1}}{\delta_s \delta_{s+1}} \geq \frac{\delta_s - \delta_{s+1}}{\delta_s^2} \geq \frac{1}{2LR^2}.$$

对 $s = 1, \cdots, \tau - 1$ 求和即得到

$$\frac{1}{\delta_\tau} - \frac{1}{\delta_1} \geq \frac{\tau - 1}{2LR^2}.$$

最后，不等式 (4.6.3) 意味着

$$\delta_1 = f(x_1) - f(x^*) \leq f'(x^*)(x_1 - x^*) + \frac{LR^2}{2} = \frac{LR^2}{2}$$

将其代入上述不等式，则可看到 δ_τ 是 $O(LR^2/\tau)$ 的。于是证明了定理 4.3。

我们还需要证明：x_s 始终不小于 x^*，也就是说，迭代过程永远不会从 x^* 的右侧穿越到 x^* 的左侧。这是因为我们的步长足够小——事实上，这说明了步长应该足够大，以便取得足够的进展，但也要足够小，以避免"越过"希望到达的点。根据 L 光滑性的定义，我们知道 $f'(x_s) - f'(x^*) \leq L(x_s - x^*)$，并且因此有 $f'(x_s) \leq L(x_s - x^*)$。于是，$x_{s+1} = x_s - f'(x_s)/L \geq x_s - (x_s - x^*) \geq x^*$。这就完成了对贪婪算法的分析，并表明在不苛刻的条件下，它会收敛到最优解。

注意：

1. 在实际应用中，参数 η 通常是以自适应 (ad-hoc) 的方式选择的，在收敛速度和精度之间取得合适的折中。

2. 是否决定让梯度下降算法停止继续迭代，这也可以基于以下几个条件：（ⅰ）迭代次数可能已达到了某个确定的上界；（ⅱ）值 $\|x_t - x_{t-1}\|$ 变得小于某个给定阈值；（ⅲ）值 $f(x_t) - f(x_{t+1})$ 变得小于某个给定阈值。

3. 有时，函数 f 在当前点 x_t 处可能是不可微的。例如，考虑图 4.12 中的函数——该函数是凸的，但在点 x 处是不可微的。但事实上，在 x 处仍然可以使用梯度下降算法，只要使用某个满足下述条件的向量 v 替代梯度 $\nabla f(x)$ 就可以，即要求对于 f 的定义域中的所有点 y 都有：

$$f(y) \geqslant f(x) + (y - x)^\mathrm{T} v$$

这样的向量 v 称作在 x 处的次梯度（sub-gradient）——请注意，此处 v 的选择可能不唯一。

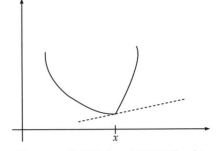

图 4.12　凸函数在 x 处不可微。与之不同，我们可以将虚线的斜率用作 x 处的次梯度

4.6.1　应用

梯度下降法是一种用于函数优化的非常受欢迎的通用算法。在实践中，即使函数不是凸的，也会使用它——人们希望它能收敛到局部最优，而不必是全局最优值。现在，我们给出一些简单的应用示例。

通过多次测量定位一个点

假设我们想找到对象 P 在二维平面上的位置。有三个观测点 O_1、O_2 和 O_3。对于每个观测点 O_i，可以测量 P 和 O_i 之间的距离 r_i。如图 4.13 所示，通过计算分别以 O_1、O_2、O_3 为圆心，以 r_1、r_2、r_3 为半径的 3 个圆的公共交点，我们可以确定 P 的位置。但是测量会产生一些误差，因此我们只知道 r_1、r_2、r_3 的近似值称为 $\tilde{r}_1$，$\tilde{r}_2$，$\tilde{r}_3$。给定这 3 个近似值，我们希望找到 P 的位置的最佳估计值（参见图 4.13）。

此类问题一般通过求解适当的优化问题来解决。假设 O_i 的坐标是 (a_i, b_i)，$i = 1$，2，3。设 P 的坐标为 (x, y)。请注意，(a_i, b_i) 是已知的量，而我们希望找到 (x, y)。假设测量中的误差很小，解决这个问题的一种方法是找出 (x, y) 的值，以使总误差尽可

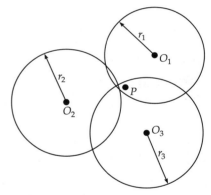

图 4.13　理想情况下，点 P 应位于三个圆的交点上；但存在一些测量误差

能小。换句话说，令 $f_i(x, y) = \left(\tilde{r}_i - \sqrt{(a_i - x)^2 + (b_i - y)^2} \right)^2$ 表示 r_i 的测量误差（的平方）。于是我们希望找到使得 $f(x, y) = \sum_{i=1}^{3} f_i(x, y)$ 最小化的 (x, y) 值。我们可以使用梯度下降算法来解决这个问题。很容易写出 $f(x, y)$ 的梯度，因此可以运行梯度下降算法直至值收敛。

感知机$^\ominus$算法（Perceptron Algorithm）

通常将神经元建模为具有阈值 w_0 的单元（unit）。当对神经元的输入超过 w_0 时，它输

$\ominus$　"感知机"也翻译作"感知器"。感知机算法由康奈尔航空实验室的 Frank Rosenblatt 于 1958 年发表。——译者注

出 1；否则，它输出 -1 [⊖]。考虑图 4.14 所示情况，其中有 n 个输入变量 x_1，x_2，$\cdots$，x_n，分别具有权值 w_1，w_2，$\cdots$，w_n（显示在图中的"输入"边上）。因此，对神经元的输入是 $w_1 x_1 + \cdots + w_n x_n$——如果超过 w_0，则输出为 1；否则，输出为 -1。换言之（用 $-w_0$ 替换 w_0），输出由 $w_0 + w_1 x_1 + \cdots + w_n x_n$ 的符号确定。

感知机算法以若干二元组 $(x^{(1)}$，$y^{(1)})$，$\cdots$，$(x^{(m)}$，$y^{(m)})$ 作为输入，其中每个 $x^{(j)}$ 都是一个向量 $(x_1^{(j)}$，$\cdots$，$x_n^{(j)})$，而 $y^{(j)}$ 为 -1 或 1。根据这些给定的输入，我们希望找到值 w_0，w_1，$\cdots$，w_n。此问题的一种思考方法是：考虑 n 维空间(其坐标为 $(x_1$，x_2，$\cdots$，$x_n)$)中的超平面 $w_0 + w_1 x_1 + \cdots + w_n x_n = 0$。$y^{(j)}$ 为 1 的点 $x^{(j)}$ 都位于该超平面的一侧，而其余点都位于另一侧。因此，我们给出这个问题的框架如下：给定一组点，其中每个点都被标记为"+"或"−"(取决于 y 坐标是 1 还是 -1)，找到一个超平面将这些点划分。

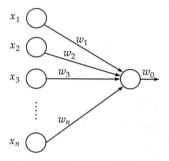

图 4.14　一个感知机，其输入为 x_1，x_2，$\cdots$，x_n，输出由 $w_0 + w_1 x_1 + \cdots + w_n x_n$ 的符号确定

我们可以将其表述为如下优化问题。令 w 表示向量 $(w_0$，w_1，$\cdots$，$w_n)$。给定这样一个解 w，我们可以计算误分类(mis-classified)的输入数量——如果 $w^{\mathrm{T}} x^{(j)}$ 为正数 [⊖]，则当且仅当 $y^{(j)}$ 为 -1 时，输入 $(x^{(j)}$，$y^{(j)})$ 称作被误分类。更形式化地讲，定义函数 sgn，若 $z < 0$ 则 sgn(z) 为 1，否则为 0。请注意，sgn$(y^{(j)} \cdot w^{\mathrm{T}} x^{(j)})$ 的值为 1，当且仅当输入 $(x^{(j)}$，$y^{(j)})$ 被误分类。因此，我们可以将这个问题表述为最小化 $f(w) := \sum_{j} \mathrm{sgn}(y^{(j)} \cdot w^{\mathrm{T}} x^{(j)})$。然而，函数 f 不是凸的——易见函数 sgn(作为一个单变量函数)不是凸的。因此我们不在 f 中使用 sgn 函数，取而代之的是一个近似它的凸函数。有多种方法可以做到这一点，我们将使用其中简单的一种，将 sgn 函数替换为以下函数 g：如果 $x < 0$ 则 $g(x) = |x|$，否则 $g(x) = 0$。此函数如图 4.15 所示。请注意，函数 g 是凸的，但它在 $x = 0$ 时是不可微的。回想关于梯度下降算法的讨论，只要我们可以定义一个次梯度，那么就可以在一个不可微的凸函数上运行该算法。显而易见，我们可以定义 $x = 0$ 处的次梯度为 0 到 -1 之间的任意值——此处我们将其定义为 0。如果 $x < 0$，则 g 的导数为 -1；如果 $x \geqslant$

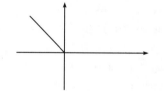

图 4.15　作为 sgn 函数的近似函数 g 的图像

0，则 g 的导数为 0。现在，我们可以将函数 f 定义为 $f(w) := \sum_{j} g(y^{(j)} \cdot w^{\mathrm{T}} x^{(j)})$。注意，如果 w 确实表示一个划分诸点的超平面，那么 f 将为 0。从这个意义上讲，我们用函数 g 代替 sgn 是合理的。现在可以很容易地写出 f 在点 w 处的导数。令 $N(w)$ 表示被 w 误分类的输入点集合，即 $y^{(j)} \cdot w^{\mathrm{T}} x^{(j)} < 0$。于是，导数为 $-\sum_{j \in N(w)} y^{(j)} x^{(j)}$。因此，我们得到寻找划分诸点的超平面的简单规则如下：如果 w^t 是第 t 次迭代是对 w 的估计，则：

⊖　输入和输出在本质上是电信号。还要注意，这是神经元的理想模型。实际上，会有一个"灰色"区域，在该区域中输出介于 -1 和 1 之间的值。输出 -1 表示没有输出信号，因此，它对应于零信号。

⊖　此处 $x^{(j)}$ 应为 $n+1$ 维，$(x_1^{(j)}$，$\cdots$，$x_n^{(j)})$ 被扩充为 $(1$，$x_1^{(j)}$，$\cdots$，$x_n^{(j)})$。——译者注

$$w^{t+1} = w^t + \sum_{j \in N(w^t)} y^{(j)} x^{(j)}$$

在几何上，此规则表示我们根据误分类的点来倾斜（tilt）向量 w^t。请注意，此时的学习率 η 为 1。

我们现在来分析这个算法。因为函数 g 的斜率在 $x=0$ 时从 -1 瞬间变为 0，所以我们不能直接应用定理 4.3。虽然此类函数仍然可以进行分析，但我们将考虑一个更简单的情况，并表明算法在经过少量迭代后终止。令 P 表示 $y^{(j)}$ 为 1 的点集，N 表示 $y^{(j)}$ 为 -1 的点集。假定存在一个分隔 P 和 N 的超平面，而且在这个超平面周围有一个不包含任何点的边界（参见图 4.16）。我们可以将这个条件形式化地表述为，存在一个单位向量 w^*，使得对于所有点 $x^{(j)}$ 都有

$$y^{(j)} \langle x^{(j)}, w^* \rangle \geqslant \gamma$$

其中 γ 是一个正的常数。请注意，γ 表示超平面和最近的点之间的距离。我们现在证明，步长为 $\eta=1$ 的梯度下降算法将在 $O(R^2/\gamma^2)$ 次迭代后终止，其中 R 是所有点 $x^{(j)}$ 的长度 $\|x^{(j)}\|$ 的上界。

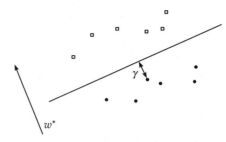

图 4.16　P 中的点以实心圆表示，N 中的点以空心正方形表示

这个证明背后的思想在于从两个方向限制 w^t 的长度。我们假设初始时猜测的 w^0 是零向量。设 N_t 表示迭代 t 开始时误分类点的指标集，n_t 表示该集合的基数。我们首先计算 w^t 长度的上界，回想 $w^{t+1} = w^t + \sum_{j \in N_t} y^{(j)} x^{(j)}$。

因此，由对于所有 $j \in N_t$ 都有 $y^{(j)} \langle w^t, x^{(j)} \rangle < 0$ 以及 $\|x^{(j)}\| \leqslant R$ 可得

$$\|w^{t+1}\|^2 = \|w^t\|^2 + \|\sum_{j \in N_t} y^{(j)} x^{(j)}\|^2 + 2 \sum_{j \in N_t} y^{(j)} \langle w^t, x^{(j)} \rangle \leqslant \|w^t\|^2 + n_t^2 R^2$$

所以在时间 τ 时，如果 N_τ 非空，则有

$$\|w^{\tau+1}\|^2 \leqslant R^2 \sum_{t=1}^{\tau} n_t^2$$

现在我们通过考察 $\langle w^t, w^* \rangle$ 来计算 w^t 长度的下界。注意，

$$\langle w^{t+1}, w^* \rangle = \langle w^t, w^* \rangle + \sum_{j \in N_t} \langle y^{(j)} x^{(j)}, w^* \rangle \geqslant \langle w^t, w^* \rangle + \gamma n_t$$

于是可得

$$\|w^{\tau+1}\| \geqslant \langle w^{\tau+1}, w^* \rangle \geqslant \gamma \sum_{t=1}^{\tau} n_t \geqslant \gamma \sqrt{\tau} \cdot \left(\sum_{t=1}^{\tau} n_t^2\right)^{1/2}$$

最后一个不等号源于柯西-施瓦兹不等式⊖。比较 $\|w^{\tau+1}\|$ 的上界和下界，可得 $\tau \leqslant R^2/\gamma^2$。因此，该算法在 R^2/γ^2 次迭代后不会发现任何误分类的点。

拓展阅读

使用蛮力搜索来解决优化问题是一种基本的本能，然而明显应该避免这样做（出于例如运行时间过长等原因）。如 $\alpha\beta$ 剪枝、A^* 算法等启发式方法被广泛使用，但无法给出关于其性能的任何保证。文献[135]给出了与或树的随机求值算法。Whitney 发展了拟阵理论[153]，且已有很多扩展——Lawler[88]对其理论及大量应用进行了全面的阐述。最小支撑

⊖　原书如此，事实上不等式的方向恰好用反了，导致论证也存在问题。——译者注

树作为一个著名的问题，已有百余年的历史，其中 Kruskal 算法和 Prim 算法最为著名。Borüvka 的算法[110]是 Karger、Klein 和 Tarjan 提出的随机线性时间算法[75]的基础。Chazelle 提出了最优的确定性算法[29]，运行时间为 $O(n\alpha(n))$。Tarjan 使用了红绿规则$^\ominus$刻画 MST 算法[140]。并查集数据结构包括道路压缩启发式算法，始于 Hopcroft 和 Ullman[64]，并且已有很长的历史。它以 Tarjan 的工作达到顶点，Tarjan 在指针模型中给出了相匹配的下界[139]。文献[138]中讨论了并查集中基本启发式的许多变体。在可计算性理论中，Ackerman 函数是众所周知的一个非原始递归函数的 μ 递归函数。

梯度下降算法是凸优化中一类重要的一阶算法，且具有很多变体，它无论在理论上还是在实践中都得到了大量研究。凸优化是许多应用领域的研究热点[23]。在本书中，我们仅讨论了无约束优化的情况。在很多情况下，对于可行解还有其他限制——这称作约束优化。例如，在线性规划中，目标函数是线性函数（因此是凸的），而任何可行点也必须满足一组由线性不等式或等式组成的约束[31]。这个问题的另一种可视化方法是，给定一个多面体（即通过若干半空间的交集得到的一个凸图形），并且我们希望在这个多面体的所有点上最小化一个线性函数。从一个可行点开始，梯度下降方法将使我们朝负梯度的方向前进（注意，目标函数的梯度是一个常向量）。但我们不能沿这个方向无限移动，因为我们可能会离开多面体。单纯形算法（simplex algorithm）是最受欢迎的算法之一，它在多面体的边界（boundary）上维护一个可行点，并且总是朝着改善目标函数的方向移动。

习题

4.1 构造一个背包问题的实例，即使我们使用分支定界法，它也需要访问每一个叶子节点。你可以选择任何良性定义的方法来修剪搜索空间。

4.2 回想在背包问题中，有 n 个物品 $x_1, x_2, \cdots, x_n$，物品 x_i 的体积为 w_i、收益为 p_i。而背包的容量为 C。证明：如果我们使用基于"收益/体积"的贪婪策略，即如果我们按这个比值的序降选择物品，那么最终得到的收益至少是最优解的一半。对于这个断言，我们需要做一点变化，即：如果 x_k 是最后选择的物品，$x_1, x_2, \cdots, x_k$ 可都放入背包且按照各自比值递减排列，那么我们最终选择的是 $\max\left\{\sum_{i=1}^{k} p_i, \ p_{k+1}\right\}$。请注意，$x_{k+1}$ 满足 $\sum_{i=1}^{k} w_i \leqslant C < \sum_{i=1}^{k+1} w_i$。

4.3 在分析与或树时考虑 $k=1$ 的特殊情况。证明：求值次数的期望为 3。（我们必须考虑所有的输出情况，并采用最差情况，因为我们并没有关于输入或输出服从任何分布的假设）。

4.4 当根是"与"节点时，完成对与或树的分析。

4.5 考虑并查集的如下特殊情况。一共有三个阶段，在每个阶段中，所有合并操作都在所有查找操作之前进行。你能针对这种情况设计一个更有效的实现方式吗？

4.6 给定区间 $[1, n]$ 内的整数序列，每个整数在序列中至多出现一次。在序列中的任意位置都可以出现一个名为 EXTRACT-MIN 的操作，该操作检测序列中该点之前（包括该点）的最小元素并将其丢弃。设计一个有效的算法，可以处理包括 EXTRACT-MIN 操作的任一给定序列。

例如，对于序列 4，3，1，E，5，8，E，$\cdots$，输出是 1，3，$\cdots$

4.7 证明：Borüvka 算法可以正确输出 MST。

4.8 给定无向图 $G = (V, E)$，考虑子集系统 (E, M)，其中 M 由边集的子集组成，每个子集导出的子图都至多存在一个回路。证明该子集系统是拟阵。

4.9 在不使用秩性质的情况下，证明 MST 问题具有交换性质。换言之，不使用拟阵定理证明交换性质。

4.10 为了实现 Prim 算法，请设计一个适当的数据结构以选择最小标签及更新标签。

$\ominus$ 原书如此，在 4.4 节中称之为"红蓝规则"。——译者注

4.11 给定一个图的 MST。现在假设我们将这个 MST 中一条边 e 的权值从 w_e 增加到 w'_e。给出一个寻找新 MST 的线性时间算法。

4.12 讨论适当的数据结构，可用来有效地实现 Borüvka 算法。

4.13 次小支撑树（the second minimal spanning tree）是与最小支撑树不同的树（必须至少有一条边不同），而且如果忽略原来的 MST，那么它就是 MST——尽管它们可能具有相同的总权值。设计一个有效的算法来计算次小支撑树。

提示：证明次小支撑树与原来的 MST 恰好相差一条边。

4.14 一棵瓶颈支撑树（bottleneck spanning tree，BST）是赋权无向图 $G=(V,E)$ 的所有支撑树中最大权值边的权值最小者。BST 的值（value）定义为 $\min_{T \in \mathcal{T}}(\max_{e \in T}\{weight(e)\})$，其中 $\mathcal{T}$ 是 G 的所有支撑树的集合。

（i）设计一个线性时间算法，对于给定的 b，确定 BST 值是否不超过 b。

（ii）设计一个有效的（最好是线性时间的）算法来寻找一个 BST。

4.15 给定一个需要单位时间完成且具有截止时间的作业的集合 J，如何确定是否所有作业都能在截止时间内进行调度。描述一个算法，它要么确定一个可行的计划，要么断定这是不可能的。

4.16 考虑一组作业 J_i，$1 \leqslant i \leqslant n$，每个作业 J_i 由两个子任务 (a_i, b_i) 组成，其中，第一个子任务需要 a_i 个单位时间的某个唯一公共资源，而第二个子任务需要 b_i 个单位时间但可以独立完成。a_i 和 b_i 都是非负整数，并且每个作业只有在完成它的第一个子任务后，才能启动它的第二个子任务。例如，如果 $J_1=(4,7)$，$J_2=(5,5)$，那么一个可能的调度是：先开始 J_1，使用 4 个单位时间完成子任务 1；之后，可以执行 J_1 的子任务 2，并可以启动 J_2 的子任务 1。因此，J_1 在 11 个单位时间后完成两个子任务，而 J_2 在 14 个单位时间后完成。因此，如果我们从 J_1 开始，这两个作业可以在 14 个单位时间后全部完成。对于将 J_2 安排在 J_1 之前运行的调度，这两个作业将分别在 10 个单位时间和 16 个单位时间之后完成。因此，第一种调度完成得更快。

给定 n 个作业，如何进行调度安排可以最小化最长作业的完成时间？令 s_i 表示作业 J_i 的开始时间。于是我们希望最小化 $\max_i\{s_i + a_i + b_i\}$。

4.17 考虑一个作业调度问题，其中每个作业 J_i 都有一个开始时间和一个结束时间 (s_i, f_i)。两个作业不能同时执行，并且一旦启动，一个作业必须执行至其完成（即，我们不能将一个作业拆分为多个部分）。给定一组作业：

（i）如果我们采用贪婪策略，按照完成时间的递增顺序安排调度，我们是否可以最大化完成的作业数？请给出证明。

（ii）如果作业 J_i 关联有收益 $p_i(\geqslant 0)$，你是否可以应用贪婪算法来最大化（所有已完成的作业的）总收益？请给出证明。

4.18 给定一系列活动（都有各自的开始时间和结束时间），这些活动必须安排在多个礼堂中，且不得有冲突。设计一个算法，计算达到此目的所需的最少礼堂数。请注意，起止时间是固定的，而且在同一个礼堂中不能同时举办两个活动。

可以将活动视为实轴上的闭区间，我们必须为每个区间指定一种颜色，使得有所重叠的两个区间指定的颜色不同。最少需要多少种颜色？

4.19 证明引理 4.1。

4.20 证明定理 4.2。

4.21 考虑一条从左至右的长直道路，沿路散落着房屋（可以将房屋视作道路上的点）。希望将手机信号塔安置在道路上的某些位置，使得每个房屋都在某信号塔的 4 公里范围之内。描述一个有效算法，实现此目标并最小化手机信号塔数目。

提示：考虑一个解决方案，每个塔都尽可能地靠右安置（不改变塔的数量）。将如何构造这样一个解？

4.22 假设函数 $f: \Re \to \Re$ 是可微的。证明：f 是凸的，当且仅当对于所有 $x, y \in \mathrm{dom}(f)$，都有

$$f(y) \geqslant f(x) + (y-x) \cdot f'(x),\qquad(4.6.5)$$

式中，$f'(x)$ 表示 f 的导数。

4.23 假设 $f:\Re\to\Re$ 是二阶可微的。证明：f 是凸的，当且仅当对于所有 $x\in\text{dom}(f)$，都有 $f''(x)\geqslant 0$。由此证明函数 x^2，e^x 和 e^{x^2} 都是凸的。

4.24 考虑如下有 n 个变量 $x_1,\cdots,x_n$ 的函数：（ⅰ）$a_1x_1+\cdots+a_nx_n$，其中 $a_1,\cdots,a_n$ 是常数；（ⅱ）$\log(e^{x_1}+\cdots+e^{x_n})$；（ⅲ）$x_1^2+x_2^2+\cdots+x_n^2$。证明这些函数都是凸的。

4.25 假设 f 和 h 的定义同 4.6 节。证明：$h'(t)=\boldsymbol{d}^{\text{T}}\nabla f(x_0+t\boldsymbol{d})$。由此得到结论：$f$ 是凸的，当且仅当对于所有 $x,y\in\text{dom}(f)$，都有

$$f(y)\geqslant f(x)+(y-x)^{\text{T}}\nabla f(x) \tag{4.6.6}$$

假设 f 的二阶导数（即 f 的 Hessian 矩阵 $H(x)$）存在。证明：f 是凸的，当且仅当矩阵 $H(x)$ 在 f 定义域内的所有点 x 处都是半正定的 [⊖]。

4.26 证明：严格凸函数在其定义域内存在唯一的局部最小值。

4.27 考虑凸函数 $f(x)=x^2-1$。从 $x_0=1$ 开始，使用 $\eta=0.1$，将梯度下降算法运行 10 个步骤（可能需要使用计算器）。最终估计值与 f 的最小值有多接近？

4.28 考虑函数 $f(x)=|x|$，$\eta=0.1$，起始点为 3.05。证明：梯度下降算法永远不会收敛到最小值。

⊖   假设 $\boldsymbol{H}$ 为 $m\times m$ 方阵，如果对于所有向量 $\boldsymbol{x}$ 都有 $\boldsymbol{x}^{\text{T}}\boldsymbol{H}\boldsymbol{x}\geqslant 0$，则称 $\boldsymbol{H}$ 是正半定的（positive semi-definite）。

优化 Ⅱ：动态规划

动态规划的思想与分治的概念非常相似。事实上，人们通常通过写下要解决的问题的递归子结构来表述这样的算法。如果我们直接使用分治策略来解决这样的问题，那么可能会导致执行效率低下。考虑斐波那契数列的例子：其为序列 1，1，2，3，5，8，…。用 F_n 表示该序列中的第 n 个数，则 $F_0 = F_1 = 1$，而后 $F_n = F_{n-1} + F_{n-2}$。这立刻可以给出对于输入 n 计算 F_n 的一个分治算法（参见图 5.1）。但是，这个算法的效率非常低，它需要指数时间（请参阅 1.1 节中的相关内容）。然而，该问题事实上存在一个简单的线性时间算法。该分治算法性能如此差的原因是同一个递归调用被多次执行。图 5.2 展示了计算 F_6 时进行的递归调用过程。这造成了极大浪费，处理这个问题的一种方法之一是将递归调用的结果存储在表中，这样就可以避免对同一输入的多次递归调用[①]。事实上，修正此算法的一种简单方式就是维护长度为 n 的数组 $F[\ ]$，并从 $i = 0$ 开始不断在该数组中填写表项 $F[i]$。

因此，动态规划是一种以谨慎的方式完成的分治策略。通常会指定一个表，该表存储算法将要进行的所有可能的递归调用。而最终的算法实际上没有进行任何递归调用。我们计算表中各个表项，以使得当需要解决子问题时，递归调用中出现的所有子问题都已被解决并存储在了表中。例如，在斐波那契数列的示例中，表对应于数组 F，而且当我们需要计算 $F[i]$ 时，$F[i-1]$ 和 $F[i-2]$ 的值都已经被计算。

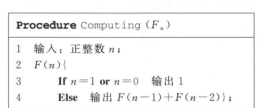

Procedure Computing (F_n)
1   输入：正整数 n；
2   $F(n)\{$
3   **If** $n = 1$ **or** $n = 0$ 输出 1
4   **Else**   输出 $F(n-1) + F(n-2)\}$；

图 5.1　递归的斐波那契数列算法

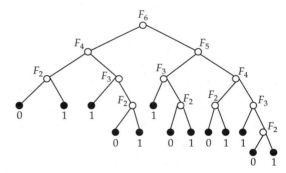

图 5.2　计算 F_6 的递归过程的展开。每个内部节点表示子节点的求和。叶子节点以实心圆表示，并对应于终止条件。读者可能会注意到 F_2、F_3 等项的重复出现，当我们计算更大的斐波那契数时，情况会变得更糟

一般性的动态规划方法可以总结如下。我们从一个递归（或归纳）关系开始。在典型的递归中，当我们展开递归关系时，可能会发现重复的子问题。动态规划问题需要满足一个有趣的性质，即整体最优解可以用子问题的最优解来描述，它有时被称作最优子结构（optimal substructure）性质。这使得我们能够为最优解编写适当的递归。

接下来，我们将描述一个包含各个子问题的解的表。表 T 的每个表项都必须能够仅使用之前已计算的表项来进行计算。计算各个表项的次序对于整体计算进程的推进非常关

　　㊀　可以先查表，表项为空时再进行递归调用。这也称作"备忘录方法"。——译者注

键。运行时间与 $\sum_{s \in \mathcal{T}} t(s)$ 成正比，其中 $t(s)$ 是计算表项 s 所用的时间。

在斐波那契数列的示例中，$t(s)=O(1)$。空间的界与表的一部分成正比，而表中必须保留该部分以用来计算之后的表项。我们就是这样通过巧妙地对计算进行排序来大幅度减少算法开销。动态规划通常被视作空间与运行时间之间的折中，我们在此过程中以增加额外空间为代价来减少运行时间。通过存储重复的子问题的解，我们节省了重新计算的时间。

5.1 背包问题

在背包问题中，给定了 n 个物品的集合以及一个大小为 B 的背包。物品 x_i 的收益为 p_i，重量（或体积）为 w_i。我们希望找到一个物品的子集，在总重量不超过 B 的前提下，最大化其总收益。如前所述，我们从这个问题的一个递推式开始，它将这个问题的最优值归约为寻找子问题的最优值。对于整数参数 i 和 y，$1 \leqslant i \leqslant n$，$0 \leqslant y \leqslant B$，令 $F(i, y)$ 表示仅使用 $\{x_1, x_2, \cdots, x_i\}$ 中物品且背包容量为 y 时的最优解的总收益值。在这个记号下，$F(n, B)$ 即是 n 个物品且容量为 B 的背包问题的最优值（我们假设所有权值和 B 都是整数）。作为基础情况，考虑 $F(1, y)$——这很容易定义。如果 $y \geqslant w_1$，则 $F(1, y)$ 为 p_1，否则为 0。假设 $i > 1$，我们可以写出如下等式

$$F(i, y) = \max\{F(i-1, y), F(i-1, y-w_i)+p_i\}$$

式中等号右端的两项分别对应在最优解中是否选取物品 x_i（如果 $y < w_i$，则式中没有第 2 项）。还要注意的是，一旦我们确定了 x_i 的选择，那么剩下的选择必须是关于剩余物品和背包剩余容量的最优选择。

这个算法很容易实现，我们可以使用二维表存储 F。F 的行可以由 i 索引，而列可以由 y 索引。请注意，计算第 i 行中的表项时需要知道第 $i-1$ 行中的表项。因为我们可以如前述地计算第 1 行，所以我们可以从第 1 行到第 n 行逐行地计算各表项，以实现该算法。由于每个表项 $F(i, y)$ 的计算需要常数时间，因此该算法可以在 $O(nB)$ 时间内实现。如前所述，该算法需要 $O(nB)$ 的空间。但是，请注意计算第 i 行中的表项只需要第 $i-1$ 行中的表项。因此，我们可以把空间缩小到 $O(B)$。请注意，这可能不是多项式时间。参数 B 的表示只需要 $O(\log B)$ 比特。因此，如果 B 恰好是 2^n，那么即使输入的大小是 $O(n)$ 的，该算法的运行时间也是 2^n。表 5.1 对第 4 章中曾给出过的示例进行了说明。

表 5.1 背包问题的动态规划表

$p_1=10，w_1=2，p_2=10，w_2=4，p_3=12，w_3=6，p_4=18，w_4=9，B=15$

i	$y=1$	2	3	4	5	6	7	8	9	10	11	12	13	14	15
1	0	10	10	10	10	10	10	10	10	10	10	10	10	10	10
2	0	10	10	10	10	20	20	20	20	20	20	20	20	20	20
3	0	10	10	10	10	20	20	22	22	22	22	32	32	32	32
4	0	10	10	10	10	20	20	22	22	22	28	32	32	32	38**

到目前为止，我们已经展示了如何计算最优解的值。但我们可能还希望找到最优解所选择的实际的物品子集。一旦我们计算出表中的所有表项，就可以很容易地从表中收集到这些信息。事实上，每个表项 $F(i, y)$ 是两种选择之一。除了存储相应问题的最优值外，我们还存储了在计算此表项时所作的选择。由此，很容易得到最优方案。我们从表项 $F(n, B)$ 开始。如果它的值是 $F(n-1, B)$（第一种选择），那么我们继续从表项 $F(n-1, B)$ 开始进行；否则（第二种选择），表明在我们的解决方案中选择了物品 x_n，那么我们继

续从表项 $F(n-1，B-w_n)$ 开始进行。我们不断重复这个过程，直到考察了所有的行。请注意，现在我们需要存储整个表，不能只使用 $O(B)$ 的存储。尽管有一些技巧甚至允许我们使用 $O(B)$ 的存储（以及 $O(nB)$ 时间）计算最优解，但本章将不会介绍它们。

5.2　上下文无关文法的解析

在某个字母表 Σ 上，给定一个满足 Chomsky 范式（CNF）的上下文无关文法 G，以及一个符号串 $X=x_1x_2\cdots x_n$。我们希望确定 X 是否可以由文法 G 派生。

回想 CNF 文法中的产生规则具有如下形式

$$A\to BC，A\to a$$

其中 A、B、C 是非终结符，而 a 是终结符（字母表中的符号）。所有派生都必须从一个特殊的非终结符 S 开始，S 称作开始符号。我们使用 $S\overset{*}{\Rightarrow}\alpha$ 表示可以由 S 开始，通过应用文法的产生规则，在有限步骤内派生得到句子 α。

我们的算法基于如下观察结果。

> **观察结果 5.1**　$A\overset{*}{\Rightarrow}x_ix_{i+1}\cdots x_k$ 当且仅当 $A\to BC$，且存在整数 $i\leqslant j<k$，使得有 $B\overset{*}{\Rightarrow}x_ix_{i+1}\cdots x_j$ 及 $C\overset{*}{\Rightarrow}x_{j+1}\cdots x_k$。

符号串 A 有 $k-i$ 种可能的分割方法，我们必须检查所有分割方法，来判定是否满足上述条件。更一般地讲，对于给定的符号串 $x_1x_2\cdots x_n$，我们考查其所有子串 $X_{i,k}=x_ix_{i+1}\cdots x_k$，其中 $1\leqslant i<k\leqslant n$——共有 $O(n^2)$ 个这样的子串。对于每个子串，我们尝试确定可以派生该子串的非终结符 A 的集合。为了确定它，我们将使用上述观察结果。注意，B 和 C 都派生了严格短于 $X_{i,k}$ 的子串。对于长度为 1 的子串，很容易检查有哪些非终结符可以派生它们，因此将它们作为基础情况使用。

我们定义一个二维表 T，其中 $T(s，t)$ 项对应于可以派生从 x_s 开始长为长度为 t 的子串的所有非终结符。对于固定的 t，s 的可能值为 1，2，$\cdots$，$n-t+1$，这使得该二维表呈三角形状。令 N 表示文法中非终结符的个数⊖。于是 $T(s，t)$ 由所有满足下述条件之一的终结符 A 组成：（ⅰ）如果 $t=1$，则 CNF 文法中应存在规则 $A\to x_s$；或者，（ⅱ）存在索引 k，$0<k<t$，且文法中存在规则 $A\to BC$，使得 $T(s，k)$ 包含 B 且 $T(s+k，t)$ 包含 C。请注意，此类项可以在 $O(tN)$ 时间内计算。

表中第 t 列的每一项都可以在 $O(tN)$⊖时间内填写。由此可得总运行时间 $\sum\limits_{t=1}^{n}O((n-t)\cdot t\cdot N)$ 是 $O(n^3N)$ 的。所需的空间即是表的大小，为 $O(n^2)$。这个算法以发现者姓名命名，称为 CYK（Cocke-Young-Kassimi）算法。

例 5.1　给定如下文法

$$
\begin{array}{ll}
S\to AB & S\to BA \\
A\to BA & A\to a \\
B\to CC & B\to b \\
C\to AB & C\to a
\end{array}
$$

⊖　原书如此，但 N 应该是文法中产生式的个数。——译者注
⊖　原书的算法分析部分忽略了文法中产生式的数量 N，译本已做相应修正。——译者注

确定此文法是否可以生成字符串 $s_1 = aba$ 和 $s_2 = baaba$。这两个输入字符串分别对应的表格见图 5.3。

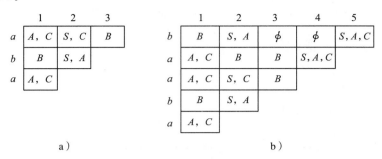

a)   b)

图 5.3 表 a 表明字符串 aba 不属于该文法，而表 b 表示 $baaba$ 可以由 S 生成

5.3 最长单调子序列

给定数值 x_1，x_2，$\cdots$，x_n 构成的序列 S，若其子序列 $x_{i_1} x_{i_2}$，$\cdots$，x_{i_k}($i_{j+1} > i_j$)对所有 j 都满足 $x_{j+1} \geqslant x_j$，则称该子序列是单调的(monotonic)。我们希望找到 S 的一个最长单调子序列(可能不止一个)。

> **断言 5.1** 对于任一长度为 n 的序列，要么最长的单调递增子序列长度至少为 $\lceil \sqrt{n} \rceil$，要么最长的单调递减子序列长度至少为 $\lceil \sqrt{n} \rceil$。

这即是著名的 Erdös-Szekeres 定理。其证明是基于鸽巢原理的一个巧妙应用，具体细节留作习题。前述结果只表明了存在性，但现在我们希望能够实际找到具体的子序列。设 L_i 表示 x_1，x_2，$\cdots$，x_i 中以 x_i 结尾的最长单调子序列的长度。显然，L_1 恰为 1。我们可以为 $L_i(i > 1)$ 写一个简单的递归式。考虑一个以 x_i 结尾的最长单调子序列。设 x_k 为这个子序列中 x_i 之前的元素[一](显然 x_k 必须小于或等于 x_i)。那么，L_i 必然等于 $L_k + 1$[二]。因此，我们得到

$$L_i = \max_{k \,:\, 1 \leqslant k < i, x_k \leqslant x_i} L_k + 1$$

可以看到，对所有 i 计算 L_i 需要 $O(n^2)$ 时间。最长单调子序列的长度就是 $\max_i L_i$。还可以很容易地看出，一旦我们计算出了这个表，我们就可以在 $O(n)$ 时间内重构出实际的最长单调子序列。请注意，此时的空间要求仅为 $O(n)$。

我们可以对运行时间进行改进吗？为此，我们实际上将解决一个更一般的问题[三]，即对于每个 j，我们将计算一个长度为 j 的单调[四]子序列(如果存在)。对于每个 $j \leqslant i \leqslant n$，令 $M_{i,j}$ 表示 x_1，x_2，$\cdots$，x_i 中长度为 j 的单调子序列的集合。显然，如果 $M_{i,j}$ 存在的话，那么 $M_{i,j-1}$ 也存在，并且子序列的最大长度由满足 $M_{n,j}$ 非空的 j 的最大值给出。

此外，在所有长度为 j 的子序列中，我们将关注具有最小终止值的子序列 $m_{i,j} \in M_{i,j}$。例如，在子序列 2，4，5，9 和 1，4，5，8(长度均为 4)中，我们将选择第 2 个，这

[一] 即倒数第二个元素(如果存在)。——译者注
[二] 如果找不到这样的 x_k，那么表明 $L_i = 1$。——译者注
[三] 另一种方法请参看习题 5.3。
[四] 此处考虑的是单调递增的子序列。——译者注

是因为 8＜9。

令 $l_{i,j}$ 表示 $m_{i,j}$ 的最后一个元素。下述结果是 $l_{i,j}$ 的值的一个简单性质。

观察结果 5.2　对于任意固定的 i，序列 $l_{i,j}$ 关于 j 是不减的。

我们使用反证法来证明它。固定 i，并令 $j_1＜j_2\leqslant i$ 满足 $l_{i,j_1}＞l_{i,j_2}$。然而，此时考察单调子序列 m_{i,j_2}。这将包含长度为 j_1 的单调子序列，其中最后一个元素最多为 l_{i,j_2}，且因此小于 l_{i,j_1}。

现在，我们给出计算 $l_{i,j}$ 的一个递归式。方便起见，如果集合 $M_{i,j}$ 为空，则将 $l_{i,j}$ 设置为无穷大。作为基础情况，对于所有 i，$l_{i,1}$ 恰为 $x_1，x_2，\cdots，x_i$ 中的最小值；对于所有 $j＞i$，设置 $l_{i,j}$ 为无穷大。对于 $i\geqslant 1$，$j＞1$，

$$\ell_{i+1,j}=\begin{cases}x_{i+1} & \ell_{i+1,j-1}\leqslant x_{i+1}＜\ell_{i,j} \\ \ell_{i,j} & \text{其他}\end{cases}$$

这是因为，要么 $m_{i+1,j}$ 等于 $m_{i,j}$，要么 x_{i+1} 必须是 $m_{i+1,j}$ 的最后一个元素⊖；在后一种情况下，它必须满足观察结果 5.2。例如，考虑序列：13，5，8，12，9，14，15，2，20。从索引 1 开始，$m_{1,1}=13$。然后，依次是 $m_{2,1}=5$，$m_{3,1}=5$，$m_{3,2}=5，8$。继而，我们得到 $m_{4,1}=5$，$m_{4,2}=5，8$，$m_{4,3}=5，8，12$，等等。因此，$l_{4,2}$ 将是 8，$l_{4,3}$ 将是 12，依此类推。如果我们使用这里给出的递归式来计算 $l_{i,j}$ 的话，则需要 $O(n^2)$ 时间，因为表中有 n^2 个项。与之不同，我们将使用观察结果 5.2 快速地更新这些表项。

对于固定的 i，观察结果 5.2 表明序列 $l_{i,j}$ 是一个非递减序列——称为 D_i。我们现在表明如何快速地将 D_i 更新为 D_{i+1}。事实上，前述递归式表明，如果 $l_{i,k-1}\leqslant x_{i+1}＜l_{i,k}$，则仅通过在 $l_{i,k-1}$ 之后插入 x_{i+1} 并移除 $l_{i,k}$ 即可从 D_i 获得 D_{i+1}。我们可以使用动态字典数据结构（例如 AVL 树）在 $O(\log n)$ 时间中实现在有序序列中查找 x_{i+1} 以及在序列中插入 x_{i+1} 这两个操作。考虑下述示例序列。序列 $D_1，\cdots，D_9$ 如下所示：

D_1	13	∞	∞	∞	∞	∞	∞	∞
D_2	5	∞	∞	∞	∞	∞	∞	∞
D_3	5	8	∞	∞	∞	∞	∞	∞
D_4	5	8	12	∞	∞	∞	∞	∞
D_5	5	8	9	∞	∞	∞	∞	∞
D_6	5	8	9	14	∞	∞	∞	∞
D_7	5	8	9	14	15	∞	∞	∞
D_8	2	8	9	14	15	∞	∞	∞
D_9	2	8	9	14	15	20	∞	∞

一旦得到了所有这些序列，就很容易构造出最长单调子序列。考虑上述例子。我们知道有一个长度为 6 的子序列以 20 结尾。考察 D_8，我们可以看到，有一个长度为 5 的子序列结束于 15，而且由观察结果 5.2 可知，在输入序列中 20 位于 15 之后。因此存在以 15，20 结尾的长度为 6 的子序列，依次类推。读者应可以找出 D_i 中维护的信息细节并重构最长单调子序列。

⊖　此时考虑倒数第二个元素 y，它就是 $x_1，x_2，\cdots，x_i$ 中一个长为 $j-1$ 的单调子序列的尾部元素，故有 $l_{i,k-1}\leqslant y\leqslant x_{i+1}$。——译者注

5.4　函数逼近

考虑整数集合 $\{1,2,\cdots,n\}$ 上的整数值函数 $h(i)$。给定参数 $k\leqslant n$，我们希望定义另一个最大阶段数为 k 的（阶梯）函数 $g(i)$，使得 g 和 h 之间的差 $\Delta(g,h)$ 在某个度量 Δ 下达到最小化。最常见的度量之一就是两个函数之差的平方和，我们记为 L_2^2，$L_2^2(g,h)=\sum_{i=1}^{n}(g(i)-h(i))^2$。我们也称 $L_2^2(g,h)$ 为 g 和 h 的误差平方和（sum of squares error）。

给定指标 $i\leqslant k$ 和 $j\leqslant n$，令 $g_{i,j}^*$ 表示此问题限制在点 $1,2,\cdots,j$ 上时的最优（不超过）i 阶段函数——我们感兴趣的是计算 $g_{k,n}^*$。请注意，当 $i\geqslant j$ 时，$g_{i,j}^*$ 就等于限制在点 $1,2,\cdots,j$ 上的 h。

> **断言 5.2**　$g_{1,j}^*=\dfrac{1}{j}\sum_{i=1}^{j}h(i)$，即它是等于平均值的常值函数。

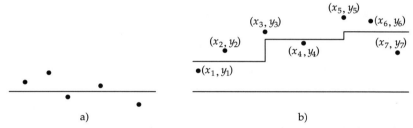

图 5.4　在图 a 中，取值为 y 值的平均值的常值函数将误差平方和最小化。在图 b 中，3 阶段函数逼近 7 点函数

该断言的证明留作习题。

对于指标 i 和 j，$1\leqslant i\leqslant j\leqslant n$，令 $D(i,j)$ 表示 $\sum_{l=i}^{j}(h(l)-A_{i,j})^2$，其中 $A_{i,j}$ 是 $h(i),\cdots,h(j)$ 的平均值。换句话说，它是限制在区间 $\{i,i+1,\cdots,j\}$ 上的 h 和一个常值函数之间误差平方和的最小值。我们现在可以为 $g_{i,j}^*$ 写出如下的递推式。令 $t(i,j)$ 表示最小的 $s\leqslant j$，使得当 $x\geqslant s$ 时，$g_{i,j}^*(x)$ 的值恒定；即 $t(i,j)$ 是 $g_{i,j}^*$ 的最后一个阶段。那么，有

$$t(i,j)=\min_{s\leqslant j}\{L_2^2(h,g_{i-1,s-1}^*)+D_{s,j}\}$$

于是可以写出

$$g_{i,l}^*(s)=\begin{cases}g_{i-1,t(i,l)-1}^*(s) & s<t(i,l)\\ A_{t(i,l),l} & \text{其他}\end{cases}$$

递归式捕捉了如下特性：最优 k 阶段逼近可以表示为一个最优 $k-1$ 阶段逼近，直至一个中间点，然后是剩余区间的最优 1 阶段逼近（由断言 5.2 可知这是该区间的平均值）。假设 $D_{j,l}$ 已经为所有 $1\leqslant j<l\leqslant n$ 预先计算，那么我们就可以在大小为 kn 的表中对所有的 $1\leqslant i\leqslant k$ 和 $1\leqslant j\leqslant n$ 计算 $g_{i,j}^*$。表项可以按 i 的递增顺序计算，之后（对于固定的 i）按 j 的递增顺序计算。$i=1$ 作为基础情况，可以直接由断言 5.2 计算。我们同时计算 $t(i,j)$ 和 $L_2^2(h,g_{i,j}^*)$ 的值。每个表项都可以从之前已经计算出的 $j-1$ 个表项计算得到，总时间为

$$\sum_{i=1}^{i=k}\sum_{j=1}^{n}O(j)=O(k\cdot n^2)$$

假定 $D_{j,l}$ 可以快速存储/计算，则所需空间与上一行成正比（即，我们需要记录 $i-1$ 时的情况）。请注意，i 阶段函数可以存储为 i 元组。由于 $i \leqslant k$，因此每一行的空间为 $O(k \cdot n)$。

$D_{i,j}$ 的计算将留作习题，以完成对该算法的分析。此外，我们也鼓励读者探索其他动态规划递推式来计算最优函数。

5.5 最大似然估计的 Viterbi 算法

在这个问题中，给定了一个标号（labeled）有向图 $G = (V, E)$，其中边的标号来自字母集 Σ。请注意，多条边可以共享同一个标号。此外，每条边 (u, v) 具有权值 $W_{u,v}$，其权值与概率相关，而且任一给定顶点发出的有向边中，具有相同标号的边上的概率之和为 1。给定 Σ 上的一个字符串 $\sigma = \sigma_1 \sigma_2 \cdots \sigma_n$，找到图中从 v_o 开始的标号等于 σ 的最大可能道路。道路的标号指的是与边关联的标号的连接。为找到最大可能道路，我们实际上可以找到标号为 σ 的具有最大概率的道路。假定相继边之间具有独立性，我们希望选择使概率乘积最大化的道路。取这个目标函数的对数，我们可以将目标转化为最大化概率之和。因此，如果权值是概率的负对数，那么目标就是最小化道路上边的权值之和（请注意，概率的对数是负数）。

根据以下观察结果可以写出一个递推式。

若从顶点 x_1 开始的最优最小权值道路 $x_1, x_2, \cdots, x_n$ 带有标号 $\sigma_1, \sigma_2, \cdots, \sigma_n$，则道路 $x_2, x_3, \cdots, x_n$ 关于标号 $\sigma_2, \sigma_3, \cdots, \sigma_n$ 是最优的。对于长度为 1 的道路而言，很容易找到最优的标号道路。设 $P_{i,j}(v)$ 表示从顶点 v 开始的、标号为 $\sigma_i, \sigma_{i+1}, \cdots, \sigma_j$ 的最优标号道路。我们感兴趣的是 $P_{1,n}(v_o)$。

$$P_{i,j}(v) = \min_{w \mid (v,w) \in E} \{P_{i+1,j}(w) + W_{v,w} \mid \text{标号为}(v, w) = \sigma_i\}$$

从长度为 1 的道路这一基础情况开始，我们从每个顶点开始构造长度为 2 的道路，并依此类推。请注意，从顶点 v 开始的长度为 $i+1$ 的道路可以由从顶点 w 开始的长度为 i 的道路（已对所有顶点 $w \in V$ 进行了计算）来构造。我们所计算的道路都形如 $P_{i,n}$，其中 $1 \leqslant i \leqslant n$。因此，我们可以从 $i = n-1$ 开始计算表项。由前述递推式，我们现在可以通过对每个

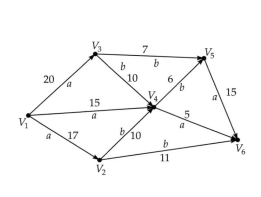

	3	2	1
V_1	15	∞	32
V_2	∞	15	∞
V_3	∞	15	∞
V_4	5	21	∞
V_5	15	∞	∞
V_6	∞	∞	∞

图 5.5 对于标号 aba 和起始顶点 v_1，有多种可能的标号道路，如 $[v_1, v_3, v_4, v_6]$、$[v_1, v_4, v_5, v_6]$ 等。权值是正规化的，而没有采用概率的对数。表项 (v_i, j) 对应于从顶点 v_i 开始的关于标号 $\sigma_j, \sigma_{j+1}, \cdots, \sigma_n$ 的最优道路。在这个例子中，对应于 $(v_1, 1)$ 的表项就是问题的解。表项 $(v_1, 2)$ 对应于从顶点 v_1 开始的关于标号 ba 的最优道路，但这样的道路不存在，因此这个表项的值为 ∞。

起始顶点 v 的至多 $|V|$ 个(更确切地说是其出度个)表项进行比较来计算 $P_{n-2,n}$ 等表项。

更准确地说,我们可以认为这与 d_v 成正比,其中 d_v 表示顶点 v 的出度。因此,每次迭代的总时间为 $\sum_v d_v = O(|E|)$ 个步骤,其中 $|E|$ 表示边数。于是,填表的总时间为是 $O(n \cdot |E|)$。虽然表的大小为 $n \cdot |V|$,但是观察到计算长度为 i 的最优道路只需要长度为 $i-1$ 的最优道路,于是空间需求可以减少到 $O(|V|)$。

5.6   树中的最大权独立集

给定一棵根树 T,其中每个节点 v 都有一个权值 w_v。T 中的独立集指的是节点的一个子集,满足其中任意两个节点之间不存在边(即,它们中没有两个节点具有父子关系)。我们希望找到一个总权值尽可能大的独立集。对于树中的一个节点 v,令 T_v 表示以 v 为根的子树。动态规划算法基于如下思想:假设我们希望在树 T_v 中找到最大权独立集。对节点 v 而言,有两种选择:(ⅰ)如果不选择 v,那么我们可以递归地求解每个由 v 的子节点定义的子问题;(ⅱ)如果选择 v,那么我们再次需要求解这些子问题,但此时我们不能选择 v 的子节点。为此,我们定义了一个表 $I(v, b)$,其中 v 是树中的一个节点,参数 b 为 0 或 1。$I(v, 0)$ 表示由 T_v 定义的子问题在不允许选取 v 的约束下的最优值,而 $I(v, 1)$ 则表示在必须选取 v 的约束下的最优值。

作为基础情况,如果 v 是叶子节点,那么 $I(v, 1)$ 等于 w_v(假定权值非负),$I(v, 0)$ 等于 0。假设 v 不是叶子节点,令 $w_1, \cdots, w_k$ 表示 v 的子节点⊖。那么,我们有如下递推式:

$$I(v, 1) = w_v + \sum_{i=1}^{k} I(w_i, 0), \qquad I(v, 0) = \sum_{i=1}^{k} \max(I(w_i, 1), I(w_i, 0))$$

若 r 是树的根,则输出 $\max(I(r, 0), I(r, 1))$。为了计算 $I(v, b)$,我们需要知道 v 的所有子节点 w 的值 $I(w, b')$,因此,我们可以使用树的后序遍历来计算它们。计算每个表项所需要的时间与它的子节点的数量成正比,因此,最优值可以在 $O(n)$ 时间内计算,其中 n 是树中的节点数。请注意,对于任一根树,$\sum_{v \in V} d(v) = n - 1$,其中 $d(v)$ 是节点 v 的子节点数。

拓展阅读

动态规划是算法设计的基本技术之一,在许多经典教科书[7,37]中都对其进行了介绍。背包问题因其简单性及应用的广泛性受到了算法界的广泛研究。我们无法获得多项式时间算法这一事实不足为奇,因为它恰好是 NP 困难问题(请参阅第 12 章)。但可以得到非常接近最优解的多项式时间算法(请参阅第 12 章)。通过在计算第 i 行时仅保留第 $i-1$ 行的结果,可以节省背包问题的动态规划表的空间,这是许多动态规划算法的典型特点。然而,如果我们还想重构实际的解(而不仅仅是最优解的值)并且仍然节省空间,那么它就需要更多精妙的技巧(例如,可参见 Hirschberg 的算法[62])。CYK 算法以其发现者 Cocke、Younger 和 Kasami 的名字命名[7],并且仍然是 CNF 文法解析的最有效算法之一。通过精心选择数据结构,它可以在 $O(n^3 t)$ 时间内实现,其中 t 表示 CNF 文法中产生式的数量。Viterbi 算法以其发现者 Viterbi 的名字命名[149],并在数字通信、机器学习等领域有着广泛的应用。许多图论中的优化问题(例如顶点覆盖,独立集,聚类)在树结构上变得容易。

⊖   此处的"w"不代表权值。——译者注

通常，动态规划是在树结构上解决这些问题的主要技术。使用诸如 Yao 提出的四边形不等式[158]等其他性质，可得到简单直接的动态规划公式（如矩阵链乘积和构造最优二叉搜索树）的重大改进——参见习题 5.8 和 5.12。

习题

5.1 对于任一长度为 n 的序列，证明：要么最长的单调递增子序列的长度至少为 $\lceil \sqrt{n} \rceil$；要么最长的单调递减子序列的长度至少为 $\lceil \sqrt{n} \rceil$。

5.2 给定 n 个实数 $[x_1, x_2, \cdots, x_n]$ 构成的序列，希望找到整数 $1 \leqslant k \leqslant l \leqslant n$，使得 $\sum_{i=k}^{l} x_i$ 最大化。请注意，x_i 可能是负数，否则该问题是平凡的。针对此问题设计一个线性时间算法。

5.3 如果可以设计一个数据结构，它能在 $O(\log n)$ 时间内返回所有满足 $x_j \leqslant x_i$ 的 L_j 中的最大值，那么对于最长单调子序列问题，我们就可以通过更简单的递推式来获得更好的界。请注意，当我们从左至右扫描时，此数据结构必须支持插入新点。由于这些点都是预先知道的，因此我们可以预先构造 BST 的框架（参见图 5.6），并在从左至右扫描时填写实际的点，从而避免动态重构。当我们插入点时，我们沿着插入道路更新堆的数据。完成该数据结构的具体细节并进行分析，得到一个 $O(n \log n)$ 时间算法。也可以参阅 7.3 节以了解类似的数据结构。

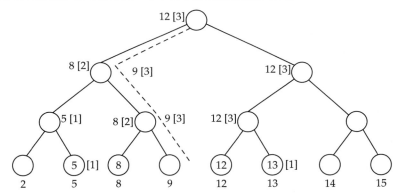

图 5.6 在序列 13，5，8，12，9，14，15，2 中，我们预定义了树的结构，但目前仅扫描了前 4 个数值，即 13、5、8 和 12。树的内部节点包含元组 $a[b]$，表示子树中所有已扫描数值的、以 a 结尾的最长递增子序列的长度 b。当沿着虚线道路插入数值 9 时，我们只需要考虑道路左侧的子树，因为它们小于 9，并在其中选择最大的 b 值

5.4 在数列 $x_1, x_2, \cdots, x_k$ 中，如果存在 $i(1 \leqslant i \leqslant k)$ 使得 $x_1, x_2, \cdots, x_i$ 是一个递增序列且 $x_i, x_{i+1}, \cdots, x_k$ 是一个递减序列，称作它是一个**双调**(bitonic)序列。两个单调序列之一可能是空序列，也就是说，严格递增（递减）序列也被认为是双调序列。例如，3，6，7，5，1 就是一个双调序列，其中 7 是分界值。

给定 n 个数值构成的序列，设计一个有效的算法来寻找其中的最长双调子序列。例如在序列 2，4，3，1，-10，20，8 中，读者可以验证 2，3，20，8 是长度为 4 的最长双调子序列。

5.5 回想函数逼近问题中 $g(i, j)$ 的定义。证明：$g_{1,j}^* = \frac{1}{j} \sum_{i=1}^{j} h(i)$，即它是等于平均值的常值函数。

进一步证明：$L_2^2(h, g_1^* - \delta) = L_2^2(h, g_1^*) + \delta^2$，即 $\delta = 0$ 时，误差平方和达到最小。

5.6 在函数逼近算法中，设计一个可以预计算所有 $D_{i,j}$ 的有效算法。

5.7 除了可以将 $g_{i,j}^*$ 划分为 $i-1$ 阶段最优逼近和 1 阶段（常值）逼近两部分进行计算外，还可以将它划分为 i' 阶段最优逼近和 $i-i'$ 阶段最优逼近两部分，其中 i' 是 $i-1 \geqslant i' \geqslant 1$ 的任意值。你是否可以完成对任意 i' 的算法分析？

5.8 **矩阵链乘积。**给定矩阵的链 $(A_1, A_2, \cdots, A_n)$，其中矩阵 A_i 的维数为 $p_{i-1} \times p_i$，我们希望使用

最少的乘法次数来计算链的乘积。

（ⅰ）有多少种计算矩阵链的积的方法？

（ⅱ）设计一个高效的算法，该算法不会穷竭式地使用（ⅰ）。

5.9   给定某个字母表 $\sum$ 上的两个字符串 $S_1 = x[1 \cdots n]$ 和 $S_2 = y[1 \cdots m]$，它们的编辑距离（edit distance）指的是使用集合 {复制（copy），替换（replace），插入（insert），删除（delete）} 中操作，以最少操作次数将字符串 x 转换为 y 所需的总开销。设计一个有效的算法，找到两个给定字符串之间的最小编辑距离。例如，字符串 cat 可以通过以下操作序列转换为 kite。

（1）将 c 替换为 k；（2）用 i 替换 a；（3）复制 t；（4）插入 e。

每个操作都有特定的开销，因此我们需要将总开销降至最低。它的一个直接应用就是 DNA 测序问题，即计算两个字符串有多么相近。

5.10   **排版问题**。输入 n 个长度分别为 l_1，l_2，$\cdots$，l_n 个字符的单词。我们希望将其很好地打印在多行，每行最多可容纳 M 个字符。所谓"很好"的标准是：同一行中的各个单词用空格分隔、不能将单词分成多行、每行应尽可能充满。每行最后的空格数 s 的惩罚函数为 s^3。如果用 s_i 表示第 i 行最后部分的空格数，那么我们希望能够将 $\sum_i s_i^3$ 最小化。

如果惩罚函数是 $\sum_i s_i$，那么贪婪策略是否有效？

5.11   一个词的有序子集称作它的子序列（subsequence），例如，xle 是字符串 example 的子序列。字符串 length 和 breadth 的最长公共子序列是 eth，它同时出现在两个字符串中。给定长度分别为 m 和 n 的两个字符串 s_1 和 s_2，设计一个有效的算法来寻找它们的最长公共子序列。

5.12   **最优二叉查找树**。给定 n 个不同键值的有序序列 $K = \{k_1, k_2, \cdots, k_n\}$，每个键值 k_i 被访问的概率为 p_i。此外，令 q_i 表示查找（严格地）位于 k_i 和 k_{i+1} 之间的值的概率。于是有 $\sum_i p_i + \sum_j q_j = 1$。

应如何构建二叉查找树以优化其期望查找开销？

请注意，我们不是试图构建一棵平衡树，而是要优化道路的加权长度——具有更大可能的值应更接近于根。

5.13   就可接受的语言而言，非确定性有限自动机（nondeterministic finite automaton，NFA）与确定性有限自动机（deterministic finite automaton，DFA）是等价的。对于给定的 NFA，如何找出等价的正则表达式？（ⅰ）如果可以在常数时间输出长度为 l 的正则表达式，那么算法的运行时间是多少？

（ⅱ）如果可以在正比于 l 的时间中输出长度为 l 的正则表达式，那么算法的运行时间是多少？

回想正则表达式表示字母表上的字符串（可能是无限）集合，称为正则集，而 NFA/DFA 恰好可接受此类语言。NFA 可以视为一个有向标号转换图，其中状态对应各个顶点。我们希望使用正则表达式来表征所有将自动机从初始状态转换到最终的可接受状态之一的字符串。

注意：仅当读者熟悉正则表达式和有限自动机时，方可尝试解决此问题。

5.14   一名出租车司机必须根据每天的预计收益来决定出车时间表，以最大化其总收益。由于某些限制，他不能连续两天都出车。例如，假设在 5 天的时间里，他的预计收益分别是 30、50、40、20、60。如果在第 1、3 和 5 天出车，他可以获得收益 30＋40＋60＝130；或者，在第 2 天和第 5 天出车，他可以获得收益 110。首先，请设法使自己确信，选择隔天出车（有两个这样的时间表），他并不能保证收益最大化。设计一个有效的算法，根据 n 天的预计收益序列来选择一个出车时间表，使得总收益最大化。

5.15   图 $G = (V, E)$ 的顶点覆盖（vertex cover）指的是顶点集的一个子集 $W \subseteq V$，使得对于任一边 $(x, y) \in E$，都至少有一个端点 $x, y \in W$。

（ⅰ）对于给定的树 $\mathcal{T}$，设计一个寻找 $\mathcal{T}$ 的最小基数顶点覆盖的有效算法。$\mathcal{T}$ 不一定是平衡的，也不一定是二叉树。

（ⅱ）如果每个顶点都有一个非负实数的权值，那么请找到给定树的最小权值顶点覆盖。

5.16   给定一根长度为（整数）n 的木棒，需要把它分成长度为 l_1，l_2，$\cdots$，l_k（都是整数）的若干段，而具有长度 l_i 的一段可获收益 $p_i > 0$——对于所有其他长度的段，收益为 0。应如何切割木棒，使得总收益最大化。

5.17 有 n 个目的地 D_i，$1 \leqslant i \leqslant n$，$D_i$ 的需求为 d_i。有两个仓库 W_1 和 W_2，库存分别为 r_1 和 r_2，满足 $r_1 + r_2 = \sum_i d_i$。从 W_i 向 D_j 运输 $x_{i,j}$ 个单位所需的开销为 $c_{i,j}(x_{i,j})$。在确保 $x_{1,j} + x_{2,j} = d_j$ 的前提下，将 $\sum_{i,j} c_{i,j}(x_{i,j})$ 最小化。

提示：令 $g_i(x)$ 表示 W_1 有库存 x 并且以最佳方式供应 $\{D_j\}_{1 \leqslant j \leqslant i}$ 时产生的开销——W_2 的库存是 $\sum_{1 \leqslant j \leqslant i} d_j - x$。

5.18 一个 $n \times n$ 网格在每个正方形上都有一个整数（可能是负数）标签。游戏者从最左一列的任一正方形开始，然后逐步移动到下一列中的 3 个相邻正方形之一，从而最终移动到最右一列。但是如果从顶行和底行前行的话，下一列只有两个相邻的正方形。游戏者获得的奖励指的是他所经过的所有正方形中的整数之和。设计一个有效的（多项式时间）算法，最大化游戏者所获得的奖励。

5.19 给定一个凸 n 边形（顶点数为 n），我们希望通过添加不相交对角线的方式来对其进行三角剖分。回想，三角剖分需要 $n-3$ 条对角线。三角剖分的开销指的是对角线长度的总和。例如，在平行四边形中，我们将选择较短的对角线以最小化开销。设计一个有效的算法来寻找给定 n 边形的最小开销添加对角线方法。

5.20 假设要在 n 个服务器 S_1，$\cdots$，S_n 中（选择部分服务器）保存某文件的副本。在服务器 S_i 处存储文件副本的存储开销为正整数 c_i。

如果用户向服务器 S_i 请求该文件，而在 S_i 上不存在文件的副本，那么用户就依次搜索服务器 S_{i+1}，S_{i+2}，$\cdots$，直到最终找到文件副本为止。如果最终在服务器 $S_j(j > i)$ 处找到，那么访问开销为 $j-i$。因此，如果 S_i 上存在文件的副本，则对 S_i 的访问开销为 0；否则为对 S_i 的访问开销 $j-i$，其中 j 是大于 i 的最小整数，满足 S_j 拥有文件的副本。始终保证最后一个服务器 S_n 上必定会有该文件的副本，以使得所有此类查询都会终止。

给定每个服务器 S_i 的存储开销 c_i。我们希望确定该文件应在哪些服务器上保存副本，以使得所有服务器的存储开销和访问开销之和最小。给出解决该问题的有效算法。

5.21 经典的旅行推销员问题（TSP）涉及在有向赋权图 $G = (V, E)$ 中找到最短的周游（tour），它访问每个顶点恰好一次。蛮力（brute force）算法将尝试 $[1, 2, \cdots, n]$ 的所有置换，其中 $V = \{1, 2, \cdots, n\}$，这将导致使用 $\Omega(n!)$ 时间和 $O(n \log n)$ 空间来计算所有置换。请基于下述思想设计一个更快速的动态规划算法。

令 $T(i, W)$ 表示图中以顶点 i 为起点、仅访问集合 W 的顶点、并以顶点 1 为终点的道路中最短者。于是，G 的最短周游可以表示为

$$\min_k \{w(1, k) + T(k, V - \{1\})\}$$

表明如何使用动态规划来计算 $T(i, W)$，并分析其时间和空间复杂度。

5.22 给定一个点 x_1，x_2，$\cdots$，x_n（即实数）的集合。在 k 均值聚类问题中，我们希望将点集划分为 k 个两两不相交的区间 I_1，$\cdots$，I_k，使目标函数

$$\sum_{i=1}^{k} \sum_{x_j \in I_i} |x_j - \mu_i|^2$$

最小化，其中 μ_i 表示 I_i 中所有点的平均值。给出解决此问题的有效算法。

5.23 **背包覆盖问题**。给定了一个大小为 B 的背包以及 n 个物品的集合，其中第 i 个物品的体积为 s_i，开销为 c_i。我们希望选择物品的最小开销子集，其总大小至少为 B。给出解决此问题的有效算法。可以假定上述所有量都是正整数。

5.24 给定实数轴上 n 个（闭）区间 I_1，$\cdots$，I_n。每个区间 I_i 都有一个相关的权值 w_i。给出一个有效的算法来选择区间的最大权值子集，且满足所选择的区间是两两不相交的。

5.25 基本设定同习题 5.24。但是现在，我们希望选择一区间的最大权值子集，使得对于实轴上的任一点 p，都至多有两个被选择的区间包含 p。给出解决此问题的有效算法。

第 6 章

查　　找

查找（搜索）问题是计算机科学领域的一个基本问题，大量的文献致力于该问题的很多有趣且迷人之处。从在一个预先处理过的集合中查找一个给定的键值开始，到为查找文档设计的最新技术，现代文明利用谷歌搜索不断前进。然而，对后一种技术的讨论已经超出了本章的范围，因此我们将重点放在更传统的框架上。Knuth[83]的著作是对早期技术记述最全面的作品之一；而所有关于数据结构的教科书都会谈及常用的查找技术，例如二分查找和基于平衡树的词典，像 AVL（由 Adelson、Velsky 和 Landis 提出）树、红黑树、B 树等。我们希望读者已熟知这些基本方法。与之不同，我们将专注于传统数据结构的一些更简单但不太知名的替代方案。其中很多都依赖于对随机化技术的创造性使用，并且更容易推广到各种应用中。它们是由查找问题的不同视角驱动的，这使得我们能够得到对问题的更好理解，例如对于全域更小的实际应用场景。基于比较的查找的基本假设是：全域可能是无限的，也就是说，我们可以对实数进行查找。虽然这是一个强大的框架，但我们错过了很多基于有界全域中的哈希函数（散列函数）来设计更快的替代方案的机会。我们将介绍这两个框架，以便读者能够为特定应用做出明智的选择。

6.1　跳表——一个简单的字典

跳表（skip-list）是由 Pugh[119]设计的一种数据结构，作为平衡二叉查找树的替代，用于处理有序列表上的字典操作○。读者可能还记得，尽管链表不支持像二叉查找树这样的快速查找，但是它们非常适合在 $O(1)$ 时间内进行数据修改。我们用随机抽样技术替用于维护二叉树平衡条件的复杂记账信息。已经证明，给定对随机比特的访问，n 个元素的跳表的期望查找时间为 $O(\log n)$，这与平衡二叉树相比非常有优势。基本思想是向原始有序列表添加快捷指针，以便我们可以快速地将查找范围缩小到小得多的区间内，并以递归方式实现该思想。此外，它保留了链表数据结构插入和删除过程的简单性，这使得该数据结构成为平衡二叉树的一个非常有吸引力的替代方案。

6.1.1　跳表的构造

跳表维护为有序链表的层次结构，最底层是全部的键值集合 S。我们从最底层开始，将第 i 层的链表记做 L_i，并令 $|L_i|=n_i$。由定义可知 $L_0=S$ 及 $|L_0|=n$。对于每个 $i>0$ 都有 $L_i \subset L_{i-1}$，最高层（假设是第 k 层）具有常数个数元素。此外，使用（垂直）链接维护列表 L_i 和 L_{i-1} 的公共元素之间的对应关系。对于列表 L_i 中的元素 E，我们定义相应的有序对 $T_i=(l_i, r_i)$，其中 $l_i \leqslant E \leqslant r_i$，$l_i, r_i \in L_i$。我们称这个二元组为第 i 层中（关于 E）的跨越对（straddling pair），它对全域中的任一元素 E 都有良性定义——读者请注意，通过向列表中添加元素 $-\infty$ 和 $+\infty$ 可以很容易地确保这一点。

我们首先描述在集合 S 中查找元素 E 的过程。查找从最顶层 L_k 开始，其中 T_k 可以

　　○　Redis 使用的是跳表，而不是平衡二叉树。——译者注

在常数时间内确定（参见图 6.1）。如果 $l_k = E$ 或 $r_k = E$，则查找成功；否则我们需要在元素 $[l_k, r_k] \cap L_0$ 中递归查找。此处，$[l_k, r_k]$ 表示由 l_k 和 r_k 界定的闭区间。这通过查找 L_{k-1} 中以 l_k 和 r_k 为界的元素来完成。由于 $l_k, r_k \in L_{k-1}$，因此可以很容易地在 $O(1)$ 时间内实现从第 k 层下降到第 $k-1$ 层。一般来说，在任意一层（假设是第 i 层），我们通过遍历列表 L_i 的一部分来确定元组 T_i。如果 l_i 或 r_i 等于 E，那么我们就完成了查找；否则，我们下降到第 $i-1$ 层重复此过程。

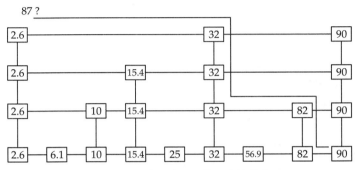

图 6.1　查找元素 87 所经过的道路

换言之，我们逐步对查找进行细化，直至我们在 S 中找到一个等于 E 的元素；或者我们确定了 (l_0, r_0) 时，查找终止。这个过程也可以看作是在具有可变度数的树中查找（不像二叉树，度数必须是 2）。

当然，为了能够分析该算法，必须指明如何构建列表 L_i 以及如何在删除操作和添加操作下动态维护它们。粗略地讲，基本思想是让第 i 层中的元素指向（S 中的）大约 2^i 个节点，使得层数约为 $O(\log n)$。在每个第 i 层花费的时间取决于 $[l_{i+1}, r_{i+1}] \cap L_i$，并因此，我们需要保持这个值很小。为了在线地实现这些目标，我们使用以下直观策略。来自最底层（第 0 层）的节点以概率 p（在我们的讨论中，假设 $p = 0.5$）被选择在第 1 层中；之后，在任意的第 i 层，该层的节点以概率 p 独立地被选择位于第 $i+1$ 层中，并且在任一层中，我们都维护一个简单的链表，其中元素按序排列。对于 $p = 0.5$，则不难确认：对于大小为 n 的列表，第 i 层中元素个数的期望大约为 $n/2^i$，并且彼此之间间隔大约 2^i 个（第 0 层中的）元素。层数的期望是 $O(\log n)$，并且所用空间的期望是 $O(n)$——这是因为当 $p = 1/2$ 时，每个元素向上移动的层数的期望为 2。由期望值的线性性可知，节点总数的期望为 $2n$。

为插入一个元素，我们首先使用前述的查找策略来确定它的位置。请注意，查找算法同时可以得到关于所有 T_i 的信息。在第 0 层，我们以概率 p 选择该元素是否提升到第 1 层。如果选择提升，那么我们将其插入适当的位置（从 T_1 的信息可以很简单地完成这一点），更新指针并从当前层重复这个过程。删除元素则完全是此过程的逆转。可以很容易地验证，删除和插入与查找操作具有相同的渐近运行时间，因此我们主要关注查找操作。

6.1.2　分析

为了分析查找过程的运行时间，我们反向观察，也就是说，我们从第 0 层开始回溯道路。查找时间显然是遍历所有层的道路总长度（即链接数）。因此，可以对上升到一个新的层之前经过的链接数进行计数。换言之，期望查找时间可以表示为如下递推式

$$C(i) = (1-p)(1+C(i)) + p(1+C(i+1))$$

其中，$C(i)$ 表示从第 i 层到最高的第 k 层所需步骤数的期望。这个递推式可按如下方式证明：假设我们从第 i 层节点 v 开始，我们将以概率 $(1-p)$ 还停留在这层，并移动到本层的下一个节点，此时，达到第 k 层所需的期望步骤数依然是 $C(i)$；我们将以概率 p，移动到第 $i+1$ 层中节点 v 的副本处，这时候所需的期望步骤数为 $C(i+1)$。由上述递推式可得

$$C(i)=C(i+1)+\frac{1}{p}$$

在给定层的任一节点，如果已选择此节点提升到下一层，那么我们将向上爬升；否则，我们将当前层的开销增加 1。由边界值 $C(k)=0$（其中 k 是最顶层）易知 $C(0)=k/p$，即查找道路长度的期望。

为了得到期望查找时间的界，我们考虑以下两个变体。

- 我们将总层数 k 限制在某个固定值，比如 $\log n$。此时，期望查找时间是第 k 层的元素数加上 $C(0)$。

  如果元素 x_i 存在于 $\log n$ 层，则令 $U_i=1$，否则令 $U_i=0$。注意，$\Pr[U_i=1]=1/n$，这是因为一个元素提升到第 k 层的概率为 $1/2^k$，这对应于 k 次独立抛掷硬币都成功。因此，最高层的元素个数是 $U=\sum_{i=1}^{n}U_i$。这表明：

  $$\mathbb{E}[U]=\mathbb{E}\Big[\sum_{i=1}^{n}U_i\Big]=\sum_{i=1}^{n}\mathbb{E}[U_i]=\sum_{i=1}^{n}\frac{1}{n}=1$$

  因此期望查找时间为 $O(\log n)$。

- 我们不断构造跳表，直到最顶层的元素数不超过 4（也可以选择其他一些适合的常数）为止。

  假设层数为 L，我们希望计算 $\mathbb{E}[L]$。从期望的定义可以得到：

  $$\mathbb{E}[L]=\sum_{i\geqslant 0}i\Pr[L=i]=\sum_{i\geqslant 0}\Pr[L\geqslant i]$$

  于是由 $\Pr[L\geqslant\log n+j]\leqslant 1/2^j$ 有

  $$\mathbb{E}[L]=\sum_{i=0}^{\log n}\Pr[L\geqslant i]+\sum_{i>\log n}\Pr[L\geqslant i] \qquad (6.1.1)$$

  $$\leqslant \log n+\frac{1}{2}+\frac{1}{4}+\frac{1}{2^3}\cdots \qquad (6.1.2)$$

  $$\leqslant \log n+1 \qquad (6.1.3)$$

  这可以如下验证：考虑单个元素 x，它被提升到第 $(\log n+j)$ 层的概率至多为 $1/(n\cdot 2^j)$。使用布尔不等式可知，任一元素提升到第 $(\log n+j)$ 层的概率至多为 $1/2^j$——而这正是事件 $[L\geqslant\log n+j]$ 发生的概率。

  期望查找步骤数的界是 $2(\log n+1)$，由每层的遍历数的期望乘以层数的期望得到[⊖]。

6.1.3　更强的尾部估计

如果对期望界不满意（毕竟，查找时间超过期望界的概率可能是恒定的），那么可以获得与期望性能偏差的更严格估计。查找过程（依然是反向观察）要么是向左移动，要么是向上爬升。每当它访问一个节点时，它以概率 p 向上爬升——我们称这样的事件是一个"成

⊖　这基于一种非常常见的随机现象，称作随机和。考虑随机变量 $X=X_1+X_2+\cdots+X_T$，其中 X_i 具有相同的分布，T 是具有有限期望值的整数随机变量。于是可以很容易地证明 $\mathbb{E}[X]=\mathbb{E}[X_i]\cdot\mathbb{E}[T]$。

功事件"。请注意，这个事件将发生 $O(\log n)$ 次，因为数据结构的高度是 $O(\log n)$。

因此，整个查找过程可以视作如下的另一种方式。我们抛掷一枚硬币，正面出现的概率为 p，需要抛掷多少次才能得到 $O(\log n)$ 次正面？每次出现正面都对应于在数据结构中向上爬升一层的事件，总的抛掷次数就是查找算法的开销。当爬升了 $O(\log n)$ 层后，我们就完成了查找（关于层数是 $O(\log n)$ 的，这里有一些技术性的问题，但稍后会解决）。抛掷硬币 N 次获得的正面次数由参数为 N 和 p 的二项随机变量 X 给出。对于 $N=15\log n$ 和 $p=0.5$ 使用切尔诺夫界（见式（2.2.8）），在式中取 $\delta=0.8$，可以得到 $\Pr[X \leqslant 1.5\log n] \leqslant 1/n^2$。通过使用适当的常数 c 和 $\alpha>0$，我们可以得到形如 $\Pr[X \leqslant c\log n] \leqslant 1/n^\alpha$ 的快速下降的概率，α 随 c 的增加而增加。这些常数可以微调——尽管在这里我们并不需要这样做。

于是，我们给出如下引理。

引理 6.1　对于适当的常数 $c>1$，在一个长度为 n 的跳表数据结构中，固定元素的访问时间超过 $c\log n$ 步的概率小于 $O(1/n^2)$。

证明：我们计算当抛掷一个均匀（$p=1/2$）的硬币 $c\log n$ 次时，获得了少于 k（该数据结构中的层数）次正面的概率，其中 $c>1$ 是某个固定常数。也就是说，我们计算查找过程超过 $c\log n$ 个步骤的概率。回想每次出现正面相当于爬升一层，当我们爬升到第 k 层时过程结束。为了计算层数的界，可以很容易看出，S 的任一元素出现在第 i 层的概率不超过 $1/2^i$。这也就是说，已经连续出现了 i 次正面。因此，任一固定元素出现在第 $3\log n$ 层的概率最多为 $1/n^3$。$k>3\log n$ 的概率就是 S 中至少一个元素出现在第 $3\log n$ 层的概率。这显然是任一固定元素出现在第 $3\log n$ 层的概率的 n 倍[$\ominus$]，因此 k 超过 $3\log n$ 的概率小于 $1/n^2$。

假设 $k \leqslant 3\log n$，我们选择一个 c 值，称作 c_0（将其插入到式（2.2.8）所述的切尔诺夫界中），使得在 $c_0\log n$ 次抛币中获得少于 $3\log n$ 次正面的概率小于 $1/n^2$。如果前述事件之一不成立——或者层数超过 $3\log n$，或者在 $c_0\log n$ 次抛币中获得了少于 $3\log n$ 次正面，那么对一个固定键值的查找算法将超过 $c_0\log n$ 个步骤。显然，这是各个事件不成立的概率之和，即 $O(1/n^2)$。　■

定理 6.1　对于任意的固定值 $\alpha>0$，跳表中任一元素的访问时间超过 $O(\log n)$ 的概率小于 $1/n^\alpha$。

证明：n 个元素的列表会产生 $n+1$ 个区间。由之前的引理 6.1 可知，对固定元素的查找时间超过 $c\log n$ 的概率 P 小于 $1/n^2$。注意，在固定的区间 $[l_0, r_0]$ 中的所有元素都遵循数据结构中相同的道路。因此，对于任意区间，访问时间超过 $O(\log n)$ 的概率都是 nP。如前所述，可以通过适当地选择常数来实现这一点。　■

对于具有 n 个元素的跳表，可以得到关于空间要求的更紧的界。我们可以证明期望空间是 $O(n)$ 的，因为一个节点移动到上层的期望次数等于 2。

6.2　树堆：随机查找树

二元（动态）查找树家族可能是计算机科学中最先引入的非平凡数据结构。然而，其中

$\ominus$　使用布尔不等式。——译者注

的更新操作虽然(在渐近意义上)非常快,但却不是最容易记忆的。AVL 树的旋转和双旋转规则、B 树中的拆分/连接以及红黑树的颜色变化通常很复杂,他们的正确性证明也是如此。随机查找树(或称随机树堆)提供了平衡 BST(二叉查找树)的一个实用替代方法。我们仍然依赖于旋转,但没有使用任何具体的平衡规则。相反,我们依赖于随机数的神奇特性。

随机查找树(randomized search tree,RST)是一棵二叉树,其键值按中序排序。换言之,对于每个节点,存储在其中的键值大于或等于存储在以其为根的左子树中的节点中的键值,并且小于或等于以其为根的右子树中的键值。此外,每个元素在到达时都被赋予一个优先级;树中的节点根据优先级组织为堆,优先级高的作为父亲节点。换句话说,任一节点中元素的优先级都大于它孩子节点中存储的元素的优先级。由于键值按中序排序,因此对元素的插入遵循一般过程(如同在二叉查找树中)。但是插入元素后,堆次序可能无法保持,因此之后还需要进行调整以维护堆结构。这是通过旋转来完成的,因为旋转不改变中序次序。

断言 6.1 给定元素的(互异)优先级分配,可以证明存在着唯一的树堆。

其证明留作习题。优先级是从足够大的区间⊖中随机(且唯一地)分配的。优先级引出了 N 个节点的随机排序。通过对随机排序求平均可知,树的期望高度很小。这是以下对 RST 的表现进行分析的关键所在。

让我们首先看一下(比如,某个元素 Q 的)查找时间,此处基于被称为反向分析(backward analysis)的技术。有关此技术的更详细说明,请参阅本书第 7.7 节。为此,我们(假设)按优先级降序插入 N 个元素。请注意,无论何时插入节点(如同在二叉查找树中一样),它都会插入到叶子节点。因此,会满足堆的特性(因为我们按优先级的降序插入它们)。在此过程中的任何时候,插入的节点集都将构成整个查找树的子树。对于元素 N_i,如果之前插入的元素没有位于 Q 和 N_i 对应的键值之间⊜的值,那么我们说 Q 可以看到该元素。我们计算 Q 在此过程中可以看到的元素的数量。

断言 6.2 通过按节点优先级顺序依次插入节点而构建的树(最高优先级为根)与在线构建的树相同。

这源于树堆的唯一性。

断言 6.3 Q 在插入序列中看到的节点数恰等于为查找 Q 而执行的比较次数。事实上,它看到这些节点的顺序就对应于 Q 的查找道路。

令 N_1,N_2,…表示按优先级降序排列的节点。让我们通过对 i 的归纳来证明上述断言,也就是说,在节点 N_1,N_2,…,N_i 中,执行比较的总次数等于 Q 看到的节点数。对于证明的基础情况,N_1 对应于根,每个元素都可以看到 N_1 并且必须与根进行比较。现在假设对于 i 成立,当我们考虑 N_{i+1} 时会发生什么?节点 Q 能看到 N_{i+1} 当且仅当它俩处于由节点 N_1,N_2,…,N_i 产生的同一(开)区间中。从前述观察结果中,我们知

⊖ 对于 N 个节点,$O(\log N)$ 比特的随机数就足够了——请参阅 2.3.3 节。
⊜ 这里的"之间"允许等于 Q 或者 N_i,所以一旦在序列中插入了 Q 之后,它就什么也看不到了。——译者注

道可以通过按优先级递减的顺序插入节点来构造树。如果节点 Q 和 N_{i+1} 处于相同的（开）区间中，那么 Q 在以 N_{i+1} 为根的子树中（节点 N_{i+1} 以之前插入的节点之一作为其父亲节点），因此它将与查找树中 N_{i+1} 进行比较。反过来，如果 Q 和 N_{i+1} 不在相同的（开）区间内，那么一定存在某个节点 $Y \in \{N_1, N_2, \cdots, N_i\}$，使得 Q 和 N_{i+1} 在 Y 的不同子树中（Y 是它们的最小共同祖先）。因此，N_{i+1} 不可能是 Q 会比较的节点（回想一下，树是唯一的）。

定理 6.2 RST 中查找道路的期望长度为 $O(H_n)$，其中 H_n 是第 n 个调和级数。

为了证明这个属性，让我们按键值的递增顺序排列元素（注意这是确定性的，而且可能与 N_1，N_2，$\cdots$ 的排序不同），令这个排序为 M_1，M_2，$\cdots$，M_n。假设 Q 恰为这个排序中的 M_j。考虑元素 M_{j+k}，其中 $k \geqslant 0$。M_j 看到 M_{j+k} 的概率是多少？为此，M_j 和 M_{j+k} 之间的所有元素的优先级必须都小于 M_{j+k} 的优先级。由于优先级是随机分配的，因此该事件的概率为 $1/k$。使用期望的线性性，并对所有 k（正值和负值）求和，我们可以得知 M_j 看到的元素数的期望至多是 H_n 的 2 倍。当 $Q \neq M_j$ 时，这个论证同样适用于最接近它的元素 M_j，因此对于 Q 也是正确的。

插入和删除操作需要对树进行变更以维护堆属性。每当需要变更时，使用旋转来向上推或向下推某些元素。回想，旋转不会违反二叉查找树属性。图 6.2 展示了插入序列为 25，29，14，18，20，10，35 时的变更顺序以及所需的旋转，其优先级分别为 11，4，45，30，58，20，51——它们是运行时通过选择 1 到 100 之间的随机数生成的。

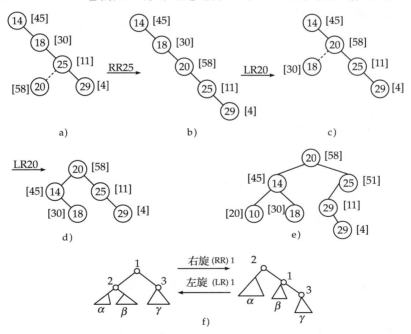

图 6.2 图 a～图 d 描述了从前四个元素构成的树堆开始，插入具有优先级 58 的元素 20 所需的旋转。图 e 是插入整个序列之后的结果树。图 f 显示了左/右旋转的示意图——LRx 表示围绕节点 x 的左旋操作。[ ] 中的数字表示元素对应的（随机）优先级；优先级维护了最大堆属性

可以使用类似的技术来计算由于插入和删除操作导致的 RST 旋转次数。无论是对于

跳表还是 RST，我们都隐式地依赖于随机数的一个简单属性，称作延缓决策原则（principle of deferred decision）。在 RST 中，随机的优先级（或跳表中元素的副本数量）事先并不为算法所知，而是在需要时再显现。这不会影响算法的表现或分析，并允许我们无缝地处理动态更新，而且与静态情况相比不会增加任何额外的复杂性——就仿佛这一组元素是一次性给予的一样。RST 的大概率的界留作习题。

6.3   全域哈希

给定了 n 个键值，它们都取值自一个大的全域 $\mathcal{U}$。回想，哈希函数将这 n 个键值映射到小范围内的值（通常称作哈希表），使得这些键值都映射到一个（希望是）彼此不同的值。如果能够做到这一点，那么我们就可以在 $O(1)$ 时间内执行查找等操作。

由于可能的键值数量（即 $\mathcal{U}$ 的大小）远大于哈希表的大小，因此显然不可避免地会将多个键值映射到哈希表中的同一位置。碰撞（或称冲突）的数量会导致查找时间的增加。如果键值是随机选择的，那么我们知道碰撞次数的期望是 $O(1)$。然而，这可能是一个不切实际的假设，因此我们必须设计一种方案来处理键值的任意子集。我们首先引入一些实用的符号。

- 全域：$\mathcal{U}$，设其元素为 $0，1，2，\cdots，N-1$
- 元素集合：S，$|S|=n$
- 散列位置（值）集合：$\{0，1，\cdots，m-1\}$，通常 $m \geqslant n$

碰撞——发生碰撞时，哈希函数 h 将 $x，y \in U$ 映射到同一位置。我们定义 $\delta_h(x，y)$ 为 "x 和 y 被哈希到同一位置" 的示性变量。类似地，$\delta_h(x，S)$ 表示 S 中与 x 发生碰撞的元素数目。

$$\delta_h(x，y) = \begin{cases} 1 & h(x)=h(y)，x \neq y \\ 0 & \text{其他} \end{cases}$$

$$\delta_h(x，S) = \sum_{y \in S} \delta_h(x，y)$$

链式哈希——在链式哈希中，映射到同一位置的所有元素都存储在一个链表中。在查找过程中，可能需要遍历这些列表以检验待查找元素是否在其中。因此，碰撞越多，性能就越差。考虑一个操作的序列 $O_1(x_1)，O_2(x_2)，\cdots，O_n(x_n)$，其中 O_i 为 "插入" "删除" "查找" 之一，$x_i \in \mathcal{U}$。我们给出以下假设，表明哈希函数在某种意义上是 "均匀的"。

1. $|h^{-1}(i)| = |h^{-1}(i')|$，其中 $i，i' \in \{0，1，\cdots，m-1\}$。
2. 上述的操作序列中，x_i 可等概率地取为 $\mathcal{U}$ 中任一元素。

> **断言 6.4**　上述序列中操作的总期望开销是 $O((1+\beta)n)$，其中 $\beta = \dfrac{n}{m}$（负载因子）。

证明：考察第 $(k+1)$ 次操作。假设它正查找随机选择的元素 x。回想哈希表有 m 个位置——令 L_i 表示已经在位置 i 插入的元素个数（于是有 $\sum_i L_i \leqslant k$）。根据前述第二个性质，$h(x)$ 同样等概可能地是这 m 个位置中的任何一个。因此，查找时间的期望为

$$\sum_{i=1}^{m} \frac{1}{m} \cdot (1+L_i) \leqslant 1 + k/m \ ^{\ominus}$$

于是所有操作的开销的期望至多为 $\sum_{k=0}^{n-1} \left(1 + \frac{k}{m}\right) = n + \frac{n(n-1)}{m} \approx \left(1 + \frac{\beta}{2}\right)n$。请注意，这是所有操作序列上的最差情况，而不是所有元素上的最差情况——我们假设元素是从全域中随机选择的。

注意，常用的哈希函数 $h(x) = x \bmod m$ 满足第一个性质，因此，它对于随机选择的键值表现良好。然而，通过选择映射到相同剩余类的键值，可以很容易地构造一个坏的示例。

全域哈希函数——我们现在定义一个哈希函数族，它具有如下性质：从该族中随机选择的哈希函数在期望的意义上碰撞数很少。

定义6.1 集合 $H \subset \{h \mid h: [0, N-1] \to [0, m-1]\}$ 称作是 c 全域的，指的是对于任意的 $x, y \in [0, N-1]$，$x \neq y$，都有

$$|\{h \mid h \in H \ \text{且} \ h(x) = h(y)\}| \leqslant c \frac{|H|}{m}$$

对某个（小的）常数 c 成立。或等价地表述为 $\sum_h \delta_h(x, y) \leqslant c \frac{|H|}{m}$。

这个定义表明，如果我们从 H 中随机均匀地选取一个哈希函数，那么 x 和 y 发生碰撞的概率不超过 c/m。因此，如果假设 m 与 n 相比足够大，那么发生碰撞的期望次数将很小。注意此处与之前的分析有细微的区别——现在 x 和 y 是任意的两个元素，它们可能不是随机选择的。下述断言指出，给定任一大小为 n 的集合 S，随机选择的哈希函数导致元素 x 发生碰撞的概率很小。

断言6.5

$$\frac{1}{|H|} \sum_{h \in H} \delta_h(x, S) \leqslant c \frac{n}{m}$$

其中 $|S| = n$。

证明：对上式左端处理得到

$$= \frac{1}{|H|} \sum_{h \in H} \sum_{y \in S} \delta_h(x, y) = \frac{1}{|H|} \sum_y \sum_h \delta_h(x, y) \leqslant \frac{1}{|H|} \sum_y c \frac{|H|}{m} = \frac{c}{m} n$$

对于任意选取的 S 和任意 $x \in S$，（包含元素 x 的）链表的期望长度可以用 $\mathbb{E}[\delta_h(x, S)]$ 表示。对于随机选择的 $h \in H$，可以按 $\frac{1}{|H|} \sum_h \delta_h(x, S)$ 计算。断言6.5表明该式以 cn/m 为界，并由此可知任一操作的期望开销都以 $1+cn/m$ 为界，其中附加的"1"表示对链表进行插入或删除的实际操作的开销。因此对于任一包含 n 个元素的集合 S，t 次操作的开销的期望都以 $(1+c\beta)t$ 为界，也就是说，它适用于最差情况下的输入。

$\ominus$ 其中附加的"1"表示进行插入或删除时的实际操作开销。——译者注

6.3.1   全域哈希函数的存在性

全域哈希函数背后的思想是：从给定集合 H 中随机等概率地选择哈希函数，将给定元素 $x \in U$ 均匀等概率地映射到 m 个位置之一。若这对于 S 中的所有元素都成立，则其行为类似于之前所述的 S 是随机子集这种情况，表明了一个链表的期望长度为 $O\left(\dfrac{n}{m}\right)$。所以让我们来尝试如下一族非常简单的哈希函数：

$$h_a(x) = (x + a) \bmod N \bmod m，\text{其中 } a \in \{0，1，2，\cdots，(N-1)\}$$

读者可以自行验证，对于随机选择的 a，元素 x 将等概地被映射到 m 个位置之一⊖。

然而这还不够，因为我们可以验证这一族函数不是全域的。假设元素 x，$y \in U$，$x \ne y$，满足 $x - y = m \bmod N$。于是有

$$(x + a) \bmod N = (y + m + a) \bmod N = (y + a) \bmod N + m \bmod N$$

模 m 之后可知，对于任意的 a 都有 $h_a(x) = h_a(y)$，因此它不满足全域哈希的关键性质。同样的推理可以推广到 $|x - y| = k \cdot m$ 的情况，其中 $k \in \left\{1，2，\cdots，\left\lfloor \dfrac{N}{m} \right\rfloor\right\}$。

接下来，我们尝试使用另一个变体 H' 来寻找全域哈希函数。令 $H'：h_{a,b}；h_{ab}(x) \rightarrow ((ax + b) \bmod N) \bmod m$，其中 a，$b \in \{0，1，2，\cdots，(N-1)\}$（$N$ 是一个素数⊖）。

如果 $h_{ab}(x) = h_{ab}(y)$，那么存在 $q \in [0，m-1]$ 和 r，$s \in \left[0，\dfrac{N-1}{m}\right]$，使得

$$ax + b = (q + rm) \bmod N$$
$$ay + b = (q + sm) \bmod N$$

当 q，r，s 固定时，a，b 具有唯一解（注意，我们使用了 N 是素数这个事实，此时 $\{0，1，\cdots，N-1\}$ 构成一个域，因此每个元素都存在模 N 的逆）。因此，共有 $m \left(\dfrac{N}{m}\right)^2 = \dfrac{N^2}{m}$ 个解。同样地，由于 $|H'| = N^2$，H' 是 1 全域的。

6.4   完美哈希函数

全域哈希非常有用，但在不希望发生任何碰撞的场景中，它可能是不可接受的。开放寻址是一种以增加查找时间为代价来实现此目的的方法。在发生碰撞的情况下，我们定义一系列的查探，确保找到一个空位置（如果存在）。

我们将全域哈希方案扩展到不存在碰撞的场景，而不增加查找的期望时间。回想（当我们从全域哈希函数族中随机选择一个函数时，）元素 x 与另一个元素 y 发生碰撞的概率小于 c/m，其中 c 是某一个常数。因此，通过考虑所有的元素对可知，在大小为 n 的子集中碰撞次数的期望为 $f = \binom{n}{2} \cdot \dfrac{c}{m}$。由马尔可夫不等式可知，碰撞次数超过 $2f$ 的概率小于 $1/2$。当 $c = 2$ 且 $m \geqslant 4n^2$ 时，$2f$ 的值小于 $1/2$，即没有发生碰撞。因此，如果我们使用大小为 $\Omega(n^2)$ 的表，则不太可能发生任何碰撞。但是，我们最终浪费了很多空间。我们现在表明，有可能以 $O(n)$ 的空间复杂度得到低碰撞概率。

⊖   严格地讲，除了 m 可以整除 N 的情况，其他情况下应是"几乎等概地"。——译者注
⊖   这并不像看起来那么严格，因为根据 Bertrand 假设，整数 i 和 $2i$ 之间至少有一个素数。

我们使用一个两级哈希方案[一]。在第一级中，我们将其哈希到哈希表中的位置 1，2，$\cdots$，m。对于其中每一个位置，我们创建另一个哈希表，在其中存储被哈希到该位置的元素。换言之，如果有 n_i 个键值映射到位置 i，我们随后将它们映射到一个大小为 $4n_i^2$ 的哈希表中。在之前的讨论中，我们知道可以以至少为 1/2 的概率避免碰撞。如果仍然发生了碰撞(在第二级哈希表中)，我们将为其创建另一个副本，并使用从全域哈希函数族中随机选择的新哈希函数。因此，在实现这 n_i 个键值的零碰撞之前，我们可能需要多次(期望值为 2)重复第二级哈希处理。显然，这两级的期望查找时间都是 $O(1)$ 的。

期望的空间界是 $\sum_i n_i^2$ 乘以一个常数。我们可以将其写为

$$n_i^2 = n_i + 2 \sum_{x,\,y|x \neq y,\,h(x)=h(y)=i} 1$$

$$\sum_i n_i^2 = \sum_i \left(n_i + 2 \sum_{x,\,y|x \neq y,\,h(x)=h(y)=i} 1 \right) = \sum_i n_i + 2 \sum_i \sum_{x,\,y|x \neq y,\,h(x)=h(y)=i} 1$$

$$= n + \sum_{x,\,y} \delta(x,\,y)$$

对上式两端(关于随机哈希函数的任何选择)取期望，右端为 $2\mathbb{E}\left[\sum_{x,\,y \in S} \delta(x,\,y) \right] + n$，其第一项等于 $2 \binom{n}{2} \cdot \frac{c}{m}$，因为 $\mathbb{E}[\delta(x,\,y)] = \Pr[h(x)=h(y)] \leqslant c/m$。因此，当 $m \in O(n)$ 时，所需总空间的期望仅为 $O(n)$。

6.4.1　将期望界转换为最差情况的界

我们可以按照以下方式将期望的空间界转换为最坏情况下的空间界，就像是将任一蒙特卡洛过程转换为拉斯维加斯算法所做的那样。在第一级中，我们反复选择一个哈希函数，直至 $\sum_i n_i^2 = O(n)$。在期望的意义下，我们可能需要重复进行两次哈希函数的选择[二]。之后，在第二阶段，对于每个 i，我们重复执行该过程，直至映射 n_i 个元素到 $O(n_i^2)$ 个位置上时没有碰撞为止。同样，对于每个 i，期望的试验次数为 2。因此对于所有的 n 个键值，共需要 $O(n)$ 时间。注意，该方法使得最差情况下空间为 $O(n)$，但代价是时间期望为 $O(n)$。然而，一旦创建了哈希表，对于未来的任何查询，最差情况下的查找时间都是 $O(1)$ 的。

实际实现时，n 个键值将被存储在一个大小为 $O(n)$ 的单独数组中，其中第一级表的位置将包含具有哈希值 i 的键值(形成的二级表)的起始位置以及第二级哈希表中所使用的哈希函数。

*6.5　一个复杂度为 log log N 的优先级队列

当我们使用哈希函数时，在有界的全域中进行查找会更加快。我们能否对其他数据结构进行类似的改进？这里我们考虑为选取自全域 $\mathcal{U}$ 的元素维护一个优先级队列。令 $|\mathcal{U}| = N$，且支持的操作是插入、查找具有最小优先级的元素和删除。

[一]　两级都使用全域哈希。——译者注
[二]　由前文"碰撞次数超过 $2f$ 的概率小于 1/2""$m \in O(n)$"及 $\sum_i n_i^2 = n + 2f$ 即可计算得到。——译者注

设想一棵完全二叉树，其 N 个叶子节点对应全域中的 N 个整数——这棵树的深度是 $\log N$。如果树中的一个叶子节点对应的整数属于集合 $S \subset \mathcal{U}$，那么我们就将其染为黑色，其中 $|S| = n$。我们希望设计一个支持前驱（predecessor）查询的数据结构，其速度比常规的二分查找更快。各元素取自全域 $\mathcal{U} = \{0, 1, 2, \cdots, (N-1)\}$，其中 N 是 2 的幂。给定任一具有 n 个元素的子集 S，我们希望能构造一个数据结构，对于任意的待查询元素 $X \in \mathcal{U}$，可以返回 $\max_{y \in S} y \leqslant X$。

S 中元素在相应的叶子节点处标记。此外，我们还标记相应叶子到根的道路。二叉树 T 的每个内部节点都存储了以其为根的子树中属于 S 的最小元素和最大元素。如果它的子树的叶子节点对应的整数都不属于集合 S，则取值为"未定义"⊖。此信息可在标记根到节点的道路时计算。可以很容易地维护通过一个节点的最小元素和最大元素。示例可参见图 6.3。

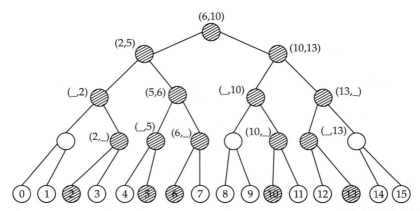

图 6.3 带阴影的叶子节点对应于子集 S。与节点关联的二元组 (a, b) 分别对应于左、右子树中标记的最大和最小节点；如果子树中没有标记的节点，则为未定义。例如，从 8 开始的道路遇到从 10 开始的道路上的第一个带阴影节点，这意味着 8 的后继节点是 10，而前驱节点是 6，这可以预先计算

对于给定的查询 X，考虑从 X 对应的叶子节点到根的道路。X 的前驱可以由该道路上的第一个已标记的节点唯一地标识，这是因为我们可以标识出 S 的包含 X 的区间。请注意，被标记节点的所有祖先也会被标记。因此，从任一给定的叶子节点开始，我们需要标识最近的已标记的祖先。稍加考虑后发现，可以适当地改造二分查找算法，使之可以实现对 X 的祖先的道路进行查找，进而实现这一目的。由于它是一个完全二叉树，因此我们可以将它们映射到一个数组并对适当的节点进行查询。对于比较大的 $N = \Omega(n^{\text{polylog} \, n})$，这需要 $O(\log(\log N))$ 个步骤，优于 $O(\log n)$。显然，使用 N 个节点来存储二叉树是我们不能接受的。因此，我们观察到，如果只存储占用 $O(n \log N)$ 空间的 n 条道路就足够了。我们使用一个全域哈希函数来存储这 $O(n \log N)$ 个节点，将二分查找过程的期望运行时间维持在 $O(\log \log N)$。在被哈希的节点处返回"查找成功"，否则返回"查找失败"。

对于不依赖哈希函数的进一步改进，我们可以进行两阶段的查找。在第一个阶段中，我们在 $n / \log N$ 个键值的均匀样本上构造一个查找树，各个键值彼此正好相差 $\log N$，因此空间为 $O\left(\dfrac{n \log N}{\log N}\right) = O(n)$。在第二个阶段中，我们在一个最多包含 $\log N$ 个元素的区间

⊖ 具体标记方法可看图 6.3 的说明。——译者注

上进行常规的二分查找，使用 $O(\log\log N)$ 个步骤。

　　现在，我们将这个思想扩展到优先级队列。我们首先如前所述存储有 N 个叶子的树。我们再次定义节点的着色这一概念。同前，如果一个叶子节点对应着集合 S 中的元素，则将其着色。我们还可以设想，如果一个叶子节点被着色，那么它的半祖先（half-ancestor）（从节点到根的道路的中间节点）也会被着色，并用其子树中最小整数值和最大整数值进行标记。半祖先将出现在第 $\log N/2$ 层。用 TOP 表示（在每个根位于第 $\log N/2$ 层的子树中的）最小元素的集合，它的大小为 $\sqrt{n}$。我们将在 TOP 的元素上递归构建数据结构。我们用 $\mathrm{PRED}(x)$ 表示元素 x 的直接前驱，用 $\mathrm{SUCC}(x)$ 表示元素 x 的直接后继。我们对 PRED 和 SUCC 感兴趣的原因在于：当删除最小的元素时，我们必须在集合 S 中找到它的直接后继；同样地，当我们插入元素时，我们必须知道它的直接前驱。此后，我们将集中于 PRED 和 SUCC，因为它们将用于支持优先级队列的操作。

　　对于一个给定的元素 x，我们将检查其深度为 $\log N/2$（在树的一半处）的祖先是否已着色。如果已经着色，那么我们在大小为 $\sqrt{n}$ 的子树中递归查找 $\mathrm{PRED}(x)$；否则，我们将在 TOP 的元素中递归查找 $\mathrm{PRED}(x)^{\ominus}$。注意，我们要么在子树中查找，要么在集合 TOP 中查找，但不会在两者中都查找。可以通过适当定义终止条件。由下述递推式

$$T(N)=T(\sqrt{N})+O(1)$$

得到查找时间 $T(N)=O(\log\log N)$。该数据结构的空间复杂度满足下述递推式

$$S(N)=(\sqrt{N}+1)S(\sqrt{N})+O(\sqrt{N})$$

这是因为我们需要递归地为 TOP 中元素和以第 $\log N/2$ 层中节点为根的每个子树构建数据结构（附加项 $O(\sqrt{N})$ 用于记录其他信息。例如，TOP 中的元素列表等）。可以使用归纳法证明该递推式的解是 $S(N)=O(N\log\log N)$。

　　请注意，只要 $\log\log N=o(\log n)$，那么该数据结构就会比常规的堆要快。例如，当 $N\leqslant 2^{2^{\log n/\log\log n}}$ 时，它就具有优势，然而空间是指数的。这是该数据结构的缺点之一———空间需求与全域的大小成正比。通过使用类似于前述方案的哈希函数，我们可以将空间减少到 $O(n)$。

拓展阅读

　　Pugh 提出了跳表数据结构[119]作为基于平衡树的字典结构的替代方法。Sen 将该论文的分析改进为逆多项式的尾部估计[130]。Seidel 和 Aragon 提出了树堆结构[129]作为在基于树的数据结构中维护其平衡性的随机替代方案。Carter 和 Wegman 提出了全域哈希，并证明了这种数据结构在最差情况下的最优界[26]。Pagh 和 Roddler 提出了另一种称为布谷鸟哈希的方法[113]。完美哈希是一个非常活跃的研究课题，尤其是对确定性技术的探索[43,52]。Yao 得到了这个问题的有趣的下界[157]。读者可能会注意，对于随机的输入（或由已知分布生成的数据），可以使用 $O(\log\log n)$ 期望时间的插值查找算法[116]。

　　$\log\log n$ 复杂度的优先级队列最早由 Boas[147]提出；它表明了可以利用较小全域的大小，这类似于对较小范围内的整数进行排序。Mehlhorn 的著作[102]是学习复杂数据结构的绝佳资源。

　　$\ominus$　原书如此，事实上此时 x 的 PRED 应是它在所有半祖先存储最大值中（而不是 TOP 中）的 PRED。——译者注

习题

6.1 利用切尔诺夫界证明下述关于跳表所需空间的更强的界：对于任意常数 $\alpha > 0$，空间超过 $2n + \alpha \cdot n$ 的概率小于 $e^{\Omega(-\alpha^2 n)}$。

6.2 在构造跳表时，Thoughtful 教授决定以概率 p $(p < 1)$ 将元素提升到下一层，并计算使得乘积 $E_q \times E_s$ 最小的 p 值，其中 E_q 和 E_s 分别是期望查询和期望空间。他得出结论，$p = 1/2$ 并非最佳。请对此进行说明，并给出必要的计算。

6.3 为了加快在长度为 l 的区间中的查找过程，许多数据结构提供额外的链接/手指，使得我们可以很快地接近该区间。关于跳表，请设计一种策略来提供此类链接，使得我们可以在 $O(\log l)$ 个步骤内对长度为 l 的子列表进行查找。

6.4 对于跳表中被频繁查找的项，我们希望维护每个元素 x 的权值 $w(x)$，这将有助于我们减少对这些元素的查找时间。如果 $W = \sum_x w(x)$，那么我们希望设计一个方案，使得权值为 w 的元素的查找时间为 $O(1 + \log(W/w))$。

提示：被频繁查找的元素应该更接近最高层。

6.5 对于给定的优先级分配方案，证明存在唯一的树堆。

6.6 * 证明：在随机树堆中查找时间超过 $2\log n$ 次比较的概率小于 $O(1/n)$。

提示：读者可以看到，即使优先级的指定是独立的，"可以从 M_j 看到 M_{j+k} 和 M_{j+f}，其中 $k \neq f$"这一事件可能也需要额外的独立性论断；否则，我们可能无法应用切尔诺夫界。

6.7 **飞镖游戏。** 设想观察者站在实轴的原点上，并朝正方向向值为 1 至 n 的任意位置投掷 n 支飞镖。在任一时刻，观察者都只能看到最近的飞镖——因此，如果下一个飞镖落在最近的飞镖之外，它永远不会被观察者所看到。

（ⅰ）在投掷 n 个飞镖的整个过程中，观察者所能看到的飞镖数量的期望是多少？

（ⅱ）假设各次投掷是独立的，你能否可以得到一个大概率的界？

（ⅲ）你是否可以将此分析应用于快速排序，以得到一个 $O(n \log n)$ 的期望界？

6.8 考虑哈希函数 $h(x) = a \cdot x \bmod N \bmod m$，其中 $a \in \{0, 1, \cdots, (N-1)\}$。证明：当 m 是素数时，它满足一个全域哈希函数族的性质。

提示：$x \neq y$ 时，$(x - y)$ 模 m 存在唯一的逆。

6.9 证明：对于任意的哈希函数的集合 H，存在 x, y 满足

$$\sum_{h \in H} \delta_h(x, y) \geqslant |H| \left(\frac{1}{m} - \frac{1}{n} \right)$$

其中 n 和 m 分别是全域和哈希表的大小。

注意：这验证了全域哈希函数的定义。

6.10 假设表 T 的大小为素数 m。将键值 x 划分为 $r+1$ 个部分 $x = \langle x_0, x_1, \cdots, x_r \rangle$，其中 $x_i < m$。令序列 $a = \langle a_0, a_1, \cdots, a_r \rangle$ 满足 $a_i \in \{0, 1, \cdots, m-1\}$。我们定义一个哈希函数 $h_a(x) = \sum_i a_i x_i \bmod m$。显然，有 m^{r+1} 个不同的此类哈希函数。证明：$\bigcup_a h_a$ 构成一族全域哈希函数。

如果对于所有的 x, y 和任意的 $i, j \in [0, m-1]$ 都有

$$\Pr_{h \in H}(h(x) = i \wedge h(y) = j) \leqslant \frac{c}{m^2}$$

则称哈希函数的集合 H 为强全域的。这与本章中之前的定义有何不同？

* 你能给出一个强全域哈希函数族的例子吗？

6.11 分析构建 $O(\log \log N)$ 复杂度的查找数据结构的预处理开销，以用于查找区间 $[1, N]$ 中的元素。

6.12 给出一种将 $O(\log \log N)$ 复杂度的查找数据结构的空间界从 $O(N \log \log N)$ 减少到 $O(N)$ 的方法，该方法仅使用最差情况下的确定性技术。

提示：可能需要对树的较低层进行剪枝。

6.13 由于全域的大小 N 可以比 n 大得多，因此请描述一种将空间减小为 $O(n)$ 的方法。

6.14 表明如何在 $O(\log \log N)$ 步骤内执行优先级队列中的删除操作。

6.15[*] **插值查找。** 假设 T 是包含 n 个键值的有序表，键值 x_i 从区间 $(0,1)$ 中均匀提取，其中 $1 \leqslant i \leqslant n$。与常规的二分查找不同，我们使用以下方法。

对于给定的键值 y，我们在位置 $s_1 = \lceil y \cdot n \rceil$ 处进行第一次查探：如 $y = x_{s_1}$，则已找到，算法终止；否则，如果 $y > x_{s_1}$，我们在 $(x_{s_1}, \cdots, x_n)$ 中递归查找 y；如果 $y < x_{s_1}$，将递归地在 $(x_1, \cdots, x_{s_1})$ 中查找 y。

在任一阶段，当我们在 $(x_l, \cdots, x_r)$ 中查找 y 时，我们都会对位置 $l + \left\lceil \dfrac{(y - x_l)(r - l)}{(x_r - x_l)} \right\rceil$ 进行查探。我们希望能够确定此查找算法所需的期望查探数目。

可以将此与我们在英语词典中查找一个单词的方式进行比较。

为了对分析稍加简化，我们对上述策略进行了如下修改。在第 i 个轮次中，我们将输入划分成大小为 $n^{1/2^i}$ 的块，并尝试定位包含 y 的块，并在该块中递归查找。在第 i 轮中，如果包含 y 的块为 $(x_l, \cdots, x_r)$，那么我们查探位置 $s_i = l + \left\lceil \dfrac{(y - x_l)(r - l)}{(x_r - x_l)} \right\rceil$。然后，我们依次查探从 s_i 开始的每第 $n^{1/2^i}$ 个元素，由此来定位 $n^{1/2^i}$ 大小的块。

证明：查探次数的期望为 $O(\log \log n)$。

提示：使用切比雪夫不等式分析每个轮次中的期望查探次数。

6.16 **延缓数据结构。** 当我们构建字典数据结构用于快速查找时，会产生一些初始构建开销。例如，我们需要使用 $O(n \log n)$ 时间来对数组进行排序，以使得可以在 $O(\log n)$ 时间中进行查找。但是如果仅要查找少量几个键值，那么预处理时间可能是不值得的，因为我们可以使用 $O(n)$ 时间进行蛮力查找，而这是渐近优于 $O(n \log n)$ 的。

如果将预处理的开销包括在总查找开销中，则查找 k 个元素的总开销可以写作 $\sum_{i=1}^{k} q(i) + p(k)$，其中 $q(i)$ 表示查找第 i 个元素的开销，而 $p(k)$ 表示前 k 个元素的预处理时间。对于每个 k 值而言，平衡求和式中的这两项将为我们提供最优的算法表现。例如，对于 $k = 1$，我们可能不会构建任何数据结构，而只进行蛮力查找，算法开销只是 n。随着 k 的变大，例如变为 n，我们可能需要对数组进行排序。但请注意，k 在一开始可能是未知的，因此我们希望以增量方式构建此数据结构。在第一次蛮力查找之后，找到中位数并对元素进行划分是很有意义的。

请描述一个扩展此思想的算法，以平衡待查找的键值个数和预处理时间。

第 7 章

Design and Analysis of Algorithms：A Contemporary Perspective

多维查找与几何算法

"查字典"是一种最基本的查找问题，而且由于元素都可排序，因此它相对而言比较简单。可以赋予元素一个序并依序排列元素（例如，有序数组或平衡查找树），以便进行有效的查找。假设这些点来自 d 维空间 $\mathbb{R}^d$。对"查字典"技术进行扩展的方式之一就是基于字典序构建数据结构。给定两个 d 维点 p 和 p'，下述关系定义了一个全序：

$$p \prec p' \Longleftrightarrow \exists j \leqslant d : x_1(p) = x_1(p'), \ x_2(p) = x_2(p'), \ \cdots,$$
$$x_{j-1}(p) = x_{j-1}(p'), \ x_j(p) \prec x_j(p')$$

其中，$x_i(p)$ 是点 p 的第 i 维坐标。例如，若 $p = (2.1, 5.7, 3.1)$，$p' = (2.1, 5.7, 4)$，则 $p \prec p'$。如果我们用 $(x_0, x_1, \cdots, x_d)$ 表示一个 d 维点，那么对于给定的 n 个 d 维点，可以简单地使用二分查找算法的变体，经过 $O(d \cdot \log n)$ 次比较确定待查询点的直接前驱（附加因子 d 的原因是比较两个点需要 $O(d)$ 的时间）。如果思考得深入一些，我们可以做如下的改进尝试。当比较两个 d 元组时，我们可以记录这两个 d 元组的最大共同前缀的长度（索引 j）。如果我们创建一个二分查找树（BST）来支持二分查找，那么我们还需要记录父节点和孩子节点之间的最大公共前缀长度，这样我们就可以找到待查询的 d 元组和内部节点之间的公共前缀，而不必重复扫描待查询 d 元组的相同坐标。例如，如果根节点与其左子节点有长度为 10 的公共前缀，而待查询的 d 元组与根节点的最长公共前缀长度为 7，且该元组小于根节点，那么它也明显小于左子节点。建议读者解答本章末的习题 7.1。当然，可能会有比点的查询要复杂得多的查询，但我们将只关注于指定查找范围（或矩形）中的点这一简单情形。

7.1 区间树与范围树

在本节中，我们将描述两种常用的数据结构，它们以适当的方式划分了查找空间，并将点存储在划分后的每个"分块"中。我们首先考虑一维的范围查找问题，之后将其推广到更高维情况中。

在后文中，我们将看到如何以这些查找算法作为基石来构造一组点的凸包。

7.1.1 一维范围查找

给定直线（不失一般性，假定是实数平面的 x 轴）上 n 个点构成的集合 S，需要查询的是 S 中落在某个给定区间 $[x_l, x_u]$ 内的点，为此我们必须设计一种数据结构。范围查找的计数版本只需要给出落在此区间中的点的个数，而不需要给出各个点的信息。

令 $S = \{p_1, p_2, \cdots, p_n\}$ 是实数轴上给定的点集。我们可以直接使用平衡二叉树 T 求解一维范围查找问题。T 的叶子存储 S 中的点，T 的内部节点存储划分值来引导查找。用 x_v 表示（内部）节点 v 的划分值，那么节点 v 的左子树 $T_L(v)$ 中存储了所有小于或等于 x_v 的值，而右子树 $T_R(v)$ 中则存储了所有严格大于 x_v 的值。注意，x_v 可以选择为 $T_L(v)$ 中最右端点值和 $T_R(v)$ 中最左端点值之间的任意一个值。易见，我们可以通过平衡 $T_L(v)$ 和 $T_R(v)$ 的大小来构造平衡二叉树 T。

为给出落在待查询区间$[x_l，x_u]$中的所有点，我们在树T中查找x_l和x_u。假设两次查找分别终止于叶子节点l_1和l_2。于是值处于l_1和l_2之间[一]的已存储点，就是落在区间$[x_l，x_u]$内的所有点。

还可以从另一个角度来看点集S：它是T的某些子树的叶子节点的并集[二]。如果考察x_l和x_u的查找道路，它们共享一条从根到某个顶点（也可能就是根本身）的公共道路，之后分为左、右两支分叉——我们将其称为分叉（forking）节点。要给出的点集就是：左道路的所有右子树及右道路的所有左子树的叶子顶点的并集。可以严格证明这个并集至多涉及$2\log n$个子树——参见习题7.2及图7.1所示。如果每个节点中还存储了子树中叶子节点的个数，那么计数范围查找问题的答案就是这$2\log n$个计数器数值之和。由于查找区间被分叉节点分成了不相交的左右两侧，因此左、右道路（也称为左、右脊）定义了处于查询区间范围内的子树集合。特别是，连接到左（右）脊的右（左）子树对应于分叉节点左（右）两侧不相交的半区间。注意，x_l和x_u的值可能不属于任一叶子节点[三]。它们可以表示一些延伸部分，而且可以有效地忽略掉x_l与它后继叶子节点的值之间的区域，以及x_u前驱叶子节点的值与x_u之间的区域。

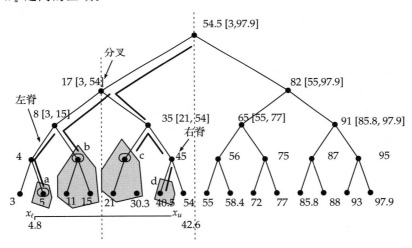

图7.1　一维范围查找树的结构，其中待查询区间被拆分为不超过$2\log n$个不相交的规范（半）区间。每个节点都关联着一个区间$[l，r]$，该区间对应于以其为根的子树中最左点和最右点的坐标，以及左、右子树之间的划分坐标。待查询区间$[x_l，x_u]$记录了从根节点到分叉节点的搜索道路，由此定义左脊和右脊。右子树a和b（图中阴影部分）的并与左道路相连，左子树c和d的并与右道路相连，并给出了区间的不相交划分

复杂度。 树T使用$O(n)$空间，并可以在$O(n\log n)$时间内构造。每次查询的时间为$O(\log n + k)$，其中k是落在区间中的点数，即输出的大小[四]。计数查询需要$O(\log n)$时间（如果我们还在每个节点存储以其为根的子树中的节点个数）。这显然是我们所能期望的最好结果。

　㊀　可能还要加上l_1或l_2本身。——译者注
　㊁　这种视角对于之后的扩展很有帮助。
　㊂　也就是说，x_l和x_u可能不属于S。——译者注
　㊃　可以使用任一种树的遍历算法输出子树的叶子顶点，而子树中所有顶点的个数和叶子数有线性关系。——译者注

7.1.2   二维范围查找

我们现在把这个想法扩展到二维情况。每个点都有两个属性：x 坐标和 y 坐标——二维范围查找可以视作两个一维范围查找（分别沿 x 方向和 y 方向）结果的笛卡儿积$^{\ominus}$。给定一个待查询范围域 $[x_l,\ x_u]\times[y_l,\ y_u]$（一个二维的矩形），我们需要设计一个数据结构来给出落在矩形区域内的点，或者是给出落在区域内的点的数量。

我们对前述一维解进行扩展。首先考虑垂直条带（slab）$[x_l,\ x_u]^{\ominus}$，构造一个与前述方案相同的一维范围树（忽略点的 y 坐标）。于是，我们可以得到条带查询的结果。正如我们所知，在一维情况下，每个内部节点表示一个区间；类似地，在二维情况下，每个内部节点表示相应的垂直条带。原始查询 $[x_l,\ x_u]\times[y_l,\ y_u]$ 中的解是查询 $[x_l,\ x_u]\times[-\infty,\ +\infty]$ 中解的子集。由于要获得正比于输出结果的算法时间界，因此我们不能逐一列出落在垂直条带中的所有点$^{\oplus}$。但是，如果我们有关于这个垂直条带的一维数据结构$^{\oplus}$，那么我们可以对区间 $[y_l,\ y_u]$ 进行一维范围查询，来快速找到最终结果的点。一个天真的方案就是为所有可能的垂直条带构建这样的数据结构，共需要 $\Omega(n^2)$ 个。但事实上我们可以做得更好，因为只需要关注那些与树内部节点相对应的垂直条带即可——我们将这些垂直条带称为典范条带。

每个典范条带都对应于由树内部顶点所表示区间形成的垂直条带（对应 $[x_l,\ x_u]$）。因此，我们可以为这个相应的垂直条带中包含的所有点构建关于 y 方向的一维范围树，并将这棵树与对应的内部节点关联。与前一节一样，我们可以很容易证明每个垂直条带都是 $2\log n$ 个典范条带的并（参见图 7.2）。因此，二维范围查找的最终结果就是不超过 $2\log n$ 个一维范围查找结果的并集。于是总的查询时间为 $\sum_{i=1}^{t}O(\log n+k_i)^{\oplus}$，其中 k_i 是这 t 个条带中条带 i 的输出点个数；$\sum_{i=1}^{t}k_i=k$ 表明查询时间为 $O(t\log n+k)$，其中 t 的上界为 $2\log n$。空间复杂度的界是 $O(n\log n)$——因为在关于 x 方向的一维范围查找树 T 的给定层中，一个点只被存储一次$^{\oplus}$。

该方案可以很自然地扩展为 d 维范围查找树，其性能参数为

$$Q(d)\leqslant\begin{cases}2\log n\cdot Q(d-1) & d\geqslant 2\\ O(\log n) & d=1\end{cases}\tag{7.1.1}$$

其中 $Q(d)$ 表示 d 维情况下 n 个点的计数查询时间，可以由此得到 $Q(d)=O(2^d\log^d n)$。因为一个在 T 中距离根为 i 的节点最多包括 $n/2^i$ 个点$^{\oplus}$，所以可以给出更精确的递推关系：

⊖   原书如此，但此说法不甚精确。——译者注

⊖   此时可以认为 $[y_l,\ y_u]=[-\infty,\ +\infty]$。

⊜   否则可能会输出 y 坐标不符合要求的点，而提高算法时间复杂度的界。——译者注

㉃   事实上，就是每个内部顶点链接一棵关于 y 坐标的区间查找树。——译者注

㈤   即先在关于 x 方向的一维区间查找树 T 中查找，再由查找到 T 的内部节点连接到相应的关于 y 方向的一维区间查找树中查找和输出。——译者注

㈥   具体而言，固定在关于 x 方向的一维区间查找树 T 的某层，该层内所有内部节点形成的各个子树彼此不相交，且它们的叶子节点包含所有点。所以，这些节点对应的各个关于 y 方向的一维区间查找树也彼此不相交，且它们的叶子节点包含所有点。这些被关联的区间查找树所占空间的总和与 n 呈线性关系；而 T 的层数与 $\log n$ 呈线性关系。而且事实上树 T 只需要存储内部节点，而不需要存储叶子节点。——译者注

㈦   即，若节点 v 在关于 x 方向的一维区间查找树 T 的第 i 层，则以 i 为根的子树的叶子节点个数不超过 $(n/2^i)$。所以，v 对应的各个关于 y 方向的一维区间查找树的叶子节点个数也不超过 $(n/2^i)$。——译者注

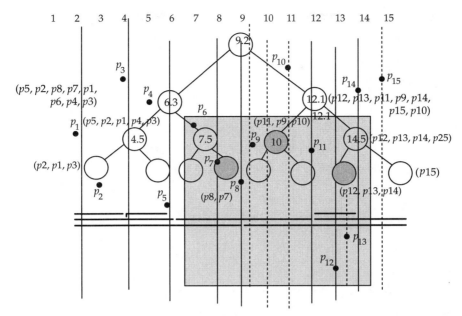

图 7.2　矩形区域是由深色节点表示的条带及包含 p_6 的左部延伸的并。部分节点在 y 方向的有序列表显示在节点旁边。树内部节点中的数字表示区间的划分值，其定义了与左、右子节点对应的左、右子区间

$$Q(n,\,d) \leqslant \begin{cases} 2\sum_i Q\left(\dfrac{n}{2^i},\ d-1\right) & d \geqslant 2 \\ O(\log n) & d = 1 \end{cases} \tag{7.1.2}$$

读者可以找到这个递推式的一个比较紧的解（参见习题 7.5）。由于子问题的结果是彼此不相交的子集，因此查询问题（需要输出结果点）的复杂度可以简单地计算为 $Q(n,\,d) + O(k)$。

7.2　k-d 树

范围树的一个严重弊端就是：空间和查询时间都随维数呈指数增长。即使是在二维空间，它也是超线性的。对于许多应用而言，我们无法承受如此大的空间爆炸发生（当有一百万条记录时，$\log n = 20$）。

对点集做分治处理，我们将空间划分为包含给定点集的子集的区域。将待查询的矩形与划分后的各个区域进行检验：如果它不与区域 U 相交，那么就不再进一步查找；如果 U 完全包含在待查询矩形中，那么就给出 U 中的所有点；否则我们在 U 中递归查找。我们可能需要在多个区域中查找，定义一棵查找树，其中每个区域都与该树的一个节点相关联，而叶子节点对应于原始点集。一般来说，此策略也适用于其他类型（除矩形外）的区域。

我们下面给出 k-d 树的构造。树的每个节点 v 都有一个相关联的矩形区域 $R(v)$，该区域中至少有一个输入点。树的根节点对应于包含所有这 n 个点的（有界）矩形。考察节点 v，根据它的深度会分为如下两种情况[一]。如果 v 的深度是偶数，那么我们用一条垂直线将矩形 $R(v)$ 划分为两个较小的矩形 $R_1(v)$ 和 $R_2(v)$；之后将两个子节点 v_1 和 v_2 添加到 v，并为它们分配相应的矩形区域——注意，如果其中一个小矩形为空（即其中不包含任何输入点），那么我们就不再会对它进一步做划分。为了创建一个平衡树，我们选择在 $R(v)$ 中

　　[一]　此处谈论的是二维情况。——译者注

各点 x 坐标的中位数处的垂直线进行划分。同样地，如果 v 的深度是奇数，那么我们将沿着水平线进行划分。因此，树中各层交替地基于 x 坐标和 y 坐标进行划分(参见图 7.3)。

Procedure Search (Q, v)
1   **if** $R(v) \subset Q$ **then**
2   输出：$R(v)$ 中的所有点
3   **else**
4   令 $R(u)$ 和 $R(w)$ 分别表示子节点 u 和 w 对应的矩形；
/* 如果 v 是叶子节点则算法结束 */
5   **if** $Q \cap R(u)$ 非空 **then**
6   Search(Q, u)
7   **if** $Q \cap R(w)$ 非空 **then**
8   Search(Q, w)

图 7.3   使用 k-d 树进行矩形范围查询

由于一个点只存储一次，而与节点对应的矩形的描述占用 $O(1)$ 空间，因此查找树占用的总空间为 $O(n)$。图 7.4 展示了 k-d 树数据结构。

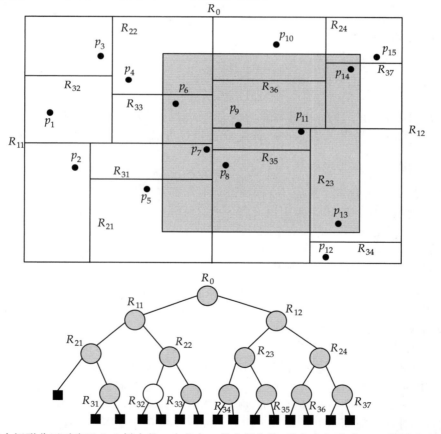

图 7.4   每个矩形分区对应于 k-d 树中的一个节点，并由划分轴(垂直或水平)标记。阴影节点表示由待查询矩形所决定的被访问节点。叶子节点用黑色方块表示——叶子节点被访问当且仅当它的父节点被访问，而且它恰与给定点集中的一个点相关联

　　"查询落在矩形中的所有点"这一问题可以解决(参见图 7.4):我们会在一个以节点 v 为根的子树中查找,当且仅当待查询矩形与节点 v 相关的矩形 $R(v)$ 相交。而这需要验证这两个矩形(待查询矩形和 $R(v)$)是否有重叠部分——可以在 $O(1)$ 时间内完成。我们从 k-d 树的根开始,递归遍历它的后代——如果 $R(v)$ 和待查询矩形没有重叠部分,那么就不必再递归处理 v 的后代。类似地,如果 $R(v)$ 完全包含在待查询矩形中,那么我们就给出 $R(v)$ 中的所有点。当遍历到达一个叶子节点时,我们查看存储在叶子节点上的点是否包含在待查询区域中,如果是的话就输出它。

　　现在我们来计算这个算法的查询时间[一]。设 Q 为待查询矩形,算法只在 $R(v)$ 与 Q 相交(实际上特指 $R(v)$ 与 Q 的一条边相交)时才访问节点。对于 Q 的每一条边,我们将分别计算使得 $R(v)$ 与 Q 相交的节点 v 的数目。考虑 Q 的四条边之一,不妨假设是垂直边之一,并令 L 表示过该垂直边的直线。

　　设 $Q(i)$ 表示距离根为 i、且满足 $R(v)$ 与 L 相交的节点 v 的数目。考虑第 i 层的一个节点 v,满足 $R(v)$ 与 L 相交。考虑它在 $i+2$ 层的四个子节点,其中至多有两个与 L 相交——对应于使用水平线划分的两个分区。因此,我们得到了递推关系:

$$Q(i+2) \leqslant 2Q(i) + O(1)$$

容易验证 $Q(i)$ 是 $O(2^{\lfloor i/2 \rfloor})$ 的,于是,与 L 相交的节点总数为 $O(\sqrt{n})$。类似地,对于 Q 的每一条边,我们可以知道算法都访问了 $O(\sqrt{n})$ 个节点。对于严格在待查询矩形的内部的节点,我们只需输出其中的所有点即可。因此,算法运行时间为 $O(\sqrt{n}+k)$,其中 k 是待查询矩形中包含的点数。

7.3　优先级查找树

　　正如我们在上一章中所了解的,结合二分查找树和堆的特性可得到一个用于维护平衡查找树的简单策略——树堆。堆的特性对于确保树的期望高度在 $O(\log n)$ 内非常有用。如果我们希望能直接在一组参数(例如点的 y 坐标)上维护一个堆,同时还要维护一个全序关系使得可以在 x 坐标上进行二分查找,那么该如何处理?这种数据结构将有助于解决线性空间中的三边(three sided)范围查询。所谓三边查询指的是一个矩形 $[x_l, x_u] \times [y_l, \infty]$,也就是一个半无限的垂直条带。

　　如果我们已有一个关于 x 坐标的 BST 数据结构,那么我们可以首先定位 x_l 和 x_u 这两个点,以确定(至多)$2\log n$ 个子树,不妨记做 T_1, T_2, $\cdots$, T_k,其包含了区间 $[x_l, x_u]$ 中的所有点。在每个这样的树 T_i 中,我们都要找到 y 坐标大于 y_l 的点。如果每个 T_i 关于 y 坐标都形成一个最大堆(max-heap),那么我们就可以使用过程 Search(v) 输出查询到的点。

　　调用该过程时,v 是最大堆的根。通常,该过程返回以 v 为根的子树中满足 y 坐标至少为 y_l 的点的集合[二]。因为 v 是最大堆的根,所以如果 $v_y < y_l$,那么 v 的所有后代也都满足这个不等式,因此我们不需要再进一步查找。于是,这就确立了查找过程的正确性。我们对第二阶段[三]访问的所有节点进行标记。当我们在第二阶段访问一个节点时,我们或

　　㊀　查询过程中访问过的节点有两种情况,其一是关联的矩形包含于待查询区域内部的节点——做树遍历即可,树的大小与叶子数呈线性关系;其二是关联的矩形与待查询区域相交的节点——这样的矩形一定与待查询区域的一条边相交,因此统计和待查询区域的一条边相交的分区数即可。——译者注

　　㊁　当然点的坐标还需要满足 x 坐标在 $[x_l, x_u]$ 中。——译者注

　　㊂　指的即是"过程 Search(v)"。——译者注

者输出一个点，或者终止搜索。对于输出的节点，我们将其计入"输出大小"；对于未输
出节点，我们向其父节点添加 1 个单位的
开销——节点的最大开销为 2，因为它有两
个子节点。第一阶段使用 $O(\log n)$ 时间来确
定典范子区间，因此总的查找时间是
$O(\log n + k)$，其中 k 是输出点的个数[一]。

截至目前，我们都假设这样一个"两用
的"数据结构是存在的。然而，我们如何构
建它？

首先，我们可以关于 x 坐标构造一个基
于叶子节点的 BST；接下来，我们根据堆的

Procedure   Search (v)
1   用 v_y 表示节点 v 关联的顶点的 y 坐标；
2   **if** $v_y < y_l$ 或者 v 是一个叶子节点 **then**
3   过程终止
4   **else**
5   **if** $x_r \geq v_x \geq x_l$ **then**
6   输出：v 关联的顶点；
7   对 v 的左子节点 u 调用 Search(u)；
8   对 v 的右子节点 w 调用 Search(w)

顺序逐步提升这些点。如果一个节点为空，那么我们检查它的两个子节点，并提升其中较
大的值。当没有值向上移时，过程终止。或者，我们可以按如下方式构造树[二]。

Procedure Build Priority Search Tree (S)
1   输入：平面上 n 个点的集合 S；
2   输出：一棵优先级查找树；
3   令 $p \in S$ 是 y 坐标值最大的点。将 y 存储在根 r 中；
4   **if** $S - p$ 非空 **then**
5   令 $L(R)$ 为 $S - p$ 的左(右)半部分，分割线是 x 坐标为 $m(L, R)$ 的垂直线；
6   在 r 处，令 $X(r) = m(L, R)$；
7   调用 Build Priority Search Tree (L)；
8   调用 Build Priority Search Tree (R)；
9   备注：在左(右)子树中查找，当且仅当待查询区间延伸至 $X(r)$ 的左(右)边。

由于每个子树的点数会减半，因此这棵树的高度显然为 $O(\log n)$。这个复合的数据结
构称作优先级搜索树(priority search tree)，它只占用 $O(n)$ 的空间，且支持 $O(\log n + k)$
时间的三边查询。图 7.5 展示了优先级搜索树中的查询过程。

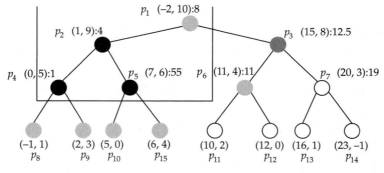

图 7.5　待查询区域是半无限的上条带，两个底角点分别是(0, 4.5)和(10, 4.5)。每一个节点都标出了对
应的点，"："后显示垂直划分线的 x 坐标。输出黑色节点对应的点，灰色节点被访问但不输出

[一]　这种在输出点上平摊开销的分析称作过滤查找。
[二]　算法中 $m(L, R)$ 表示 $S - p$ 中所有点 x 坐标的中位数。——译者注

7.4　平面凸包

在本节中，我们考虑计算几何中最基本的问题之一——计算点集的凸包。首先我们给出这个概念的定义。平面（或任何欧氏空间）中的点的子集 S 称为凸的，指的是对于每对点 x，$y \in S$，连接 x 和 y 所得线段中的所有点也都位于 S 中（凸集和非凸集的示例见图 7.6）。很容易验证：如果 S_1 和 S_2 是两个凸集，那么 $S_1 \bigcap S_2$ 也是凸集（然而 $S_1 \bigcup S_2$ 可能不是凸集）。事实上，任意多个（甚至于不可数无穷多个）凸集的交集也是凸的。因此，给定一个平面上点的集合 P，我们可以定义包含 P 的最小凸集——这是所有包含 P 的凸集之交，它称作 P 的凸包（示例参见图 7.7）[⊖]。

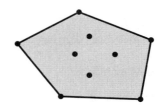

图 7.6　左图是凸的，右图不是凸的　　　图 7.7　阴影区域表示其中点的凸包

从这个定义难以实际求出凸包，因为涉及了"无穷多个"集合的交。下面给出另一个更适用于平面上有限点集的凸包定义。设 P 为平面上的一个有限点集，其凸包是一个由 P 中点构成顶点的凸多边形，P 中所有点都在这个多边形的内部或边界上。如果一个多边形也是凸集，则称其为凸的。对于平面上的点集而言，这两个定义是等价的。因此，我们可以通过找出位于该凸多边形边界上的点（构成该点集的一个子集）来计算该点集的凸包。

在本节中，我们仅考察平面上的点，此时的凸包也称作平面凸包。给定 n 个点的集合 P，我们用 CH(P) 来表示 P 的凸包。可以这样理解这两个定义的等价性：设 x 和 y 是 P 中的两个不同点，使得 P 中所有点都位于连接 x 和 y 的直线的同侧（或其上）；于是，由该线段定义的半平面是包含 P 的凸包；并因此，CH(P) 必然是该半平面的子集；此外，它必须包含连接 x 和 y 的线段（因为它必须包含 x 和 y）。综上所示，我们得到以下结果。

> **观察结果 7.1**　CH(P) 可由 P 的有序子集 x_1，x_2，…描述，使得它是由 (x_i, x_{i+1}) 支撑的半平面的交集。

我们还可以假设任意三个连续的点 x_i，x_{i+1}，x_{i+2} 都不是共线的；否则，我们可以从列表中删除 x_{i+1}。如果点 $x \in$ CH(P) 不在任一连接 CH(P) 中两点的线段的（严格）内部，那么就称其为极点（extreme point）。于是，在这个假设下，每个 x_i 都是凸包的极点。并由此，CH(P) 是极点和连接这些极点的线段的序列。

令 x_L 和 x_R 分别是具有最小和最大 x 坐标的点（为简单起见，我们假设没有两个点的 x 坐标相同）——它们也分别被称为最左点和最右点。为了构造凸包，我们用连接 x_L 和 x_R 的对角线将点进行划分。对角线上方的点构成上凸包，下方的点构成下凸包。我们还将旋转凸包，使得该对角线与 x 轴平行。我们将描述计算上凸包的算法，计算下凸包的过程是类似的。

⊖　直观上讲，可以想象为使用一个橡皮圈围住所有点，当橡皮圈收缩到最紧时，就形成了点集的凸包的边界。——译者注

平面凸包是一个二维问题，不能用简单的比较模型来求解。构造凸包时，我们需要测试三个点 (x_0, y_0)、(x_1, y_1) 和 (x_2, y_2) 是否为顺时针（逆时针）方向。由于我们已经对所有点根据 x 坐标进行了排序，因此我们只需要测试中间的点是在由其他两个点组成的线段的上方还是是或下方即可。称 (p_0, p_1, p_2) 这三个点形成"**右转**"（right turn）当且仅当下述行列式小于 0

$$\begin{vmatrix} x_0 & y_0 & 1 \\ x_1 & y_1 & 1 \\ x_2 & y_2 & 1 \end{vmatrix}$$

其中 (x_i, y_i) 是点 p_i 的坐标。如果上述行列式为正值，则三个点形成"**左转**"（left turn）；如果上述行列式等于 0，则这三个点是共线的。

在深入探讨更高效的快速凸包（Quickhull）算法之前，我们先介绍一些简单的算法。

7.4.1 Jarvis March 算法[一]

计算凸包的一个非常直观的算法只是简单地模拟了在边界点周围缠绕一根绳子（或包装礼物）的过程。它从任意一个极点（比如说 x_L）开始，然后以顺时针方向不断选择新的极点，直至回到最初点为止。每次选择的新极点都满足：与以前一个顶点为起点的水平方向射线的夹角最小的点。该算法如图 7.8 所示[二]。它维持的不定式是：对于所有 i，点 $p_0, \cdots,$ p_i 在上凸包上形成连续顶点。

1	输入：平面上的点集，满足 x_L 和 x_R 形成水平直线。
2	初始化 $p_0 = x_L$，$p_{-1} = x_R$。
3	初始化 $i = 0$。
4	重复
5	寻找输入点 p 使得角度 $p_{i-1} p_i p_j$ 最大。
6	令 $p_{i+1} \leftarrow p$，$i \leftarrow i+1$。
7	直至 $p_i = x_R$。

图 7.8　计算闭包的 Jarvis March 算法

该算法的运行时间是 $O(nh)$ 的，其中 h 是 $CH(P)$ 中的极点个数。注意，事实上我们从不真地计算角度；相反，我们依靠行列式方法来比较（一个固定点到其他）两个不同点之间的（和水平射线之间的）夹角，来看哪一个更小。我们尽可能只依赖代数函数来解决 $\mathbb{R}^d$ 中的问题，这样可以避免计算角度所需要的反三角函数。

当 h 为 $o(\log n)$ 时，Jarvis March 算法在渐近意义上快于下一小节将要介绍的 Graham 扫描算法。

7.4.2 Graham 扫描算法

假定我们只需要产生上凸包，且 x_L 和 x_R 形成一条水平线。在该算法中，首先将输入集 P 中的点根据 x 坐标递增排序为 $p_1, \cdots, p_n$。之后算法依此顺序逐个考查点，在考查了点 p_i 之后，将存储 $p_1, \cdots, p_i$ 的一个子序列，该子序列形成 $\{p_0, \cdots, p_i\}$ 的凸包。

一　也称作礼物包裹算法（gift wrapping algorithm）。——译者注
二　算法步骤 5 存在问题，没有说明 p_j 的下标 j 是什么，应即为 p。——译者注

这个子序列被存储在一个堆栈中——堆栈的底部将是 p_0 [⊖]，顶部是 p_i [⊖]。当考查点 p_{i+1} 时，保持如下的不变式：只要堆栈顶部的两个点和 p_{i+1} 不形成右转，那么就弹出当前的栈顶元素。当不再从栈弹出元素时，将 p_{i+1} 压入栈。算法的正确性证明留作习题。

首先使用 $O(n \log n)$ 时间对集合 P 中的点关于 x 坐标进行排序，然后归纳构造极点的一个凸链。易见，对于上凸包而言，当我们从最左边的点顺时针方向前进时，凸链是由连续的右转构成的。当我们考虑下一个点(x 坐标递增)时，我们需要检验栈顶的两个点和下一个点是否构成凸子链，即它们是否形成右转。如果形成右转，我们就把它压入堆栈；否则，这三个点的中间点被丢弃(请读者思考其原因)，之后继续进行类似的检验，直至满足凸子链性质时为止(并把它压入堆栈)。

现在让我们分析这个算法的运行时间。根据 x 坐标对点进行排序需要 $O(n \log n)$ 时间。此外，每个点只被压入堆栈一次，而且一旦被弹出，就不可能再被压入。因此，每个元素最多从堆栈中弹出一次。于是，堆栈操作的总时间是 $O(n)$。注意，算法的总运行时间主要由排序时间所支配。

7.4.3 排序与凸包

排序与凸包有着非常密切的关系，可以通过以下方式将排序问题归约到凸包问题。假设我们要对数值 $x_1, \cdots, x_n$ 按递增顺序进行排序。考虑抛物线 $y = x^2$，并将每个点 x_i 映射到抛物线上的点 $p_i = (x_i, x_i^2)$。注意，所有这些点都是极点，并且凸包上的点的有序集合与由 x_i 值排序的点次序相同。因此，任何构造凸包的算法都可以做到对这些点进行排序。

事实上，几乎所有的排序算法都有一个对应的凸包算法，这其实也并不奇怪。归并凸包算法的思想类似于归并排序，它采用基于对点集进行任意划分的分治策略。首先将所有点任意划分成两个大小相等的子集。我们递归地构造两个子集的上凸包，希望可以在 $O(n)$ 时间内归并两个上凸包。如果我们能够做到这一点，那么运行时间就将满足递推式

$$T(n) = 2T\left(\frac{n}{2}\right) + O(n),$$

而这表明算法的运行时间为 $O(n \log n)$。

该算法的关键步骤在于 $O(n)$ 时间内归并两个上凸包。请注意，这两个上凸包不一定可以用一条垂直的线分隔开，并且这两个上凸包还可能彼此相交。如图 7.9a 所示，对于分离的凸包，归并步骤计算需要计算这两个上凸包的公共切线，称为它们的桥。如何在 $O(n)$

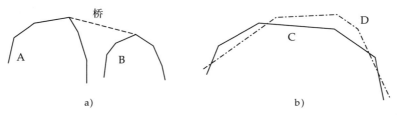

图 7.9 归并上凸包——对于图 a 中两个上凸包分离的情况，我们计算连接两个凸包的桥；对于图 b 中两个上凸包不可分离的情况，两个上凸包的边界可能有多个交点，而且可以依序计算

[⊖] 即 x_L。——译者注
[⊖] 由于各点按 x 坐标递增排列。——译者注

时间内找到这个桥留作习题，这个思想类似于归并排序，我们在计算归并的凸包时，按从左到右的顺序扫描两个上凸包。

7.5   快速凸包算法

本节中我们将介绍一个基于快速排序算法思想的凸包算法——基于某个准则将点集划分为两个不相交的子集，并递归地解决每个子问题，最后可以很简单地将两个解组合起来。回想一下快速排序算法，在最差情况下它需要 $O(n^2)$ 时间，并且需要使用随机化技术（或中位数查找算法）来确保它可以在 $O(n \log n)$ 时间内执行。我们将看到在这里也需要使用类似的思想。

假设 S 为 n 个点的集合，并需要构造其凸包。同前所述，我们依然将分别构造 S 的上下凸包。令 p_l 和 p_r 分别是 S 在 x 方向上的极点，$S_a(S_b)$ 表示 S 在由 p_l 和 p_r 决定的直线上方（下方）的子集。如前所述，$S_a \bigcup \{p_l, p_r\}$ 和 $S_b \bigcup \{p_l, p_r\}$ 分别确定了 S 的上凸包和下凸包。我们将描述使用 $S_a \bigcup \{p_l, p_r\}$ 确定上凸包的算法 Quickhull。

我们首先给出一些定义：连接 p 和 q 的直线的斜率用 slope(pq) 表示；如果点序列 x, y, z 具有逆时针方向，或者等价地说，它们形成的三角形（有向）面积（可以通过 3×3 矩阵的行列式来计算）是正值，则谓词 left-turn(x, y, z) 为真。

Algorithm Quickhull (S_a, p_l, p_r)

输入：给定的点集 $S_a = \{p_1, p_2, \cdots, p_n\}$ 及最左的极点 p_l、最右的极点 p_r，且 S_a 中所有的点都在直线 $\overline{p_l p_r}$ 之上。

输出：以顺时针顺序列出 $S_a \bigcup \{p_l, p_r\}$ 的上凸包的极点。

步骤 1.   若 $S_a = \{p\}$，则返回极点 $\{p\}$。

步骤 2.   从点对 $\{p_{2j-1}, p_{2j}\}$ $(j=1, 2, \cdots, \lfloor n/2 \rfloor)$ 中随机选择一个点对 $\{p_{2i-1}, p_{2i}\}$。

步骤 3.   选择 $p_m \in S_a \bigcup \{p_l, p_r\}$，满足 p_m 支撑斜率为 slope$(p_{2i-1} p_{2i})$ 的直线。
（若在直线上有多于一个点，则选择一个不同于 p_l 和 p_r 的点）
$S_a(l) = \varnothing$，$S_a(r) = \varnothing$。

步骤 4.   对每个点对 $\{p_{2j-1}, p_{2j}\}$ $(j=1, 2, \cdots, \lfloor n/2 \rfloor)$ 做如下操作：
（假定 $x[p_{2j-1}] < x[p_{2j}]$）

情况（i）：$x[p_{2j}] < x[p_m]$
if left-turn(p_m, p_{2j}, p_{2j-1}) **then** $S_a(l) = S_a(l) \bigcup \{p_{2j-1}, p_{2j}\}$
else $S_a(l) = S_a(l) \bigcup \{p_{2j-1}\}$。

情况（ii）：$x[p_m] < x[p_{2j-1}]$
if left-turn(p_m, p_{2j-1}, p_{2j}) **then** $S_a(r) = S_a(r) \bigcup \{p_{2j}\}$
else $S_a(r) = S_a(r) \bigcup \{p_{2j-1}, p_{2j}\}$。

情况（iii）：$x[p_{2j-1}] < x[p_m] < x[p_{2j}]$
$S_a(l) = S_a(l) \bigcup \{p_{2j-1}\}$；
$S_a(r) = S_a(r) \bigcup \{p_{2j}\}$。

步骤 5.   **If** $S_a(l) \neq \varnothing$ **then** Quickhull$(S_a(l), p_l, p_m)$。
输出：p_m。
If $S_a(r) \neq \varnothing$ **then** Quickhull$(S_a(r), p_m, p_r)$。

我们先将所有点进行配对，然后随机选取一个配对。考虑过这两点的直线；我们将其平行移动（即保持其斜率不变），直至所有点都位于其下方。因此，该直线被某个输入点所

支撑(supported)，而其他点都在该直线下方。令这个点为 p_m [一]；我们使用 p_m 作为枢轴（主元），将点集分为两部分(类似于快速排序算法)。考虑过 p_m 的垂直线：位于 p_m 左侧的点在一半中，而其右侧的点在另一半中。很明显，如果我们可以为这两部分分别构造上凸包，那么只需将这两个上凸包组合起来就可以得到所有点的上凸包(因为 p_m 是一个极点，所以它必定是凸包的一个顶点)。在下述算法的步骤 4 中，我们剪裁掉了一些不能位于上凸包边界上的点。例如，在步骤 4 的情况(i)中，如果点对(p_{2j-1}，p_{2j})中的两个点都位于过 p_m 的垂直线的左侧，且三元组(p_m，p_{2j}，p_{2j-1})形成右转，那么我们就知道 p_{2j} 不可能是上凸包的顶点，因此可以将其丢弃。

7.5.1　分析

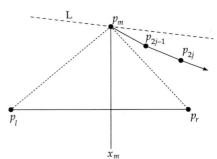

要分析 Quickhull 算法的收敛性，我们就必须指出：每次递归调用都会得到对问题解决的推进。但证明这一点很复杂，因为 p_l，p_r 其中一个端点可能会被重复选择为 p_m [一]。然而，假设 p_m 为 p_l，如果某个点对的斜率大于过 p_l 的支撑线 L 的斜率，那么这个点对中至少会有一个点不被选入下一次迭代 [二]。而如果 L 的斜率最大，那么在支撑 p_m 的直线上没有其他点(由上述算法的步骤 3)。于是对于斜

图 7.10　left-turn(p_m，p_{2j-1}，p_{2j}) 形成左转，但 $\overline{p_{2j-1}p_{2j}}$ 的斜率小于 L 的斜率

率等于 L 的点对(p_{2j-1}，p_{2j})，left-turn(p_m，p_{2j-1}，p_{2j})为真，因此 p_{2j-1} 将被排除(参见图 7.10 [四])。所以，递归调用的数量是 $O(n)$ 的，因为每次递归调用时要么至少产生一个输出顶点(p_m)，要么至少排除一个顶点。

令 N 表示 slope($p_{2j-1}p_{2j}$)的集合，其中 $j=1,2,\cdots,\lfloor n/2 \rfloor$。设算法步骤 2 从 N 中均匀随机选择了 slope($p_{2i-1}p_{2i}$)，k 为其秩。并设 p_m 为支撑斜率等于 slope($p_{2i-1}p_{2i}$)的直线的极点，n_l 和 n_r 分别为 p_m 确定的两个子问题的大小。我们可以证明：

观察结果 7.2　$\max(n_l,n_r)\leqslant n-\min\left(\left\lfloor \dfrac{n}{2} \right\rfloor-k,k\right)$

不失一般性，我们给出右半子问题的大小的界。由 slope($p_{2i-1}p_{2i}$)在 N 中的秩为 k 可知，有 $\lfloor n/2 \rfloor-k$ 对点，它们的斜率大于或等于 slope($p_{2i-1}p_{2i}$)。于是，这样的每个点对中至多有一个点可以是 p_m 右侧的输出点。

如果我们选择 L 具有 N 的中位数斜率，即 $k=n/4$，则 n_l，$n_r\leqslant 3n/4$。设 h 为上凸包的极点个数，$h_l(h_r)$ 是左(右)子问题的极点个数。我们可以为运行时间写出如下递推式：

$$T(n,h)\leqslant T(n_l,h_l)+T(n_r,h_r)+O(n)$$

其中 $n_l+n_r\leqslant n$，$h_l+h_r\leqslant h-1$。可以证明这个递推关系的解是 $O(n\log h)$(参见习题 7.10)。于是，这在 Jarvis March 算法和 Graham 扫描算法之间达到了正确的平衡，因为它有着与 Jarvis March 算法相同的"输出敏感性" [五]，而且在最差情况下的复杂度是 $O(n\log n)$。

[一]　在快速凸包算法的早期版本中，点 p_m 被选择为距离直线 $\overline{p_lp_r}$ 最远的点。读者可以自行分析它的性能。
[二]　此时有一个子问题为空。——译者注
[三]　将形成左转。——译者注
[四]　原书如此。——译者注
[五]　指算法性能与输出的大小有关。——译者注

*7.5.2   期望运行时间

令 $T(n, h)$ 表示在给定极点 p_l 和 p_r 的前提下使用 Quickhull 算法计算 n 个点的上凸包的运行时间的期望，其中 h 表示上凸包的顶点数。设 $p(n_l, n_r)$ 为该算法递归调用了大小为 n_l 和 n_r 的两个较小问题(分别包含 h_l 和 h_r 个极点)的概率。因此，有

$$T(n, h) \leqslant \sum_{\forall n_l, n_r \geqslant 0} p(n_l, n_r)(T(n_l, h_l) + T(n_r, h_r)) + bn \tag{7.5.3}$$

其中，$n_l, n_r \leqslant n-1$，$n_l + n_r \leqslant n$，$h_l, h_r \leqslant h-1$，$h_l + h_r \leqslant h-1$，$b > 0$ 是一个常数。这里我们假设极点 p_m 既不是 p_l 也不是 p_r。尽管在 Quickhull 算法中，我们没有明确使用任何可以确保此可能性的方法，然而我们依然可以在不对有效性产生任何损失的情况下分析该算法。

> **引理 7.1** $T(n, h) \in O(n \log h)$。

证明：我们将使用归纳假设。即对于 $h' < h$ 及所有的 n'，存在一个固定的常数 c，使得 $T(n', h') \leqslant cn' \log h'$。对于 p_m 不是 p_l 或 p_r 的情况，根据式(7.5.3)，我们得到

$$T(n, h) \leqslant \sum_{\forall n_l, n_r \geqslant 0} p(n_l, n_r)(cn_l \log h_l + cn_r \log h_r) + bn$$

由 $n_l + n_r \leqslant n$，$h_l + h_r \leqslant h-1$ 可得

$$n_l \log h_l + n_r \log h_r \leqslant n \log(h-1) \tag{7.5.4}$$

令 E 表示 $\max(n_l, n_r) \leqslant 7n/8$ 的事件，并令 p 表示事件 E 的概率。注意有 $p \geqslant 1/2$ [⊖]。

由条件期望的计算，有

$$T(n, h) \leqslant p \cdot [T(n_l, h_l | E) + T(n_r, h_r | E)] + (1-p) \cdot$$
$$[T(n_l, h_l | \overline{E}) + T(n_r, h_r | \overline{E})] + bn$$

其中 $\overline{E}$ 表示 E 的补事件。

当 $\max(n_l, n_r) \leqslant 7n/8$ 且 $h_l \geqslant h_r$ 时，有

$$n_l \log h_l + n_r \log h_r \leqslant \frac{7}{8} n \log h_l + \frac{1}{8} n \log h_r \tag{7.5.5}$$

式(7.5.5)的右端当 $h_l = 7(h-1)/8$、$h_l = (h-1)/8$ 时达到最大值。于是有

$$n_l \log h_l + n_r \log h_r \leqslant n \log(h-1) - tn$$

其中 $t = \log 8 - (7\log 7)/8 \geqslant 0.54$。当 $\max(n_l, n_r) \leqslant 7n/8$ 且 $h_r \geqslant h_l$ 时可以得到同样的界，因此

$$T(n, h) \leqslant p(cn \log(h-1) - tcn) + (1-p)cn \log(h-1) + bn$$
$$= pcn \log(h-1) - ptcn + (1-p)cn \log(h-1) + bn$$
$$\leqslant cn \log h - ptcn + bn$$

于是由归纳法可知，当 $c \geqslant b/(tp)$ 时有 $T(n, h) \leqslant cn$ [⊜]。

如果 p_m 是 p_l 或 p_r(不妨假设是 p_l)，那么我们不能直接应用式(7.5.3)，但是根据观察结果 7.2 可知，仍然有一些点会被排除。这种情况可能会重复发生多次，假设发生了 r 次 $(r \geqslant 1)$，而在此时，可以应用式(7.5.3)。我们将证明这实际上是一个更好的情况，也

⊖   这是由于 k 在 $[n/8, 7n/8]$ 之间的概率为 $1/2$，并结合观察结果 7.2 即得。——译者注
⊜   由 $p \geqslant 1/2$ 可知，当 $c \geqslant 2b/t$ 时必然满足 $c \geqslant b/tp$。——译者注

就是说，期望运行时间的界会更低；并因此，前述分析在递推式的解中占主导位置。

斜率 slope($p_{2i-1}p_{2i}$) 的秩 k 在[1, $n/2$]中均匀分布，因此由观察结果 7.2 可知，排除掉的点的个数也均匀分布在区间[1, $n/2$]中。（我们忽略了 $n/2$ 的下取整，不考虑 n 是奇数的特殊情况——事实上即使不进行这种简化，也可以得出相同的界）。设 n_1，n_2，…，n_r 为 r 个随机变量，分别代表这 r 次 p_m 恰为 p_l 情况时子问题的大小。通过归纳法可以验证

$$\mathbb{E}\left[\sum_{i=1}^{r} n_i\right] \leqslant 4n \text{ 及 } \mathbb{E}[n_r] \leqslant (3/4)^r n^{\ominus}$$

，其中 $\mathbb{E}[\cdot]$ 表示随机变量的期望值。请注意 $\sum_{i=1}^{r} b \cdot n_i$ 是这 r 次划分步骤的期望工作量。由于当 $r \geqslant 1$（且 $\log h \geqslant 4$）时 $cn \log h \geqslant 4nb + c(3/4)^r \cdot n \log h$，因此前述分析在递推式的解中占主导。 ∎

7.6 使用持久化数据结构的点定位

点定位问题涉及的输入是平面的一个划分（可平面化图的平面嵌入），我们需要为该划分设计一个数据结构，使得对于给定的点，可以报告其所在的区域。这个基本问题有许多应用，如地图制图学、地理信息系统（GIS）、计算机视觉等。

该问题的一维变体有一个基于二分查找的很自然的解决方案：在 $O(\log n)$ 时间内，我们可以找到包含查询点的区间。在二维中，我们也可以考虑一个与之密切相关的问题，称作（垂直）光线发射（ray shooting）。该问题给定了平面上的一组线段，我们（从一个给定点）发射一条垂直射线，并输出它所击中的第一个线段。这个问题与平面划分中的点定位问题是相关联的，因为平面图的每一条边都可以视作一个线段。请注意，这里的每条线段都是两个相邻区域的边界，于是我们可以使用（垂直）光线发射问题来给出这个线段下面的区域（参见习题 7.14）。下面考虑一个垂直条带，其中包含完全跨越它的 n 个线段，而且没有任何两个线段在条带内相交。给定一个待查询点，我们可以使用二分查找、经过 $O(\log n)$ 次原语"点在线段的下方/上方吗？"回答一个光线发射问题——此策略可以生效的原因是各个线段在条带内是全序的（它们可能在条带外部相交）。如图 7.11 所示。

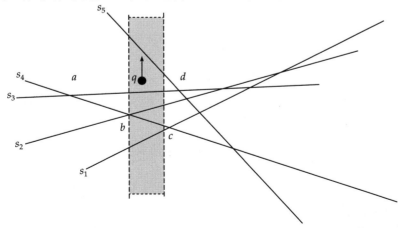

图 7.11　阴影部分所示的竖直区域不包含任何交点。在交点 b 和 c 之间，各个线段的垂直顺序保持不变，为 s_5，s_3，s_2，s_4，s_1。线段 s_1 和 s_4 的次序在交点 c 右边翻转。给定一个待查询点 q，在条带中的光线发射查询可以通过一个关于"上-下测试"的二分查找来回答

⊖　每次平均至少要去掉 1/4 的点。——译者注

对于平面上的划分，假设一条垂直线 V 从左向右扫过。令 $V(x)$ 代表 V 在 x 坐标值处[⊖]与平面划分的交点。为了简单起见，假定不存在垂直的线段。此外，让我们根据 $V(x)$ 对线段进行排序，并用 $S(x)$ 表示。当 $V(x)$ 随着 V 从左向右扫过平面而不断变化时，$S(x)$ 在平面上自左而右的连续两个直线交点之间保持不变。在图 7.11 中，（条带中的）$S(x)$ 可以看作是 s_5，s_3，s_2，s_4，s_1，其中查询点 q 位于 s_3 和 s_5 之间，光线发射查询的回答是 s_5。

观察结果 7.3   在平面划分的两个（X 方向的）连续端点之间，$S(x)$ 保持不变[⊖]。

两个连续端点之间的区域类似于之前讨论的垂直条带。因此，一旦我们确定哪个垂直条带包含查询点，再通过 $O(\log n)$ 次"上下测试"，就可以解决光线发射问题。寻找垂直条带是一个一维的问题，可以使用二分查找在 $O(\log n)$ 步骤内回答[⊖]。因此，总的查询时间是 $O(\log n)$，但是空间的界并不理想。如果我们要处理与 $2n$ 个端点[⊛]相对应的 $2n-1$ 个垂直条带，我们就需要构建 $\Omega(n)$ 个数据结构，每个数据结构都涉及 $\Omega(n)$ 个线段。图 7.12 描述了空间上的最差情况。一个关键性的观察结果是：两个相继的垂直条带中，几乎所有的线段都是相同的——除了以分界点为一端的线段。

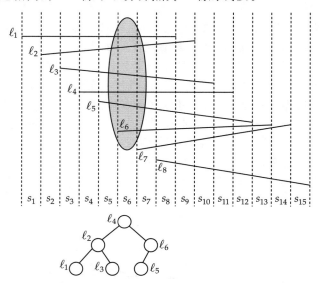

图 7.12 n 个线段且所有条带总共需要 $\Omega(n^2)$ 空间复杂度的示例。下图是条带 s_6 的查找树，每个节点对应于各个线段相应的"上下测试"

我们可否利用两个有序的线段列表之间的相似性，并有效地支持这两个列表的二分查找？

我们是否可以避免存储重复的线段，而且仍然支持 $\log n$ 步骤的二分查找？以下是其直观思想：对于每个垂直条带，我们将其中的线段（根据它们在垂直方向上的顺序）存储在一棵平衡二叉查找树中。这将确保在此垂直条带中查找某个点的时间为 $O(\log n)$。现在，

⊖   即 V 与横轴的交点横坐标为 x。——译者注

⊖   请读者注意，之前（包括图 7.11）讨论的都是平面上 n 条直线的光线发射查询问题，而之后讨论的有时是平面上的 n 个线段。——译者注

⊖   垂直条带最多有 n^2 个，因此二分查找在最差情况下的复杂度为 $\log(n^2) = 2\log n$。——译者注

⊛   平面图有 n 个线段，每个线段有两个端点。——译者注

我们可以考虑两个相邻的垂直条带，并注意线段集可以更改如下：一个新的线段可以进入该集合，或者一个现有线段可以退出该集合[○]。假设一个元素，即一个线段，插入到相邻的垂直条带中，我们希望维护这棵树的两个不同版本（插入之前和之后）。注意，如果插入了一个新的叶子节点 v，那么我们可能需要执行平衡操作，使 BST 再次平衡——但是所有这些操作只会影响从 v 到根的道路。我们使用以下思想来维护树的这两个版本：

道路复制策略。如果一个节点发生更改，则创造其父节点的一个副本，并复制其到孩子节点的指针。

一旦复制了父节点，那么它的父节点也必须要复制，依此类推，直至复制了根到叶子顶点的整条道路。在根节点处，为新的根创建一个标签。一旦我们知道了要从哪个根节点开始进行二分查找，那么我们就只需要跟踪指针，然后按照常规方式进行查找

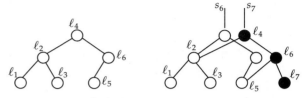

图 7.13   相邻条带 s_6 和 s_7 上的道路复制技术

即可，而这完全忽略了实际上有两个隐式查找树的事实（图 7.13）。查找时间也保持在 $O(\log n)$ 不变。相同的策略适用于任何数量棵查找树的情形——区别仅在于要在正确的根节点开始查找，我们可能还需要其他额外的数据结构。在平面点定位问题中，我们可以构建一个支持一维查找的二叉查找树。

所需空间为（道路长度）×（垂直条带的个数）＋n，这是 $O(n \log n)$ 的。这比显式地存储每棵树的 $O(n^2)$ 方案小得多。

7.7   增量构造法

给定平面上 n 个点的集合 $P = \{p_1, p_2, \cdots, p_n\}$，我们要找到一对点 q，$r \in P$ 使得 $d(q, r) = \min_{p_i, p_j \in S} d(p_i, p_j)$，其中 $d()$ 表示两点之间的欧氏距离。(q, r) 被称为最近点对，它可能不是唯一的。此外，如果给定集合中存在相同的点，那么最近点对的距离为零[○]。

在一维情况下，首先对点进行排序，然后选择一对间距最小的相邻点即可以很容易地计算出最近点对。一个平凡的算法就是对所有的 $\binom{n}{2}$ 个点对进行计算，并选择间距最小的点对。因此我们希望设计一个速度有显著提升的算法。

图 7.14 给出了很多相似问题的一般方法，其思想是以一种增量的方式维护最近点对，于是最终我们可以得到所需的结果。

算法的正确性是显而易见的，而算法时间复杂度的分析则依赖于第 4 行的检验操作时间和第 6 行的更新操作时间。为简单起见，让我们来分析一维情况下的运行时间。假设距离 $d(p_{j+1}, S_j)$ 是递减的，其中 $S_j = \{p_1, p_2, \cdots, p_j\}$。最近点对的距离 C 在每个步骤中都被更新。为了找到 p_{j+1} 到 S_j 的最近点，我们可以将 S_j 维护为一个有序集合，并使用 $O(\log j) = O(\log n)$ 时间的二分查找找到 p_{j+1} 的最近点。总的来说，该算法需要 $O(n \log n)$ 时间，这与点的预排序时间复杂度相同。

[○]   当然，也可能是有多个新线段进入该集合，或者多个现有线段离开该集合。——译者注
[○]   因此，元素相异性问题的下界也适用于最近点对问题。

```
Algorithm1   Closest pair (P)

1  输入：P={p_1, p_2, ···, p_n}；
2  S={p_1, p_2}；C=d(p_1, p_2)；j=3；
3  while j ≤ n do
4      if d(p_j, S)<C then
5      └  C=d(p_j, q), 其中 q=arg min_{p∈S} d(p_j, p)
6   └  S=S∪{p_j}, j=j+1
7  输出：C, 这是最近点对之间的距离。
```

图 7.14　计算最近点对的增量算法

对于平面上的点而言，我们必须设计一个数据结构来有效地执行第 4 行的检验操作和第 6 行的更新操作。平凡的算法可以在 $O(n)$ 个步骤中完成它们，从而得到 $O(n^2)$ 时间的算法。与之不同，我们将分析对 P 中点给予随机顺序后的算法。这可能会显著地减少所需的更新次数，之前最差情况下的界是 $n-2$ 次更新。令 q_i 表示当以随机顺序插入点 p_i 时，导致发生更新的概率。所谓"随机顺序"对应于 P 中点的随机置换。为避免使用额外的符号，我们假定 p_1, p_2, ···, p_n 是根据随机选择的置换进行编号的。

于是我们可以将问题重述如下。

当 p_1, p_2, ···, p_i 是点集 $\{p_1, p_2, ···, p_i\}$ 的一个随机顺序时，由 p_i 定义最近点对的概率是多少？

假设最近点对是唯一的，也就是说，$C=d(r, s)$，其中 $r, s \in \{p_1, p_2, ···, p_i\}$。于是，前述概率与事件 $p_i=\{r, s\}$ 的概率相等。i 个对象的置换总数是 $i!$，以 r 或 s 作为最后一个元素的置换总数为 $2(i-1)!$。所以由 p_i 定义 C 的概率等于 $\frac{2(i-1)!}{i!}=\frac{2}{i}$。在 n 个元素的任一随机置换中，对于任意 i 个点的固定集合，前述论断都是适用的。全概率公式指出

$$\Pr[A]=\Pr[A|B_1]\cdot\Pr[B_1]+\Pr[A|B_2]\cdot\Pr[B_2]+\cdots+\Pr[A|B_k]\cdot\Pr[B_k]$$
对于不相关事件 B_1, B_2 ··· B_k　　　　　　　　　(7.7.6)

式中的 B_j 表示选择 i 个元素作为最先的 i 个元素一共有 $\binom{n}{i}$ 种可能选择，并且通过对称性可知，概率 $\Pr[B_j]$ 都相等且 $\sum_j \Pr[B_j]=1$。由于 $\Pr[A|B_j]=2/i$，因此在第 i 次迭代中发生更新的无条件概率为 $2/i$。

这非常令人振奋，因为第 i 次迭代的期望更新开销为 $(2/i)\cdot U(i)$，其中 $U(i)$ 表示第 i 次迭代中更新数据结构的开销。因此，即使是对于 $U(i)=O(i\log i)$ 的情况，期望更新时间也是 $O(\log i)=O(\log n)$ 的。

第 4 行中所进行的检验操作的情况有所不同，因为无论是否需要更新，我们都将执行此步骤。给定 S 和一个新的点 p_i，我们必须找到 p_i 到 S 中最近的点（并在必要时进行更新）。假设 S 中最近点对之间的距离为 D，于是考虑平面上 $D\times D$ 的网格，并且将 S 的每个点哈希到相应的单元方格中。对于给定的新的点 $p_i=(x_i, y_i)$，我们可以计算相应的单元方格（的右上角）为 $\lceil x_i/D\rceil$, $\lceil y_i/D\rceil$。从图 7.15 可以看出，如果最接近 p_i 的点和它的距离小于 D，那么它必然位于相邻的单元方格（包括含点 p_i 的单元方格）之一中。我们可以穷竭搜索这九个单元方格中的每一个。

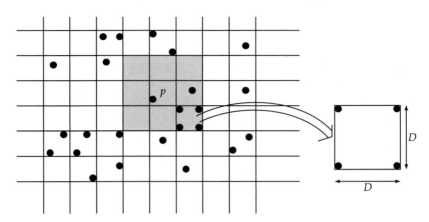

图 7.15　每个以 D 进行划分的单元方格中的最大可能点数为 4，阴影区域表示与点 p 的距离小于 D 的点可能所在的区域

断言 7.1　任一单元方格中均不包含 4 个以上的点。

这表明我们最多需要进行 $O(1)$ 次计算。这些相邻的单元方格可以存储在一些恰当的查找数据结构中（参见习题 7.25），于是就可以通过 $O(\log i)$ 个步骤来访问它。在第 6 行中，可以在 $O(i \log i)$ 时间内重建此数据结构，这使得期望更新时间为 $O(\log i)$。因此，随机递增结构的总体期望运行时间为 $O(n \log n)$。

拓展阅读

多维查找的概念是由 Bentley[19] 在介绍 k-d 树的一篇早期论文中提出的。在自然的几何查找问题中，发现了与之密切相关的几类嵌套数据结构，例如范围查找树、区间树和线段树。关于这些数据结构技术的介绍，Mehlhorn[101] 的著作和 Preparata 与 Shamos[118] 的著作都是非常优秀的。平面凸包问题在计算几何的早期就受到了广泛关注，例如 Graham 扫描算法[59] 和礼品包装算法[69,117]，以及它与排序算法的关系。Kirkpatrick 和 Seidel 提出引入输出大小作为时间复杂度的一个重要参数[80]，并由此开辟了一个新的方向。Quick-hull 算法最初得名自教科书[118]，用以描述 Bykat 的算法[25]，结果表明它和它的命名来源 quicksort 并无可比性。本章中对它的介绍沿用了 Bhattacharya 和 Sen 的描述[21]，它是 Chan、Sneyink 和 Yap 提出的算法[28] 的随机版本。优先级查找数据结构最早由 Mc-Creight[99] 提出。Sarnak 和 Tarjan 在讨论平面点定位问题时提出了持久数据结构的概念[127]。Driscoll 等人[44] 对其进行了进一步发展，考虑了"过去的更新"（updates in the past），并称为完全持久化（fully persistent）。随机增量构造（randomized incremental construction，RIC）的框架可参看 Clarkson 与 Shor 的著作[32] 及 Mulmuley 的著作[107]。使用随机增量构造的最近点对算法改编自 Khuller 和 Matias 的论文[79]。读者如果有兴趣深入学习几何算法，可以参阅很多优秀的教科书[20,45,118]。Edelsbrunner 的著作[45] 在几何的组合特性与几何算法的分析之间建立了许多有趣的联系。

习题

7.1　给定 n 个 d 维点，证明：可以在 $O(d + \log n)$ 时间内对点的直接前驱进行查询，其"直接前驱"根据本章开头所述的字典序而确定。

7.2 证明：对于范围查找树中的任意查询，结果点属于至多 $2\log n$ 棵子树。

7.3 表明如何在没有基于叶子节点的存储的情况下使用"线索"技术来解决 BST 中的范围查找问题。

7.4 如何修改正交范围$^{\ominus}$树查找中**计数**问题的数据结构以获得对数多项式的查询时间？

7.5 严格求解式(7.1.2)中给出的递推关系。

7.6 使用优先级查找树给出详细的三边查询过程，并分析其运行时间。

证明：如果给定的点是按 y 坐标排序的，那么可以在 $O(n)$ 时间内构造优先级查找树。

7.7 给定 n 个线段的集合，设计一个数据结构，使得对于任意的待查询矩形，都可以在 $O(\log^2 n + k)$ 时间内给出与矩形边界相交的线段(包括完全包含于矩形内部的线段)。这里 k 表示输出的大小。

7.8 给定 n 个水平线段的集合，设计一个数据结构，可以给出它们与待查询垂直线段的所有交点。

提示：使用线段树$^{\ominus}$。

7.9 给定 n 个水平及垂直线段，设计一个在 $O(n\,\mathrm{polylog}\,n)$ 时间内识别所有连通分支的算法。所谓连通分支指的是线段的集合，其满足：

相交的两个线段是连通的。与一个连通分支中任一线段相交的线段也属于该连通分支。

7.10 求解 Quickhull 算法运行时间的递推式，证明：$T(n,h)$ 是 $O(n\log h)$ 的。

7.11 在某些早期版本的快速凸包算法中，步骤 3 中选择的是距离直线 $\overline{p_l p_r}$ 最远的点 p_m。读者可以仔细分析它的性能，并给出一些会导致 $O(n^2)$ 运行时间的输入。

7.12 给定平面上 n 个点的集合 S，S 的直径(diameter)定义为所有点对 p_1，$p_2 \in S$ 之间的最大欧氏距离。请设计一个计算 S 的直径的有效算法。

提示：证明直径是由 S 的凸包上的一对点定义的。

7.13 给定平面上 n 个点的集合 S，S 的宽度(width)定义为由一对平行线所定义的条带的最小宽度，使得 S 可以完全包含在该条带中。更形式化地讲，设 $\Delta(S) = \min_\theta \max_{p \in S}\{d(p,l)\}$，其中 l 是一条与 x 轴夹角为 θ 的直线，$d(p,l)$ 是 p 和 l 之间的欧氏距离。使该距离达到最小值的直线 l 称作中间轴(median axis)，且 S 的宽度为 2Δ。

设计一个 $O(n\log n)$ 时间的算法来计算给定点集的宽度。

7.14 通过扩展区间树，设计(垂直)光线发射问题的一种有效解法。

7.15 分析用于维数 $d \geqslant 3$ 时的正交区域查询的范围树的性能。特别是，预处理空间大小和查询时间分别是多少？

7.16 如果我们允许插入和删除点，那么范围树的性能将会受到什么影响？特别是，正交区域查找、插入和删除点的时间界是多少？请详细讨论所用的数据结构。

7.17 设计构造两个凸包的交集的有效算法。

7.18 设计一个算法，在 $O(n)$ 时间内可以归并两个上凸包，其中 n 是两个凸包中顶点数的总和。

进而表明如何利用二分查找的某个变体，在 $O(\log n)$ 个步骤内找到两个线性可分离上凸包之间的桥。注意，该桥作为点 p_1 和 p_2 的切线关联这两个上凸包。使用二分查找，从至少一个凸包上剪除一些点，由此定位两个凸包上的这些点。

7.19 如果我们想要维护一个凸包的数据结构，使得在允许任意插入和删除点的情况下，可以不必重新计算整个凸包，那么我们可以使用如下方法：使用平衡二叉查找树来存储当前的点集；每个内部节点存储左、右子树中点的两个上凸包之间的桥；不断递归地这样做，直至叶子节点存储原始点。如果点集发生变化，那么就可以使用习题 7.18 中的算法重新计算桥。将上述算法补充完整，以表明每次更新(插入或删除)点时，都可以在 $O(\log^2 n)$ 时间完成对此数据结构的维护。

7.20 给定平面上 n 个点的集合 S，设计一个数据结构

（ⅰ）查询给定直线中的最近点对。

（ⅱ）给定一个待查询点，寻找 S 的凸包中距离它最近的点(如果该点位于凸包内部，则距离为 0)。

7.21 定义点 $p_1 > p_2$（称作 p_1 支配 p_2）当且仅当 p_1 的所有坐标值都大于或等于 p_2 的对应坐标值。如果点集 S 中不存在支配它的其他点，点 p 称作是极大点。

(ⅰ) 设计一个 $O(n \log n)$ 的算法，对于平面上 n 个不同点的集合 S，可以查找 S 的所有极大点。这个问题被称为 DOMINANCE 问题。

(ⅱ) 设计一个解决三维 DOMINANCE 问题的 $O(n \log h)^{\ominus}$ 时间算法。

7.22 设计一个 $O(n \log n)$ 的算法，可以查找平面上给定的 n 个点中的所有 h 个极大点。

7.23 **点线对偶性**。考虑变换 $\mathcal{D}(a, b) = l: y = 2ax - b$，它将一个点 $p = (a, b)$ 映射为直线 $l: y = 2ax - b$。而且，$\mathcal{D}$ 是一个一一映射，即 $\mathcal{D}(l: y = mx + c) = (m/2, -c)$ 满足 $\mathcal{D}(\mathcal{D}(p)) = p$。注意 $\mathcal{D}$ 在 $m = \infty$（即垂直线）时无定义。

证明 $\mathcal{D}$ 具有下列性质，其中 p 是一个点，l 是一条（非垂直）直线。

(ⅰ) 如果 p 在直线 l 上，则点 $\mathcal{D}(l)$ 在直线 $\mathcal{D}(p)$ 上。

(ⅱ) 如果 p 在直线 l 下方，则点 $\mathcal{D}(l)$ 在直线 $\mathcal{D}(p)$ 上方，反之亦然。

(ⅲ) 如果 p 是直线 l_1 和直线 l_2 的交点。则直线 $\mathcal{D}(p)$ 经过点 $\mathcal{D}(l_1)$ 和 $\mathcal{D}(l_2)$。

7.24 **半平面的交**。希望计算给定的 n 个半平面 $h_i: y = m_i \cdot x + c_i$ 的交集。注意半平面的交是凸的，它可能是有界的、可能是无界的、甚至可能是空集。

(ⅰ) 证明：如果交集非空的话，那么其边界是两条凸链 C^+ 和 C^- 的交叉点，其中

$$(ⅰ) \; C^+ = \bigcap_{h_i \in H^+} h_i \qquad (ⅱ) \; C^- = \bigcap_{h_i \in H^-} h_i$$

$H^+(H^-)$ 表示正（负）半平面的集合，即包含点 $(0, \infty)((0, -\infty))$ 的平面。

(ⅱ) 利用习题 7.23 中描述的对偶变换，设计一个 $O(n \log n)$ 的算法，可以计算 n 个半平面的交集。

提示：存在半平面交集的边界与 $\mathcal{D}(h_i)$ 的凸包的边界之间的一一对应。如果一个点属于下凸包，则存在一条穿过该点的直线，该直线包含了所有其余在正半平面上的点。同样地，如果一个半平面形成了 C^+ 的边界，那么该边界上的一个点满足 $\bigcap_{h_i \in H^+} h_i$。

7.25 令 c_d 表示 d 维单位立方体中彼此距离至少为 1 的点的最大数目。计算 c_2 和 c_3 的紧致上界。

根据这个观察结果设计一个有效的数据结构，以确定图 7.14 给出的算法中最近点对距离的值是否发生变化，并分析最近点对距离发生变化时重建该数据结构的时间。将其与基于树和基于哈希的方案进行对比。

7.26 证明：Graham 扫描算法可以正确地输出平面上点集的凸包。

7.27 考虑快速凸包算法及其描述中所使用的符号。证明：在连接 p_m 和 p_l 的直线下方的 $S_a(l)$ 中的点不可能是上凸包的一部分，因此可以从 $S_a(l)$ 删除；对于 $S_a(r)$ 中点情况类似。

7.28 考虑快速凸包算法。证明：在步骤 3 中，若点对 $\{p_{2i-1}, p_{2i}\}$ 满足直线 $\overline{p_{2i-1} p_{2i}}$ 与线段 $\overline{p_l p_r}$ 不相交，则 $p_{2i-1}(p_{2i})$ 不在三角形 $\triangle p_l p_{2i} p_r$（三角形 $\triangle p_l p_{2i-1} p_r$）之中。由此可以删除四边形 p_l，p_{2i-1}，p_{2i}，p_r 中的所有点，对算法作出实际的改进。

$\ominus$　原书如此。h 可能表示输出的大小。——译者注

字符串匹配与指纹函数

给定一个字符串 P 和一个文本 T——通常 T 比 P 长得多，（精确）字符串匹配问题指的是找到 P 在 T 中的全部或部分出现。这也可以视为更有趣的模式匹配问题家族中的线性版本，而模式匹配是人工智能和机器学习领域的核心问题之一。人们相信，高维空间中的模式识别可以推动我们所有的认知过程。熟悉自动机理论和形式语言的读者对在根据某些规则生成的字符串中识别复杂模式的复杂性并不陌生。然而，在本章中，我们将主要关注在长文本中识别显式[⊖]子串。现代文献分类中的许多工作都将关键词识别作为一种基本的例行程序，以提供给更高层次的启发式方法。

8.1 Rabin-Karp 指纹字符串查找算法

我们首先描述算法所使用的符号：用 Σ 表示组成输入字符串的符号集合；Y 表示长度为 m 的文本字符串，其中每个字符都属于 Σ；用 Y_j 表示 Y 的第 j 个字符。

我们用 $Y(j, k)$ 表示子串 $Y_j Y_{j+1} \cdots Y_{j+k-1}$。换言之，$Y(j, k)$ 是从第 j 个位置开始的长度为 k 的子串。字符串 Y 的长度用 $|Y|$ 表示。同样地，模式（pattern）串 X 是一个长度为 n 的字符串，其中符号来自 Σ，且 $n \leqslant m$。

字符串匹配问题定义如下：

给定一个模式字符串 X，$|X| = n$，找到一个索引 i，使 $X = Y(i, n)$；否则（如不能找到）报告不匹配。

其他常见的变体包括找到发生匹配的最小索引、找到发生匹配的所有索引等。例如，给定字母表 $\{a, b\}$ 上的字符串 $Y = abbaabaababb$ 及模式 $A = aaba$，$B = aaab$，则有 $A = Y(4, 4) = Y(7, 4)$，而 B 不出现在 Y 中。请注意，A 在 Y 中的两次出现存在重叠。

找到匹配的一个明显而自然的方法是将 X 和所有 i 值下的 $Y(i, n)$ 进行蛮力比较，这可能导致 $\Omega(nm)$ 次比较——例如，当输入字符串 $Y = ababab \cdots ab$ 和 $X = abab \cdots ab$ 时。

考虑以下想法：令 $F()$ 是一个函数，它将长度为 n 的字符串映射到相对较短的字符串。现在，我们计算 $F(X)$ 并将其与 $F(Y(1, n))$、$F(Y(2, n))$ 等进行比较。显然，如果 $F(X) \neq Y(i, n)$，那么 X 和 $Y(i, n)$ 是不同的字符串。反之可能不成立。

例如，设 $F(a) = 1$，$F(b) = 2$，对于字符串 $X = X_1 X_2 \cdots X_n$，定义 $F(X)$ 为 $\sum_{i=1}^{n} F(X_i)$。考虑字符串 $S_1 = abbab$、$S_2 = abbaa$ 和 $S_3 = babab$，则有 $F(S_1) = 8$、$F(S_2) = 7$ 和 $F(S_3) = 8$。因为 $F(S_1) \neq F(S_2)$，所以 $S_1 \neq S_2$。然而，反之不成立，即虽有 $F(S_1) = F(S_3) = 8$ 但是 $S_1 \neq S_3$。事实上，这个问题是不可避免的，因为 F 将一个大的集合映射到一个小的集合，也就是说，将 2^n 个字符串映射到了 $[n, 2n]$ 中的值，因此不可能是一一对应。

函数 F 称作指纹函数（也称作哈希函数），可以根据不同的应用而定义。尽管上一个示

例中的函数没有给出我们想要的结果，但让我们再尝试一下：

$$F(X) = \left(\sum_{i=1}^{n} 2^{n-i} X_i \right) \mod p$$

其中 p 是一个素数。这里，X 被假定为二进制表示的模式（0-1 序列），x 是相应的整数值[⊖]；即如果 $X = 10110$，那么 $x = 22$（十进制）。

为了能够对于这样做的优势有一些直观感受，考虑一个略有不同的相关问题。设 x_1 和 x_2 为两个整数，并考虑表达式 $(x_1 - x_2) \mod p$，其中 p 是某个素数。

观察结果 8.1 若 $(x_1 - x_2) \mod p \neq 0$，则 $x_1 \neq x_2$。若 $(x_1 - x_2) \mod p = 0$，则 $(x_1 - x_2) = k \cdot p$，k 是某个整数。

因此，只有当 $k = 0$ 时，才有 $x_1 = x_2$。考虑另一个素数 $p' \neq p$。如果 $(x_1 - x_2) \mod p' \neq 0$，那么由之前的观察结果即得 $x_1 \neq x_2$。但是，可能会发生 $(x_1 - x_2) \mod p' = 0$ 的情况。这是否意味着 $x_1 = x_2$？如果 $(x_1 - x_2)$ 同时是 p 和 p' 的倍数，那么这就可能会发生[⊖]。例如，假设 $x_1 = 24$，$x_2 = 9$，$p = 3$，$p' = 5$，则 $15 \mod 3 = 15 \mod 5 = 0$。图 8.1 中给出了此策略的一个自然扩展。

Procedure Verifying equality of numbers (x_1, x_2)

1 　输入：整数 x_1，x_2，k；
2 　重复以下步骤 k 次；
3 　选择随机素数 $p \in [1, M]$；
4 　**if** $x_1 \neq x_2 \mod p$ **then**
5 　└ 返回 **NO**；
6 　返回 **YES** 　备注：这时，对于 k 次迭代都有 $(x_1 - x_2) \mod p = 0$。

图 8.1　验证两个大整数相等

当测试返回 NO 时，答案是正确的。下面分析另一种情况（回答 YES 时），假设素数 p_1，p_2，…，p_k 满足 $x_1 \equiv_{p_i} x_2$，或等价地 $(x_1 - x_2) \equiv_{p_i} 0$，对所有 $i = 1, 2, \cdots, k$ 成立。假设 $x_1, x_2 \in [1, r]$，则数值 $x_1 - x_2$ 以 $\max\{x_1, x_2\}$ 为界，而 $\max\{x_1, x_2\}$ 又以 r 为界。由于 $p_1, \cdots, p_l$ 可以整除 $(x_1 - x_2)$，因此 $(x_1 - x_2)$ 的素数因子的数目不超过 $\log_2 r$——事实上，如果 $p_1, \cdots, p_l$ 是 $(x_1 - x_2)$ 的不同素数因子，那么 $\prod_{i=1}^{l} p_i \geqslant 2^l$，于是，$l$ 是 $O(\log_2 r)$ 的。

如果我们可选择的随机素数至少有 $t \log r$ 个，那么选择的随机素数可以整除 $x_1 - x_2$ 的概率小于 $1/t$。因此，可以将我们的分析总结如下。

断言 8.1 如果素数是从区间 $[1, M]$ 中选择的，那么上述过程回答不正确（此时必然回答 YES）的概率小于 $\left(\dfrac{\log r}{\pi(M)} \right)^k$，其中 $\pi(M)$ 是区间 $[1, M]$ 中素数的个数。

⊖ 当不致引起混淆（即从上下文中可分辨）时，我们将不加区分地使用字符串 X 及其整数转换 x 的表示方法。
⊖ 即使附加有 $(x_1 - x_2) \mod p' = 0$，也不能表明 $x_1 = x_2$。——译者注

在可能选择的 $\pi(M)$ 个素数中，至多有 $\log r$ 个素数可以使得整除$(x_1 - x_2)$，而上述过程回答 YES 时，一共独立地进行了 k 次迭代——由此易得断言 8.1。我们知道 $\pi(M)$ 的值满足以下不等式(利用素数密度的结果)

$$\frac{M}{\ln M} \leqslant \pi(M) \leqslant 1.26\,\frac{M}{\ln M}$$

这为我们提供了一种方法，通过适当地选择 M 和 k，可以将误差概率降低到任意的 $\varepsilon > 0$。如果 $M \geqslant 2\log r \log \log r$，那么一次错误的概率小于 $1/2$。迭代 k 次后，错误回答的概率将降到 $1/2^k$。而当选择更大的范围 $M = r$ 时，即使对于非常小的常数 k，错误回答的概率也小于 $1/r^2$。

为了更好地了解可以实现的目标，让我们考虑一个场景，A 和 B 二人手中分别持有 x_1 和 x_2 这两个数。他们想通过交换尽可能少的信息来确定这两个数是否相等。由于这两个数字都在$[1, r]$中，任何一方都可以将其持有的数字发送给另一方，并由此可以很容易地进行比较。这需要发送 $r' = \lceil \log_2 r \rceil$ 比特。我们能通过更少比特的通信来实现同样的目的吗？此时使用图 8.1 中给出的策略将非常有效，可以选择比 r 小得多并且可以用更少比特表示的 p_i。如果 p_i 在$[1, \log^2 r]$范围内，那么通过发送具有 $O(\log \log r)$ 比特长度的(模 p_i 的)余数，我们可以对它们以合理的概率进行无差错的比较⊖。通过发送多个这样的指纹(即模多个素数后的余数)，可以进一步降低错误概率，并且传输的总比特数的界为 $k\lceil \log \log r \rceil$，这比 r' 小得多。

以此结果为基础，现在让我们回到字符串匹配问题，并考虑如图 8.2 所示的算法，其中 $F_p(i)$ 表示字符串 $Y(i, n)$ 的指纹。

Procedure String match(Y, X)

1　输入：(二进制表示的)字符串 $Y = Y_1, Y_2, \cdots, Y_m$，模式字符串 $X = X_1, X_2, \cdots, X_n$；

2　输出：$\{j \mid Y(j, n) = X\}$，或者 nil；

3　选择一个随机素数 $p \in [1, n^3]$；

4　计算哈希 $F_p(X) = \left(\sum\limits_{i=1}^{n} 2^{n-i} Z_i \right) \bmod p$；

5　计算初始化哈希 $F_p(1) = F_p(Y(1, n))$；

6　Match$\leftarrow \varnothing$(初始化匹配向量为空)；

7　**for** $i = 1$ to $m - n + 1$ **do**

8　$\quad F_p(i+1) \leftarrow [2 \cdot F_p(i) + Y_{i+n}] \bmod p - Y_i \cdot 2^{n-1} \bmod p$；

9　$\quad$**if** $F_p(i+1) = F_p(X)$ **then**

10　$\quad\quad$验证是否有 $Y(i, n) = X$，并相应地将 i 添加到 Match 中；

11　$\quad\quad$Match$\leftarrow$Match$\cup \{i\}$；

12　若 Match 非空则返回 Match，否则返回 nil。

图 8.2　Karp-Rabin 字符串匹配算法

断言 8.2　过程 String match(Y, X)始终返回所有正确的匹配。

首先要注意的是，由于验证步骤将逐字符检查是否有 $Y(i, n) = X$，因此我们排除了假匹配的情况，即指纹匹配而实际上字符串不匹配的情况。当我们对算法进行整体分析

⊖　即可以将回答不正确的概率控制在一个我们认为合理的范围内。——译者注

时，这个步骤会引入一些额外开销。

现在让我们来分析每一个步骤的开销。在对数开销 RAM 模型中，我们假设每个字（word）的长度都是 $O(\log m)$ 比特，且对一个字的任何算术运算都可以在 $O(1)$ 步骤中完成[一]。根据断言 8.1，假匹配的概率是 $\dfrac{n \times 3 \ln n}{n^3} = \dfrac{3 \ln n}{n^2}$，这是因为长度为 n 的二进制字符串的值不超过 2^n。因此，假匹配的期望开销是 $n \times \dfrac{3 \ln n}{n^2} = \dfrac{3 \ln n}{n}$，所有假匹配（最多有 $m - n + 1$ 个）的总期望开销可以以 $(m - n + 1) \times \dfrac{3 \ln n}{n} \leqslant m$ 为界。

算法中最重要的步骤是第 8 行，其中指纹函数 $F_p(i) = F_p(Y(i, n))$ 被更新。注意 $Y(i+1, n) = 2(Y(i, n) - Y_i \cdot 2^{n-1}) + Y_{i+n}$，因此有

$$F_p(i+1) = Y(i+1, n) \bmod p \tag{8.1.1}$$
$$= [2(Y(i, n) - 2^n \cdot Y_i) + Y_{i+n}] \bmod p \tag{8.1.2}$$
$$= 2Y(i, n) \bmod p - 2^n \cdot Y_i \bmod p + Y_{i+n} \bmod p \tag{8.1.3}$$
$$= (2F_p(i)) \bmod p + Y_{i+n} \bmod p - 2^n \cdot Y_i \bmod p \tag{8.1.4}$$

其中所有的项都是模 p 后的结果[二]，除了 $2^n \cdot Y_i$ 可能比 p 大得多之外。然而，注意 $2^i \bmod p = 2(2^{i-1} \bmod p) \bmod p$，于是我们可以在 $O(n)$ 时间内对它们进行预计算。因此，只要 p 可以放入内存里的一个（或 $O(1)$ 个）字中，那么算法的第 8 行就可以在常数时间内完成更新[三]。

算法的实际运行时间取决于（正确）匹配的数目。如果字符串中有 t 个 X 的匹配，则验证的开销为 $O(t \cdot n)$。由于假匹配的开销期望是 m/n[四]，因此我们可以将整体分析总结如下：

> **定理 8.1**　图 8.2 中算法的期望运行时间为 $O((t + m/n) \cdot n)$，其中 t 是字符串 Y 中模式 X 的匹配数（出现数）。

显然，如果我们只想找到第一次匹配，那么可以对算法进行调整，使其时间开销为线性的。但是，对于多个匹配而言，验证步骤的开销很大。对于不包含验证步骤（第 9 行）的算法的刻画留作习题。

8.2　KMP 算法

尽管前述基于随机指纹函数的技术很简单，但如果去掉其验证步骤，则可能会产生错误的结果。而如果不去掉验证步骤，对于多次匹配，验证过程会使其表现得像一个 $O(m \cdot n)$ 复杂度的蛮力算法。读者可能已经注意到了，设计有效算法的主要挑战在于避免在字符串的相同部分上重复进行符号匹配。从部分匹配中，我们已经获得了一些关于字符串的信息，而这些信息又可以在下一次部分匹配中使用。这个模式就像是一个长度固定为 n 的移动窗口，如果窗口是不相交的（或者几乎不相交），那么就万事俱备了[五]。让我们通过一个

[一]　更具体地说，任何涉及 $O(\log n)$ 大小的整数的运算（例如除法运算），都可以在 $O(1)$ 时间内完成。
[二]　式（8.1.4）中前两项的和最多为 $2p - 1$。——译者注
[三]　于是算法第 4 行和第 8 行的总复杂度是 $O(n)$ 的，而第 10 行的总复杂度是 $O(m)$ 的。——译者注
[四]　因为由上述结果可知所有假匹配的总期望开销以 m 为界。——译者注
[五]　这时使用窗口的次数接近于文本的长度 m，算法的复杂度接近于最低。——译者注

例子来说明这一点。

考虑 $Y=$ aababbbabaabb 和 $X=$ aabb。我们从 $Y(1,4)$ 开始匹配，发现了不匹配的 $Y_4=$ a$\neq X_4=$ b。在简单的蛮力方法中，我们会尝试将 $Y(2,4)$ 与 X 匹配。但是，我们从之前的部分匹配中获得了关于 $Y_2Y_3Y_4=$ aba 的信息。所以从 Y_2 开始尝试匹配是没有意义的，因为我们将在 $Y_3=$ b$\neq X_2=$ a 处失败。同样，将 $Y(3,4)$ 与 X 匹配也没有成功的希望。然而，$Y_4=X_1=$ a，所以必须尝试 $Y(4,4)$。那么如何将"跳过模式的某些搜索窗口"这种启发式方法形式化呢？

为此，我们必须处理字符串的前缀（prefix）和后缀（suffix）。字符串的长度为 i 的前缀指的是它的前 i 个字符，例如，$X(1,i)$ 是 X 的前缀。类似地，字符串的长度为 i 的后缀是它的最后 i 个字符，如果 $|X|=n$，那么 $X(n-i+1,n)$ 是 X 的长度为 i 的后缀。

令 $\alpha\subset\beta$ 表示 α 是 β 的后缀。与前面的示例一样，我们希望在进行下一次匹配之前能够利用到目前为止已经进行过的匹配。例如，假设在匹配字符串 X 和 $Y(k,n)$ 时，我们发现 X 与 $Y(k,n)$ 的前 i 个字符相匹配，但 $X_{i+1}\neq Y_{k+i}$。下一次我们希望将 X 与 $Y(k+1,n)$ 对齐，并再次检查二者是否匹配。但请注意，我们已经看到了 $Y(k+1,n)$ 的前 i 个字符，事实上，$Y(k+1,i-1)$ 和 $X_2,\cdots,X_i$ 是相同的。因此，只有当 $X_2,\cdots,X_i$ 等于 $X_1,\cdots,X_{i-1}$ 时，我们才应该尝试将 X 与 $Y(k+1,n)$ 对齐。请注意，确定是否有"$X_2,\cdots,X_i$ 等于 $X_1,\cdots,X_{i-1}$"属性时，完全可以无视 Y。类似地，只有当 $Y_{k+j},\cdots,Y_{k+i-1}$ 与 $X_1,\cdots,X_{i-j}$ 相同时，我们才应该尝试将 X 与 $Y(k+j,n)$ 对齐，并比较 Y_{k+i} 和 X_{i-j+1} [一]。和上次一样，由于 $Y_{k+j},\cdots,Y_{k+i-1}$ 与 $X_{j+1},\cdots,X_i$ 相同 [二]，因此我们又得到了一个仅包含 X 的性质（除了对字符 X_{i-j+1} 和 Y_{k+i} 进行的比较外）。可以将上述讨论总结如下。

正如刚才讨论的那样，给定 X 的前缀 $X(1,i)$ 和字符 Y_{k+i}，我们想找到参数 $\arg\max_j\{X(1,j)\subset Y(k,i+1)=X(1,i)\cdot Y_{k+i}\}$。之后，我们尝试将 X_{i+1} 与下一步将要读入的 Y_{k+i+1} 进行匹配。如前所述，此属性主要取决于模式串——除了字符串的最后一个符号外。从这个直观的描述中，我们可以对给定的模式 X 定义一个函数如下：对于每个 i（$1\leqslant i\leqslant n$）和字符 $a\in\sum$，定义

$$g(i,a)=\begin{cases}\max_j\{X(1,j)\subset X(1,i)\cdot a\} & \text{如果存在 } j \\ 0 & \text{其他}\end{cases}$$

模式 $X=$ aabb 的函数 g 由表 8.1 给出。注意，表中各列表示文本串与模式串的相关部分匹配的程度。对于待查找的模式，这个表可以很自然地与一个确定性有限自动机（deterministic finite automaton，DFA）相联系。在任何一个阶段，DFA 的状态都对应于部分匹配的程度——如果文本串当前位置之前的 i 个符号与模式串的前 i 个符号匹配，则处于状态 i。如果找到匹配，它将进入可接受状态 [三]。有了此 DFA 后，我们可以在 m 个步骤内找到 n 个符号长的模式在 m 个符号长的文本中的所有出现，其中，要对文本的每个输入符号都做状态转换 [四]。实际上，假设我们处于状态 i，文本中最后扫描的一个字符是 Y_k。检查表 T 中的条目（Y_k,i）——假设 $T(Y_k,i)$ 是 j。然后，我们知道 $X_1,\cdots,X_j$ 与 $Y_{k-j+1},\cdots,Y_k$ 匹配。现在我们来比较 X_{j+1} 和 Y_{k+1}，可能会发生两种情况：（ⅰ）如果这

⊖ 之前是 $j=1$ 的特例。——译者注
⊜ 由于在匹配字符串 X 和 $Y(k,n)$ 时，我们发现 X 与 $Y(k,n)$ 的前 i 个字符匹配。——译者注
⊜ 因此状态数是 $O(n)$ 的。——译者注
㉃ 即，遇到可接受状态时不停机（除非读到了文本的最后一个字符）。——译者注

两个字符不匹配，我们将移动到 DFA 中的状态 $T(Y_{k+1}, j) \neq j+1$，然后继续；（ⅱ）如果这两个字符匹配，我们将移动到 DFA 中的状态 $T(Y_{k+1}, j) = j+1$，然后继续。

表 8.1　匹配模式串 *aabb* 的有限自动机的转换函数

	0	1	2	3	4
a	1	2	2	1	1
b	0	0	3	4	0

DFA 的大小为 $O(n|\sum|)$。其中 $\sum$ 是字母表。如果 $|\sum|$ 具有常数大小，那么它是最佳的。算法的复杂度还应该包括 DFA 的构造，我们将在下一个算法中解决这个问题。

辅以一些另外的算法思想，可以使前述方法在 $O(n+m)$ 步骤内完成，而不依赖于字母表的大小。我们修改一下 g 的定义，将给定模式 X 的失败函数（failure function）定义为

$$f(i) = \begin{cases} \max_{j: j<i}\{X(1, j) \subset X(1, i)\} & \text{如果存在 } j \\ 0 & \text{其他} \end{cases}$$

请注意，我们对 f 的定义（相比于 g）有一些的细微变化，使其纯粹是 X 的单变量函数。$X = aabb$ 的失败函数为 $f(1)=0$，$f(2)=1$，$f(3)=0$，$f(4)=0$。我们后面再介绍计算失败函数的方法，并且假设现在已有失败函数可用。

算法的总体思想和之前的一样。假设 Y_k 表示文本的第 k 个符号，且此时已经匹配了模式的 i 个符号。然后，我们比较 X_{i+1} 与 Y_{k+1}。如果二者相同，那么我们就递增部分匹配的长度。如果这个长度为 n，那么我们就找到了模式串的匹配。否则（即 X_{i+1} 与 Y_{k+1} 不同），我们尝试比较 $X_{f(i)+1}$ 与 Y_{k+1}。如果二者还不同，那么我们再次比较 $X_{f(f(i))+1}$ 与 Y_{k+1}，不断进行下去，直至部分匹配的长度变为 0。图 8.3 给出了该算法的正式描述。注意，这与之前的算法（基于函数 g 的）仅在一种情况下有所不同——如果 X_j 与 Y_i 不相同，则前述算法将根据 Y_i 计算部分匹配，并继续扫描 Y_{i+1}。现在的算法不断减少部分匹配的长度 j，直到它在 Y_i 处得到匹配。因此，尚不清楚该算法的运行时间是否是线性的，因为字符 Y_i 可能被反复比较，直到部分匹配的程度变为 0。

```
Procedure  Deterministic String Match (Y, X)

1   输入：文本 Y=Y_1, Y_2, …, Y_m，模式串 X=X_1, X_2, …, X_n;
2   输出：{j | Y(j, n)=X}，如果不存在匹配，则返回 nil;
3   j←0, Match←∅;
4   for i=1 to m do
5       j←j+1;
6       if Y_i=X_j then
7           if j=n then
8               Match←Match∪{(i−n+1)}
                    （找到了一个从字符 Y_{i-n+1} 开始的匹配）;
9               j←f(j)（尝试下一个有可能的匹配）
10      else
11          while(f(j−1)≠0)∧(Y_i≠X_j) do
12              j←f(j−1)+1;
13  若 Match 非空则返回 Match，否则返回 nil。
```

图 8.3　Knuth-Morris-Pratt 串匹配算法

考虑表 8.2 中的示例，以此说明该算法。X 和 Y 第一次发生不匹配的位置在 Y_7。随后，我们将模式串右移 $6-f(6)$ 个字符，之后再次右移 $4-f(4)$ 个字符。符号 $X(+i)$ 表示将模式串右移 i 个字符。

表 8.2　使用 KMP 失败函数 f 对模式串 abababca 进行匹配

	1	2	3	4	5	6	7	8
X	a	b	a	b	a	b	c	a
$f(i)$	0	0	1	2	3	4	0	1
Y	a	b	a	b	a	a	b	a
$X(+2)$			a	b	a	b	a	
$X(+4)$					a	b	a	b

对该算法进行分析的主要核心在于：模式字符串不断向右滑动，直到找到匹配或滑出了这个不匹配的字符。因此，要么算法向右扫描 Y，要么模式串向前滑动。可以通过多种方式对其进行分析——此处我们将使用势能函数技术。

8.2.1　KMP 算法的分析

在算法运行的过程中，我们可能会对文本 Y 的任一给定元素进行多次比较[⊖]，而这取决于失败函数。让我们将势能函数定义为部分匹配的程度。换言之，在任一时刻 t，将 $\Phi(t)$ 定义为如图 8.3 所示的索引 j 的值。回想在时刻 t 时，一次操作的平摊开销定义为实际开销加上势能变化，即 $\Phi(t+1)-\Phi(t)$。

可能会有两种不同的情况：一种是模式串和文本串中的符号能够匹配上；否则，我们将使用失败函数来适当地移动模式串。因此，平摊开销的计算如下所示。

- 可以匹配：此时 Y_i 与 X_j 相同(参见图 8.3 所述的算法的第 6 行)。算法产生一个单位的开销，但势能也增加了 1，所以此时的平摊开销为 2。
- 不能匹配或者 $j=n$：平摊开销不超过 0，因为此时 j 的值严格下降，势能也会严格下降。

通过将该平摊开销与字符串 Y 的索引相关联，并对所有索引进行求和，即可得到所有操作的总平摊开销为 $O(m)$。由于初始势能为 0，因此运行时间为 $O(m)$。

8.2.2　模式分析

我们还需要描述如何构造失败函数 f，将使用如下重要观察结果：

> **观察结果 8.2**　如果失败函数 $f(i)=j$，$j<i$，则必然有 $X(j-1)\subset X(i-1)$ 和 $X_i=X_j$。

这表明，失败函数的计算与 KMP 算法本身非常相似，我们随着 i 值的递增逐一计算 $f(i)$，算法细节留作习题。于是，我们可以总结如下。

> **定理 8.2**　模式串 X 的失败函数可以通过 $O(|X|)$ 次比较来计算，因此图 8.3 中描述的算法的总运行时间是 $O(|Y|)$ 的，其中 Y 是文本字符串。比较的次数不依赖于字母表的大小 $|\sum|$。

⊖　与 DFA 构造不同，我们并不总是沿文本 Y 前进，而是可能在内部循环中处理 Y。

8.3　字典树及其应用

字典树(trie)[⊖]或称数字树数据结构是为解决与字符串相关的广泛问题(包括字符串匹配)而专门设计的。如果文本保持固定，而且我们会用很多不同的模式来对它进行查询，那么这个数据结构将非常有用。对文本以某种方式进行预处理，使得每次查询的时间开销与模式长度成正比(而与文本的长度无关)。如果文本很长，而模式串是短字符串，那么这将很实用。我们将文本视作由一组字符串组成，并将模式视为单个字符串。给定一个模式串，我们想查验模式是否出现在字符串集合中(当然，在实际应用中，我们也希望知道模式串在文本中出现的位置，然而这样的扩展也是很容易实现的)。

我们假设文本由一组字符串组成(例如，文档中的单词集合)。和之前一样，我们用Σ表示字母表。给定文本上的字典树可以看作是一棵k叉树，其中$k = |\Sigma|$，并且树的深度取决于文本中字符串的长度。每个内部节点都有k个子节点，对应于字母表中的每个符号，并且边也相应地做标记(在这个框架中，考虑边的标签而不是子节点的标签，这是很有用的)。单个字符串由树中的道路定义，其中该道路上的边的标签(的连接)对应于该字符串(参见图 8.4)。这种简单直观的字符串存储机制支持大量应用，包括子串的精确定位和最近定位、公共子串查找，以及基因组研究中的许多课题。

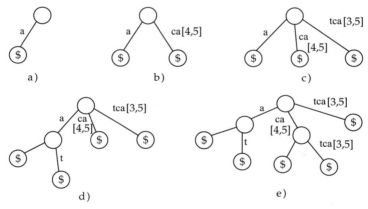

图 8.4　与字符串 catca $ 相对应的后缀树结构：(i)从位置 5 开始的后缀 a；(ii)在位置 4 和 5 的后缀，等等。[a，b]表示从位置a开始到位置b结束的子串

让我们来看如何使用字典树进行字符串匹配。首先请注意，可以很容易地验证给定的模式串X是否是存储在字典树中的一个字符串的前缀——我们只需要看是否有一条从根开始的标签为X的道路即可。因此，如果有字符串Y的所有后缀$Y(j) = Y_j Y_{j+1} \cdots Y_m$，那么我们就可以很容易地检查$X$是否是$Y(j)$的前缀。事实上，我们可以在每个节点中存储具有给定前缀的字符串的总个数——这等于通过该给定节点的字符串数，可以轻松记录所有匹配。为了使之更简单，我们附加一个特殊字符(比如说 $)来表示字符串的结尾。这样可以确保所有字符串都由存储 $ 的叶子节点唯一标识，并且任何字符串都不是其他另一个字符串的前缀。例如，在图 8.4 中，字符串 ca 的出现次数为 2，这是以带有标签 ca 的节点为根的子树中的叶子节点数。

⊖　"trie"的名字来源于单词"retrieval"。——译者注

定义 8.1   后缀树(suffix tree)是一种数据结构，它将给定字符串的所有后缀及其自身存储在一个类似字典树的存储结构中。

如果使用一个简单的字典树来存储给定字符串的所有后缀及其自身，那么存储空间将是 $\sum_{j=1}^{m} |Y(j)|$ ，而这是 $\Theta(m^2)$ 的——参见习题 8.8。有一些复杂的数据结构，通过将边和子串(多于一个字符)关联可以将存储空间减少到线性结构。

观察结果 8.3   将与一个字符串对应的道路分为不相交的两部分：初始部分是和一个已有字符串的最长公共前缀；另一部分的后续道路通向一个叶节点，该子道路与其他字符串对应的道路不存在公共子道路。

这源于底层的树结构，也就是说，一旦两个字符串的道路发生分歧，它们就不会再次相遇。这也意味着字符串所需的额外存储空间是 $O(1)$ 的，即字符串的唯一的第二部分道路。我们可以和字符串一起存储分叉节点。此外，初始部分还可能将已存在的子道路分为两个部分。所有这些更改都可以在额外的 $O(1)$ 存储中执行。图 8.4 显示了以最小后缀 a 开头的字符串 catca 的后缀树的不同阶段。

这些算法的细节有些错综复杂，因此我们只给出一个高层次的梗概描述，并说明后缀树的一些应用。注意，对应于 Y 的子串的边只需要标记一个区间 $[a, b]$，以表示子串 $Y_a Y_{a+1} \cdots Y_b$，其中 $1 \leqslant a \leqslant b \leqslant m$。因此，对于该问题中的任何标签，它最多需要 $2\log m$ 比特，且占用 $O(1)$ 空间。与节点相关联的道路指的是根到该节点的道路上所有边的标签的连接，并且称为该节点的道路标签。已知线性时间的后缀树构造算法假定字母表是有界的，即字母表的大小为某一常量。对所有的后缀 $Y(j)$，$1 \leqslant j \leqslant (m+1)$，包括 $Y(m+1) = \$$，以正序或反序添加，即从最长后缀 $Y(1)$ 或从最短后缀 $Y(m+1)$ 开始添加。假设后缀 $Y(i+1) \cdots Y(m+1)$ 都已添加，而现在我们尝试添加 $Y(i)$。从 $Y(i+1)$ 的一个叶子开始，寻找一个节点，其路径标记为 $Y_i \cdot Y(i+1)$，且具有最大深度。这条道路甚至可以在边的中间结束。我们在每个节点上维护的数据结构包含与每个 $a \in \Sigma$ 对应的这一信息以及该节点所表示的道路。例如，如果一个节点的道路标签是字符串 α，那么对于所有的 $a \in \Sigma^{\ominus}$，该节点存储所有具有道路标签 $a \cdot \alpha$ 的节点的信息。每次添加后缀后还必须更新此数据结构。

还需要后缀树的其他一些性质来证明添加新的后缀只需要修改常数数量的节点。单个后缀插入必须遍历的树的层数不存在界，然而平摊后的层数是 $O(1)$ 的。这导致总运行时间的界为 $O(m)$。后缀树的一个有趣且重要的属性可以不加证明地表述如下。

断言 8.3   在任意一个后缀树中，如果存在标签为 $a \cdot \alpha$ 的节点 v，其中 $a \in \Sigma$ 及 $\alpha \in \Sigma^*$，那么就存在一个节点 u，其标签为 α。

后缀树数据结构有一个称为后缀数组的"兄弟"数据结构——这实际上可以从后缀树中派生出来。它是后缀字符串的有序数组，其序是在字符串上定义的字典序。然而，为了节省空间，字符串并不显式存储，而是可以通过后缀的起始位置来定义。

⊖   如果 Σ 不是有界的，那么所用空间将不是线性的。

我们给出了后缀树在序列相关问题中的大量应用的部分列表，这在生物信息学中尤为重要。回想文本的长度为 m。

- 关键字集合匹配。给定一组关键字 P_1，P_2，$\cdots$，P_k 满足 $\sum_i |P_i| = n$，查找所有关键字在文本中的所有出现。

- 最长公共子串。给定两个子串 S_1 和 S_2，找出最长的字符串 s，它同时是 S_1 和 S_2 的（连续）子串。

  使用字典树，在 $O(|S_1| + |S_2|)$ 次比较中找到 S 是可能的。这是通过构建广义后缀树——S_1 和 S_2 的所有后缀的公共后缀树——实现的。

- 匹配统计。给定 $1 \leqslant i \leqslant m$，找出文本中从位置 i 开始的、在某个位置 $j \neq i$ 开始再次出现的最长子串。

拓展阅读

和排序问题一样，字符串匹配是最早引起计算机科学界广泛关注的问题之一。基于 DFA 的字符串匹配是一种很自然的算法，Knuth、Morris、Pratt 提出了改进算法[84]，即 KMP 算法。Aho 和 Corasic[6] 将其推广为查找一组关键字的所有出现。Rabin 和 Karp 的原始算法出现在他们 1987 年发表的论文中[78]。字典树首先出现在 Briandais 和 Fredkin 的著作中[41, 51]。Weiner[152] 首先给出了后缀树的线性时间构造算法。随后，McCreight 的著作[98] 以及最近 Ukonnen 的著作[143] 进一步简化和精练了构造过程。后缀数组的概念是由 Manber 和 Myers[97] 提出的。Gusfield 的书[60] 全面介绍了字符串匹配算法和众多（特别是在计算生物学中的）应用。

习题

8.1　以下是数论中著名且应用广泛的结果，使用它给出图 8.1 中所描述的大数相等检测过程的另一个证明。

中国剩余定理（chinese remainder theorem，CRT）。对于 k 个两两互素的数 n_1，n_2，$\cdots$，n_k，对所有 i 有 $x \equiv y \bmod n_i \Leftrightarrow x \equiv y \bmod n_1 n_2 n_3 \cdots n_k = M$，此处还有，

$$y \equiv \sum_{i=1}^{R} c_i d_i y_i$$

其中 $c_i d_i \equiv 1 \bmod n_i$，$d_i = \prod_{j=1,\ j \neq i}^{j=k} n_j$，$y_i \equiv x \bmod n_i$。

提示：令 k 满足 $2^m < M = 2 \times 3 \times \cdots \times p_k$，即前 k 个素数。由 CRT 可知，如果 $X \neq Y(i, n)$，则对于 $\{2, 3, \cdots, p_k\}$ 中的某个 p 有 $F_p(X) \neq F_p(Y(i, n))$。

8.2　图 8.2 中的算法在没有第 10 行显式验证步骤的情况下如何工作？特别地，请分析整体正确性和运行时间之间的折中权衡。

8.3　使用势能函数方法证明失败函数可以在 $O(|X|)$ 步骤内计算。

8.4　设 y 是一个长度为 m 的字符串。若 $y = (x^k)x'$，则 y 的子串 x 称作 y 的一个周期，其中 (x^k) 表示字符串 x 重复 k 次，x' 是 x 的前缀。所谓"周期"指的是 y 的所有周期中的最短者。设计一个有效的算法来确定长度为 n 的字符串的周期。

提示：证明字符串 X 是字符串 Y 的周期，当且仅当 Y 是 XY 的前缀。

8.5　证明：若 p 和 q 都是周期（不一定是最短周期）且 $|p| + |q| < m$，则存在长度为 $|p| - |q|$ 的周期（假设二者中 $|p|$ 的值偏大）。

（这等价于字符串的欧几里得算法）。

8.6 举例说明为什么 KMP 算法不能处理通配符。你可能需要扩展失败函数的定义来处理通配符。

提示：在文本 ababaababa⋯中查找模式 aba * a 的所有出现。

8.7 几何模式。给出实数轴上的一组点，其坐标分别是 x_1，x_2，⋯，x_n。我们想确定是否存在子集 x_i，x_{i+1}，⋯，x_{i+m-1}，其相邻两点的间隔距离为 d_i，$i \leqslant m-1$。为此问题设计一个 $O(n)$ 的算法。

提示：使用 Rabin-Karp 算法的思想，选择以 x_i 为系数的多项式。

8.8 构造字符串 $0^m \cdot 1^m$ 的字典树，其中每条边都与一个字符标签相关联。字典树的大小是多少？

使用一对整数来表示子串，并使用这样的数对来表示道路标签，表明如何将前一个字典树的大小减小到 $O(m)$。

8.9 给定 n 个字符串 s_i 满足 $\sum_{i=1}^{n} |s_i| = N$，其中 $|s_i|$ 表示字符串 s_i 的长度，你将如何使用字典树来对 $\{s_i\}$ 进行排序？分析你的算法并将其与 3.3 节中描述的字符串排序算法进行比较。

8.10 设计有效算法以支持字典树上的如下操作：

（ⅰ）关键字集合的匹配；（ⅱ）最长公共子串；（ⅲ）匹配统计。

第 9 章

快速傅里叶变换及其应用

快速傅里叶变换（FFT）是工程上最常用的算法之一，并且有可以实现该算法的专门硬件芯片。它自 20 世纪 60 年代诞生以来，已成为很多科学和工程领域中不可或缺的算法。算法的基本思想植根于分治策略，这些思想也被用于设计 FFT 的专用硬件。我们将 FFT 应用于两个多项式的乘积这一问题，并由此来解释它。很容易证明，如果这两个 n 次多项式存储在适当的数据结构中，那么可以在 $O(n^2)$ 时间内计算它们的积。然而，FFT 使得该计算可以在 $O(n \log n)$ 时间内完成。因此，许多基于多项式求值的密码算法都使用 FFT 作为工具。在本章的最后，我们将讨论 FFT 的硬件实现以及该算法的其他应用。

9.1 多项式求值与插值

关于不定量 x 的 $n-1$ 次多项式 $P(x)$ 是一个次数不超过 $n-1$ 的幂级数，具有一般形式 $a_{n-1}x^{n-1}+a_{n-2}x^{n-2}+\cdots+a_1x+a_0$，其中 a_i 是取值自某个域（通常是复数域 $\mathbb{C}$）的系数。存储多项式的一种方法是在数组或列表中存储系数 $a_0, \cdots, a_{n-1}$。如果这些系数中的大部分为 0，这可能会导致空间浪费。更适合的数据结构是将非零系数（按多项式的次数顺序）存储在一个列表中。涉及多项式的一些最一般性问题是：

- 求值。给定不定量 x 的一个具体取值，比如取值为 α，我们希望计算 $\sum_{i=0}^{n-1} a_i \cdot \alpha^i$：可以使用如下的霍纳法则（Horner's rule），这是多项式求值的最有效方法。

$$(((a_{n-1}\alpha+a_{n-2})\alpha+a_{n-3})\alpha+\cdots+a_0$$

  很容易验证上述表达式包含 n 次乘法和 n 次加法。我们感兴趣的是"在多个（不同的）点 $x_0, x_1, \cdots, x_{n-1}$ 上计算多项式的值"这个更一般性的问题。然而如果我们对每一个点都使用霍纳法则计算，则需要 $\Omega(n^2)$ 次运算来计算多项式在这 n 个点处的值。我们将看到，如果适当地选择这 n 个点 $x_0, x_1, \cdots, x_{n-1}$，这就可以更快速地被计算出来。

- 插值。给定 n 个点 $(x_0, y_0), \cdots, (x_{n-1}, y_{n-1})$，其中 $x_0, x_1, \cdots, x_{n-1}$ 彼此互异，我们希望找到一个 $n-1$ 次多项式 P，使得对所有 $i=0, \cdots, n-1$ 都有 $P(x_i)=y_i$。具有这个性质的 $n-1$ 次[⊖]多项式是唯一的。这是由代数基本定理[⊖]得出的，它指出 d 次的非零多项式最多有 d 个根。事实上，如果有两个这样的 $n-1$ 次多项式 P 和 P'，那么 $P(x)-P'(x)$ 将是一个 $n-1$ 次多项式[⊜]。但这个多项式有 n 个根：$x_0, x_1, \cdots, x_{n-1}$。因此，这个多项式必须是零多项式。所以，$P=P'$。

为了证明这个唯一的多项式的确存在，我们可以使用拉格朗日公式（Lagrange's formula）给出该 $n-1$ 次多项式的具体表达式：

⊖ 准确地说，应为"次数不超过 $n-1$ 的多项式"。——译者注
⊖ 即"次数为 d 的复系数非零多项式在记重数的情况下恰有 d 个复数根"。——译者注
⊜ 原书如此，应为"是一个次数不超过 $n-1$ 的多项式 P"。——译者注

$$\mathcal{P}(x) = \sum_{k=0}^{n-1} y_k \cdot \frac{\prod\limits_{j \neq k}(x - x_j)}{\prod\limits_{j \neq k}(x_k - x_j)}$$

断言 9.1 拉格朗日公式可以使用 $O(n^2)$ 次运算得到多项式的各个系数 a_i。

具体细节留作习题。从上述插值公式可以得到多项式的另一种表示形式——$\{(x_0, y_0), (x_1, y_1), \cdots, (x_{n-1}, y_{n-1})\}$，由此可以计算多项式的系数（使用拉格朗日公式）。我们将此表示称为点值（point-value）表示。

9.1.1 多项式相乘

两个多项式的乘积可以很容易地在 $O(n^2)$ 步骤内计算。考虑多项式 $a_0 + a_1 x + \cdots + a_{n-1} x^{n-1}$ 和 $b_0 + b_1 x + \cdots + b_{n-1} x^{n-1}$，用 c_i 表示它们乘积的 x^i 项的系数，它的计算方法为 $c_i = \sum\limits_{l+p=i} a_l \cdot b_p$，$0 \leqslant i \leqslant 2n-2$。系数 c_i 对应于系数 $(a_0, \cdots, a_{n-1})$ 和 $(b_0, \cdots, b_{n-1})$ 的卷积（convolution）。

如果多项式是由在点 $x_0, \cdots, x_{n-1}$ 上的点值表示给出的，那么问题就简单多了。事实上，如果 $\mathcal{P}_1(x)$ 和 $\mathcal{P}_2(x)$ 是两个多项式，而 $\mathcal{P}(x)$ 表示它们的乘积，则 $\mathcal{P}(x_i) = \mathcal{P}_1(x_i) \cdot \mathcal{P}_2(x_i)$。不过这里有一个微妙的问题：多项式 $\mathcal{P}$ 的次数为 $2n-2$，因此我们需要在 $2n-1$ 个不同点处指定其值，于是我们也就需要使用多项式 $\mathcal{P}_1$ 和 $\mathcal{P}_2$ 在 $2n-1$ 个公共点处的点-值表示。很多与多项式相关的问题的效率就取决于我们在前面描述的两种表示之间进行转换的速度。我们现在证明，如果精心地选择点 $x_0, \cdots, x_{n-1}$，那么就可以有效地做到这一点。

9.2 Cooley-Tukey 算法

下面描述 Cooley-Tukey 算法，它可以在 $O(n \log n)$ 时间内计算一个 $n-1$ 次多项式在仔细选择的 n 个不同点处的值。我们假设 n 是 2 的幂（否则，添加值为 0 的系数即可，这至多只会使项数翻倍）。选择 $x_{n/2} = -x_0$，$x_{n/2+1} = -x_1$，$\cdots$，$x_{n-1} = -x_{n/2-1}$，则可以验证 $\mathcal{P}(x) = \mathcal{P}_E(x^2) + x \mathcal{P}_O(x^2)$，其中

$$\mathcal{P}_E = a_0 + a_2 x + \cdots a_{n-2} x^{n/2-1}$$
$$\mathcal{P}_O = a_1 + a_3 x + \cdots a_{n-1} x^{n/2-1}$$

$\mathcal{P}_E$ 和 $\mathcal{P}_O$ 是 $n/2-1$ 次多项式，分别对应 $\mathcal{P}$ 的偶数项和奇数项系数。于是，由 $x_{n/2} = -x_0$ 有

$$\mathcal{P}(x_{n/2}) = \mathcal{P}_E(x_{n/2}^2) + x_{n/2} \mathcal{P}_O(x_{n/2}^2) = \mathcal{P}_E(x_0^2) - x_0 \mathcal{P}_O(x_0^2)$$

更一般地讲，由于 $x_{n/2+i} = -x_i$ 有

$$\mathcal{P}(x_{n/2+i}) = \mathcal{P}_E(x_{n/2+i}^2) + x_{n/2+i} \mathcal{P}_O(x_{n/2+i}^2) = \mathcal{P}_E(x_i^2) - x_i \mathcal{P}_O(x_i^2), \quad 0 \leqslant i \leqslant n/2-1$$

因此，我们将计算 $n-1$ 次多项式在 n 个点处的值，简化为计算两个 $n/2-1$ 次多项式在 $n/2$ 个点 $x_0^2, x_1^2, \cdots, x_{n/2-1}^2$ 处的值。此外，我们还需要执行 $O(n)$ 次乘法和加法来计算在原始点处的值。为了继续进行递归调用，我们必须使得选择的点满足 $x_0^2 = -x_{n/4}^2$，或者等价为 $x_{n/4} = \sqrt{-1} \cdot x_0$。这涉及复数运算，即使最初多项式的系数都是实数[⊖]。如果我们继续依此策略选择点，那么在第 j 级递归时，我们需要有

⊖　根据我们所选的域 F，可以定义 ω，使 $\omega^2 = -1$。

$$x_i^{2^{j-1}} = -x_{\frac{n}{2^j}+i}^{2^{j-1}} \quad 0 \leqslant i \leqslant \frac{n}{2^j}-1$$

这表明 $x_1^{2^{\log n-1}} = -x_0^{2^{\log n-1}}$，也就是说，如果我们选择 $\omega \in \mathbb{C}$ 满足 $\omega^{n/2} = -1$，那么令 $x_i = \omega x_{i-1}$ 就可以满足前述要求。令 $x_0 = 1$，其他待求值的点为 $x_i = \omega^i$，$0 \leqslant i \leqslant n-1$，于是点的集合为 $\{1, \omega, \omega^2, \cdots, \omega^{n/2}, \cdots, \omega^{n-1}\}$。由于 $\omega^n = 1$，因此通常称它为 n 次本原单位根。

算法描述与分析

为方便起见，记 $\omega = \mathrm{e}^{2\pi i/n}$，其是 n 次本原单位根。我们要计算 $n-1$ 次多项式 $P(x)$ 在 ω^0，ω^1，$\cdots$，ω^{n-1} 处的值。令 $P_E(x)$ 和 $P_O(x)$ 为如前定义的多项式。回顾有 $P(x) = P_E(x^2) + x P_O(x^2)$，而这表明：对于 $0 \leqslant i < n/2$，由 $\omega^n = 1$ 及 $\omega^{n/2} = -1$ 有

$$P(\omega^i) = P_E(\omega^{2i}) + \omega^i P_O(\omega^{2i})$$

$$P(\omega^{i+n/2}) = P_E(\omega^{2(i+n/2)}) + \omega^{i+n/2} P_O(\omega^{2(i+n/2)}) = P_E(\omega^{2i}) - \omega^i P_O(\omega^{2i})$$

由于 ω^2 是 $(n/2)$ 次本原单位根，因此我们可以将这个问题归约为计算多项式 P_E 和 P_O 在 ω'^0，ω'^1，$\cdots$，$\omega'^{n/2-1}$ 这些点处的值，其中 $\omega' = \omega^2$。算法的形式化描述如图 9.1 所示。

Procedure FFT $(a_0, a_1, \cdots, a_{n-1}, \omega)$

1　输入：系数 $a_0, a_1, \cdots, a_{n-1}$，$\omega$：$\omega^n = 1$；
2　**if** $n = 1$ **then**
3　　　输出 a_0；
4　令 $(\alpha_0, \alpha_1, \cdots, \alpha_{n/2-1}) \leftarrow$ FFT$(a_0, a_2, a_4, \cdots, a_{n-2}, \omega^2)$；
5　令 $(\beta_0, \beta_1, \cdots, \beta_{n/2-1}) \leftarrow$ FFT$(a_1, a_3, a_5, \cdots, a_{n-1}, \omega^2)$；
6　**for** $i = 0$ to $n/2-1$ **do**
7　　　$\gamma_i \leftarrow \alpha_i + \omega^i \cdot \beta_i$；
8　　　$\gamma_{n/2+i} \leftarrow \alpha_i - \omega^i \cdot \beta_i$；
9　输出 $(\gamma_0, \gamma_1, \cdots, \gamma_{n-1})$。

图 9.1　FFT 计算过程

显然，该算法的运行时间满足递推式 $T(n) = 2T(n/2) + O(n)$。因此，FFT 算法时间复杂度为 $O(n \log n)$。让我们回到两个 $n-1$ 次多项式 P_1 和 P_2 相乘的问题。令 P 表示这两个多项式的乘积。由于 P 的次数可以是 $2n-2$（n 是 2 的幂），因此我们需要在 ω^0，ω^1，$\cdots$，ω^{2n-1} 处计算 P_1 和 P_2 的值，其中 ω 是 $2n$ 次本原单位根。如前所述，这可以在 $O(n \log n)$ 时间内实现。于是，我们也可以在 $O(n \log n)$ 时间内找到多项式 P 在这些点处的值。现在，我们需要解决其逆问题——给定一个多项式在单位根上的值，此时我们需要重构多项式的系数。

于是，我们考虑多项式的插值问题，即根据多项式在给定的点 1，ω，ω^2，$\cdots$，ω^{n-1} 处的值寻得系数 a_0，a_1，$\cdots$，a_{n-1}。设 y_0，y_1，$\cdots$，y_{n-1} 分别表示多项式在这些点处的值，则多项式函数的求值过程可以表示为如下所示的矩阵与向量之积。

$$\begin{bmatrix} 1 & 1 & 1 & \cdots & 1 \\ 1 & \omega^1 & \omega^2 & \cdots & \omega^{(n-1)} \\ 1 & \omega^2 & \omega^4 & \cdots & \omega^{2(n-1)} \\ \vdots & \vdots & \vdots & & \vdots \\ 1 & \omega^{n-1} & \omega^{2(n-1)} & \cdots & \omega^{(n-1)(n-1)} \end{bmatrix} \cdot \begin{bmatrix} a_0 \\ a_1 \\ a_2 \\ \vdots \\ a_{n-1} \end{bmatrix} = \begin{bmatrix} y_0 \\ y_1 \\ y_2 \\ \vdots \\ y_{n-1} \end{bmatrix}$$

记上述矩阵方程为 $\boldsymbol{A} \cdot \overline{a} = \overline{y}$。此时，插值问题可以视作计算 $\overline{a} = \boldsymbol{A}^{-1} \cdot \overline{y}$。但即使已知 $\boldsymbol{A}^{-1}$ 的值，我们仍然需要 $\Omega(n^2)$ 步骤来计算矩阵的乘积。不过有一个好消息就是 $\boldsymbol{A}^{-1}$ 的值为

$$\frac{1}{n}\begin{bmatrix} 1 & 1 & 1 & \cdots & 1 \\ 1 & \dfrac{1}{\omega^1} & \dfrac{1}{\omega^2} & \cdots & \dfrac{1}{\omega^{(n-1)}} \\ 1 & \dfrac{1}{\omega^2} & \dfrac{1}{\omega^4} & \cdots & \dfrac{1}{\omega^{2(n-1)}} \\ \vdots & \vdots & \vdots & & \vdots \\ 1 & \dfrac{1}{\omega^{n-1}} & \dfrac{1}{\omega^{2(n-1)}} & \cdots & \dfrac{1}{\omega^{(n-1)(n-1)}} \end{bmatrix}$$

这可以通过与 $\boldsymbol{A}$ 相乘来验证，其间需要利用一个熟知的结果：

$$1 + \omega^i + \omega^{2i} + \omega^{3i} + \cdots + \omega^{i(n-1)} = 0 \,(\text{使用恒等式} \sum_j \omega^{ji} = \frac{\omega^{in} - 1}{\omega^i - 1} = 0，\text{其中} \ \omega^i \neq 1.)$$

此外，ω^{-1}，ω^{-2}，$\cdots$，$\omega^{-(n-1)}$ 也是 n 次单位根。于是这使得我们能够使用与 FFT 本身相同的算法，在 $O(n \log n)$ 次运算内完成[⊖]。

用 FFT 计算两个 $n-1$ 次多项式乘积的过程常被称作卷积定理（convolution theorem）。

9.3　蝶形网络

如果我们将 8 个点的 FFT 的递归过程展开，那么它看起来类似于图 9.2。让我们来处理相继的递归调用。设 $\mathcal{P}(x)$ 为 $a_0 + a_1 x + \cdots + a_{n-1} x^{n-1}$。为了表示上的简洁，对于给定的游标 i_0, $\cdots$, i_k，我们使用 $P_{i_0, \cdots, i_k}(x)$ 表示 $a_{i_0} + a_{i_1} x + \cdots + a_{i_k} x^k$。令 ω 表示 8 次本原单位根，并使用 ω_i 代表 ω^i。

$$\mathcal{P}_{0,1,\cdots 7}(\omega_0) = \mathcal{P}_{0,2,4,6}(\omega_0^2) + \omega_0 \mathcal{P}_{1,3,5,7}(\omega_0^2)$$

$$\mathcal{P}_{0,1,\cdots 7}(\omega_4) = \mathcal{P}_{0,2,4,6}(\omega_0^2) - \omega_0 \mathcal{P}_{1,3,5,7}(\omega_0^2) \ \text{因为} \ \omega_4 = -\omega_0$$

继而，$\mathcal{P}_{0,2,4,6}(\omega_0^2) = \mathcal{P}_{0,4}(\omega_0^4) + \omega_0^2 \mathcal{P}_{2,6}(\omega_0^4)$，且由 $\omega_2^2 = -\omega_0^2$ 有 $P_{0,2,4,6}(\omega_2^2) = \mathcal{P}_{0,4}(\omega_0^4) - \omega_0^2 P_{2,6}(\omega_0^4)$。为计算 $\mathcal{P}_{0,4}(\omega_0^4)$ 及 $\mathcal{P}_{0,4}(\omega_1^4)$，我们计算 $\mathcal{P}_{0,4}(\omega_0^4) = \mathcal{P}_0(\omega_0^8) + \omega_0^4 P_4(\omega_0^8)$ 及 $\mathcal{P}_{0,4}(\omega_1^4) = \mathcal{P}_0(\omega_0^8) - \omega_0^4 P_4(\omega_0^8)$。

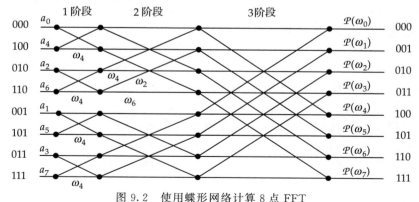

图 9.2　使用蝶形网络计算 8 点 FFT

因为 $\mathcal{P}_i$ 即等于 a_i，所以不再需要继续递归调用。请注意，在图 9.2 中，左侧的乘数

---

a_0 和 a_4 是相邻的——这是因为输入端 a_i 的下标索引对应于 i 的二进制表示的镜像[⊖]。蝶形(butterfly)操作即是小部件"⋈"，其对应于一对递归调用。黑色圆点对应于"+"或"−"操作，需要乘的倍数标记在相应的边上(为了避免杂乱，只标示其中的一部分)。

使用蝶形网络的一个优势在于：每一阶段的计算都可以并行，从而总共产生 $\log n$ 个并行阶段。因此，FFT 本质上是并行的，蝶形网络以一种自然的方式获得并行性。

*9.4　Schonage-Strassen 快速乘法算法

在我们对 FFT 算法的分析中，我们得到了在相关的域(一般默认是复数域 $\mathbb{C}$)中乘法及加法次数的界 $O(n \log n)$。这与布尔计算模型是不一致的，当涉及计算中所使用的精度时，我们应该更加小心。布尔计算本身就构成一个话题，而且在某种程度上已经超出了本章讨论的范围。事实上，FFT 计算使用了有限的精度以及诸如舍入等操作来完成，这些操作本质上会导致数值误差。

在其他类型的一些应用中，例如整数的乘法，我们会选择一个适当的域，在其中可以进行精确的算术运算。但是，我们必须确保该域中存在 n 次本原单位根。下文所述模一个素数的模运算，它与在硬件上完成的算术操作是一致的。

观察结果 9.1　在 $\mathbb{Z}_m$ 中，我们可以使用 $\omega = 2^t$ 作为 n 次本原单位根，其中 $m = 2^{tn/2} + 1$ 且 n 是 2 的幂。

由于 n 和 m 是互素的，因而 n 在 $\mathbb{Z}_m$ 中存在唯一逆(由扩展的欧几里得算法可得)，同时有

$$\omega^n = \omega^{n/2} \cdot \omega^{n/2} = (2^t)^{n/2} \cdot (2^t)^{n/2} \equiv (m-1) \cdot (m-1) \bmod m$$
$$\equiv (-1) \cdot (-1) \bmod m \equiv 1 \bmod m$$

事实上我们将在一个环中工作，因为 m 可能不是素数。然而，n 和 m 是互素的，所以 n^{-1} 和 ω^{-1} 同样存在。

断言 9.2　如果系数的最大长度是 b 比特[⊖]，则 FFT 及其逆都可以使用 $O(bn \log n)$ 时间计算。

注意，两个 b 位比特长的数求和需要 $O(b)$ 步骤，与 ω 的幂相乘就是与 2 的幂相乘，也可以在 $O(b)$ 步骤内完成。根据观察结果 9.1 可知，如果我们进行 n' 个点的 FFT 且 n' 不是 2 的幂，那么我们可以选择 $\mathbb{Z}_{m'}$，其中 $m' = 2^{tn/2} + 1$，n 是满足 $n \leqslant 2n'$ 的 2 的最大次幂。请注意，$\dfrac{m'}{2^{tn'/2}+1} \leqslant 2^{tn'/2} \times 2^{tn'/2}$，也就是说，如果 n' 不是 2 的幂，那么比特长度可能会加倍。

快速乘法算法推广了多项式乘法的基本思想。回顾在第 1 章中，我们将每个数值分成两部分，然后通过计算较小长度的数的乘积，递归地求解。现在扩展这个策略，我们将数值 a 和 b 分为 k 个部分 $a_{k-1}, a_{k-2}, \cdots, a_0$ 和 $b_{k-1}, b_{k-2}, \cdots, b_0$。

$$a \times b = (a_{k-1} \cdot x^{k-1} + a_{k-2} \cdot x^{k-2} + \cdots a_0) \times (b_{k-1} \cdot x^{k-1} + b_{k-2} \cdot x^{k-2} + \cdots b_0)$$

⊖　所以这里以一种看起来似乎奇怪的次序排列：0、4、2、6、1、5、3、7，其实只要将 0-1 串反序即可得到自然顺序。——译者注

⊖　原文如此，实际上这个 b 与后文中"$a \times b$"中的 b 不同，这里的 b 实际上相当于后文中的 n/k。——译者注

其中 $x=2^{n/k}$，为简单起见，假设 n 可以被 k 整除[一]。将上式等号右端的积展开，合并各 x^i 项的系数，我们得到

$$a \times b = a_{k-1}b_{k-1}x^{2(k-1)} + (a_{k-2}b_1 + b_{k-2}a_1)x^{2k-3} + \cdots + a_0b_0$$

虽然实际上在最后的积中 $x=2^{n/k}$，我们可以用任意方法计算其系数，并在必要时乘以 2 的适当次幂（即只需要在数的尾部添加 0 进行移位运算）。这是多项式乘法，每项的系数都是卷积，因此我们可以使用基于 FFT 的方法来计算。以下是运行时间的递推式：

$$T(n) \leqslant P(k, n/k) + O(n)$$

其中 $P(k, n/k)$ 是两个系数长度大小为 n/k 的 $k-1$ 次多项式的多项式乘法时间。（在系数不太大的模型中，我们可以使用 $O(k \log k)$ 作为多项式乘法的复杂度）。此时对于 FFT 我们必须进行精确的计算，这可以使用模运算。必须仔细选择模数的值，以满足以下条件：

- 它必须大于所涉及数字的最大值，这样就不会丢失最重要比特（由此可以得到精确的乘积结果）。
- 它不应该太大，否则运算开销会很大。

此外，多项式乘法本身由三个不同的阶段组成。

1. 进行前向 FFT。对于两个 b 比特长的运算数，这需要 $O(bk \log k)$ 的时间。

2. 多项式在单位根处的值的逐对乘积。以递归方式进行，开销是 $2k \cdot T(b)$，其中 $b \geqslant n/k$。因子"2"表示两个 $k-1$ 次多项式的乘积的系数个数。

使用一种称作包绕卷积（wrapped convolution）[二]的技术，我们可以避免这种系数个数的"爆炸"。包绕卷积的具体细节此处暂不讨论。

3. 进行反向 FFT，以得到实际的系数。此步骤的复杂度是 $O(bk \log k)$，其中 b 是每个操作数的比特长度。

因此，前述递推式可以扩展为

$$T(n) \leqslant r \cdot T(b) + O(br \log r) \tag{9.4.1}$$

其中 $r \cdot b = n$ [三]，而且我们必须选择适当的 b 值。系数长度为 b 时，我们可以认为：在 FFT 计算过程中，所参与的运算数的长度不超过 $2b + \log r$ 比特（r 个数之和，每个数是两个 b 比特长的数的乘积）。回想 $n = 2^l$ 是 2 的幂，而且我们将在递归调用中保持这一点。如果 l 是偶数，则 $l' = 2$，否则 $l' = (n-1)/2$ [四]，其中 l' 是递归调用中的新的值。读者可以验证，平衡 r 和 b 的值可以得到前述递推式的一个更好的解。所以 r 大约为 $\sqrt{n/2}$，于是 $b = \sqrt{2n}$，且我们可以将递推式（9.4.1）改写为

$$T(n) \leqslant \sqrt{\frac{n}{2}} \cdot T(\sqrt{2n}) + O(n \log n) \tag{9.4.2}$$

其中，我们通过引入包绕卷积技术在递归调用中去掉了因子 2，并且如观察结果 9.1 所述，适当选择 $\mathbb{Z}_m$ 后，运算数的比特长度不超过实际数值比特长度的 2 倍。在递推式中的一个基本假设是：所有表达式都是整系数的。

为了求解这个递推式，我们定义 $T'(n) = T(n)/n$，于是可将其转化为

［一］ 于是 k 也是 2 的幂。——译者注
［二］ 也称作负循环卷积（negacyclic convolution）。——译者注
［三］ 此处 r 的作用大约相当于前文中的 k。——译者注
［四］ 原书如此，疑有误。——译者注

$$T'(n) \cdot n \leqslant \sqrt{\frac{n}{2}} \cdot 2\sqrt{2n} \cdot T'(2\sqrt{2n}) + O(n \log n)$$

$$\Rightarrow T'(n) \leqslant 2T'(2\sqrt{2n}) + O(\log n)$$

使用适当的终止条件，将得到解 $T'(n) = O(\log n \log \log n)$，或等价为 $T(n) = O(n \log n \log \log n)$。

断言 9.3 在适当的终止条件下，比如使用 $O(n^{\log_2 3})$ 时间的乘法算法，$T(n) \in O(n \log n \log \log n)$。

这一断言的详细证明作为习题留给读者。

9.5 广义字符串匹配

通常，我们会遇到字符串匹配问题，而字符串没有确定的表示[○]。这一特性可以为很多应用提供多样性。它为我们提供了一种简洁地表示一类字符串的方法，同时也可以处理当我们没有关于字符串的完整信息时的情况[◎]。基本应用之一是语法解析（parsing），在这个应用场景中，我们有（可能是无限多个）字符串的、使用语法（grammar）形式给出的简洁表示方法，以及一个待查询的字符串，而后我们想知道该字符串是否属于语法所描述的集合[◎]。例如，考虑正则表达式 $(aba)^* \cdot b \cdot (ba)^*$，我们希望找到它在字母表 $\Sigma = \{a, b\}$ 上的给定文本中的所有出现[@]。一种可能的解决方案是构造一个对应于上述正则表达式的 DFA，并标出最终状态，这样我们就可以记下这个正则表达式的每一次出现。这个 DFA 应该以文本作为输入，通过对文本进行从左到右的扫描，可以在线性时间内解决识别问题。然而，DFA 结构的开销非常大，这与将 NFA（非确定性有限自动机）转换为 DFA 的问题有关，因此只有当正则表达式相对文本而言长度短的时候，它才是有效的。

考虑一个特殊情况——我们必须处理通配符（wildcard symbols）。例如，通过将第一个通配符设置为 e，将第二个通配符设置为 c，字符串 $acb*d$ 和 $a*bed$ 之间可以匹配。在这里，通配符是一个占位符，恰好是一个字符长。而在一些其他应用中，通配符可以表示任意长度的一个子串。不幸的是，之前介绍的字符串匹配算法都不能处理通配符（参见习题 8.6）。

9.5.1 基于卷积的方法

首先，假定我们只处理二进制字符串。给定模式串 $X = a_0 a_1 a_2 \cdots a_{n-1}$ 和文本 $Y = b_0 b_1 b_2 \cdots b_{m-1}$，其中 $a_i, b_i \in \{0, 1\}$，让我们将它们视为多项式的系数。更具体地说，令 $\mathcal{P}_A(x) = a_0 x^{n-1} + a_1 x^{n-2} + a_2 x^{n-3} + \cdots + a_{n-1}$ 和 $\mathcal{P}_B(x) = b_0 + b_1 x^{n-2} + b_2 x^{n-3} + \cdots + b_{m-1} x^{m-1}$。请注意，这两个多项式中的系数与指数的顺序相反，这对我们的应用至关重要。$\mathcal{P}_A$ 和 $\mathcal{P}_B$ 的乘积可以写作 $\sum_{i=0}^{m+n-2} c_i x^i$。于是有

$$c_{n-1+j} = a_0 \cdot b_j + a_1 \cdot b_{1+j} + a_2 \cdot b_{2+j} + \cdots + a_{n-1} \cdot b_{n-1+j} \quad 0 \leqslant j \leqslant m-n$$

○ 即，可能存在通配符等。——译者注

◎ 处理遗传序列的生物学实验中有很多这样的典型应用场景。

◎ 即该语法能接受的语言。——译者注

@ 我们假定读者熟悉自动机理论。

这可以解释为 $X = a_0 a_1 a_2 \cdots a_{n-1}$ 和 $Y(j, n) = b_j b_{j+1} \cdots b_{j+n-1}$ 的点积，其中 $0 \leqslant j \leqslant m - n$。回想第 8 章中字符串匹配所使用的符号。

如果我们将 $\{0, 1\}$ 替换为 $\{-1, +1\}$，那么可以得到如下断言。

观察结果 9.2 在位置 j 处有匹配，当且仅当 $c_{n-1+j} = n$。

发生匹配当且仅当字符串中从位置 j 开始的所有 n 个位置都与模式相同。通过对逐个下标进行求积，我们得到 $c_{n-i+j} = \sum_{i=1}^{n} Y_{j+i} \cdot X_i = n$，当且仅当对所有 i 都有 $b_{j+i} = a_i$。卷积可以很容易地在 $O(m \log m)$ 步骤内使用 FFT 计算得到[⊖]。当模式串中存在通配符时，我们可以将它们指定为值 0。如果有 w 个通配符，那么我们可以对观察结果 9.2 进行修正，改作查找值为 $n - w$ 的项（请读者思考其原因）。然而，如果文本中也有通配符，则同样的方法可能不起作用——请尝试构造一个反例。

模式串和文本中的通配符

假设字母表是 $\{1, 2, \cdots, s\}$（不包括 0），我们保留 0 给通配符使用。（目前假定模式串中不存在通配符）我们将模式串的每个位置 i 都关联到集合 $\{1, 2, \cdots, N\}$ 中的一个随机数 r_i，其中 N 是一个足够大的数，具体的值我们稍后再选择。令 $t = \sum_i r_i a_i \bmod N$。我们所有的计算都是模 p 进行的，其中 $p \geqslant N$ 是一个适当的大素数。为简洁起见，我们在之后的讨论中将省略模运算的符号。

观察结果 9.3 对于任意的字符串 $v_1, v_2, \cdots, v_n$，假定对某个 i 有 $a_i \neq v_i$，则 $\sum_i v_i \cdot r_i = t$ 成立的概率小于 $1/N$。

考虑为所有的 r_j 进行赋值，其中 $j \neq i$。对于任意一个固定的赋值，只有当 $(v_i - a_i) r_i = \sum_{j; j \neq i} r_j (a_j - v_j)$ 时，$\sum_j v_j \cdot r_j$ 才会等于 $\sum_j a_j \cdot r_j$。由于 $v_i \neq a_i$ 以及等式右端是一个固定的量，所以在模素数 p 的域中，至多只有一个 r_i 值可以满足这个条件。

我们可以使用这个观察结果来如下地构造一个字符串匹配算法。如前所述地计算模式串 X 的值 t。现在，对于文本的每个位置 j，我们计算 $\sum_{i=1}^{n} b_{j+i} r_i$，并查验检它是否等于 t——如果两者相同，则声称这时是匹配的。由于假匹配的概率至多为 $1/N$，因此我们可以选择 $N \geqslant n \cdot m$，以确保在文本任何位置的假匹配的概率都很小。

当模式串 A 中存在通配符时，指定 $r_i = 0$（而不是随机的非零数值）当且仅当 $a_i = *$，则相同的结果依然适用于不对应通配符的位置，而对应通配符的位置被 0 抹去。数值 $t = \sum_{j: X_j \neq *}^{n} r_j \cdot X_j$ 的作用类似于模式串的指纹（fingerprint）或哈希函数（hash function）。

如果文本中存在通配符，那么指纹将无法固定，并且会根据文本中的通配符而有所不同。文本位置 k 处、对应于 $Y(k, n)$ 的指纹 t_k 可以定义为

$$t_k = \sum_{j=1}^{n} \delta_{j+k-1} \cdot r_j \cdot a_j$$

⊖　所涉及的数字足够小，因此我们可以使用 $O(\log n)$ 比特长的整数进行精确计算。

其中，若 $Y_i = *$ 则 $\delta_i = 0$，否则 $\delta_i = 1$。回想如果 $a_j = *$，则 $r_j = 0$。

现在我们可以使用卷积计算所有的 t_k 值。实际上，对于模式串 X，我们定义一个字符串 F，其中，若 a_j 不是通配符则 $F_j = a_j r_j$，否则 $F_j = 0$。对于文本 Y，我们构造一个 0-1 字符串 C，非通配符对应 1，而通配符对应 0。现在，我们可以构造这两个字符串的卷积来得到所有的 t_k 值。为了检验是否有模式串匹配，我们只需要计算与 t_k 类似的值 t_k'——只需要在计算公式中将 a_j 替换为 b_{k+j-1} 即可。同样地，这也是两个字符串的卷积，可以使用 FFT 计算。文本的位置 k 处可能存在匹配，当且仅当 $t_k' = t_k$。

错误（假匹配）的概率可以类似地计算。因此，该算法需要 $O(m \log m)$ 时间。图 9.3 给出了 $X = 321*$ 时的算法示例。

i	1	2	3	4	5	6	7	8	9	10	11
Y_i	2	2	*	3	*	2	*	3	2	*	2
δ_i	1	1	0	1	0	1	0	1	1	0	1
t_k'	9	12	8	12	8	12	2	9	-	-	-
t_k	3	11	12	6	8	11	0	9	-	-	-

图 9.3　与通配符匹配：模式串为 $X = 3\ 2\ 1\ *$，$r_1 = 6$，$r_2 = 4$，$r_3 = 11$，$r_4 = 0$ 均从 $[1，16]$ 中选择，相对应的 $p = 17$。由于 $t_5 = t_5'$ 和 $t_8 = t_8'$，可以验证 X 分别与 $*2*3$ 和 $32*2$ 匹配，且没有其他匹配

拓展阅读

Cooley 和 Tukey 在 1965 年发现了 FFT 算法[36]，它已经在不同领域得到了应用。Fisher 和 Patterson 提出使用 FFT 进行模式匹配[47]。然而，由于它的运行时间是超线性的。因此对于简单的字符串匹配，它并不是首选的方法，KMP 算法和 Karp-Rabin 算法效率更高。Kalai 给出了含有通配符的字符串匹配的应用[72]。

习题

9.1　展示如何使用拉格朗日插值公式通过 $O(n^2)$ 次运算计算多项式。

9.2　描述一个有效算法，计算 n 次单变量多项式 $P(x)$ 在 n 个任意的点 x_1，x_2，$\cdots$，x_n（不一定是单位根）处的值。可以假定多项式除法与多项式乘法的渐近时间相同。

提示：使用以下类似于余数定理的结果。设 $D_{i,j} = \Pi(x - x_i)(x - x_{i+1})\cdots(x - x_j)$，并设 $P(x) = Q_{1,1}(x)D_{1,n} + R_{1,1}(x)$。于是，$P(x_i) = R_{1,1}(x_i)$，其中 $R_{1,1}$ 的次数小于 $D_{1,n}$ 的次数。为计算 $R_{1,1}(x_i)$，我们分解为 $D_{1,n/2}$ 和 $D_{n/2+1,n}$，之后使用类似的递归过程。这样就定义了一棵树，在每个节点处我们做一个多项式除法（在距根的距离 i 处的多项式为 $n/2^i$ 次）。在叶子节点，我们将得到结果。

9.3　如果不将字母表 $\{0，1\}$ 映射到 $\{+1，-1\}$ 的话，是否可以证明与观察结果 9.2 类似的结论？请举例说明。

9.4　严格证明断言 9.3。

提示：使用适当的归纳假设和界，例如 $(\log n)/2 + \log \log n \leqslant (2 \log n)/3$。

9.5　3.1.2 节中描述的 RSA 密码系统涉及非常大的整数的幂运算。对于一个 k 比特长的 RSA 密码系统，也就是说 $n = p \cdot q$，其中 p，q 的长度大约是 k 比特，如果我们使用基于 FFT 的乘法算法，那么加密和解密的复杂度是多少？回想一下，我们也需要计算乘法逆元，但这里我们只关注幂运算的复杂度。

9.6　托普利兹矩阵（Toeplitz matrix）$\boldsymbol{A}$ 是一个 $n \times n$ 的方阵，其特点是 $\boldsymbol{A}_{i,j} = \boldsymbol{A}_{i+1,j+1}$，对于所有 $1 \leqslant i$，$j \leqslant n$ 成立。换句话说，平行于主对角线的线（包括主对角线）上的元素都相等。设计一个快速算法

对给定的 n 维向量 $\bar{v}$ 计算矩阵和向量的乘积 $A\bar{v}$。

提示：使用托普利兹矩阵的紧凑表示法，并将其转化为卷积问题。

9.7 考虑集合 $S_n = \{n+1,\ 2n+1,\ \cdots,\ i \cdot n+1,\ \cdots\}$，其中 n 是 2 的幂。Dirichlet 给出了下述结果：

定理　如果 $\gcd(a,\ b)=1$，则任一形如 $a+i \cdot b$ 的等差数列中都包含无穷多个素数，其中 $i \in \mathbb{Z}$。

因此，集合 S_n 中必定包含素数。考虑其中最小的素数 $p=kn+1$。已知 k 为 $O(\log n)$。因此，p 的比特长度为 $O(\log n)$。假设 g 是 $\mathbb{Z}_p$ 的一个生成元，即 g^0，g^1，g^2，$\cdots$，g^{p-1} 构成 $\mathbb{Z}_p$ 中所有元素（可能不是按这个顺序）。那么，g^k 就是一个 n 次本原单位根。请注意，根据费马小定理可知 $g^{kn} = g^{p-1} \equiv 1 \bmod p$。

利用这个观察结果，可以将计算 FFT 的环的大小从大约 n 比特长减少到 $O(\log n)$ 比特长。

9.8 构建一个示例，表明如果文本中也包含通配符，那么处理模式串的指纹函数中的通配符时，可能会产生不正确的结果。

9.9 假设我们在实数轴上区间 $[0,\ n]$ 内的整数坐标 i 处放置电荷 q_i（这里 q_i 可以是正的，也可以是负的）。给出一个 $O(n \log n)$ 时间算法来计算每个点电荷上的力。

提示：将此问题转化为计算两个序列的卷积，之后使用 FFT 算法。

9.10 设 X 和 Y 为两个由 $[0,\ M]$ 范围内整数组成的集合。集合 $X+Y$ 定义为 $\{x+y : x \in X,\ y \in Y\}$。请设计一个计算 $X+Y$ 大小的 $O(M \log M)$ 时间算法。请注意，$X+Y$ 不是多重集合⊖。例如，若 $X = \{1,\ 2\}$，$Y = \{3,\ 4\}$，则 $X+Y = \{4,\ 5,\ 6\}$。

提示：为每个集合定义一个 M 次多项式，并使用 FFT 算法。

⊖　即，集合中重复出现的元素只计一次。——译者注

图 算 法

图是最通用和最有用的数据结构之一，它涉及一组对象之间的关系表示，具有众多应用。回想一下，图由二元组 $G=(V, E)$ 表示，其中 V 表示顶点集，E 表示边集。根据 G 是有向的还是无向的，在 E 中的顶点对可能是有序的也可能是无序的。我们假定读者熟悉用于存储图的数据结构。除非另有说明，否则我们都假定图是使用邻接表数据结构存储的，其中存储了每个顶点的邻点列表（对于有向图，我们分别存储入向邻点和出向邻点的列表）。我们首先回顾深度优先查找（DFS）遍历算法及其部分应用。随后，我们将研究一些使用最广泛的图算法——最短道路、最小割和一个被称作支撑子的有用的数据结构。

10.1 深度优先搜索

许多关于图的问题都基于深度优先搜索（depth first search，DFS）。由于它具有线性运行时间，因此是一个最优算法。我们通过一个应用来解释 DFS。考虑一个很自然的问题：对一组作业进行排序。给定一组作业 $J_1, J_2, \cdots, J_n$ 以及一组优先性约束，其中优先性约束 $J_i \prec J_k$ 指明必须在 J_k 开始之前就已经完成 J_i。我们希望找到执行作业的一个可行顺序，以满足所有优先性约束，或者确定不可能存在这样的顺序。

> **例 10.1** 作业集：J_a, J_b, J_c, J_d。
>
> 优先性约束：$J_a \prec J_b$，$J_a \prec J_d$，$J_d \prec J_c$，$J_c \prec J_b$。
>
> 一种满足所有优先性约束的可能顺序是 J_a, J_d, J_c, J_b。

什么时候可以确保存在这样一个序列？如果我们将 $J_a \prec J_b$ 的优先级约束更改为 $J_b \prec J_a$，会发生什么？我们使用图 $G=(V, E)$ 对此问题建模。顶点集对应作业集，有向边 (v_i, v_k) 表示 $J_i \prec J_k$。更形式化地讲，我们希望能够定义一个函数 $f: V \to \{1, 2, \cdots, n\}$，使得对 $\forall i, j$，$J_i \prec J_k \Rightarrow f(i) < f(k)$。

> **观察结果 10.1** 存在可行的调度顺序，当且仅当图中不存在有向回路。

很显然，如果图中存在有向回路，那么就不可能存在满足所有优先性约束的顺序。现在假定图中不存在有向回路。我们断言图中一定存在一个入度为 0 的顶点。假设没有这样的顶点，那么就从一个顶点 v 开始，并持续跟踪任一进入顶点的边。因为这个序列不可能在顶点不重复的情况下一直进行下去，所以可以保证最终会在图中找到一个有向回路。于是产生矛盾。因此，图中存在一个入度为 0 的顶点 v。我们可以首先执行 v 所对应的作业，因为它不需要任何其他作业作为前置。现在我们从图中删除 v 并递归地解决余下的问题。这可以在 $O(m+n)$ 时间内实现。然而，事实证明，DFS 为此问题提供了一种更清晰简洁的解决方法。

我们先来回顾 DFS，该算法如图 10.1 所示。每当 DFS 访问某个顶点时，它都会对其进行标记（最初，所有顶点均未标记）。之后，它在该顶点的每个未标记的相邻顶点（或在有向图的情况下为直接指向的顶点）上递归地调用 DFS。我们还在 DFS 中引入时刻（time）的概念。对于每个顶点 x，$\text{start}(x)$ 表示调用 $\text{DFS}(x)$ 过程的时刻，$\text{finish}(x)$ 表示该过程完成的时刻。由于函数调用是嵌套的，因此对所有顶点 x 定义的区间 $[\mathrm{start}(x)，\mathrm{finish}(x)]$ 也是分层的(laminar)，即要么一个区间(严格)包含在另一个之内，要么两个区间彼此不相交。对于两个顶点 x 和 x'，$\mathrm{start}(x)<\mathrm{start}(x')<\mathrm{finish}(x)<\mathrm{finish}(x')$ 不可能成立。

Procedure Depth First Search of a directed graph (G)

1 输入：一个有向图 $G=(V，E)$，其中 $|V|=n$，$|E|=m$；
2 输出：每个顶点 $v\in V$ 的开始时刻和完成时刻；
3 将每个顶点初始化为"未标记"。设置全局计数器 $c=1$；
4 **while** 存在某个顶点 x 未标记 **do**
5      $\mathrm{start}(x)\leftarrow c$；$c$ 自增 1；
6   DFS (x)

Procedure DFS (v)

1 标记 v；
2 **if** 存在 v 的未标记的相邻顶点 y **then**
3      $\mathrm{start}(y)\leftarrow c$；$c$ 自增 1；
4   DFS (y)
5 **else**
6      $\mathrm{finish}(v)\leftarrow c$；$c$ 自增 1

图 10.1 深度优先搜索算法 ⊖

观察结果 10.2 对于 $u，v\in V$，如果 DFS(u) 在 DFS(v) 之前被调用，那么要么 $\mathrm{start}(u)<\mathrm{start}(v)<\mathrm{finish}(v)<\mathrm{finish}(u)$，要么 $\mathrm{start}(u)<\mathrm{finish}(u)<\mathrm{start}(v)<\mathrm{finish}(v)$。这称作括号性质(bracketing property)。

还可以将 DFS 与一棵根树⊖(通常称为 DFS 树)相关联。DFS 树的定义如下：每当在执行 DFS(v) 的过程中(直接)调用 DFS(w) 时，我们就将 w 设为 v 的子节点——请注意，w 必须是 v 的邻点才有可能发生这种情况。由于 DFS(w) 最多只会被调用一次，因此很明显每个节点将只有一个父节点。于是，我们将得到一个树结构。图 10.2 表明在给定图上运行 DFS 的结果⊜。

考虑开始时刻 $\mathrm{start}(v)$。在 DFS 树中，一个节点的开始时刻总是小于其子节点的开始时刻。类似地，一个节点的完成时刻总是大于其子节点的完成时刻。事实上，很容易证明如下更强的性质。

观察结果 10.3 一棵 DFS 树中，各顶点的开始时刻和完成时刻分别对应于该树的前序和后序编号(如果我们将起始顶点的开始时刻设置为 1)。

请注意，前序和后序编号范围都应在 $[1，n]$ 内，因此我们需要两个不同的计数器来分别记录开始时刻和完成时刻，并适当自增。或者，我们可以使用整数排序将全局计数器的计数映射到 $\{1，2，\cdots，n\}$。

⊖ 原书如此，在 DFS 算法的第 2 行实际上应该执行 while 循环。——译者注
⊜ 此处讨论的 DFS 过程是从单一顶点开始的，后文图 10.2 中的情况事实上形成了根树森林。——译者注
⊜ 事实上是多次执行 DFS。——译者注

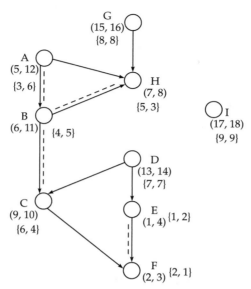

图 10.2　与每个顶点相关联的一对数值分别表示全局计数器给出的开始时刻和完成时刻。花括号中的标准化编号对应于前序编号和后序编号。虚线表示 DFS 树的边。后序编号的顺序为 F，E，H，C，B，A，D，G，I

以下是关于 DFS 的另一个有用的观察结果。我们用符号 $u \rightsquigarrow v$ 表示存在一条从 u 到 v 的（有向）道路。

观察结果 10.4　如果 u 和 v 是图中的两个顶点，且 $\text{start}(u) < \text{start}(v) < \text{finish}(v) < \text{finish}(u)$，则 $u \rightsquigarrow v$。

可以如下论证此观察结果：对于顶点 u 和 v，如前所述，DFS(v) 必须在 DFS(u) 被调用之后、DFS(u) 完成之前被调用。于是，必然存在一个顶点序列 $u = u_1$，u_2，$\cdots$，$u_k = v$，使得 DFS(u_i) 在 DFS(u_{i-1}) 内部被调用。这就意味着 (u_{i-1}, u_i) 必定是图中的边，因此，$u \rightsquigarrow v$。

我们可以类似地证明如下观察结果，具体证明留作习题。

观察结果 10.5　如果 u 和 v 是图中的两个顶点，满足 $\text{start}(u) < \text{finish}(u) < \text{start}(v)$，则不存在从 u 到 v 的道路。

现在让我们来看如何使用 DFS 解决本节最初提到的排序问题。回想，给定一个不存在回路的有向图 G（也称为 DAG，意指有向无圈图），我们希望输出顶点的一个顺序 v_1，$\cdots$，v_n，使得 G 中的所有边都从下标较小的顶点指向下标较大的顶点。这种排序称为 DAG 中顶点的拓扑排序（topological sort）。请注意，这种顺序可能不唯一，满足该性质的任一顶点顺序都是有效的拓扑排序。同样重要的是，应认识到 DFS 还可以检测给定图中回路的存在。在这种情况下，我们无法进行拓扑排序。在 DFS 算法的第 2 行中，v 的所有已标记的邻点都应该已完成 DFS，否则就会存在一个回路。

我们首先证明观察结果 10.4 的部分逆命题。

观察结果 10.6　如果 u 和 v 是 DAG 中的两个顶点，满足 $u \rightsquigarrow v$，那么 $\text{finish}(u) > \text{finish}(v)$。

考虑两种可能性：要么 start(u)＜start(v)，要么 start(v)＜start(u)。在第一种情况下，DFS(u)将在 DFS(v)之后完成，观察结果成立。在第二种情况下，根据括号性质可知有两个可能：（ⅰ）start(v)＜finish(v)＜start(u)＜finish(u)；（ⅱ）start(v)＜start(u)＜finish(u)＜finish(v)。第一个可能性与观察结果是一致的，而由观察结果 10.4 可知第二个可能性将导致 $v \rightsquigarrow u$——这与图是 DAG 矛盾。

由此可引出如下算法：我们运行 DFS 算法，并按照完成时刻的递减顺序将顶点排序为 v_1，…，v_n。我们断言这个顺序与拓扑排序(之一)是一致的。为了证明这一点，假设 $v_i \rightsquigarrow v_j$，前述观察结果表明 finish(v_i)＞finish(v_j)，而我们恰恰是按照顶点完成时刻的递减顺序排列的。

由于 DFS 需要线性时间，因此我们给出了一个计算一组顶点的拓扑排序的线性时间算法。

10.2 深度优先搜索的应用

有向图 $G=(V, E)$ 上的 DFS 给出了关于图结构的大量信息。如前所述，完成时刻可用于得到 DAG 的拓扑排序。现在，我们给出 DFS 的一些更重要的应用。

10.2.1 强连通分支

在有向图 $G=(V, E)$ 中，顶点 u，$v \in V$ 属于同一个强连通分支(strongly connected components，SCC)，当且仅当 $u \rightsquigarrow v$ 且 $u \rightsquigarrow v$。很容易证明，这是顶点上的等价关系，等价类对应于给定图的强连通分支。我们现在介绍如何使用 DFS 给出图中所有强连通分支。

在动手处理之前，让我们先来了解强连通分支的结构。如下定义一个有向图 $\mathcal{G}=(V', E')$：V' 对应于 G 的各个强连通分支，也就是说，对于 G 中的每个强连通分支，我们都有 $\mathcal{G}$ 中的一个顶点。给定 G 中两个强连通分支 c_1 和 c_2，如果存在一条从 c_1 的某个顶点到 c_2 的某个顶点的边，则在 E' 中有一条有向边 $(c_1, c_2) \in E'$。注意，我们将混用符号 c_1(或 c_2)，它既表示 $\mathcal{G}$ 中的一个顶点，也表示 G 中的一个顶点子集。

我们可以证明 $\mathcal{G}$ 是一个 DAG(参看习题 10.2)。

如果 DAG 中的一个顶点出度为 0，那么我们称之为汇(sink)。容易证明，每个 DAG 必然至少存在一个汇(例如，考虑图的拓扑排序中的最后一个顶点)。类似地，定义入度为 0 的顶点为源(source)顶点。

要确定 G 的强连通分支，注意到如果我们从 $\mathcal{G}$ 的汇对应的强连通分支 c 的一个顶点开始 DFS，那么 DFS 将精确地遍历访问到 c 中的所有顶点。让我们来看其原因。假设 u 是 c 的一个顶点，我们从 u 开始进行 DFS。我们知道对于 c 的任一其他顶点 v 都有 $u \rightsquigarrow v$，因此从 u 开始 DFS 时将必然会访问 v。反过来，假设我们在从 u 执行 DFS 时访问了顶点 v，那么就可以断言 v 也必然属于 c。否则，假设 $v \in c'$，c' 是另一个强连通分支。由于 $u \rightsquigarrow v$(因为我们访问了 v)，因此可以考虑一条从 u 到 v 的道路。我们知道 $u \in c$ 且 $v \notin c$。因此，这条道路中必须有一条从 c 中顶点到非 c 中顶点的边。这与"c 是 $\mathcal{G}$ 的汇"这一假设相矛盾。因此，从 u 开始的 DFS 将准确地给出 c 中所有顶点。于是，我们可以得到 G 中的一个强连通分支。要得到另一个强连通分支，我们可以使用如下思路：从 $\mathcal{G}$ 中移除 c 的所有顶点，并重复相同的过程。通过这种方式，我们可以找到 G 的所有强连通分支(参见图 10.3)。这个策略是有效的，只是我们还不知道 $\mathcal{G}$ 的结构。

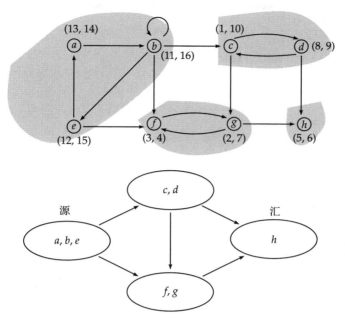

图 10.3　与顶点关联的一对数字表示 DFS 过程的开始时刻和完成时刻。强连通分支对应的 DAG 有四个顶点

然后，有如下性质成立，其证明留给读者(参见习题 10.21)。

观察结果 10.7　如果 u 和 v 是 G 中分别属于强连通分支 c 和 c' 的两个顶点，且在 G 中满足 $c \leadsto c'$，那么 $u \leadsto v$ 且不存在从 v 到 u 的道路。

由于 G 不是显式可用的，我们将使用以下策略来确定 G 的汇分支。首先，将 G 的各条边反向——称为 G^R。G^R 的强连通分支与 G 的相同，但其汇分支和源分支与 G 的汇分支和源分支是互换的。如果在 G^R 中做 DFS，那么完成时刻最大的顶点在 G 的汇分支中。让我们看看其原因。设 v 是 G^R 中完成时刻最大的顶点，并假设它在某个非汇分支的强连通分支 c 中。令 c' 为 G 中满足 $c \leadsto c'$ 的汇分支(可以验证这样的汇分支必定存在)。设 u 为 c' 中的一个顶点。由观察结果 10.7 可知，在 G 中 $u \leadsto v$ 且不存在从 u 到 v 的道路。

由于 finish(v)>finish(u)，括号性质表明有如下两种可能：(ⅰ) start(u)<finish(u)<start(v)<finish(v)；(ⅱ) start(v)<start(u)<finish(u)<finish(v)。请注意，在 G^R 中 $u \leadsto v$，由观察结果 10.5 可以排除第一种可能。第二种可能意味着在 G^R 中 $u \leadsto v$，因此在 G 中 $u \leadsto v$，同样会产生矛盾。

这就使得我们能够通过在 G^R 中进行 DFS 而输出对应于 G 的汇分支的强连通分支，G^R 中顶点是根据 DFS 完成时刻递减排序的。一旦删除了该强连通分支(汇分支)(删除了其中的顶点和关联的边)，我们就可以对剩余的图应用相同的策略，即从下一个最大完成时刻的顶点开始。算法如图 10.4 所示。

我们在前面已经指出，步骤 6 中遇到的第一个顶点 v 属于汇强连通分支，而且它可以访问到的顶点也都属于这个强连通分支。要完成证明，需要使用归纳法。细节留作习题。

Algorithm 2: Finding SCC of (G)

1　输入：有向图 $G=(V, E)$；
2　输出：G 的所有强连通分支；
3　令 G^R 表示 G 的反向图，$p^r: V \rightarrow \{1, 2, \cdots, n\}$ 是对 G^R 做 DFS
　　得到的各顶点完成时间；
4　令 $W \leftarrow V$，$G(W)$ 表示 G 关于 W 的导出子图；
5　**while** W 非空 **do**
6　　　选择 $v = \arg\max_{w \in w}\{p^r(w)\}$；
7　　　令 V' 为在 $G(W)$ 中从顶点 v 开始进行 DFS 可访问到的顶点集合；
8　　　输出 V'，它是 G 的一个强连通分支；
9　　　$W \leftarrow W - V'$

图 10.4　使用两轮 DFS 找到强连通分支

例 10.2　回顾图 10.3 中给出的有向图。出于方便起见，我们假设图中 DFS 编号是对应于 G^R 的，即原始有向图的所有边都是反向的。原始图的强连通分支都必然具有相反的边方向。因为 b 的完成时刻值最大，所以我们（在 G^R 中）从 b 开始进行 DFS。可到达的顶点是 a 和 e，它正确地对应于汇分支。

10.2.2　双连通分支

双连通图可以基于顶点连通度来定义，也可以使用边的等价类来定义。删除任一顶点（以及相关联的边）后依然连通的无向图称作是双连通或 2 连通的（biconnected）。如果删除某顶点后使得连通图不再连通，那么称这样的顶点为一个割点（articulation point）。

由最大流最小割定理（将在第 11 章中介绍）可知：对于任何双连通图，在每对顶点之间都存在至少两条顶点不相交的道路。这个观察结果的一般性推广被称为 Whitney 定理，其中一个图被称为 k 连通，指的是删除任意 $k-1$ 个顶点不会使得图不连通。

定理 10.1（Whitney）　当且仅当任一对顶点之间至少存在 k 条顶点不相交的道路时，图是 k 连通的。

很明显，如果存在 k 条顶点不相交的道路，那么必须移除至少 k 个顶点才能使得图不连通。然而，反方向的证明却不是平凡的，此处不再介绍（请参阅第 11 章）。在本节中，我们感兴趣的是 2 连通性。

如前所述，双连通的概念也可以使用边的等价关系来定义。我们定义边的等价关系如下。

定义 10.1　两条边属于同一双连通分支（biconnected component，BCC），当且仅当它们同属一个（简单）回路。孤立的单条边也被视作双连通分支。

不难证明这是一个等价关系。每个等价类形成一个双连通的子图，也称作双连通分支。因此，一个图是双连通的当且仅当它只有一个双连通分支。虽然我们已经用边定义了双连通分支，但也可以用顶点来定义。一个双连通的极大子图称为块（block）。可以证明，如果两个不同的块有一个公共顶点，那么这个顶点必定是一个割点。事实上，考虑如下二

部图 G——G 的一个分部是图中所有割点，而另一个分部的每个点都代表图中的一个块。此外，如果割点 v 属于块 B，则在块 B（对应的点）和割点 v 之间添加一条边。可以证明此图是树（参见习题）。此图也称作分支图（component graph），见图 10.5。

　　现在，可以证明一个块中的边集形成一个双连通分支；反过来，由一个双连通分支中的边（和关联的顶点）组成的子图形成块。

　　检验双连通性的一种显而易见的方法就是检验图中是否存在割点。对于每个顶点 $v \in V$，检验图 $G - \{v\}$ 是否连通。这需要 $O(n \cdot (m+n))$ 时间，我们将尝试通过另一种刻画方式来改进它。此外，如果图不是双连通的，我们还将确定其双连通分支。

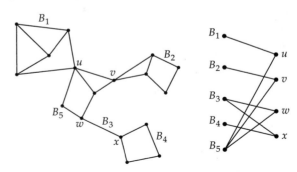

图 10.5　左侧图的分支图显示在右侧

　　无向图 $G = (V, E)$ 上的 DFS 将边划分为 T（树的边）和 B（回边）。基于顶点的 DFS 编号（前序编号或开始时刻），我们可以给 T 中的边赋一个方向：从编号较小的顶点指向编号较大的顶点；并令 B 中的边从编号较大的顶点指向编号较小的顶点。对于 $v \in V$，用函数 $d(v)$ 表示 DFS 的编号。

　　双连通分支算法背后的基本思想是对割点的检测。如果图中不存在割点，那么它是双连通的。同时，我们还可以确定各个双连通分支。DFS 编号 $d(v)$ 有助于我们基于如下直观的观察结果实现这一目标。

　　观察结果 10.8　假设 T_u 是 DFS 树的某个以 u 为根的子树，如果有 T_u 的某棵子树且不存在由该子树中某顶点发出的、指向满足 $d(w) < d(u)$ 的顶点 w 的回边，则 u 是一个割点。

　　这是因为从子树到图的其他部分的所有道路都必须经过 u，使 u 成为割点。为了检测这种情况，我们基于 DFS 编号定义了顶点的其他编号。设 $h(v)$ 表示 $d(u)$ 中的最小值，其中 (v, u) 是回边，即它是 v 可以通过回边到达的 DFS 树中的最高顶点。我们还定义了每个顶点 v 的一个值 LOW(v)：考虑以 v 为根的子树中的顶点，LOW(v) 是子树中所有顶点 $u^{\ominus}$ 的 $h(u)$ 的最小值，也就是说，它是沿着从子树发出的回边可以到达的最高顶点的编号。显而易见，LOW(v) 可以通过以下递归式计算：

$$\text{LOW}(v) = \min_{w | (v, w) \in T} \{\text{LOW}(w), h(v)\}$$

请注意，如果 v 是 DFS 树的叶子顶点，则可以轻松计算 $h(v)$ 和 LOW(v)。以此为基础，我们可以在进行 DFS 的同时计算 $h(v)$ 和 LOW(v)（参见习题 10.6）。一旦知道 LOW 函数的值，就可以对 v 的每一子顶点 u 检验是否有 LOW$(u) \geqslant d(v)$。如果是这样，那么 v 的删除将使得以 u 为根的子树中的所有顶点与图的其他部分不连通，因此 v 是一个割点。v 是 DFS 树的根是一个特殊情况，因为此时 v 没有任何前驱顶点。在这种情况下，如果 v 在 DFS 树中有多个子顶点，则 v 是割点，因为不同子树顶点之间的所有道

　　$\ominus$　包括 v 自身。——译者注

路都必须经过 v。

LOW 函数的值的计算产生了检测双连通性的有效算法，但不能直接得到双连通分支。为此，让我们考虑分支图 $\mathcal{G}$（它不包含任何回路）。当我们从 v 的一个子树 w 返回，而且 LOW(w) 不小于 $d(v)$ 时，对应于 $\mathcal{G}$ 的叶子顶点的双连通分支应该被输出（此时 v 是一个割点）。从 $\mathcal{G}$ 中删除此顶点后，我们考虑 $\mathcal{G}$ 中余下的其他叶子分支。双连通分支的边可以保存在从 (v, w) 开始的堆栈中，之后将被弹出栈，直至到达边 (v, w) 为止。

DFS 可以从任意双连通分支开始，此双连通分支将在最后被输出。割点是离开叶子分支的唯一方式，而且该叶子分支的所有边都将被输出。对于非叶子分支，则将在除其首先到达的分支外的所有相邻分支都被输出后被输出[一]。换句话说，分支树上的 DFS 具有和在树的顶点上的 DFS 相类似的遍历性质。可将此论述形式化为一个有效的算法，该算法运行的步骤数为 $O(|V| + |E|)$（参见习题 10.12）。

10.3 道路问题

给定有向图 $G = (V, E)$ 及赋权函数 $w : E \to \mathbb{R}$（边可能具有负数权值）[二]。最短道路问题的自然形式如下。

- **一对给定顶点之间的最短道路**（distance between a pair）。给定顶点 $x, y \in V$，找到从 x 开始到 y 结束的最小赋权道路。
- **单源最短道路**（single source shortest path，SSSP）。给定一个顶点 $s \in V$，求 s 到 $V - \{s\}$ 中所有顶点的最小赋权道路。
- **所有点对之间的最短道路**（all pairs shortest paths，APSP）。对于每对顶点 $x, y \in V$，求 x 到 y 的最小赋权道路。

尽管第一个问题在实践中经常出现，但并没有针对它的专门算法。第一个问题很容易归约为 SSSP 问题。直观地讲，要找到从 x 到 y 的最短道路，很难避开其他任何顶点 z，因为从 z 到 y 可能有一条更短的道路。实际上，最短道路算法所使用的最基本操作之一是松弛（relaxation）步骤。对于图中的任意边 (u, v)，此操作执行以下步骤，其中 $\Delta(v)$ 是到 v 的最短道路长度的上界：

$$\text{relax}(u, v)：若 \Delta(v) > \Delta(u) + w(u, v)，则 \Delta(v) = \Delta(u) + w(u, v)$$

最初，它被设置为 ∞，但它的值会逐渐减小，直到等于实际的（距离指定的源顶点的）最短道路长度 $\delta(v)$ 为止。换言之，对于所有顶点 v，$\Delta(v) \geqslant \delta(v)$ 始终成立。

所有算法都利用的另一个性质如下所示。

观察结果 10.9（子道路的最优性） 令 $s = v_0, v_1, v_2, \cdots, v_i, \cdots, v_j, \cdots, v_l$ 为从 v_0 到 v_l 的最短道路。于是，对于任意中间顶点 v_i 和 v_j，子道路 $v_i, v_{i+1}, \cdots, v_j$ 也是 v_i 和 v_j 之间的最短道路。

这可以通过反证法来证明。此外，对于 $j > i$，任何使用松弛步骤的最短道路算法都会在计算到 v_j 的最短道路之前先计算到 v_i 的最短道路。特别是，一旦成功计算了到 v_j 的最短道路，即 $\delta(v_j) = \Delta(v_j)$，则下一时间边 (v_j, v_{j+1}) 被松弛并得到 $\delta(v_{j+1}) = \Delta(v_{j+1})$。

⊖ 例如在图 10.5 中，如果从 x 出发到 w，那么 B_5 将在 B_1 和 B_2 输出后输出，但是 B_5 将在 B_3 输出前输出。——译者注

⊖ 在道路问题中，边的权值通常也称作"边的长度"。——译者注

10. 3. 1 Bellman-Ford 单源最短道路算法

Bellman-Ford 算法本质上基于如下递推式：

$$\delta(v) = \min_{u \in \ln(v)} \{\delta(u) + w(u, v)\}$$

其中 $\ln(v)$ 表示满足 $(u, v) \in E$ 的顶点 $u \in V$ 的集合。到 v 的最短道路必须以一条进入 v 的边作为最后一条边。该算法（图 10.6）事实上维护了从源顶点 s 到所有顶点 v 的最短道路长度的上界 $\Delta(v)$——对于所有 $v \in V - \{s\}$ 设置初值为 $\Delta(v) = \infty$，并设置 $\Delta(s) = 0 = \delta(s)$。基于类似的推理过程，之前的递推式可以根据 Δ 重写为

$$\Delta(v) = \min_{u \in \ln(v)} \{\Delta(u) + w(u, v)\}$$

Algorithm 3: SSSP (V, E, s)

1　初始化 $\Delta(s) = 0$，并对所有 $v \in V - \{s\}$ 初始化 $\Delta(v) = \infty$；
2　**for** $i = 1$ to $|V| - 1$ **do**
3　　**for** 所有 $e \in E$ **do**
4　　　Relax (e)
5　对所有 $v \in V$ 输出 $\delta(v) = \Delta(v)$。

图 10.6　Bellman-Ford 单源最短道路算法

请注意，如果对于任意 $u \in \ln(v)$ 都有 $\Delta(u) = \delta(u)$，那么在应用 relax(u, v) 之后，$\Delta(v) = \delta(v)$。

该算法的正确性源于之前的讨论以及如下关键性观察结果。

观察结果 10.10　*在 i 次迭代之后，若顶点 v 的最短道路由不超过 i 条边组成，则有 $\Delta(v) = \delta(v)$。*

它的证明很容易通过对 i 进行归纳而得到。

因此，该算法将在 $n - 1$ 次迭代中找到至多由 $n - 1$ 条边组成的所有最短道路（参见图 10.7）。然而，如果图中有一个负权值回路，那么可能需要更多次迭代。事实上，此时这个问题已经不再具有良性定义。我们可以指定仅输出简单道路（没有重复的顶点），但是这个变体却不易处理[⊖]。不过，我们可以使用 Bellman-Ford 算法来检测给定图中是否存在负权值回路（参见习题 10.7）。由于每次迭代都涉及 $O(|E|)$ 次松弛操作——每条边一次，因此总运行时间的界是 $O(|V| \cdot |E|)$。

为了计算实际的最短道路，我们跟踪由松弛步骤决定的顶点的前驱（predecessor）。于是最短道路可以按照前驱链接来构建（参见习题 10.9）。

10. 3. 2 Dijkstra 单源最短道路算法

如果图中没有负数权值的边，那么我们就可以利用这一特性设计一个更快的算法。只有非负权值时，我们实际上可以确定哪个顶点已满足 $\Delta(v) = \delta(v)$。在 Bellman-Ford 算法的例子中，每次迭代至少有一个顶点计算出了它的最短道路，但是无法确定。此时，我们维护顶点集的一个划分 U 和 $V - U$，使得 $s \in U$，并且以下不变式成立：对于任意 $v \in U$，都有 $\Delta(v) = \delta(v)$。对于非负权值，我们可以给出如下断言。

⊖　这等价于最长道路问题，而我们知道这是一个难解问题。

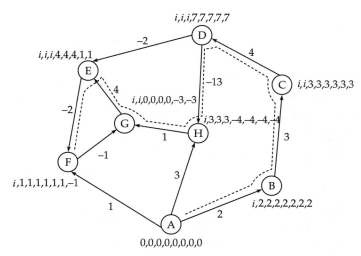

图 10.7 （顶点 A 为源点）对于每个顶点，标出了 Bellman-Ford 算法迭代过程中的连续标签值，其中 i 表示 ∞。虚线给出了最终计算出的到顶点 F 的最短道路

观测结果 10.11 $\Delta(v)$ 最小的顶点 $v \in V - U$ 满足 $\Delta(v) = \delta(v)$。

我们使用反证法来证明这一点。假设某个顶点 v 在一次迭代后具有最小的标签值⊖，且 $\Delta(v) > \delta(v)$。考虑一条最短道路 $s \rightsquigarrow x \rightarrow y \rightsquigarrow v$，其中 $y \notin U$ 且 y 之前道路 $s \rightsquigarrow x$ 中的所有顶点都在 U 中。由于 $x \in U$，$\Delta(y) \leqslant \delta(x) + w(x, y) = \delta(y)$ 以及所有边的权值都是非负的，因此 $\delta(y) \leqslant \delta(v) < \Delta(v)$。于是，$\Delta(y) = \delta(y)$ 严格小于 $\Delta(v)$，这与 $\Delta(v)$ 的最小性产生矛盾。

请读者在图 10.7 给出的图中运行该算法（图 10.8），并验证确认它未能给出正确结果。然后将所有权值设为非负值并重试。

Algorithm: SSSP (V, E, s)

1　初始化 $\Delta(s) = 0$，并对所有 $v \in V - \{s\}$ 初始化 $\Delta(v) = \infty$；
2　$U \leftarrow \{s\}$；
3　**while** $V - U \neq \varnothing$ **do**
4　　　$x = \arg\ \min_{w \in V - U} \Delta(w)$；
5　　　$\delta(x) = \Delta(x)$；将 x 加入集合 U；
6　　　对所有边 (x, y) 执行 relax(x, y)；

图 10.8　单源最短道路的 Dijkstra 算法

Dijkstra 算法所利用的一个关键特性在于：由于边的权值都是非负的，因此沿任意最短道路 $s \rightsquigarrow u$ 前行，最短道路长度都是非减的。类似地，我们还可以有如下断言。

观察结果 10.12　自 s 开始，顶点以其最短道路长度的非递减顺序插入 U 中。

我们可以从 s 开始（$\delta(s) = 0$），通过对顶点的归纳来证明它。假设直至第 i 次迭代它

⊖　指的即是 $\Delta(v)$。——译者注

都是正确的，即对所有顶点 $v \in U$ 和任一顶点 $x \in V-U$ 都满足 $\delta(v) \leqslant \delta(x)$。设 $u \in V-U$，$\Delta(u)$ 是最小的，则可断言 $\Delta(u) = \delta(u)$（根据前述观察结果 10.11），且对任意 $x \in V-U$ 有 $\Delta(u) \leqslant \Delta(x)$。假设 $\delta(x) < \delta(u)$，而后将之前论述进行扩展，令 y 为 $s \rightsquigarrow x$ 中 $x \notin U$ 的最早前驱。于是，$\Delta(y) = \delta(y) \leqslant \delta(x) < \delta(u) = \Delta(u)$，这与 $\Delta(u)$ 的最小性相矛盾。

为了有效地实现该算法，我们根据顶点 $v \in V-U$ 的值 $\Delta(v)$ 维护最小堆，使得可以在 $O(\log n)$ 步骤内选择值最小的顶点。每条边恰被松弛一次，因为只有与 U 中顶点相关联的边才会被松弛。然而，由于松弛操作，某些顶点的 $\Delta()$ 值可能会变化，这些变化需要在堆中更新。由此得到运行时间为 $O((|V|+|E|)\log|V|)$。

10.3.3　任意两点之间的最短道路算法

现在考虑计算所有点对 $u, w \in V$ 之间的最短道路长度 $\delta(u, v)$ 的问题。我们可以使用之前的算法对每个可能的源顶点进行计算。运行时间为 $O(|V| \cdot |V| \cdot |E|)$，即 $O(|V|^2 \cdot |E|)$ 个步骤。对于具有接近 $|V|^2$ 条边的稠密图而言，这将导致 $O(|V|^4)$ 的运行时间。我们将尝试显著地改进此性能。

我们首先将顶点任意编号为 $\{1, 2, \cdots, |V|=n\}$。假设图 G 使用邻接矩阵 $\boldsymbol{A}_G$ 表示，其中 $\boldsymbol{A}_G[i, j] = w(i, j)$ 表示边 (i, j) 的权值。如果 i 和 j 之间不存在边，那么定义 $w(i, j) = \infty$。我们定义 $D_{i,j}^k$ 为顶点 i 到顶点 j 且不使用任何编号大于 k 的中间顶点（两端 i 和 j 不属于中间顶点）的最短道路的长度。对于给定的 k 值，这限制了道路的选择；然而由于所有顶点的编号范围是 $[1, \cdots, n]$，因此 $\delta(i, j) = D_{i,j}^n$。而且，我们定义 $D_{ij}^0 = w(i, j)$。对于所有 $i, j \in \{1, 2, \cdots, n\}$，由下述递推式可以得到一个基于动态规划的有效算法。

$$D_{i,j}^k = \begin{cases} w(i, j) & k=0 \\ \min\{D_{i,j}^{k-1}, \ D_{i,k}^{k-1} + D_{k,j}^{k-1}\} & 1 \leqslant k \leqslant n \end{cases} \tag{10.3.1}$$

上式成立的原因可以通过比较 $D_{i,j}^k$ 和 $D_{i,j}^{k-1}$ 来得到。如果前者不使用任何编号为 k 的顶点，则 $D_{i,j}^k = D_{i,j}^{k-1}$；否则，包含编号为 k 的顶点的最短道路包含两个子道路——一条子道路从 i 到 k（不使用编号为 k 的顶点作为中间顶点），另一条子道路从 k 到 j（同样不使用编号为 k 的顶点作为中间顶点）。这两条子道路分别对应于 $D_{i,k}^{k-1}$ 和 $D_{k,j}^{k-1}$。读者还可以思考为什么在从 i 到 j 的最短道路上不能多次访问 k。

将该递推式细化为具体算法的其余细节留作习题（习题 10.10（ⅰ））。我们希望读者能注意思考如何计算实际道路。由于每条道路的长度可以是 $|V|-1$[⊖]，因此道路总长度总计为 $\Omega(n^3)$。我们鼓励读者设计一个这样的图。

与之不同，我们可以利用子道路的最优性来减少存储。我们只存储道路 $P_{i,j}$（从 i 到 j 的最短道路中的顶点序列）的第一条边。假设该边为 i_1，那么我们可以找到表项 $P_{i_1,j}$ 的下一个顶点。如果最短道路 $P_{i,j} = i = i_0, i_1, i_2, \cdots, i_m = j$，那么我们将查找该矩阵 $m-1$ 次。就道路长度而言，这是最优的。

10.4　计算赋权图中的支撑子

给定一个赋权无向图，我们可以构造一棵最小支撑树，它是保持连通性的最小总权值子图。以源顶点为根的最短道路树是使用 Dijkstra 算法或 Bellman-Ford 算法构造的子图，

⊖　这又与不存在负权值回路有关。

该子图保持了自源顶点的最短道路长度。如果我们希望构造一个子图，它保持了所有顶点对之间的最短道路，并且与原始图相比，它的大小要小得多，那么该如何做？显然，我们不能从一棵树中删除任何边，因为它使得图不再连通。我们可能会猜想：在稠密的子图中，尤其是有 n 个顶点和 $\Omega(n^2)$ 条边的情况下，这是可能的。

我们马上能想到的一个直接反例是完全二部图。如果我们从这个图中删除任一条边，那么替代（这条边的）道路必须至少有 3 条边。因此即使对于未赋权的图，也无法保证能得到一个保持点对间距离的真子图。事实上，前述示例可使我们得到如下观察结果。图的周长（girth）g 定义为图中最小回路的长度。当我们从图中删除任一条边 e 时，替代道路 $\Pi(e)$（如果存在）与 e 定义了长度至少为 g 的简单回路，即 $\Pi(e)$ 的长度至少为 $g-1$。由于二部图的周长是 4，因此前述示例是对于图的周长的依赖性的一个特例：对于完全二部图这一族图而言，周长为 4。

这就迫使我们重新定义问题，允许在子图中的替代道路稍长，以获得更大的灵活性。给定图 $G=(V, E)$ 的一个 t 支撑子（t spanner）是它的一个子图 $S=(V, E_S)$，使得对于任意一对顶点 $u, w \in V$，u 和 w 之间分别在 S 和 G 中的最短道路长度满足 $\delta_S(u, w) \leqslant t \cdot \delta_G(u, w)$。此处 δ 表示最短道路的长度。二部图的例子告诉我们，对于某些图，我们无法使得 $t<3$；然而，对于任意的图，甚至当边具有任意的实数权值时，我们是否能得到一个 3 支撑子这个问题还很难回答。此外，我们是否可以得到一个大小为 $o(n^2)$ 的更小的子图？

t 支撑子的计算问题涉及如何在 t 的值和支撑子的大小之间进行权衡。它在路由网络、分布式计算和具有可确保近似比的近似最短道路问题等方面有着实际应用。以下算法可构造一个具有 $O(n^{3/2})$ 条边的 3 支撑子[一]。

我们将使用如下记号

（i）$w(u, v)$：边 (u, v) 的权值。

（ii）$N(v, S) = \arg\min_{u \in S} w(v, u)$[二]，$\mathcal{N}(v, S) = \{x \mid w(v, x) \leqslant N(v, S)\}$，即它是所有比最近采样顶点更接近的顶点构成的子集。

如果 v 在 S 中没有邻点，那么 $\mathcal{N}(v, S) = \{x \mid (v, x) \in E\}$，即 v 的所有邻点。

图 10.9 描述的算法有两个不同阶段。在第 1 阶段，我们构建各个簇（cluster）$C(x)$；在第 2 阶段，我们将顶点连接到其他簇（参见图 10.9）。每个簇 $C(x)$ 由一个采样顶点 x 和所有其他未采样顶点定义，未采样顶点满足 x 是距离它们最近的采样顶点。图 10.10 给出了这两个阶段的图示说明。我们将首先证明输出的边集（记作 E_S）的确是 3 支撑子。为此，我们将给出如下性质。

断言 10.1　对于任一条边 $(u, v) \in E - E_S$，存在一个由至多 3 条边组成的替代道路 Π，满足其中每条边的权值至多为 $w(u, v)$。

一旦证明了这一断言，那么 3 支撑子这一性质就很容易得到[三]。为此，我们考虑两类边 (u, v)，可参见图 10.10。

一　下述算法为简单起见，基于所有边权值不同这一假设。——译者注

二　从后文来看，$N(v, S)$ 既指边的最小权值 $w(v, u)$，也指取得此值时的顶点 u。——译者注

三　并不是每个 3 支撑子都必须满足断言 10.1。

Procedure 3-spanner $(G(V, E, w))$

1　输入：赋权无向图 $G(V, E, w)$；

2　令 $R \subseteq V$ 为随机的样本点集合，其中每个顶点 $v \in V$ 以概率 $\dfrac{1}{\sqrt{n}}$ 被选择包含在 R 中；

3　$E_S \leftarrow \varnothing$；

4　**第 1 阶段**；

5　**for** $v \in V$ **do**

6　$\quad \lfloor \quad E_S \leftarrow E_S \cup \{(v, u) \mid u \in \mathcal{N}(v, R)\}$；

7　对于每个样本点 $x \in R$，定义簇 $C(x) = \{v \mid N(v, R) = x\}$；

8　（即所有最近样本点为 x 的顶点 v）；

9　**第 2 阶段**；

10　**for** $v \in V$ **do**

11　$\quad$ **for** 所有满足 $v \notin C(x)$ 的簇 $C(x)$ **do**

12　$\quad \quad \lfloor E_S \leftarrow E_S \cup \{(v, y)\}$，其中 $y = N(v, C(x))$ 且 $(v, y) \in E - E_S$；

13　输出 E_S；

图 10.9　赋权 3 支撑子算法

- 簇内的缺失边。假设对于某个 x 而言 u，$v \in C(x)$，则 $(u, x) \in E_S$ 且 $(v, x) \in E_S$。x 可被视作簇 $C(x)$ 的中心。因此，u 和 v 在支撑子中存在一条道路 $\{u, x, v\}$。由 $v \notin \mathcal{N}(u, R)$ 及 $\mathcal{N}(u, R)$ 包含 u 的所有距离 u 不超过 $w(u, x)$ 的邻点，可知 $w(u, x) \leqslant w(u, v)$。同样，有 $w(v, x) \leqslant w(u, v)$。于是在支撑子中 u 和 v 之间存在由两条边组成的道路，其权值不超过 $2w(u, v)$。

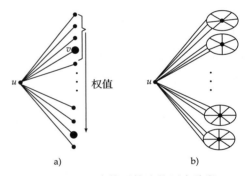

权值

图 10.10　3 支撑子算法的两个阶段

- 簇间的缺失边。假设 $v \in C(x)$ 且 $u \notin C(x)$[⊖]。在第 2 阶段，必然添加了边 (u, y)，其中 $y = N(u, C(x))$（即从 u 到簇 $C(x)$ 的具有最小权值的边）。显然有 $y \in C(x)$。考察道路 $\{u, y, x, v\}$——所有三条边都属于 E_S。由 $u \notin \mathcal{N}(v, R)$ 可知，$w(v, x) \leqslant w(u, v)$。同样，由 $u \notin \mathcal{N}(y, R)$ 可得 $w(y, x) \leqslant w(y, u)$。此外，由于在第 2 阶段中添加了 (u, y)，所以 $w(u, y) \leqslant w(u, v)$。于是

$$w(u, y) + w(y, x) + w(x, v) \leqslant w(u, y) + w(u, y) + w(u, v) \leqslant 3w(u, v)$$

这表明道路 $\{u, y, x, v\}$ 中边的权值和不超过 $3w(u, v)$。

我们现在继续证明支撑子大小的界。我们将实际计算输出 E_S 的期望边数的界。由于每个顶点都是以概率 $1/\sqrt{n}$ 独立选择的，因此 $|R|$ 的期望大小——也就是簇的期望数量——为 $\sqrt{n}$。如图 10.10a 所示，站在顶点 u 的视角来看。从顶点 u 开始，在第一个采样顶点 v 之前的所有边（假设以权值的递增顺序排列）都包含在 E_S 中。记这样的边的数目为 X_u，X_u 是取值为 1 到 $\deg(u)$ 之间的值的随机变量。下面对 $\mathbb{E}[X_u]$ 进行估计。请注意，如果 u 的

⊖　u 和 v 都必然与 R 中的点相邻。否则，例如假设 v 不与 R 中任何点相邻，那么 $\mathcal{N}(v, R)$ 就是 v 的所有邻点，自然也包括 u，由图 10.9 的步骤 6 可知 $(u, v) \in E_S$。——译者注

前 $k-1$ 个邻点都未被选作 $N(u,R)$，并且选择了第 k 个邻点作为 $N(u,R)$，则 X_u 等于 k。此事件的概率正好为 $(1-1/\sqrt{n})^{k-1}\cdot 1/\sqrt{n}$。当然，如果 u 的度数小于 k，则此事件的概率为 0。由此可知，X_u 的期望值最大为 $\sum_k k\cdot(1-1/\sqrt{n})^{k-1}\cdot 1/\sqrt{n}$，该式等于 $\sqrt{n}$。因此第 1 阶段中包含的总期望边数为 $\sum_{u\in V} X_u$，

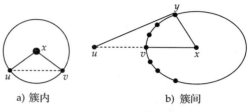

其期望值为 $\mathbb{E}\left[\sum_{u\in V} X_u\right]=\sum_{u\in V}\mathbb{E}[X_u]\leqslant n\sqrt{n}=O(n^{3/2})$。

在第 2 阶段中，每个顶点最多可能向（期望为）$\sqrt{n}$ 个簇中的每一个添加 1 条边，易知总边数的界也是 $n\sqrt{n}=O(n^{3/2})$，参见图 10.11。

a) 簇内   b) 簇间

图 10.11   拉伸界

引理 10.1   前述算法输出的支撑子的期望为 $O(n^{3/2})$，且如前所述，已达最优可能[⊖]。

为分析该算法的运行时间，我们注意到在第 1 阶段中，每个顶点 u 可以在正比于其度数 $\deg(u)$ 的时间内确定 $\mathcal{N}(u,R)$，这意味着其以 $O(|E|)$ 为界。在第 2 阶段中，每个顶点必须可以识别出它在各个簇中的所有邻点，之后从每个簇中选择最近的邻点。这可以通过对标签 u 以及所有顶点的簇标签（期望数量为 $\sqrt{n}$ 个）进行排序来完成。有 $|E|$ 个具有 (u,c) 形式的二元组，其中 $u\in[1,\cdots,|V|]$，$c\in[1,\cdots,\sqrt{V}]$。使用基数排序，这可以在 $O(|V|+|E|)$ 步骤内完成。当一个簇的所有边都相邻时，可以在线性时间内选择最近的边。

定理 10.2   对于赋权无向图 $G=(V,E)$，可以在 $O(|V|+|E|)$ 步骤内构造它的一个期望大小为 $O(|V|^{3/2})$ 的 3 支撑子。

10.5   全局最小割

给定（连通）图 $G=(V,E)$ 的一个割集（cut）指的是部分边的集合，当删除这些边时，该图将不再连通。在下一章中，我们将考虑一个相关的概念，称作 s-t 割，其中 s 和 t 是图中的两个（特殊）顶点。这里的 s-t 割指的是一组边，删除它们将使得 s 和 t 不连通。最小割（min-cut）指的是使得图不连通的最小边数，有时也称作全局（global）最小割，以区别于 s-t 最小割。当边关联有非负的权值时，可以自然地类似得到最小割问题的赋权形式。割也可以由顶点的集合 S 表示，其中割边是连接 S 和 V-S 中顶点的边。

长期以来，人们一直认为最小割问题比 s-t 最小割更难求解——事实上，早期的最小割算法是对于所有点对 s，$t\in V$ 确定其 s-t 最小割的。s-t 最小割可以由 s-t 最大流算法确定，而且这些年以来，已经产生了全局最小割问题到 s-t 流问题的改进归约，使得现在可以在一次 s-t 流的计算中解决问题。

与这类方法截然不同的是，首先是 Karger，之后是 Karger 和 Stein，他们设计了（比最大流）更快的算法，可以高概率计算出最小割。该算法可以产生一个很可能是最小割的割。

⊖   在图论中，已有结论：存在 $\Omega(n^{3/2})$ 条边的图，其周长至少为 5。进而可以证明：若图 G 有 n 个顶点，H 是 G 的一个 3 支撑子，则 H 有 $\Omega(n^{3/2})$ 条边。——译者注

10.5.1　收缩算法

算法的基础是本节描述的收缩过程。基本操作 contract(v_1，v_2)使用新顶点 v 替换顶点 v_1 和 v_2，并将 v 关联的边集指定为 v_1 和 v_2 相关联的边的并集。如果同时存在 v_1 和 v_2 到公共顶点 w 的边，那么我们将所有这些边保留为 v 和 w 之间的重边。请注意，根据定义，v_1 和 v_2 之间的边将消失。

图 10.12 中提及的过程采用一个参数 t，并保持收缩边直至只剩下 t 个顶点。此时，如果我们删除所有现有的边，那么它将产生一个割，将图分割成 t 个连通分支。过程 Partition(2)将产生 V 的一个 2 划分，它定义了一个割。如果这是一个最小割，那么我们就完成了所需工作。我们必须仔细思考如下这两个问题：

1. 这个割恰为最小割的可能性有多大？
2. 我们如何确定它是否为最小割？

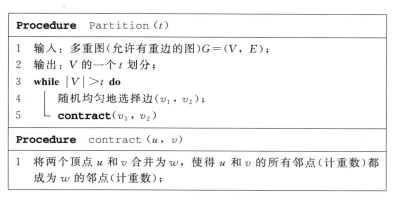

图 10.12　计算 t 划分的算法

问题 2 涉及一个更一般性的问题，即如何验证蒙特卡罗（Monte Carlo）随机算法的正确性？在大多数情况下，并不存在有效的验证过程，我们只能在概率的意义上断言其正确性。在这个问题中，我们将证明收缩算法将以概率 p 得到最小割。于是，如果运行算法 $1/p$ 次，最小割出现次数的期望至少为 1。在算法运行 $O(1/p)$ 次所输出的所有割中，我们选择割值最小者。如果在任何独立运行中的确产生了最小割，那么我们就将得到最小割。

10.5.2　最小割的概率

我们现在分析该算法。固定一个最小割 C（很容易构造存在多个最小割的示例图），并计算该算法输出 C 的概率。如果 C 被输出，那么意味着 C 的任何边都没有收缩。设 $A(i)$ 表示在第 i 次迭代时 C 中的边被收缩的事件，$E(i)$ 表示在前 i 次迭代中没有任何一条 C 中的边被收缩的事件。令 $\overline{A}(i)$ 表示事件 $A(i)$ 的补。

如果 n_i 表示 i 次迭代后的顶点数（最初的 $n_0=n$），那么我们有 $n_i=n-i$。我们首先认为 C 的边在第一次迭代中收缩的概率至多为 $2/n$。事实上，令 k 表示顶点的最小度数。删除与这样一个顶点相关的边将产生一个割，因此，C 中的边数至多为 k。由于图中的边数至少为 $kn/2$（因为各顶点度数之和是边数的两倍），因此 $A(1)$ 的概率至多为 $k/(kn/2)=2/n$ ⊖。

⊖　我们考虑的是无权重的情况，但是本证明也可以使用多重集合而扩展至（有理数权值）赋权图的情况。

由此，我们看到 $\Pr[\overline{A}(1)]\geqslant 1-2/n$，类似地，$\Pr[\overline{A}(i)\mid \mathcal{E}(i-1)]\geqslant 1-2/n_{i-1}$。然后，利用条件概率的性质可得

$$\Pr[\mathcal{E}(i)]=\Pr[\overline{A}(i)\bigcap \mathcal{E}(i-1)]=\Pr[\overline{A}(i)\mid \mathcal{E}(i-1)]\cdot \Pr[\mathcal{E}(i-1)]$$

使用这一等式可递推得到

$$\Pr[\mathcal{E}(n-t)]\geqslant \prod_{i=1}^{n-t}(1-2/n_{i-1})=\prod_{i=1}^{n-t}\left(1-\frac{2}{n-i+1}\right)\geqslant \frac{t(t-1)}{n(n-1)}$$

断言 10.2 某个确定的最小割 C 在 Partition(t) 执行完成时仍保留的概率至少为 $\dfrac{t(t-1)}{n(n-1)}$。

因此，Partition(2) 以概率 $\Omega(1/n^2)$ 产生一个最小割。重复此算法 $O(n^2)$ 次将确保至少输出一次最小割。如果每次收缩可以在 $t(n)$ 时间内完成，那么期望运行时间为 $O(t(n)\cdot n\cdot n^2)$。

若使用邻接矩阵表示，则可以在 $O(n)$ 步骤内执行收缩操作。我们现在讨论使用上述数据结构选择一条随机边的问题。

断言 10.3 边 E 可以在算法的任意阶段以 $O(n)$ 步骤随机均匀地被选择。

选择边的方法如下所示。

- 以概率 $\dfrac{\deg(v)}{\sum\limits_{u\in V}\deg(u)}=\dfrac{\deg(v)}{2\mid E\mid}$ 随机选择一个顶点 v

- 以概率 $\dfrac{\#E(v,w)}{\sum\limits_{z\in N(v)}\#E(v,z)}=\dfrac{\#E(v,w)}{\deg(v)}$ 随机选择一条边 (v,w)

式中，$\#E(u,v)$ 表示 u 和 v 之间的边数，$N(v)$ 表示 v 的邻点集合。

因此，任一条边 (v,w) 被选择的概率为

$$=\frac{\#E(v,w)}{\deg(v)}\cdot \frac{\deg(v)}{2\mid E\mid}+\frac{\#E(w,v)}{\deg(w)}\frac{\deg(w)}{2\mid E\mid}$$

$$=\frac{\#E(v,w)}{\mid E\mid}$$

于是，该方法选取边的概率与 v 和 w 之间的边数成正比。当不存在重边时，所有的边以等概率被选取。对于整数权值的情况，也可直接推广至赋权采样。使用邻接矩阵 $\boldsymbol{M}$ 来存储图，其中 $\boldsymbol{M}(v,w)$ 表示 v 和 w 之间的边数，则可以在 $O(n)$ 时间内合并顶点 v 和 w。如何设计 Partition(2) 的有效实现方法留作习题（习题 10.24）。

拓展阅读

有很多关于图论的优秀教材（如[42，61]）。最短道路问题是图论中最基本的算法问题之一。使用 Fibonacci 堆，Dijkstra 算法可以在 $O(m+n\log n)$ 时间内实现[53]。Thorup 将其改进为 $O(m+n\log\log n)$ 时间的算法[141]。

Karger 的最小割算法[74]期望运行时间为 $O(n^2 m)$。Karger 和 Stein 将此结果扩展为 $O(n^2\log^3 n)$ 时间算法[76]。Peleg 和 Schaeffer 正式引入了图的支撑子这一概念[115]，它可应用于分布式计算。Althöfer 等人描述了一种基于 Dijkstra 算法的贪婪算法[11]，可获得

$2k-1$ 的拉伸界，但运行时间为 $O(mn^{1+1/k})$。Thorup 和 Zwick 将其改进至 $O(mn^{1/k})$[142]。本章中介绍的算法遵循了 Baswana 和 Sen 所设计的首个 $O(m+n)$ 的线性时间算法[15]。

习题

10.1 **图论问题。**

1. 证明任一图中至少有两个顶点度数相同。

2. 给定一个度数序列 $d_1, d_2, \cdots, d_n$，使得 $\sum_i d_i = 2n-2$，要么构造顶点具有这些度数的树，要么证明不存在这样的树。

3. 在具有六个顶点的完全图中，边被着以红色或蓝色，证明：其中要么有一个红色三角形，要么有一个蓝色三角形(三角形是三个顶点的集合，每对顶点之间有一条边)。

10.2 证明与有向图中的强连通分支相对应的图 $\mathcal{G}$(请参阅 10.2 节)是 DAG。

10.3 在适当修改 DFS 算法的基础上，设计用于拓扑排序的线性时间算法，或者可以判定给定图不是 DAG。

10.4 严格证明图 10.4 所示算法的正确性。

10.5 考虑无向图的边上的如下关系：如果存在简单回路同时包含边 e 和 e'，则 e 和 e' 具有该关系；并且边 e 始终与自身具有该关系。证明：这个关系是一个等价关系；且如果一个顶点 v 与属于该关系的不同等价类的两条边都相关联，则 v 是一个割点。

10.6 说明如何使用 LOW 值的递归定义，对于 $v \in V$，在线性时间内计算 LOW(v) 以及它的 DFS 编号。这应在深度优先搜索中同时完成。

10.7 描述一个检测给定有向图是否包含负权值回路的有效算法。

10.8 描述一个有效算法，可以在不存在负数权值的赋权图中，找到顶点 u 和 v 之间的次短道路。次短道路与最短道路必须至少有一条边相异，并且可能具有与最短道路相同的权值。

10.9 证明：如果图中没有负权值回路，则由 Bellman-Ford 算法所定义的前驱构成一棵树(称作最短道路树)。

10.10 (ⅰ)利用递推式(10.3.1)，设计并分析计算最短道路的动态规划算法。

(ⅱ)如何修改算法以得到实际的最短道路？

10.11 **转换为非负赋权图。** 如果所有边的权值 $w()$ 都是非负的，那么可以从各个不同顶点使用 Dijkstra 算法来计算 APSP，这比从每个顶点使用 Bellman-Ford 算法计算 APSP 要快。为此，我们将对顶点赋以权值 $g: V \to \mathbb{R}$。而后，将边的权值(u, v)转换为 $w'(u, v) = w(u, v) + g(u) - g(v)$。如果可以确保 $w(u, v) - (g(v) - g(u)) \geq 0$，那么就有 $w'() \geq 0$。

(ⅰ)对于任意两条道路(不一定是最短道路)$P = v_s = v_0, v_1, \cdots, v_k = v_d$ 及 $P' = v_s = v_0, v'_1, v'_2, \cdots, v_m = v_d$，证明 $w(P) \geq w(P') \Leftrightarrow w'(P) \geq w'(P')$，即保留了道路权值的相对次序。

(ⅱ)定义满足所需性质的函数 g。

(ⅲ)分析算法的总体运行时间(包括权值转换过程)，并与所有边权值均非负的 Dijkstra 算法的运行时间进行比较。

10.12 证明：使用 DFS 可以在 $O(|V|+|E|)$ 步骤内计算无向图的双连通分支。

10.13 无向图 $G = (V, E)$ 的直径(diameter)定义为 $\max_{u,v \in V}\{d(u, v)\}$，其中 $d(u, v)$ 是顶点 u 和 v 之间的最短距离。达到最大距离的顶点对称作直径对(diametral pair)。

(ⅰ)设计一个算法，无须计算 APSP 距离即可求得给定图的直径。

(ⅱ)将算法扩展到赋权图。

提示：如果 x 是直径对之间最短道路中的顶点，那么从 x 执行 SSSP 将产生此距离。选择一个适当大小的随机子集。

10.14 给定极大道路长度为 k 的有向无圈图。设计一个有效的算法，可以将顶点划分为 $k+1$ 个集合，使得任一集合中任意一对顶点之间都不存在道路。

10.15　对于给定的无向图，请描述一个算法，可以确定该图是否包含一个偶数长度的回路。对于奇数长度的回路，你也能这样做吗？

10.16　给定无向连通图 G，如下定义其双连通分支图 H：对于 G 的每个双连通分支和割点，H 中都有一个顶点与之对应。如果 x 是双连通分支 y 中的割点，则在 H 中 x 和 y（对应的顶点）之间存在一条边。

　　（ⅰ）证明：H 是一棵树。

　　（ⅱ）使用 H（或其他方法），设计一个有效的算法，在 G 中添加最少数量的边使其成为双连通的。

10.17　如果一个有向图中每个顶点的入度都等于出度，则为欧拉图。证明：在欧拉图中，存在一条从顶点 v 开始，恰经过图中每一条边一次，最后终止于 v 的道路。设计一个有效的（线性时间）算法来寻找这样的巡游。

10.18　如果在有 n 个顶点的无向图中，一个度数为 1 的顶点（刺）与一个度数为 2 的顶点（尾）相邻，这个度数为 2 的顶点与一个度数为 $n-2$ 的顶点（身）相邻，这个度数为 $n-2$ 的顶点与其余 $n-3$ 个顶点（足）相邻，则称该图为蝎形图（scorpion）。部分足顶点可能彼此相邻。给出一个 $O(n)$ 时间的算法验证给定的 $n \times n$ 邻接矩阵是否表示一个蝎形图。

10.19　给定一个无向图，我们给每条边指定一个方向，使得到的图是强连通的。设计一个线性时间算法，对于给定的无向图，要么输出一个这样的定向方案，要么表明不存在这样的定向方案。

10.20　给出一个无向图 $G=(V, E)$，设计一个有效的算法，以找到最大（即顶点的数目最多）的子图，其中每个顶点的度数至少为 k（或者表明不存在这样的子图）。

10.21　证明观察结果 10.7。

10.22　描述求给定无向图周长的有效算法。图的周长定义为其中最小回路的长度。

10.23　对于非赋权图，(α, β) 支撑子是它的一个子图。对于任何（在原图中）长度为 p 的道路，在该子图中这条道路两端之间的距离不超过 $\alpha \cdot p + \beta$。其中 $\alpha \geqslant 1$、β 是常数。t 支撑子是 $\alpha=t$ 和 $\beta=0$ 时的一个特例。

　　是否能够修改构造过程使之产生（2，1）支撑子？

　　提示：对于任一条道路 v_0, v_1, v_2, $\cdots$，可以考虑从 v_0 开始，经过 $c(v_1)$，然后是 v_2，再之后是 $c(v_3)$，依次类推，其中 $c(v)$ 表示 v 所在的簇的中心。

10.24　（ⅰ）证明：使用邻接矩阵表示，最小割算法中的收缩操作可以在 $O(n)$ 步骤内完成。

　　（ⅱ）描述在 $O(m \log n)$ 步骤内实现 Partition(2) 的方法。它对于稀疏图将更快。

　　提示：可以使用并查集吗？

最大流及其应用

在本章中，我们将介绍最大流问题。这个问题在运筹学的许多领域中都有大量应用，而且它也充分具有通用性，可以用来处理其他许多看起来毫无关联的问题。最大流问题可以视作输水网络或者交通网络来分析。考虑一个有向图，其中的边具有容量值——将有向图视作输水网络，边就意味着输水管道，边的容量就是管道的横截面积；或者，将有向图视作交通网络，边就意味着连接两个路口的道路，边的容量就是道路的容量（每单位时间可以通过这条道路的车辆数）。图中有一个特殊的"源"顶点和一个特殊的"汇"顶点，分别是流的起点和终点。其他的每个顶点都满足"流量守恒"，即总的流入量等于总的流出量。下面我们正式定义这些概念。

给定有向图 $G=(V, E)$、容量函数 $c: E \rightarrow \mathbb{R}^+$ 及两个指定的顶点 s 和 t（分别称作"源"和"汇"），我们要计算一个流量函数 $f: E \rightarrow \mathbb{R}^+$ 满足

1. 容量限制（capacity constraint）

$$f(e) \leqslant c(e) \quad \forall e \in E$$

2. 流量守恒（flow conservation）

$$\forall v \in V - \{s, t\}, \sum_{e \in \text{in}(v)} f(e) = \sum_{e \in \text{out}(v)} f(e)$$

其中 $\text{in}(v)$ 表示指向顶点 v 的有向边，$\text{out}(v)$ 表示由顶点 v 发出的有向边。

如前所述，我们可以将流视作源于 s 并终止于 t。顶点 v 的总流出量定义为 $\sum_{e \in \text{out}(v)} f(e)$，总流入量定义为 $\sum_{e \in \text{in}(v)} f(e)$。净流量定义为总流出量减去总流入量 $= \sum_{e \in \text{out}(v)} f(e) - \sum_{e \in \text{in}(v)} f(e)$。从流量守恒的性质来看，除 s 和 t 外，其他所有顶点的净流量均为零，而源 s 的净流量是正值，汇 t 的净流量是负值。

> **观察结果 11.1** s 与 t 的净流量的绝对值相等。

我们对除 s 和 t 之外的所有顶点的流量守恒约束进行求和，得到

$$\sum_{v \in V - \{s, t\}} \left(\sum_{e \in \text{out}(v)} f(e) - \sum_{e \in \text{in}(v)} f(e) \right) = 0$$

令 E' 表示不与 s 或 t 关联（无论作为发出点还是指向点）的边的集合。

对于边 $e \in E'$，$f(e)$ 一次因流入而计算，一次因而流出计算，二者相互抵消。于是得到

$$\sum_{e \in \text{out}(s)} f(e) - \sum_{e \in \text{in}(s)} f(e) = \sum_{e \in \text{in}(t)} f(e) - \sum_{e \in \text{out}(t)} f(e)$$

因此，s 的净流出量等于 t 的净流入量。我们将其记做流量 f 的值。如果某个 s-t 流的值在所有流中是最大的，则称其为最大 s-t 流。

计算最大流是组合优化中的一个经典问题，有着大量应用。因此长期以来，设计有效的最大流算法都是许多研究者的课题。由于约束条件和目标函数都是线性的，因此我们可以将

其转化作为线性规划(linear program，LP)问题，并使用 LP 的一种有效(多项式时间)算法。然而，这个 LP 算法还未能证明是强多项式的[⊖]，故而我们还需要探索更有效的算法。

流的道路分解

在我们探索计算最大流的算法之前，我们将讨论一种实用的方法：依据流量守恒性质，可以将任何 s-t 流分解成沿 s-t 道路的流和回路的流的并，其中道路/回路中的流量值对于道路/回路中的每一条边都是相同的。特别地，我们将证明如下结果。

> **定理 11.1(道路分解)** 假设 f 是值为 F 的一个 s-t 流。于是，存在 s-t 道路集合 $\{P_1, \cdots, P_k\}$ 和回路集合 $\{C_1, \cdots, C_l\}$，其中 $k+l \leqslant m$[⊖]；且 $f(P_1), \cdots, f(P_k)$, $f(C_1), \cdots, f(C_l)$ 的值满足，对于任一边 e，$f(e)$ 都等于 $\displaystyle\sum_{i:e \in P_i} f(P_i) + \sum_{j:e \in C_j} f(C_j)$。

首先，流的值必然等于 $\displaystyle\sum_{i=1}^{k} f(P_i)$ (参见习题 11.7)。此外，该定理表明(可以忽略回路，因为回路不会增加流的值)可以通过向沿 s-t 的道路发送流来构造流。

我们通过反复构造道路和回路并从中删除适当流量来证明这个定理。首先，令 E' 表示具有正流量的边集合，G' 是它们的导出子图。假设 E' 非空，否则定理自然成立。设 $e = (u, v) \in E'$ 为具有非零流量的边。由流量守恒性质可知，要么 $v=t$，要么 v 的出度至少为 1(在图 G' 中)。不断如此跟踪发出的边，我们得到一个顶点序列 $v=v_1$，v_2，$\cdots$(由于图的顶点数有限,)要么它将以 t 结束，要么序列中会出现重复的顶点。如果序列中出现了重复的顶点，那么我们就将在 G' 中找到一个回路；否则，我们会在 G' 中找到从 v 到 t 的道路。同样地，沿着进入 u 的边，我们将在 G' 中找到一个回路，或者从 s 到 u 的道路。综上所述，可知要么 G' 中存在回路 C，要么 G' 中存在 s-t 道路 P。

在前一种情况下，令 $f_{\min}$ 表示 C 的所有边中 $f(e)$ 的最小值。我们将回路 C 添加到(关于道路和回路的)列表中，并将 $f(C)$ 定义为 $f_{\min}$。此外，我们将 C 中所有边的流量都减少 $f_{\min}$(注意，减少流量后，各边的流量仍然是非负的，并且依然满足流量守恒)。同样地，在后一种情况下，将 $f_{\min}$ 定义为 P 的所有边中 $f(e)$ 的最小值，且定义 $f(P)$ 等于 $f_{\min}$。我们将 P 中所有边的流量也都减少 $f_{\min}$。对所得到的新的流重复相同的过程，直到它在所有边上的流量都变为 0。很明显，当这个过程终止时，我们得到了所需的流分解特性。因为在每次迭代中，我们至少将一条边上的流量减少为 0，所以不会找到超过 m 条道路和回路。

剩余图(Residual graphs)

道路分解定理表明，得到最大流的一个方法是：寻找适当的道路并沿之发送流量。不幸的是，采用简单的贪婪策略反复寻找从 s 到 t 的道路并沿它们发送流量，也许并不能给出最大流。例如，考虑图 11.1 中所有边容量都是 1 的有向图。在这个例子中，从 s 到 t 的最大流量是 2。但是如果我们沿着道

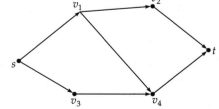

图 11.1   计算最大流的贪婪算法：它可能给不出最优解

⊖　我们在下一章中更精确地定义了这个复杂度类。这可以被认为是一类算法，它们都只根据图的大小进行调整，而与边的权值无关。

⊖　此处的 "m" 表示图中有向边的条数。——译者注

路 $P = s$，v_1，v_4，t 从 s 向 t 发送 1 个单位的流量，并删除所有带有流量 1 的边（"饱和"边），那么我们就无法再找到另一条 s 到 t 的道路。

为了避免陷入类似问题，我们需要引入"撤回过去的错误"这一概念。在图 11.1 的例子中，这意味着要沿着边$(v_4，v_1)$返还 1 个单元的流量。采用该事实的方法之一就是剩余图。对于图 G 和图 G 中的流 f，如下定义剩余图 G_f：G_f 的顶点集与图 G 的顶点集相同。对于图 G 中的每条边 e，其容量和流量分别是 $c(e)$ 和 $f(e)$，我们考虑以下情况（两种情况可能同时发生）：（ⅰ）$f(e) < c(e)$，我们将边 e 也添加到 G_f 中，G_f 中 e 的剩余容量 r_e 定义为 $c(e) - f(e)$——请注意此时我们仍然可以继续在不违反容量限制的情况下向 e 发送流量；（ⅱ）$f(e) > 0$，我们添加边 e'，这是 e 在 G_f 中的反向边，其剩余容量为 $f(e)$——表示沿 e' 发送的流量等于沿 e 撤回的流量。因此，我们可以沿 e' 发送至多 $f(e)$ 的流量（因为沿 e 的撤回流量不能超过 $f(e)$）。如果这两种情况都发生了，那么我们就添加 e 的两个相反方向的副本边（参见图 11.2）。从直观上讲，第一类边称为前向边，第二类边称为后向边。

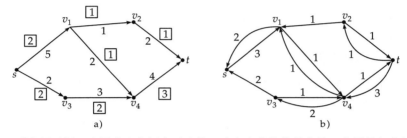

图 11.2　剩余图示例。左图中以方框表示流量，边旁边的数值是容量。右图是相应的剩余图

流量的增广

基于剩余图的概念，我们现在可以给出求最大流的一个改进的类贪心算法。首先，在所有边上将流量 f 初始化为 0。之后假设 f 是当前状态的流，G_f 为关于 f 的剩余图。注意，当 f 改变时，图 G_f 也随之改变。在图 G_f 中，我们寻找一条从 s 到 t 的道路，并令 δ 为该道路上所有边剩余容量的最小值。我们通过沿这条道路发送 δ 个单位流量来增广流 f。更准确地说，对于道路中的每条边 e，我们执行以下步骤：（ⅰ）如果 e 也存在于 G 中，即 e 是一个前向边，那么我们将沿 e 的流量增加 δ 个单位；（ⅱ）如果 e 的反向边（记做 e'）存在于 G 中，即 e 是一个后向边，那么我们将沿 e' 的流量减少 δ 个单位。很容易看到，我们既保持了容量限制约束，又保持了流量守恒约束。这样的道路称作可增广道路（augmentation path）。我们现在有了一个新的流，它的值比之前流的值多 δ 个单位。我们不断重复这个过程，只要我们能找到可增广道路，我们就可以扩大流。当（相对于当前流的）剩余图中不存在可增广道路时，算法终止。我们将在下一节中证明，此时的流必定是一个最大流。

11.1　最大流的性质与算法

11.1.1　最大流与最小割

在本节中，我们给出最大流的值的一个下界。一个割（cut）将顶点集划分为两部分，一部分包含 s，另一部分包含 t。更正式地讲，一个满足 $s \in S$，$t \in T = V - S$ 的顶点 V 的划分$\{S，T\}$称作一个 s-t 割（s-t cut），简称割。我们也使用 $\overline{S}$ 表示 $T = V - S$，即割 S 的补。割的容量定义为 $\sum\limits_{(u,\,v)\in E,\,u\in S,\,v\in T}(c(u,\,v))$，即所有离开 S 的边的容量之和$^\ominus$。我们将使用 out(S) 表示边 $e=(u,\,v)$，其中 $u\in S$，$v\in T$，即所有离开 S 的边。类似地，可以定义进入 S 的边的集合 in(S)。当 S 由单个元素 v 组成时，我们也分别使用 in(v) 和 out(v) 代表 in(S) 和 out$(S)^\ominus$。

易于验证，最大流的值不能超过任一割的容量。直观地讲，即使割$(S,\,T)$ 的 out(S) 中所有边都已饱和（流量等于容量），我们也无法发送超过该割容量的流量。为了正式证明这一点，我们首先写出 S 中每个顶点处的流量守恒约束。若 $v\in S-\{s\}$，则

$$\sum_{e\in \text{in}(v)} f(e) = \sum_{e\in \text{out}(v)} f(e)$$

而对于源顶点 s，有

$$\sum_{e\in \text{in}(v)} f(e) + F = \sum_{e\in \text{out}(v)} f(e)$$

其中 F 是流的值。将所有上述这些约束等式累加，会发现除了进入和离开 S 的流量之外的各项都将相互抵消。换言之，我们将得到

$$F = \sum_{e\in \text{out}(S)} f(e) - \sum_{e\in \text{in}(S)} f(e) \tag{11.1.1}$$

由于 $0\leqslant f(e)\leqslant c(e)$，因此 $F\leqslant \sum\limits_{e\in \text{out}(S)} c(e)$，而这是该割的容量。由于 f 是一个任意的流，且$(S,\,T)$ 是一个任意的割，因此最大流的值不会超过所有割的最小容量值。我们现在证明这两个值实际上是相等的。事实上，我们将证明前述算法找到的流的值恰好等于某个割的容量。因此，该流必然是最大流（且该割必然是最小割，即容量最小的割）。

定理 11.2（最大流-最小割） $s\text{-}t$ 最大流的值＝$s\text{-}t$ 最小割的容量。

我们现在来证明这个结果。回想前述迭代地查找可增广道路的算法。考虑一个流 f，并假定不存在关于它的可增广道路。设 S^* 是在剩余图 G_f 中由 s 可达的顶点之集合，即若 $u\in S^*$，则存在从 s 到 u 的可增广道路。由 S^* 的定义可知，$s\in S^*$ 且 $t\notin S^*$，并记 $T^* = V-S^*$。

考虑图 G 中的边 $e\in \text{out}(S)$。G_f 中不存在 e 对应的前向边（根据 S^* 的定义可知），因此边 e 上的流量必然等于其容量。同样地，对于边 $e\in \text{in}(S)$，必然有 $f(e)=0$；否则，该边的反向边将出现在 G_f 中，与 S^* 的定义相矛盾。那么从式(11.0.1)就可以看出，该流的值必然等于割 S^* 的容量。于是，f 必定是一个最大流。

我们现在来讨论一些求最大流的算法。

11.1.2 Ford-Fulkerson 算法

寻找最大流的 Ford-Fulkerson 算法就基于上述思想，即我们依次寻找可增广道路，直至无法再找到为止。

我们如何能找到一条可增广道路？我们可以在剩余图中进行如 DFS 或 BFS 的图遍历算法，这样就能在线性时间内找到这样一条道路。

由于 Ford-Fulkerson 算法每次都使流的值单调增加（而且流的值存在明显上限），因此

⊖ 本节中 V 表示图的顶点集合，E 表示图的边集合。——译者注
⊖ 原书此句似乎指代不明，译者根据 11.1.3 节中的表达方式做了修改。——译者注

它必定收敛。但尽管如此，我们却无法给出收敛到最大流所需的迭代次数的上界。可以很容易地构造出来一个算法表现差的例子（运行需要指数时间）。事实上，对于容量可能是无理数的情况，该算法只在极限意义下是收敛的[⊖]！

但如果所有边的容量都是整数，那么算法一定会收敛。事实上，考虑一个有 n 个顶点和 m 条边的有向图，令 U 表示所有边的最大容量（假设所有容量都是正整数）。最大流的值的一个平凡上界就是 nU。事实上，流的值等于离开源顶点的流量之和，并且每条离开 S 的边最多可以发出 U 个单位流量。在每次迭代中，剩余容量的值也将是整数，所以沿着可增广道路发送的流也是整数。故而每次迭代都将至少增加 1 个单位的流量值。这就说明，最多可以沿着可增广道路进行 nU 次流的增大，这也使得我们可以对算法的运行时间进行估界。在每次迭代中，我们必须在剩余图中找到一条从 s 到 t 的道路，这需要线性时间（使用任一个图遍历算法）。更新剩余图也需要线性时间。因此，假设 $m \geq n$，每次迭代都需要 $O(m)$ 的时间，这也就意味着算法需要 $O(mnU)$ 的运行时间。事实上，的确存在一些实例的运行时间接近这个界（参见习题 11.3）。

尽管这个界在实践中并不很有用，但它意味着一个有趣的事实，这个事实通常被称为最大流的整性：

> **观察结果 11.2** 假设所有边的容量都是整数，则存在 s 到 t 的最大流，它在每一条边上的流量都是整数。

注意，并非每个最大流都必须是整数的（即使所有边的容量都是整数）。这样的例子很容易构造，因此留作习题 11.1。然而，Ford-Fulkerson 算法表明：所有最大流中至少有一个是整数的。

这个算法也使得我们可以找到一个最小的 s-t 割（假设算法终止，如果所有边的容量都是整数，那么这将发生）。考虑当算法终止时的剩余图 G_f，其中不存在从 s 到 t 的道路。设 S 是在剩余图 G_f 中由 s 可达的顶点的集合，即 $S = \{u : G_f$ 中存在从 s 到 u 的道路$\}$。我们断言 S 就是一个最小割。首先，由之前的论述可知 $s \in S$ 且 $t \notin S$，因此 S 是一个 s-t 割。下面我们断言：通过这个割的流量值恰好等于这个割的容量。事实上，考虑图 G 中的边 $e = (u, v) \in \text{out}(S)$。由定义可知，$u \in S$ 且 $v \notin S$。断言：$f(e) = c(e)$。如若不然，那么 G_f 中存在 e 对应的前向边，再由 G_f 中存在从 s 到 u 的道路，可知 G_f 中也存在从 s 到 v 的道路，这与 $v \notin S$ 产生矛盾。可以类似地证明：对于边 $e \in \text{in}(S)$，必然有 $f(e) = 0$。于是式（11.1.1）就表明该流的值必然等于割 S 的容量，从而 S 必定是一个最小割。

11.1.3 Edmond-Karp 可增广道路策略

事实证明，如果我们每次迭代都在 s 和 t 之间沿最短道路（可以使用 BFS 在未赋权剩余网络中求出）[⊖]增加流量，那么就可以证明得到更优的算法复杂度的界。确保我们做到这一点的基本性质是下述断言 11.1。首先，在一条可增广道路中，我们定义具有最小剩余容量的边为瓶颈（bottleneck）边。

> **断言 11.1** 对于一条固定边而言，它至多可以在 $n/2$ 次迭代中作为瓶颈边。

我们之后很快将证明这一断言，它表明迭代总数为 $m \cdot n/2$ 或 $O(|V| \cdot |E|)$，这是输入大小的多项式。而每次迭代都进行一次 BFS，总运行时间为 $O(n \cdot m^2)$。

11.1.4 单调性引理及迭代次数的界

我们现在来证明断言 11.1。证明背后的思想是：每次我们沿边增广流时，（在剩余图中）该边的一个端点与源顶点 s 的距离都在递增。因为这个距离不可能超过 n，所以我们就可以限定沿该边增广流量的次数。我们现在来正式证明这一断言。让我们先引入一些定义：用 G_k 表示算法迭代 k 次后的剩余图。对于顶点 v 和算法的迭代轮数 k，令 s_v^k 表示剩余图 G_k 中从 s 到 v 的道路中边数的最小值。

我们断言：

$$s_v^{k+1} \geqslant s_v^k$$

我们将使用归谬法来证明。假设对于某个顶点 v 和某次迭代 k 有 $s_v^{k+1} < s_v^k$。而且，在所有这些顶点中，我们选择具有最小 s_v^{k+1} 值的顶点 v。

考虑 G_{k+1} 中最短的 s-v 道路，并令 u 是该道路中 v 的前一顶点。考虑该道路中的最后一条边，即边 (u, v)。于是由于 u 在最短的道路上，所以可得

$$s_v^{k+1} = s_u^{k+1} + 1 \tag{11.1.2}$$

再由选择点 v 时的"最小性"要求可得：

$$s_u^{k+1} \geqslant s_u^k \tag{11.1.3}$$

由式 (11.1.2) 可知：

$$s_v^{k+1} \geqslant s_u^k + 1 \tag{11.1.4}$$

考虑 k 次迭代之后的流量 $f(u, v)$。

情形 1：$f(u, v) < c(u, v)$。在剩余图 G_k 中有对应的前向边 (u, v)，并因此有 $s_v^k \leqslant s_u^k + 1$。由式 (11.1.4) 可知 $s_v^{k+1} \geqslant s_v^k$，导致与假设矛盾。

情形 2：$f(u, v) = c(u, v)$。在剩余图 G_k 中有对应的后向边 (v, u)，且不存在对应的前向边 (u, v)。但我们知道前向边 (u, v) 在剩余图 G_{k+1} 中。所以，第 k 次迭代后的最短可增广道路必须包含边 (v, u)，这表明：

$$s_u^k = s_v^k + 1$$

并由式 (11.1.4) 即可知 $s_v^{k+1} \geqslant s_v^k + 2$，产生矛盾。

现在，我们来对边 (u, v) 可能成为瓶颈边（包括在剩余图的可增广道路中作为后向边 (v, u) 和作为前向边 (u, v)）的次数进行估界。假设该边在第 k 次迭代中是瓶颈边，则边 (u, v) 位于 G_k 中从 s 到 t 的一条最短道路上，因而有 $s_v^k = s_u^k + 1$。由于 (u, v) 是瓶颈边，因此剩余图 G_{k+1} 中不存在前向边 (u, v)，但是存在后向边 (v, u)。

令 $l (\geqslant k+1)$ 表示可增广道路经过后向边 $(v, u)^{\ominus}$ 的下一迭代的轮数。由单调性质可得 $s_v^l \geqslant s_v^k$，继而有：

$$s_v^l \geqslant s_u^k + 1 \tag{11.1.5}$$

于是利用不等式 (11.1.5) 可得：

$$s_u^l = s_v^l + 1 \geqslant s_u^k + 1 + 1 = s_u^k + 2$$

于是，我们可以得出结论：每当 (u, v) 成为一条瓶颈边时，从 u 到 s 的距离就至少增加 2；并因此，它最多可以在 $|V|/2$ 次增广中成为瓶颈边。

$\ominus$ 这时它可能不是瓶颈边。

11.2 最大流的应用

在本节中，我们将介绍最大流的若干应用。其中有一些很直接，而另一些则不那么明显。

11.2.1 边不相交的道路

给定一个有向图，我们可以使用 DFS 检验是否存在从顶点 s 到顶点 t 的道路。然而，我们经常感兴趣于该问题的一个更具鲁棒性的版本。假设我们希望回答以下问题：有一个对手可以从图中任意删除 k 条边；那么是否无论他删除了哪些边，图中都还仍然存在一条从 s 到 t 的道路？例如在图 11.3 中，很容易看出即使删除了任何的一条边，也仍然存在一条从顶点 1 到顶点 6 的道路。然而，如果我们要删除 2 条边，那么我们可以确保不再存在这样的道路（例如，我们可以删除与顶点 1 关联的两条边）。现在，我们要回答如下问题：给定两个顶点 s 和 t，允许对手移除的最大边数是多少，还可以保证必定存在一条从 s 到 t 的道路。

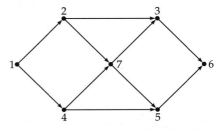

图 11.3　图中边不相交道路的示例

这个问题可以很容易地使用我们目前已经学习过的技术来解答。首先给出一个定义：假设 $\mathcal{P}$ 是从 s 到 t 的道路集合，如果 $\mathcal{P}$ 中任何两条道路都不存在一个公共边（但它们可以有公共顶点），则称这些道路是边不相交的。现在假设从 s 到 t 有 $k+1$ 条边不相交的道路（例如，图 11.3 中有两条从顶点 1 到顶点 6 的边不相交道路）。现在，如果我们从图中任意删除 k 条边，那么仍然存在一条道路没有从中删除任何边。由此，我们得到如下观察结果。

> **观察结果 11.3**　为确保不再存在从 s 到 t 的道路，需要删除的最小边数至少是从 s 到 t 的边不相交道路的最大条数。

事实上，观察结果 11.3 中可取等号，这称作门格定理（Menger's theorem）[一]。它是最大流-最小割定理的直接推论。

我们考虑从 s 到 t 的边不相交道路的最大条数问题，这可以使用最大流算法很容易地解决。实际上，我们指定每条边的容量都是 1。断言：从 s 到 t 的最大流的值等于从 s 到 t 的边不相交的道路的最大条数。其中一个方向的证明是很容易的——如果存在从 s 到 t 的 k 条边不相交的道路，那么沿着每条道路发送 1 个单位的流量会产生从 s 到 t 的值为 k 的流；反过来，假设有一个从 s 到 t 的值为 k 的流，则由最大流的整性，我们可以假设每个边上的流量是 0 或 1。类似于定理 11.1 的证明方法，我们可以找到从 s 到 t 的 k 条边不相交的道路。

于是将最大流-最小割定理应用于一个 0-1 流网络图，即可得到门格定理的证明，其详细过程留作习题。

11.2.2 二部图的匹配

匹配是图论中一个经典的组合优化问题，与现实生活中很多问题都有联系。给定图

　　[一]　准确地说，这是关于边的门格定理。——译者注

$G=(V，E)$，匹配 $\mathcal{M}\subset E$ 是在 V 中没有任何公共端点的边的子集。若匹配 M' 满足 "不存在 $e\in E-M'$ 使得 $M'\bigcup\{e\}$ 也是一个匹配"，即 M' 不能再被增大，则称 M' 为是一个极大（maximal）匹配。易见，使用贪婪策略可以很容易地构造极大匹配：我们将反复选择一条新边 $(u，v)$，使得之前选择的边和顶点 $u，v$ 不相关联，直至无法再选出这样的边为止。

最大（maximum）匹配是一个更具挑战性的问题，在这个问题中我们希望能够找到一个边数最多的匹配。

不过，可以很容易地证明它是最大流问题的一个特例。假设给定了一个二部图 $G=(V，E)$，其中 $V=L\bigcup R$ 将 V 划分为左右两侧。由图 G 我们可以如下构造一个有向图 G'（示例参见图 11.4）。

G' 中的顶点集包括 V 和两个新的顶点 s 和 t。边集包括 E 中从 L 到 R 的所有边，将这些边的容量指定为无穷大；为所有 $v\in$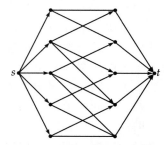

图 11.4 将左图的匹配实例归约到右图的最大流实例。请注意，所有离开 s 和进入 t 的边都具有单位容量，其余边的容量为无穷大

L 添加有向边 $(s，v)$，指定这些边的容量为 1；为所有 $v\in R$ 添加有向边 $(v，t)$，将这些边的容量也指定为 1（示例参见图 11.4）。

现在我们来论证：图 G 具有大小为 k 的最大匹配，当且仅当 G' 中最大流的值为 k。首先证明其必要性。假设 G 中存在一个大小为 k 的匹配 M，其边为 $e_1，\cdots，e_k$，其中 $e_i=(u_i，v_i)$，$u_i\in L$，$v_i\in R$。那么，我们就可以在 G' 中找到一个值为 k 的流：沿每条道路 $(s，u_i，v_i，t)$ 各发送 1 个单位流量。反过来，假设 G' 的最大流 f 的值为 k。由流的整性[⊖] 可知，我们可以假设每条边 e 上的流量 f_e 都是整数。因此，所有离开 s 的边和进入 t 的边上的流量都是 0 或 1。流量守恒意味着，如果某条边 $e=(s，u)$ 上的流量为 $f_e=1$，则必定有 1 个单位的流量从 u 离开。再由流的整性可知，该流量只能从 u 关联的一条边流出，记该边为 $(u，v)$。最后，这 1 个单位的流量必须离开顶点 v，因此，边 $(v，t)$ 上有 1 个单位的流量。于是，我们得到了从 s 到 t 的 k 条边不相交的道路，每条道路都包含二部图的一条边，这些边在 G 中形成一个匹配。

我们已经知道，可以使用 Ford-Fulkerson 算法在 G' 中找到最大流。对于二部图中的最大匹配，下面给出更直接的可增广道路算法。考虑二部图 G，并维护一个变量 M。M 初始化为空，每次迭代我们都将 M 的大小增加 1，直至不能再增加为止。

关于 M 的可增广道路从一个未匹配的顶点开始，经过一条由 M 中的边和不在 M 中的边交替出现的道路，以一个未匹配的顶点结束——注意，这与 G 对应的最大流问题中可增广道路的概念完全匹配。如果我们找到了这样一条可增广道路 P，那么我们就可以将匹配的大小增加 1——只需删除 $P\bigcap M$ 中的边并添加 $P\setminus M$ 中的边即可。但是如果不存在这样的可增广道路，会是什么情况？

类似于最大流问题，下述断言构成了所有匹配算法的基础。

⊖ 尽管有些边的容量是无穷大，但最大流的值必定是有限的，因为 s 发出的边都具有单位容量，所以最小割的容量也是有限值。

断言 11.2 一个匹配是(基数)最大匹配,当且仅当不存在关于它的可增广道路[一]。

断言 11.2 的必要性是显然的,下面证明其充分性。令 M 是一个匹配,且不存在关于它的可增广道路。假设 M' 是一个最大匹配。引入这两个匹配的对称差概念:定义 $M \oplus M' = (M-M') \bigcup (M'-M)$。可以证明,$M \oplus M'$ 由不相交道路和回路构成(参见习题 11.4)。假设 M' 是一个最大匹配,而 M 不是。于是,$M \oplus M'$ 中必然会存在一个分支,其中属于 M' 的边比属于 M 的边多。又由于 $M \oplus M'$ 中的任何回路都包含偶数条边——因为二部图中的任何回路都有偶数条边(这是证明中唯一一处需要使用"图 G 是二部图"这一属性的地方)。所以,在 $M \oplus M'$ 中必然有一条道路,其中属于 M' 的边比属于 M 的边要多。显然,该道路一定是关于 M 的一条可增广道路(起点和终点都属于 $M' \setminus M$)。于是这就证明了断言 11.2。(示例参见图 11.5)。

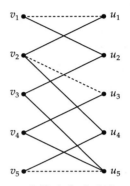

图 11.5 虚线边表示匹配 M。请注意,关于 M 有多条可增广道路,例如 v_4,u_5,v_5,u_4 以及 v_3,u_2

它还证明了前述的可增广道路算法可以找到最大匹配。为分析它的运行时间,请注意最多可以找到 n 次可增广道路——因为每次找到可增广道路时匹配的大小都将增加 1。下面来看如何在 $O(m+n)$ 时间内找到一条可增广道路,它的思想类似于在最大流问题中构造剩余图。我们先如前所述地构造有向图 G',之后对于到目前已找到的匹配 M 中的每一条边,反转 G' 中该边的方向。这样可以很容易地检验这个图中是否存在从 s 到 t 的可增广道路。

不难证明,任一极大匹配的基数至少是最大匹配的基数的一半(可参阅 4.5 节)。使用可增广道路的概念,可以将这一观察结果进行实用的推广。

断言 11.3 令 M 是一个匹配,且它不存在长度小于或等于 $2k-1$ 的可增广道路。如果 M' 是一个最大匹配,则有

$$|M| \geqslant |M'| \cdot \frac{k}{k+1}$$

根据我们之前的分析可知,对称差 $M \oplus M'$ 可分解为不相交的交错道路/回路(由 M 和 M' 的边之间交替构成),每条道路/回路中有大约一半的边属于 M。记其中可增广道路的集合为 $\mathcal{P}$。如果最短的可增广道路的长度是 $2k+1$(它必然具有奇数长度并以 M' 中的边开始和结束,因此每条可增广道路中属于 M' 的边数比属于 M 的边数多 1),那么每条可增广道路都至少包含 M 中的 k 条边,因此 $k \cdot |\mathcal{P}| \leqslant |M|$。由此可得 $|M'| - |M| \leqslant |M' - M| \leqslant |\mathcal{P}|$,继而,$|M'| \leqslant |M| + |M|/k$,而这就是断言 11.3[二]。

霍尔定理(Hall's Theorem)

考虑一个二部图,它两侧的互补顶点集都各包含 n 个顶点。我们希望得到一个简单的条件,可以判断该图中是否存在大小为 n 的匹配(它明显也是最大匹配),这样的匹配也称

[一] 这也称作伯奇引理(Berge's lemma)。——译者注
[二] 极大匹配不存在长度为 1 的可增广道路,因此取 $k=1$ 后可知它的基数至少是最大匹配基数的 1/2。

作完全匹配或完美匹配(perfect matching.)。例如图 11.6 中的二部图,很容易验证它不存在完美匹配。以下是对其不存在完美匹配的一种解释方法:左侧的顶点 A,C,D 只能与右侧的顶点 E,F 相匹配。因此,不可能找到一个匹配可以同时匹配 A,C,D。下面给出这个条件的形式化表述。

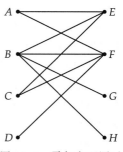

令 S 表示左侧的顶点子集,并用 $\Gamma(S)$ 表示 S 的邻点集合,即 $\{u:$ 存在点 $v \in S$ 使得 $(v,u) \in E\}$。例如在图 11.6 中,$\Gamma(\{A,C,D\}) = \{E,F\}$。那么,如果存在一个集合 $S \subseteq L$ 满足 $|\Gamma(S)| < |S|$,则该图中不存在完美匹配。其原因也是显然的——S 中的所有顶点只能与 $\Gamma(S)$ 中的顶点相匹配。

图 11.6   霍尔定理图示

而出人意料的是,这件事反过来也成立。这就是霍尔定理:

> **定理 11.3(霍尔定理)**   两侧互补顶点集基数相同的二部图存在完美匹配当且仅当对于任意非空集合 $S \subseteq L$,$|\Gamma(S)| \geqslant |S|^{\ominus}$。

我们现在来证明霍尔定理是最大流-最小割定理的直接结果。注意,其中一个方向的证明是很直接的——如果存在一个完美匹配,那么对所有的 $S \subseteq L$,明显有 $|\Gamma(S)| \geqslant |S|$;而相反方向的证明则不那么简单。假设图中不存在完美匹配,需要证明存在一个 L 的子集 S,满足 $|\Gamma(S)| < |S|$。

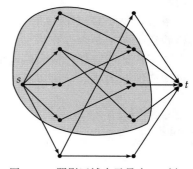

为证明这一点,让我们回顾将匹配问题归约到最大流问题时使用的有向图 G'(参见图 11.4)。假设二部图 G 的两侧都各有 n 个顶点,但是它不存在大小为 n 的匹配。这意味着 G' 中最大 s-t 流的值小于 n。因此,根据最大流-最小割定理可知,G' 中存在一个容量小于 n 的 s-t 割。令 X 表示这个 s-t 割,可知 s 属于 X,t 不属于 X。此外,容量为无穷大的边都不属于 $\text{out}(X)$;否则,割的容量将是无限值(参见图 11.7)。用 X_L 表示 $X \cap L$ 中的顶点,其中 L 表示二部图左侧的顶点,并用 X_R 表示在图右侧的顶点 $X \cap R$。由于没有容量为无穷大的边

图 11.7   阴影区域表示最小 s-t 割

属于 $\text{out}(X)$,因此易见割的容量为 $(|L| - |X_L|) + |X_R| = (n - |X_L|) + |X_R|$,该式中第一项表示离开 s 的 $\text{out}(X)$ 边集合的基数,第二项表示进入 t 的边集合的基数。我们知道该割的容量小于 n,这就意味着 $|X_L| > |X_R|$。但请注意 $\Gamma(X_L) \subseteq X_R$,否则 $\text{out}(X)$ 中将存在一条到顶点 $w \in R - X_R$ 的容量为无穷大的边。因此,得到 $|X_L| > |\Gamma(X_L)|$。这就证明了霍尔定理。

11.2.3   环流问题

在前述最大流问题的定义中,边上的流量有上限 c_e。现在,我们还将设置边上流量的下限 l_e,于是现在每条边 e 都有与之相关的一对数值 (l_e, u_e),其中 $l_e \leqslant u_e$。在前述最大流问题的定义中,将所有边 e 上的流量都取做 $f_e = 0$ 也构成一个可行流,即它满足流量守

⊖   该条件表示任意子集 S 都有足够多的相邻顶点。——译者注

恒和容量限制；但现在的情况与之不同，且尚不清楚应如何找到可行流。事实上，很容易证明在一般情况下有可能根本不存在可行流。环流问题就是要寻找一个可行流，即满足流量守恒，且在每一条边 e 上的流量 f_e 都在 l_e 和 u_e 之间。注意，此时我们并不要求将任何值最大化，也不指定 s 或 t 顶点[○]。

可以很容易地将最大流问题归约到环流问题。事实上，假设给定了最大流问题的一个实例（其中只有边容量），我们想验证是否存在从 s 到 t 的值至少为 k 的流（通过使用类似二分查找的过程不断尝试不同的 k，我们也可以找到 k 的最大值）。于是，我们可以将其转换为一个环流问题：添加一条从 t 到 s 的新弧 e，并在这条弧上定义 $l_e = k$，$u_e = \infty$。现在很容易证明这个图中的一个环流意味着从 s 到 t 的流量至少为 k，反之亦然。

现在我们说明如何通过将环流问题归约到最大流问题来解决它。给定环流问题的一个实例，我们首先在每一条边上都发送大小为 l_e 的流量，这可能会在每个顶点上产生盈余或不足。顶点 v 处的剩余量定义为

$$e(v) := \sum_{e \in \text{in}(v)} l_e - \sum_{e \in \text{out}(v)} l_e, \text{ 其中 } e(v) \text{ 可能取负数值}$$

设 P 表示剩余量为正值的顶点集合，N 表示剩余量为负值的顶点集合。注意，P 中顶点总剩余量的总和恰好等于 N 中顶点的总亏欠量（剩余量的相反数），将该值记作 Δ。添加了两个新的顶点：源 s 和汇 t。添加从 s 到 P 中每个顶点的弧，以及从 N 中每个顶点到 t 的弧（参见图 11.8 中的示例）。现在，我们为新图的边设置容量：对于原图中存在的边 e，设置其容量为 $u_e - l_e$，这表示可以在此边上发送的额外流量；对于边 (s, v) 或 (v, t)，将其容量设置为 v 的剩余量的绝对值。而后在新图中寻找从 s 到 t 的最大流。我们断言：原图中存在可行环流，当且仅当新图中存在值为 Δ 的 s-t 流。注意，该流（如果存在）会饱和[⊖]所有与 s 或 t 相关联的边。

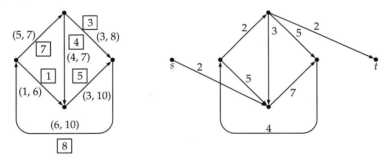

图 11.8　左侧是环流问题的示例，方框中的数字表示一个可行流。右图展示了归约为最大流的问题，边上的数值表示边的容量。请注意，有两个顶点的剩余量为 0，因此不与 s 或 t 相连

下面让我们来证明这一断言。令 $G = (V, E)$ 表示环流问题的一个实例中的图，G' 表示如前所述的 G 对应的最大流问题实例的图。假设存在一个环流，它在 G 中边 e 上发送的流量为 f_e；那么就可以在 G' 中得到一个值为 Δ 的可行流——在 G 中所有边 e 上发送 $f_e - l_e$ 的流量；对于边 (s, v) 或 (v, t)，发送的流量等于顶点 v 剩余量的绝对值。很明显，这个流在 G' 的所有边上都满足容量限制——对于 G 中每条边 e，都满足 $0 \leqslant f_e - l_e \leqslant u_e - l_e$。为验证流量守恒，注意在 G' 中，对于每个顶点 $v \in V$ 都有

○　换言之，在每个顶点处都要满足流量守恒。——译者注
⊖　即边上的流量等于该边的容量。——译者注

$$\sum_{e \in \text{out}(v) \bigcap E} f_e = \sum_{e \in \text{in}(v) \bigcap E} f_e$$

现在假设剩余量 $e(v)$ 是正数。于是，上述等式可写作：

$$\sum_{e \in \text{out}(v) \bigcap E} (f_e - l_e) - \sum_{e \in \text{in}(v) \bigcap E} (f_e - l_e) = e(v)$$

然而，上式等号右端恰好是从 s 到 v 的流量，所以在 G' 中 v 的总流入量等于总流出量。$v \in N$ 的情况也可以用类似的方法证明。

让我们来证明反方向的结果。假设 G' 中存在一个如前所述的流 g，令 g_e 表示 G' 中边 e 上的流量。在图 G 中，定义 f_e 为 $g_e + l_e$。由于 $g_e \leqslant u_e - l_e$，因此 f_e 在 l_e 和 u_e 之间。为验证顶点 v 处的流量守恒，我们先假设 $v \in P$（$v \in N$ 的情况可用类似的方法证明）。于是有

$$\sum_{e \in \text{in}(v)} f_e - \sum_{e \in \text{out}(v)} f_e = e(v) + \sum_{e \in \text{in}(v)} g_e - \sum_{e \in \text{out}(v)} g_e$$

由于 g 是 G' 中的一个可行流，且边 $(s，v)$ 上的流量值恰为 $e(v)$，因此上式等号右端为 0，表明 f 在顶点 v 处满足流量守恒。这就证明了这两个问题的等价性。

11.2.4 项目规划

之前，我们已经展示如何使用最大流来解决各种问题，接下来将给出最小割问题的一个应用。回想求最大流的算法也可以产生最小割。在项目规划问题中，给定了 n 个任务，每个任务 i 都有一个收益 p_i。收益可以是正的，也可以是负的——正的收益可能意味着你通过完成任务获得了一定的收入，负的收益意味着你在完成任务时可能需要支付一定开销。此外，任务之间还存在依赖关系，这可以由以任务作为顶点的有向无圈图（directed acyclic graph，DAG）给出。两个任务之间的弧 $(i，j)$ 表示启动任务 j 之前必须先完成任务 i（参见图 11.9 中的示例）。

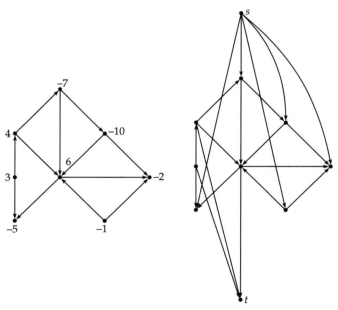

图 11.9 左图是任务的 DAG 示例，数字代表了相应任务的收益。右图表示它归约为最小割问题

我们的目标是决定执行哪些任务，可以使得完成这些任务的总体收益最大化（当然，我们必须服从依赖关系；如果我们要完成一项任务，我们必须先完成它的所有前置任务）。

我们将证明通过求解一个适当的图上的最小割可以解决这个问题。

　　记上述 DAG 为 G。我们想把它转化成最小割问题，在割集中的顶点就是要执行的任务。根据依赖约束可知，如果 X 是图 G 的一个割，那么 DAG 中不应有属于 $\text{in}(X)$ 中的边——否则我们不能只执行属于 X 的任务。类似地，如果用 $\overline{X}$ 表示 $V-X$，那么 G 中不应存在任何离开集合 $\overline{X}$ 的边。从这个直观认识出发，我们定义一个图 H 为：H 包含 G 中的所有顶点和边，并将 G 中所有边的容量指定为无穷大；此外，它还有一个源点 s 和一个汇点 t；令 P 表示具有正收益的任务顶点集合，N 表示具有负收益的任务顶点集合，对于每一个任务 $i\in P$，我们添加一条容量为 p_i 的边 (i,t)，对于每个任务 $i\in N$，我们添加一条容量为 $-p_i$ 的边 (s,i)。现在假设 S 是 H 中任意一个具有有限容量的 s-t 割（参见图 11.9）。首先，观察可知 H 中不存在属于 G 且离开 S 的边，否则割的容量将是无限值。令 $\overline{S}$ 表示 S 的补（即不在 S 中的任务），则由 $P=(P\cap S)\cup(P\cap \overline{S})$ 可得割 S 的容量为

$$-\sum_{i\in N\cap \overline{S}}p_i+\sum_{i\in S\cap P}p_i=\sum_{i\in P}p_i-\sum_{i\notin S}p_i$$

上式等号右端的第一项与 S 无关，第二项是 $\overline{S}$ 中任务的总收益。因此，最大程度地减少 S 的容量和最大程度地提高 $\overline{S}$ 中任务的总收益是等同的。于是，我们得到寻找最优任务子集的算法如下：找到图 H 中一个最小 s-t 割，然后执行属于此割的补集中的任务。

拓展阅读

　　最大流是运筹学中最重要的问题之一，有很多关于它的优秀教科书（例如参考文献 [8]）。我们介绍了两种计算最大流的基本算法。在本章讨论的算法的每次迭代中，我们都会沿着单一的可增广道路增加流。而在基于阻塞流的算法中，我们得到可增广道路的一个极大集，之后沿着集合中的多条可增广道路增加流，于是可以在每次迭代中取得更大的进展。使用阻塞流，可得到运行时间为 $O(mn\log m)$ 的最大流算法 [112]。预流推进算法是另一类计算最大流的算法，它将剩余流从源点不断压入中间顶点，最后压至汇点。最新的结果是 $O(mn)$ 时间的强多项式时间算法。因为 m 最多是 n^2 的，所以如果我们只考虑运行时间关于 n 的界，那么它就是一个 $O(n^3)$ 时间的算法。Goldberg 和 Rao 将该结果改进为 $O(\min(n^{2/3},\sqrt{m}\log(n^2/m)\log U))$ 时间的算法 [58]，其中 U 是边的最大容量（假设所有容量都是整数）。对于边都具有单位容量的图，Madry [96] 将运行时间改进为 $\tilde{O}(m^{10/7})$，其中 $\tilde{O}$ 符号隐藏了对数因子。

　　门格定理可以追溯到 20 世纪 20 年代，它是最大流-最小割定理的一个特例。当我们将其推广到在任意对顶点之间寻找边不相交道路时，这个问题是 NP 困难的（NP-hard）。对于有向图而言，求两对顶点之间的边不相交道路是一个 NP 困难问题；但在无向图中，只要点对的数目是一个常数，就可以使用多项式时间算法求解。二部图的匹配问题是最基本的组合优化问题之一，在本章中我们考虑的是最简单情况。读者可以考虑下述情况，即边具有权值，而目标是找到一个总权值最小的完全匹配（请参阅参考文献 [94]）。

习题

11.1　证明：即使所有边的容量都是整数，也可能存在边上的流量不是整数的最大流。

11.2　表明如何使用最大流在无向图中查找边不相交的道路的最大条数。

11.3 考虑在图 11.10 上执行 Ford-Fulkerson 算法，其中 L 是一个大的参数。表明如果我们没有谨慎地选择可增广道路，那么算法可能会需要 $\Omega(L)$ 的时间。

11.4 假设 M 和 M' 是同一个图（不要求是二部图）中的两个匹配。证明：$M \oplus M'$ 由不相交的交替回路和道路组成。

11.5 给定一个边的容量为整数的有向图，以及它的一个从顶点 s 到顶点 t 的最大流。现在我们把图中的某条边 e 的容量增加 1。请给出一个线性时间算法，可以在这个新的图中找到新的最大流。

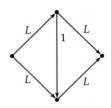

图 11.10   习题 11.3 用图。数值表示边的容量

11.6 给定一个边的容量为整数的有向图，以及它的一个从顶点 s 到顶点 t 的最大流。现在我们把图中的某条边 e 的容量减少 1。请给出一个线性时间算法，可以在这个新的图中找到新的最大流。

11.7 在道路分解定理（定理 11.1）中，证明：流的值等于 $\sum_{i=1}^{k} f(P_i)$。

11.8 给定二部图 G，并为每个顶点 v 赋以一个正整数 b_v。定义 G 中的 b 匹配 M 为边集的一个子集，满足对于每个顶点 v，都至多有 M 中的 b_v 条边与之关联。表明如何使用最大流有效地找到基数最大的 b 匹配。

11.9 使用霍尔定理证明：任一正则（即所有顶点的度数都相同）二部图都具有完美匹配。

11.10 大小为 n 的拉丁方指的是一个 $n \times n$ 的表，其中每个元素都是 $\{1, 2, \cdots, n\}$ 中的一个数值。此外，没有任何行或列包含相同数值（因此，每个数值在每行和每列中恰好出现一次）。例如，大小为 3 的一个拉丁方如下所示：

2	1	3
3	2	2
1	3	3

给定一个 $k \times n$ 的表，其中 $k \leqslant n$。同样地，表中元素都是介于 1 和 n 之间的整数，且任何行或列都不包含相同数值。证明：可以将此表扩展为一个大小为 n 的拉丁方，即该拉丁方的前 k 行与所给定表的各行都相同。

11.11 使用最大流–最小割定理证明门格定理，并证明无向图中的类似结果。

11.12 设 G 为有向图，s、t 和 u 为 G 中的三个顶点。假设存在 λ 条从 s 到 t 的边不相交的道路，也存在 λ 条从 t 到 u 的边不相交道路。证明：存在 λ 条从 s 到 u 的边不相交的道路（提示：使用最大流–最小割定理）。

11.13 你邀请了 n 个朋友参加一个聚会。你家中有 k 张桌子，每张桌子都能围坐 l 人。你家附近有 s 间学校，你的每个朋友都在这些学校之一上学。假设你希望能确保同桌的朋友中，至多有两人来自同一所学校。表明如何使用最大流来找到满足此要求的座位安排方案（或能证明无法进行如此安排）。

11.14 问题基本同于习题 11.13 所述，但有一个额外的约束，即：每桌必须至少有 s 名客人落座，其中 s 是一个不超过 l 的参数。表明如何将此问题抽象为环流问题。

11.15 考虑最大流问题的一个实例，其中最大 s-t 流的值为 F^*。证明：存在一条从 s 到 t 的道路，使得该道路上任何边的容量都至少为 F^*/m，其中 m 是有向图的边数。

11.16 使用最大流–最小割定理，以及从环流问题到最大流问题的归约，证明环流问题中如下所述的最小–最大定理：考虑环流问题的一个实例，其中图 $G = (V, E)$，每条边 e 都关联有上下限 (l_e, c_e)。证明：这个实例中存在可行流，当且仅当对于顶点的非空集合 $S \subset V$，都有

$$\sum_{e \in \text{out}(S)} c_e \geqslant \sum_{e \in \text{in}(S)} l_e$$

11.17 给定一个 $n \times n$ 的矩阵 $\boldsymbol{X}$，其中每一行的元素之和、每一列的元素之和都是整数。你希望将矩阵中的每个元素进行"取整"为 $\lceil \boldsymbol{X}_{ij} \rceil$ 或 $\lfloor \boldsymbol{X}_{ij} \rfloor$，使得每一行、每一列的元素之和都不变（即，对于

任一行而言，元素"取整"后的和等于该行中实际 X_{ij} 值的和；任一列的情况与此类似）。表明你将如何有效地解决此问题。

提示：使用环流问题。

11.18 有 n 支球队参加某个锦标赛。每两队之间都要比赛 k 场。到目前为止，对所有的 $1 \leqslant i < j \leqslant n$，球队 i 和球队 j 已经比赛了 p_{ij} 场。假设在每一场比赛中，都有一支球队获胜（也就是说，没有平局的结果）。你希望知道在锦标赛结束时，你最喜欢的球队 1 是否有可能比其他任一支球队的胜场都多。换言之，你想知道：如果之后每一场比赛哪方取胜都可以由你决定，那么是否可以做到和其他任一支球队相比，球队 1 获胜的比赛场数更多。表明如何将此问题表示为最大流问题。

11.19 你所经营的公司有 n 名员工。在年初时，每名员工都确定了这一年中他/她不能来工作的日子。你希望能够确保每天都至少有 l 名员工能来上班，并且在一年中没有任何员工工作了超过 x 天。表明你将如何有效地解决此问题。

11.20 为习题 11.19 所述的问题附加一个限制条件：任何员工在任一个月内都不能工作超过 20 天。试解决此问题。

11.21 假设图 $G = (V, E)$ 中边容量为 c_e。证明：如果 S 和 T 是顶点集的任意两个子集，则有

$$\sum_{e \in \text{out}(S)} c_e + \sum_{e \in \text{out}(T)} c_e \geqslant \sum_{e \in \text{out}(S \cup T)} c_e + \sum_{e \in \text{out}(S \cap T)} c_e$$

并使用此结果证明：如果 S 和 T 是两个最小 s-t 割，则 $S \cap T$ 也是一个最小 s-t 割。

11.22 对于图 $G = (V, E)$，定义顶点集的子集 S 的密度为比值 $|e(S)| / |S|$，其中 $|e(S)|$ 表示 E 中两个端点都属于 S 的边。给定一个参数 α，我们希望找到密度至少为 α 的子集。表明如何将这个问题表示为适当图上的最小割问题。

NP 完全性与近似算法

在前几章中，我们考察了许多著名的算法技术，并成功地将它们应用于不同领域中的问题，获得了有效的算法解决方案。然而，我们还不能宣称存在某个一般方法，对于任意给定的问题都能获得有效算法。与之相反，任何一个新的问题都往往会带来未知的挑战，需要新的见解，而且在人类思维中，最顶层的问题是——众所周知的难题有哪些？在我们可以为问题指定一个困难程度之前，需要先设定一个目标。出于稍后将要解释的原因，我们的任务是为任意给定的定义明确的问题设计一个多项式时间算法。初看起来，这可能显得过于宽松，因为根据定义，即使是 n^{100} 也是多项式。然而，纵然如此，也已证明有大量问题难以达到这一目标，其中之一就是我们在前几章中遇到的 0-1 背包问题。尽管有很好的开端，但我们永远无法断言会有一个真正的多项式时间算法。

除了将实际计算限定为多项式时间算法之外，我们还需要明确所基于的计算模型，因为它也会影响在多项式时间内所可能得到的。幸运的是，多项式时间这一说法是一个具有鲁棒性的概念，除了 n 的指数中的一些常数因子外，计算模型的选择对其没有显著影响。我们将讨论一大类自然且重要的问题，这些问题都具有一个特征：非常直观，并且产生了一个非常有趣的理论框架。由于读者对于背包问题很熟悉，因此我们将以它为背景来说明这个框架。考虑关于任一给定的背包问题实例的一个证明器（Prover）、验证器（Verifier）交互式游戏。证明器试图说服验证器：它有一个有效的（多项式时间的）算法，而不实际揭示该技术。为了证明这一点，对于一个给定的背包问题实例，它向验证器提供最优解所选择的物品列表，验证器可以轻松验证这个解的可行性以及从中获得的总收益。然而这还不够，也就是说，我们怎么知道不存在更好的解？另一方面，证明器通过提供这样一个易于验证的解，可以很容易地使验证器相信最优解的值至少为 p。这个版本的背包问题被称作是背包问题的判定性（decision）版本，自此我们将称之为判定性背包问题（decision-Knapsack）。它的回答是"是"（YES）或"否"（NO），取决于最佳收益是至少为 p 的还是小于 p 的。读者可能会注意到，尽管如果解的值至少为 p，那么证明器可以很容易地说服验证器，但是在相反的情况下，尚不清楚应如何说服验证器[⊖]。这个框架存在着一些固有的不对称性，我们将在本章后文中讨论。

原始的背包问题和判定性背包问题在计算有效性方面有什么联系？

显然，如果我们可以在多项式时间内求解背包问题，那么就也可以通过比较最优解 O 和阈值 p 来轻松地解决判定性背包问题。反过来，如果我们可以在时间 T 内求解判定性版本，那么就可以使用类似二叉查找的方法来计算最优解。假设所有的量都是整数，则最佳收益的值在 $[1, n \cdot p_{max}]$ 范围内，其中 p_{max} 是任一物品的最大收益。因此，我们可以通过不超过 $O(\log n + \log p_{max})$ 次调用判定性过程来找到最佳收益，这关于输入大小（表示背包问题实例所需的比特数）是线性的。因此，这两种版本在计算有效性方面是密切相关的。关于暂无高效算法的问题（如背包问题）的理论主要是围绕判定性问题发展起来的，即那些

⊖ 即实例的回答为"否"时，如何使验证者认可这一点。——译者注

具有"是/否"回答的问题。根据我们之前的讨论,读者应该确信这种限制并不太严苛。

设 C 为一类由某种性质(例如多项式时间可解性)刻画的问题。我们感兴趣的是确定类中最困难的问题,于是如果我们能够找到其中某一个问题的有效算法,那就意味着针对 C 中所有问题,可以使用快速算法来解决。被认为是重要的问题的类是 $\mathcal{P}$,它是可以设计多项式时间算法的问题集合。注意,这个定义并不排除像背包问题这样的问题,虽然目前尚不知道它们的多项式时间算法,但也没有证据(更确切地说,是任何下限)表明这样的算法在未来不会因使用巧妙的技术而被发现。这种微妙的区别使得定义变得令人困惑,因此我们可以考虑 $\mathcal{P}$ 中目前已知具有多项式时间算法的问题,以及迄今为止我们一直未能解决的问题。前者的最新加入者之一是素性检测问题,即给定一个整数,如果它是素数,则算法应回答"是",否则回答"否"(请参阅[5])。因此,当有人发现此类问题的一个多项式时间算法时,该问题的状态可以从"不确定是否属于 $\mathcal{P}$"变为"$\mathcal{P}$的成员"。然而,从我们处理此类问题的经验来看,这些问题可以认为是相当棘手的,其中很少有发生状态改变的问题,而其他的问题依然坚不可摧。

近五十年来,研究者一直试图找到这类问题的共同特征,并发展出名为 $\mathcal{NP}$ 类的非常有趣的理论,该类由可以设计非确定性多项式时间算法的问题组成。这些算法在任一步骤上都可以从多个可能动作中进行选择,并且这些动作都可能不依赖于先前的任何信息。这种附加的灵活性可以视为是对下一步行动的猜测,而且这个猜测无须任何开销[⊖]。由于它可以遵循多条可能的计算轨迹,因此对于相同的输入,可能有大量的终止状态。这些终止状态可以是"是/否"回答的混合,通常分别称为接受/拒绝状态。只要其中一个是接受状态,算法就会对判定性问题回答"是"(因此,它会忽略拒绝状态);反过来,如果所有可能的最终状态都是不可接受的,那么算法会回答"否"。

显然,这种计算范式至少与不允许任何猜测的常规(确定性)模型一样有效。然而,很明显地存在一个问题——它是否为我们提供了任何可证明的优势?我们可以通过以下方式将其与我们之前提及的证明器/验证器游戏联系起来。证明器将使用其神奇的非确定性能力来猜测解,而验证器将使用常规计算进行验证。验证器受到多项式时间的限制,而证明器则不存在这样的约束,因此我们可以把 $\mathcal{NP}$ 类视为可以在多项式时间内完成解的验证的那些问题。

尽管 $\mathcal{NP}$ 并不对应于任何实际的计算模型,但它对于表征有效验证的重要特性非常有用,并且有助于我们发现来自不同领域的问题之间的关系,例如图、数论、代数、几何等。在本章中,我们将讨论许多这样的问题。确定性模型可以通过尝试所有可能的猜测来模拟这一点,但也必须为此付出巨大的代价。即使非确定性机每次移动只进行两次猜测,对于它的 n 次移动,我们可能也不得不尝试 2^n 次移动。然而,这并不排除可能会有更有效的模拟仿真或巧妙的状态转换,这是该领域研究的中心主题之一。

更形式化地讲,我们定义类 $\mathcal{P} = \bigcup_{i \geqslant 1} C(T^D(n^i))$,其中 $C(T^D(n^i))$ 表示可以为其设计 $O(n^i)$ 时间确定性算法的问题。类似地,$\mathcal{NP} = \bigcup_{i \geqslant 1} C(T^N(n^i))$,其中 $T^N()$ 表示非确定性时间。从我们之前的讨论中可以明显看出 $\mathcal{P} \subseteq \mathcal{NP}$。然而,计算复杂性的圣杯[⊜]就是解决

⊖ 读者不应将其与概率模型相混淆,后者根据某种概率分布进行猜测。

⊜ 在西方文化中,圣杯(San-greal)是最后的晚餐上使用过的;在耶稣受难时,也用来装放耶稣的圣血。是宗教传说中的圣物。寻找圣杯的故事在亚瑟王和圆桌骑士的浪漫传奇中占有非常重要的地位,寻找圣杯是所有英勇的圆桌骑士最大的心愿。在此意为所有计算机理论科学家最宏大的梦想。——译者注

令人困惑的难题"$\mathcal{P} = \mathcal{NP}$？或者 $\mathcal{P} \subset \mathcal{NP}$？（真子集）"。例如，如果可以确定背包问题不可能存在多项式时间算法，则后者成立。

强多项式时间算法与弱多项式时间算法。对于特定的问题，算法分为弱多项式时间算法和强多项式时间算法。在这种设定中，我们假定无论操作数的大小如何，所有算术运算都需要 $O(1)$ 时间。如果某问题的一个算法的运行时间（在这个计算模型中）是输入中整数个数的多项式，则称该算法是强多项式的。例如，考虑一个包含 n 个顶点和 m 条边的图的最大流问题。在该计算模型中，一个 $O(n^3)$ 时间算法被视为强多项式的，而运行时间为 $O(n^3 \log U)$ 的算法被视为弱多项式的，其中 U 是边的最大容量（假定所有边都具有整数容量）。请注意，后者的运行仍然是在多项式时间内运行的，因为输入的大小取决于 n 和 $\log U$。

关于强多项式时间算法，最著名的问题之一就是线性规划（linear programming）问题。在线性规划问题中，给定了 n 个变量 $x_1, \cdots, x_n$、一个长为 n 的向量 $\boldsymbol{c}$、一个长为 m 的向量 $\boldsymbol{b}$、以及一个 $m \times n$ 的矩阵 $\boldsymbol{A}$。目标是找到 $\boldsymbol{x} = (x_1, \cdots, x_n)$ 的值，满足 $\boldsymbol{A} \cdot \boldsymbol{x} \leqslant \boldsymbol{b}$ 且使得 $\langle \boldsymbol{c}, \boldsymbol{x} \rangle$ 达到最大。此问题所有已知的多项式时间算法的运行时间都依赖于表示 $\boldsymbol{A}$ 和 $\boldsymbol{b}$，$\boldsymbol{c}$ 所需的比特数（即使假定所有关于这些数值的算术运算都只需要 $O(1)$ 时间）。

12.1   分类与可归约性

两个问题之间可归约性（reducibility）的直观概念是：如果我们能够有效地解决其中一个问题，那么我们也能有效地解决另一个问题。我们将使用符号 $P_1 \leqslant_R P_2$ 来表示问题 P_1 可以使用资源 R（时间或空间，视情况而定）归约到问题 P_2。

> **定义 12.1**   在判定性问题中，如果存在一个多对一的函数 $g()$ 将实例 $I_1 \in P_1$ 映射到实例 $I_2 \in P_2$，使得对 I_2 的回答为"是"当且仅当对 I_1 的回答为"是"，则称问题 P_1 是多对一归约到 P_2 的。（参见图 12.1）

换言之，多对一可归约性函数将回答为"是"的实例映射到回答为"是"的实例，将回答为"否"的实例映射到回答为"否"的实例。请注意，映射不必为1-1的。因此，可归约性不是对称关系。

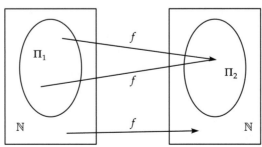

图 12.1   使用函数 $f: \mathbb{N} \rightarrow \mathbb{N}$ 的 Π_1 到 Π_2 多对一归约。此处，Π_1，$\Pi_2 \subset \mathbb{N}$，$\mathbb{N}$ 是自然数集合。如果 f 可在多项式时间内计算，则它是多项式时间归约

> **定义 12.2**   如果映射函数 $g()$ 可以在多项式时间内计算，则称 P_1 可多项式时间归约为 P_2，并表示为 $P_1 \leqslant_{\text{poly}} P_2$。

另一种重要的归约是对数空间(logspace)归约，表示为 $P_1 \leqslant_{\log} P_2$。

断言 12.1　若 $P_1 \leqslant_{\log} P_2$，则 $P_1 \leqslant_{\mathrm{poly}} P_2$。

这是从一个更一般性的结果得出的，即任何使用空间 S 的有限计算过程的运行时间都以 2^S 为界。严格的证明并不困难，但超出了本章的讨论范围。

断言 12.2　关系 $\leqslant_{\mathrm{poly}}$ 是可传递的，即如果 $P_1 \leqslant_{\mathrm{poly}} P_2$ 且 $P_2 \leqslant_{\mathrm{poly}} P_3$，则 $P_1 \leqslant_{\mathrm{poly}} P_3$。

由前提可知，必然存在对应于第一个和第二个归约的多项式时间可计算归约函数 $g()$ 和 $g'()$。于是，我们可以定义函数 $g' \circ g$，它是这两个函数的复合，并断言它满足从 P_1 到 P_3 的多项式时间归约函数的性质。设 x 为 P_1 的一个输入，则 $g(x) \in P_2$ [二] 当且仅当 $x \in P_1$ [一]。类似地，$g'(g(x)) \in P_3$ 当且仅当 $g(x) \in P_2$，表明 $g'(g(x)) \in P_3$ 当且仅当 $x \in P_1$。此外，两个多项式的复合仍然是多项式，所以 $g'(g(x))$ 是多项式时间可计算的。

对数空间归约也具有传递性，但这个类似结果的证明更具技巧性。

断言 12.3　令 $\Pi_1 \leqslant_{\mathrm{poly}} \Pi_2$，则有
（ⅰ）如果 Π_2 存在多项式时间算法，那么 Π_1 也存在多项式时间算法。
（ⅱ）如果 Π_1 不存在多项式时间算法，那么 Π_2 也不可能存在多项式时间算法。

（ⅱ）很容易使用反证法证明。对于（ⅰ），令 $p(n)$ 表示 Π_2 的算法运行时间，$p_1(n)$ 表示归约函数的运行时间，其中 $p(n)$ 和 $p_1(n)$ 是多项式。于是我们就得到了一个求解 Π_1 的算法，它对于大小为 n 的输入，步骤数不超过 $p(p_1(n)) + p_1(n)$。这是因为由归约函数产生的 Π_2 的输入大小不超过 $p_1(n)$，所以求解 Π_2 的时间以 $p(p_1(n))$ 为界。此外，归约本身使用 $p_1(n)$ 步骤。

如果问题 Π 满足对于所有 $\Pi' \in \mathcal{NP}$，都有 $\Pi' \leqslant_{\mathrm{poly}} \Pi$，则 Π 称作在多项式归约下是 NP 困难的(NP-hard)。

如果问题 Π 是 NP 困难的且 $\Pi \in \mathcal{NP}$，则称它是 NP 完全的(NP-complete, NPC)。

因此，这些是 $\mathcal{NP}$ 类中最困难的问题。根据断言 12.2，这些问题形成了多项式时间归约意义下的一个等价类。然而，此时出现了一个关键性问题：NPC 问题是否确实存在？对该问题的肯定回答导致了理论计算机科学中最引人入胜的领域之一的发展，我们将在下一节中讨论。

到目前为止，我们只讨论了依赖于多对一多项式时间归约函数存在性上的多对一可归约性。此外另有一个非常有用、而且也许更为直观的可约性概念，即图灵可归约性(Turing reducibility)。如果 P_2 具有多项式时间算法，则多对一归约可被认为是在多项式时间通过对子程序 P_2 的一次调用来求解 P_1（当 $P_1 \leqslant_{\mathrm{poly}} P_2$ 时）。显然，我们可以对子程序 P_2 进行多项式次数调用且依然得到 P_1 的多项式时间算法。换言之，如果 P_2 的多项式时间算法就意味着 P_1 的多项式时间算法，那么我们称 P_1 是图灵可归约为 P_2 的。而且，我们并不要求 P_1 和 P_2 是判定性问题。虽然这种可归约性概念似乎是更自然的，但我们将依

⊖　请注意，$g(x)$ 可能比 x 长得多。

⊜　此处 "$x \in P_1$" 指的是：x 是 P_1 的回答为 "是" 的一个实例。——译者注

赖于更严格的定义来推导结果。

12. 2 Cook-Levin 定理

给定关于布尔变量的一个布尔公式，可满足性(satisfiability)问题指的是对布尔变量进行真值指派，使公式的计算结果为真。例如，当指派 $x_1 =$ TRUE、$x_2 =$ FALSE 时，$x_1 \vee (\overline{x_1} \wedge x_2)$ 为 TRUE(真)，而布尔表达式 $x_1 \wedge \overline{x_1}$ 总为 FALSE(假)。如果一个布尔公式是由文字的合取构成的子句的析取，则称它为合取范式(conjunctive normal form，CNF)$^\ominus$。典型的 CNF 公式具有形式 $(y_1 \vee y_2 \cdots) \wedge (y_i \vee y_j \vee \cdots) \wedge (y_l \vee \cdots \vee y_n)$，其中 $y_i = \{x_1, \overline{x_1}, x_2, \overline{x_2}, \cdots, x_n, \overline{x_n}\}$。CNF 公式的可满足性问题称作 CNF-SAT 问题。而且，如果我们将每个子句中的文字个数限制为 k，则称为 k-SAT 问题。尽管任意一个布尔公式都可以表示为等值的 CNF 形式，但是语法上的限制使它对于许多应用而言更加轻松便捷。以下是 Cook 和 Levin 的著名成果。

> **定理 12.1** 在多项式时间归约下，CNF 可满足性问题是 NP 完全的。

要理解这个结果，就必须认识到在 $\mathcal{NP}$ 类中可能有无穷多个问题，因此我们无法为每个问题明确地设计一个具体的归约函数。对于此定理的证明，除 $\mathcal{NP}$ 的定义外，我们几乎没有其他可依赖的知识。详细的专门证明要求我们非常精确地定义计算模型——这超出了本章的讨论范围。与之不同，我们将简述证明背后的直觉。

任意给定一个问题 $\Pi \in \mathcal{NP}$，我们希望能证明 $\Pi \leqslant_{\text{poly}}$ CNF-SAT。也就是说，给定 Π 的任一个实例，比如 I_Π，我们希望能定义一个布尔公式 $B(I_\Pi)$，它存在一个可满足的真值指派当且仅当 I_Π 是一个回答为"是"的实例。此外，$B(I_\Pi)$ 的长度应以 I_Π 长度的多项式为界。

计算机(computingmachine)是具有如下特征的一种状态转换系统。

- 包含输入的一个初始配置。
- 一个最终配置，它指出输入是 YES 还是 NO 实例。
- 中间配置 S_i 的序列，其中 S_{i+1} 是从使用一个有效的状态转换由 S_i 得到的。在非确定性系统中，可能有不止一种从一个配置的转换。非确定性机接受(accept)一个给定的输入，当且仅当存在一个有效配置的序列可验证输入是 YES 实例。

所有这些性质都可以表示为 CNF 形式的布尔公式。利用转换次数是多项式这一事实，我们可以将这个公式的大小限制为多项式界。具体细节是相当困难的，有兴趣的读者可以在图灵机模型的相关内容中查阅其形式化证明。为了让读者略窥其所使用的形式化风格，我们考虑如下情况：希望能写出一个命题公式来断言在任意给定的时刻 i，计算机恰好处于 k 个状态之一，其中 $1 \leqslant i \leqslant T$。我们使用布尔变量 $x_{1,i}, x_{2,i}, \cdots, x_{k,i}$，其中 $x_{j,i} = 1$ 表示机器在时刻 i 处于状态 j。我们必须写出一个公式，它是以下两个条件的合取：

- 在任意的时刻 i，至少有一个变量为真：
$$(x_{1,i} \vee x_{2,i}, \cdots, \vee x_{k,i})$$
- 在任意的时刻 i，至多有一个变量为真：
$$(x_{1,i} \Rightarrow \overline{x_{2,i}} \wedge \overline{x_{3,i}} \wedge \cdots \wedge \overline{x_{k,i}}) \wedge (x_{2,i} \Rightarrow \overline{x_{1,i}} \wedge \overline{x_{3,i}} \wedge \cdots \wedge \overline{x_{k,i}}) \cdots \wedge (x_{k,i} \Rightarrow \overline{x_{1,i}} \wedge \overline{x_{2,i}} \wedge \cdots \wedge \overline{x_{k-1,i}})$$

$\ominus$ 文字指的是布尔变量 x_i 或其否定 $\overline{x}_i$。

其中，对于布尔表达式 a、b，蕴含式 $a \Rightarrow b$ 等值于 $\bar{a} \vee b$。

对于所有 $1 \leqslant i \leqslant T$，上述公式的合取存在关于 $x_{j,i}$ 的一个可满足的真值指派，当且仅当计算机在每个时刻都恰好处于 1 个状态。另一个条件应可获知哪些状态可以是给定状态的后继。请注意，多个可满足的真值指派对应于一个非确定性机为达到终止状态而采取的多条可能道路。一种等价的阐述方式是使用存在量词的一阶逻辑，它可以选择相继的状态，以获得非确定性图灵机的转换序列。

在此讨论中，我们简述了 CNF-SAT 作为 NP 困难问题的一个证明。由于我们可以猜测一个真值指派，并在线性时间内验证布尔公式的真值，因此我们可以断言 CNF-SAT 属于 $\mathcal{NP}$ 类。

12.3　常见的 NP 完全问题

要证明给定的问题 Π 是 NPC，只需证明：

- $\Pi \in \mathcal{NP}$：这通常是比较容易的部分。
- CNF-SAT $\leqslant_{\mathrm{poly}} \Pi$：我们已经知道，对于任意 $\Pi' \in \mathcal{NP}$，$\Pi' \leqslant_{\mathrm{poly}}$ CNF-SAT。于是由传递性（断言 12.2）可知 $\Pi' \leqslant_{\mathrm{poly}} \Pi$，因此，$\Pi$ 是 NPC。

例 12.1　让我们来证明：如果假定 k-CNF [⊖] 是 NPC，那么 3-SAT 也是 NPC。显然，3-CNF 公式是 k-CNF 公式的特例，因此可以在线性时间内验证。我们进行如下操作将 k-CNF 归约到 3-CNF。根据给定的 k-CNF 公式 F_k，我们将构造一个 3-CNF 公式 F_3，使得：F_3 是可满足的，当且仅当 F_k 是可满足的。

这种变换事实上会增加变量和子句的数量，但新公式的长度将在原始公式长度的多项式因子内，从而符合多项式时间可归约性的定义的正确性。更形式化地说，我们有一个算法，它以 F_k 为输入，在多项式时间内产生 F_3 作为输出。我们将描述这个算法的核心精髓。

F_k 中的原始子句允许有 $1, 2, \cdots, k$ 个文字。只有具有 3 个文字的子句是与 F_3 相容的。我们将处理如下 3 种情况：（ⅰ）只有一个文字的子句；（ⅱ）有两个文字的子句；（ⅲ）有四个或更多个文字的子句。对于每一种情况，我们都将构造一个由 3 个文字的子句组成的合取式，该合取式是可满足的当且仅当原始子句有一个可满足的真值指派。为此，我们将添加变量。为了保持这些变换的独立性，我们将引入一组彼此不同的变量，使得这些子句的合取是可满足的，当且仅当原始公式是可满足的。

（ⅰ）只有一个文字的子句：它是一个单一的文字，是一个变量或其否定。对于 F_k 的一个可满足的真值指派，必须将此文字指派为 T——别无选择。假设文字是 (y)。我们定义一组共 4 个具有 3 个文字的子句

$$C_3(y) = (y \vee z_1 \vee z_2) \wedge (y \vee z_1 \vee \bar{z_2}) (y \vee \bar{z_1} \vee z_2) \wedge (y \vee \bar{z_1} \vee \bar{z_2})$$

其中 z_1 和 z_2 是与给定公式中变量以及我们可能引入的任何其他新变量不同的新的布尔变量。我们将断言 $y \Leftrightarrow C_3(y)$。注意，指派 $y = \mathrm{T}$ 可使得 $C_3(y)$ 是可满足的。反过来，为满足 $C_3(y)$，我们必须将 y 指派为 T（读者可以很容易地验证这一点）。换言之，如果 F_k 有一个可满足的真值指派，那么必然有 $y = \mathrm{T}$，且同样的真值指派将使 $C_3(y)$ 也成为 T。同

⊖　意指所有子句都至多有 k 个文字。Cook-Levin 定理中的构造过程事实上就表明了每个子句中文字的数量是有界的。

样地，如果 F_3 是可满足的，那么 $C_3(y)$ 必须是 T，这意味着 $y=$ T。因为 z_1 和 z_2 不在任何其他地方使用，所以它不会干扰其他子句的类似变换的可满足性真值指派。

（ⅱ）有两个文字的子句：给定 $y_1 \lor y_2$，将其替换为

$$C_3(y_1, y_2)=(y_1 \lor y_2 \lor z) \land (y_1 \lor y_2 \lor \overline{z})$$

其中 z 是一个独有的新变量，在 F_3 的构造过程中没有使用过。与前一种情况类似，读者可以轻松得出 $(y_1 \lor y_2) \Leftrightarrow C_3(y_1, y_2)$。

（ⅲ）每个子句至少有 4 个文字：考虑一个具体示例 $(y_1 \lor y_2 \lor y_3 \lor y_4 \lor y_5 \lor y_6)$，此时 $k=6$。我们将其替换为

$$(y_1 \lor y_2 \lor z_1) \land (\overline{z_1} \lor y_3 \lor z_2) \land (\overline{z_2} \lor y_4 \lor z_3) \land (\overline{z_3} \lor y_5 \lor y_6)$$

其中 z_1，z_2 和 z_3 是与其他任何新变量或原始变量不同的新布尔变量。我们来论证，如果 F_k 是可满足的，那么这个公式也是可满足的。不失一般性地，假定 y_1 在 F_k 中被指派为 T（至少一个文字必须为真）。而后，通过指派 z_1，z_2，$z_3=$ F，可以使上述公式可满足，它不会影响其他任何子句，因为它们不会出现在其他任何地方。此外，y_2，…，y_6 的真值指派不会影响可满足性。

反过来，如果这个公式是可满足的，那么 y_1，…，y_6 之一必须被指派为 T，于是 F_k 也是可满足的。采用反证法，假设所有原始文字都没有被指派为 T，那么就必然有 $z_1=$ T，继而 $z_2=$ T 且 $z_3=$ T。因此，最后一个子句真值为假，而这与公式是可满足的相矛盾。

F_3 的长度并不比 F_k 的长度大很多。例如，CNF 公式 $(x_2 \lor x_3 \lor \overline{x_4}) \land (x_1 \lor \overline{x_3}) \land (\overline{x_1} \lor x_2 \lor x_3 \lor x_4)$ 被变换为 3-CNF 公式

$$(x_2 \lor x_3 \lor \overline{x_4}) \land (x_1 \lor \overline{x_3} \lor y_{2,1}) \land (x_1 \lor \overline{x_3} \lor \overline{y_{2,1}}) \land (\overline{x_1} \lor x_2 \lor y_{3,1}) \land (\overline{y_{3,1}} \lor x_3 \lor x_4)$$

其中 $y_{2,1}$ 和 $y_{3,1}$ 是新的布尔变量。

> **断言 12.4** 如果 F_k 包含有 n 个变量的 m 个子句，那么 F_3 最多有 $\max\{4, k-2\} \cdot m$ 个子句和 $n+\max\{2, k-3\} \cdot m$ 个变量。因此，如果原始公式的长度为 L，那么等值的 3-CNF 公式的长度为 $O(kL)$；当假定 k 为固定值时，长度为 $O(L)$。

断言 12.4 的证明留作习题。读者可将此变换过程写为接受公式 F_k 作为输入并输出 F_3 的实际算法。

归约的第二步可以通过将任意已知的 NPC 问题归约为新问题 P 来推广。证明了前述结果后，我们可以将 3-SAT 归约到一个给定的问题来建立 NP 完全性。3-SAT 由于其结构简单，被认为是最有效的 NPC 归约候选问题之一。以下是一些最早被证明为 NPC 的问题（除了 CNF-SAT 外）。

- 图的 3 着色（Three coloring of graphs）：给定一个无向图 $G=(V, E)$，我们希望定义一个映射 $\chi : V \to \{1, 2, 3\}$ 满足：对于任意一对顶点 u，$w \in V$，若 $(u, w) \in E$ 则 $\chi(u) \neq \chi(w)$，即它们不能映射到相同的值（通常称为颜色）。有 k 个可能值的一般性问题称为 k 着色问题。
- 整数的等量划分（Equal partition of integers）：给定 n 个整数的集合 $S=\{x_1, x_2, \cdots, x_n\}$，我们希望将 S 划分成 S_1 和 $S_2=S-S_1$，满足

$$\sum_{y \in S_1} y = \sum_{z \in S_2} z$$

- 独立集（Independent set）：给定一个无向图 $G=(V, E)$ 和一个正整数 $k \leqslant |V|$，是

否存在一个子集 $W \subseteq V$，使得对于所有顶点对 $(u, w) \in W$，$(u, w) \notin E$ 且 $|W| = k$。

换言之，W 中包含 k 个顶点，且其中任意两个顶点之间都不存在边。在一个完全图中，W 的大小至多为 1。一个与之相关的问题是团（clique）问题，我们希望找到一个子集 $W \subseteq V$，使得 W 中每对顶点之间都有一条边，且 W 的大小是 k。根据定义，一个完全图有一个大小为 $|V|$ 的团。

- Hamilton 回路问题（Hamilton cycle problem）：给定一个无向图 $G = (V, E)$，其中 $V = \{1, 2, \cdots, n\}$，我们想确定是否存在一个从顶点 1 开始的长度为 n 的回路，对每个顶点 j 恰好访问一次。请注意，这与著名的旅行商问题（TSP）不同，后者指的是在一个赋权图中找到最短的此类回路（并非判定性问题）。

- 集合覆盖（Set cover）：给定一个基础集合 $S = \{x_1, x_2, \cdots, x_n\}$，一个整数 k，以及 S 的一个子集族 $\mathcal{F}$，即 $\mathcal{F} \subseteq 2^S$，我们要确定是否存在 $\mathcal{F}$ 的子族 $\mathcal{E}$，其包含（S 的）k 个子集，且它们的并集是 S。一个与之相关的问题称为命中集（hitting set）问题，在其中给定了一个子集族 $\mathcal{F}$，我们要确定是否存在包含 k 个元素的子集 $S' \subseteq S$，使得对于所有 $f \in \mathcal{F}$ 都有 $S' \cap f \neq \varnothing$，即 S' 与 $\mathcal{F}$ 的每个成员的交集都非空。

关于 NPC，有如下两个尚待解决的突出问题。

- 图同构（Graph isomorphism）：给定两个图 $G_1 = (V_1, E_1)$ 和 $G_2 = (V_2, E_2)$，我们希望能够确定是否存在 1-1 映射 $g: V_1 \to V_2$，使得 $(u, v) \in E_1 \Leftrightarrow (g(u), g(v)) \in E_2$。
  利用 g 在多项式时间内验证这一点很容易，但目前还没有已知的多项式时间算法能解决这一问题，也尚不知道它是否属于 NPC 问题。

- 因子分解（Factorization）：尽管它不是一个判定性问题，但是就其处理难度而言，它依然是难以捉摸的。并且由于 RSA 的安全性取决于其困难性，因此它还有着巨大的影响。

12.4 NP 完全性的证明

在本节中，我们将讨论一些经典的 NPC 问题，并描述从 3-SAT 到他们的归约。

12.4.1 顶点覆盖及相关问题

给定无向图 $G = (V, E)$ 及整数 k，我们要确定是否存在由 k 个顶点构成的子集 $W \subseteq V$，使得对于任意的边 $(u, w) \in E$，端点 u 或 v（或两者都）在 W 中。顶点覆盖（vertex cover）问题是集合覆盖问题的一个特例。要看到这一点，可以将 E 视作基础集合，$S_v = \{(v, u) | (v, u) \in E\}$ 视作子集族。而后，很容易验证某个有 k 个顶点的子集覆盖了所有边，当且仅当它对应的集合覆盖问题也存在解。如果顶点覆盖问题是 NPC，那么这立即就意味着集合覆盖问题也是 NPC（注意，这个构造过程并未能确定反方向的归约）。

顶点覆盖问题属于 $\mathcal{NP}$，因为很容易验证给定的 k 个顶点是否覆盖所有边。为了确定顶点覆盖问题的 NP 困难性，我们将 3-SAT 的任一实例归约为顶点覆盖的实例。更具体地说，我们将从一个 3-CNF 公式 F 开始，将它映射到一个图 $G(F) = (V, E)$，使得在 $G(F)$ 中存在大小为 $k(F)$ 的顶点覆盖当且仅当 F 是可满足的。请注意，图 $G(F)$ 和整数 k 都是给定 3-CNF 公式 F 的函数$^\ominus$。

㊀ 我们不会在随后的证明中过分拘泥于细节，会只使用 G 而不是 $G(F)$，如此等等。

考虑如下 3-CNF 布尔公式

$$F：(y_{1,1} \vee y_{1,2} \vee y_{1,3}) \wedge (y_{2,1} \vee y_{2,2} \vee y_{2,3}) \wedge \cdots \wedge (y_{m,1} \vee y_{m,2} \vee y_{m,3})$$

其中 $y_{i,j} \in \{x_1, \overline{x_1}, x_2, \overline{x_2}, \cdots,$ $x_n, \overline{x_n}\}$，即有 n 个布尔变量的 m 个子句。我们在顶点集合 $\{y_{1,1}, y_{1,2},$ $y_{1,3}, y_{2,1}, \cdots, y_{m,3}\}$ 上定义 $G(F)$，它有 $3m$ 个顶点，它的边有两种类型——对于所有 i，有边 $E_i = \{(y_{i,1},$ $y_{i,2}), (y_{i,2}, y_{i,3}), (y_{i,3}, y_{i,1})\}$ 定义了一些三角形，这些边的并集的基数为 $3m$；此外，还有边 $E' = \{(y_{j,a},$ $y_{k,b}) \mid j \neq k, y_{j,a} = \overline{y_{k,b}}\}$，即 E' 由互补的文字对组成。整数 $k(F)$ 设置为 $2m$（子句数）。图 12.2 展示了这种结构。

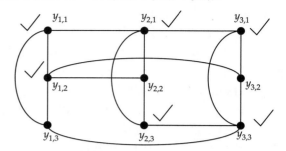

图 12.2　3-CNF 公式 $(x_1 \vee \overline{x_2} \vee x_3) \wedge (\overline{x_1} \vee x_2 \vee x_3)$ $\wedge (x_1 \vee x_2 \vee \overline{x_3})$ 归约的图示说明。此处 $n = 3$，$m = 3$，$k = 2 \times 3 = 6$。被选择的顶点构成一个覆盖，定义了真值指派 $x_3 = T$，$x_2 = T$，x_1 可以取任意真值，使得公式为可满足的

断言 12.5　图 $G(F)$ 存在大小为 $k(F) = 2m$ 的顶点覆盖，当且仅当 F 是可以满足的。

为完成断言 12.5 的证明，我们首先考虑 F 有一个可满足的真值指派——考虑一个这样的真值指派。F 中的每个子句都至少有一个为真的文字——我们在覆盖中选择其他两个顶点（回想每个文字都映射到了 $G(F)$ 中的一个顶点）。如果有一个以上的文字真值为真，我们可以任取其中之一，并选择覆盖中的其他两个顶点。总的来说，我们从每个三角形中选择了 2 个顶点，很明显所选的顶点对所有 i 覆盖了 E_i 的所有边。使用反证法，假设 E' 中有某条边未能被所选择的顶点覆盖。这意味着该边两端点代表的文字在可满足的真值指派中都不是 F。注意，任一个被指派为 F 的文字都被选择在覆盖中。然而这是不可能的，因为 E' 中的边的两个端点对应的是文字的互补对，所以其中一个必须是 F，并且它被选择在覆盖中。因此，有一个大小为 $2m$ 的顶点覆盖。

对于断言 12.5 的另一个方向，假设有一个大小为 $2m$ 的顶点覆盖 W。任何顶点覆盖都必须从每个三角形中选取两个顶点，并且由于 $|W| = 2m$，可知从每个三角形中恰好选取两个顶点。对于 F 的一个真值指派，我们将每个三角形中未被选取的文字指派为 T。如果某个变量没有通过这种方式被指派任何值，则可以一致地给它任意指派一个真值。因此，每个子句都有一个设为 T 的文字，但我们必须证明这个真值指派是一致的，即互补对中两个文字不能都被指派为 T。采用反证法，假设存在这样的情况，那么由构造过程可知，这意味着必然存在这样一条边，例如 (u, v)。它的两个端点能否都被指派为 T？由于至少有一个端点 u 或 v 必须在覆盖中，因此不能将两者都指派为 T。

现在可以使用顶点覆盖问题的 NP 完全性来证明独立集问题也是 NP 完全的。这由如下观察结果得出：当且仅当 V-I 是顶点覆盖时，集合 I 是独立集。

12.4.2　图的 3 着色问题

给定一个图，从二分性（bipartiteness）的基本性质很容易判断它是否是可 2 着色的。这可以在线性时间内完成。有些出乎意料的是，3 着色变得更具挑战性，也就是说，目前

不存在已知的多项式时间算法[⊖]。很容易看到，如果图有一个大小为 k 的团，那么至少需要 k 种颜色，反之则不然。因此，即使一个图中可能并不存在比较大的团，它仍然会需要多种颜色。这使着色问题变得非常具有趣味性和挑战性。

我们现在将正式证明 3 着色问题是 NPC。给定图的一个着色，很容易验证它是否仅用了 3 种颜色且合法，所以该问题属于 $\mathcal{NP}$。

下面将概述从 3-SAT 问题到它的一个归约，一些细节部分将留作习题。给定一个 3-CNF 公式 ϕ，它有 m 个子句，n 个变量 x_1，x_2，$\cdots$，x_n。我们在如下顶点集上定义一个图

$$\{x_1, \overline{x_1}, x_2, \overline{x_2}, \cdots, x_n, \overline{x_n}\} \bigcup \bigcup_{i=1}^{m} \{a_i, b_i, c_i, d_i, e_i, f_i\} \bigcup \{T, F, N\}$$

它共计 $2n+6m+3$ 个顶点。根据图 12.3 所示的子图定义图的边。概括地讲，$\{T, F, N\}$ 代表 3 种颜色，F 和 F 以及 T 和 T 之间有自然的联系，N 可以被认为是中性的（neutral）。图 12.3 中的第 2 个三角形确保了每个变量的两个互补文字具有不同的颜色，且颜色不同于 N。图 12.3 中的子图 a 更为关键，它是 ϕ 中可满足的真值指派的保障。它有一个内部三角形 a_i，b_i，c_i 以及与内部三角相连的外层 d_i，e_i，f_i 来执行一些着色约束。以下是关于子图的重要观察结果。

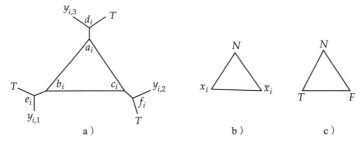

图 12.3   上述子图 a 的 3 着色表示 CNF 子句（$y_{i,1} \vee y_{i,2} \vee y_{i,3}$）的可满足性。子图 b 的 3 着色表示变量与其否定的真值指派的一致性，即，若 $x_i = $T 则 $\overline{x_i} = $F，反之亦然（如 c 所示）。第 3 种颜色是中性色 N

断言 12.6   子图是可 3 着色的，当且仅当文字 $y_{i,1}$，$y_{i,2}$，$y_{i,3}$ 中至少有一个与 T 着色相同。

断言 12.6 的正式证明留作习题。然而，读者可以看到，如果 $y_{i,1}$ 的颜色与 T 不同，那么它必须与 F 相同（由图 12.3b 中的三角形可知，它不能着色为 N）。这会迫使 e_i 着色为 N，而这就意味着 b_i 不能着色为 N。a_i，b_i，c_i 中必然恰有一个顶点的颜色与 N 相同，但如果所有三个文字都着色为 F，那么就不可能发生这种情况。根据断言 12.6 可知，由 ϕ 中 3-CNF 子句对应子图的并定义的图是可 3 着色的，当且仅当 ϕ 是可满足的。正式的证明留作习题。

12.4.3   背包问题及相关问题

现在，我们来证明许多数论问题（如判定性背包问题）是 NP 完全的。我们从一个更基

⊖   目前已知，3-SAT 相比于 2-SAT，也存在类似的情况。

本的问题开始，称为子集和（Subset Sum）问题。在这个问题中，一个实例由一组正整数 $\{x_1, \cdots, x_n\}$ 和一个参数 B 组成。需要判断是否存在 $\{x_1, \cdots, x_n\}$ 的子集使得其元素和恰等于 B。很容易验证，使用动态规划可以在 $O(nB)$ 时间内解决这个问题。然而，这并不是多项式时间，因为输入的大小只依赖于这些整数的对数。这也表明，对于子集和问题，任何 NP 完全性的证明都必须使用表示 B 所需位数与 n 呈线性关系（或更高阶的多项式关系）的实例。

容易证明子集和问题属于 $\mathcal{NP}$。一个解只需要指明 $\{s_1, \cdots, s_n\}$ 的具体子集，其中元素和恰为 B。验证器只需要计算这个子集中元素的和即可。注意，一组 k 个数的求和可以在正比于 kb 的时间内完成，其中 b 是表示这些数所需的比特数。因此，验证器可以按照正比于输入大小的时间检查解是否合法。

我们现在来证明这个问题是 NP 完全的。我们的目标是：给定一个 3-CNF 公式 ϕ，构造一个子集和问题的实例 I，使得公式 ϕ 是可满足的当且仅当实例 I 有解（即，在这个实例中存在 $\{s_1, \cdots, s_n\}$ 的子集，其中元素和恰为 B）。

设 ϕ 中有 n 个变量 $x_1, \cdots, x_n$ 和 m 个子句 $C_1, \cdots, C_m$。回想每个子句 C_j 都可以写作 $y_{j,1} \vee y_{j,2} \vee y_{j,3}$，其中每个文字 $y_{j,l}$ 都是变量 $x_1, \cdots, x_n$ 或其否定之一。在实例 I 中，将有 $k := 2n + 2m$ 个数。我们将其中每个数都用十进制表示，尽管只要将每个十进制数字都写为其对应的二进制表示形式，就可以将这些数都写为二进制形式，但这只会使每个数的大小扩大常数倍。写作十进制表示会很方便，因为这可以使得当我们对这些数的任一子集求和时，永远不会产生任何进位。

我们现在给出构造过程的细节。每个数有 $n + m$ 位数字。这些数字将标记为 n 个变量 $x_1, \cdots, x_n$ 和 m 个子句 $C_1, \cdots, C_m$。对于每个变量 x_i，我们有两个数 s_i 和 $\overline{s_i}$。直觉上，I 的任一解都恰好选择 s_i 和 $\overline{s_i}$ 之一——如果 ϕ 中可满足的真值指派将 x_i 指派为 T，则选择 s_i，否则选择 $\overline{s_i}$。因此，s_i 对应于文字 x_i，而 $\overline{s_i}$ 对应于文字 $\overline{x_i}$。（s_i 和 $\overline{s_i}$）这两个数在与 x_i 相对应的数字处都将为 "1"，在与变量 x_j（$j \neq i$）相对应的所有其他数字处将为 "0"。此外，如果变量 x_i（作为文字）出现在子句 $C_{i_1}, \cdots, C_{i_s}$ 中，则数 s_i 在与子句 $C_{i_1}, \cdots, C_{i_s}$ 相对应的子句数字处为 "1"，在所有其他子句对应的数字处为 "0"。$\overline{s_i}$ 的子句数字的定义与此类似——如果 $\overline{x_i}$ 出现在子句 C_j 中，则 $\overline{s_i}$ 对应的数字为 "1"，否则为 "0"。

首先让我们来看一个例子。假设有 4 个变量 x_1, x_2, x_3, x_4 和 3 个子句 $C_1 = x_1 \vee \overline{x_3} \vee x_4$，$C_2 = \overline{x_1} \vee x_2 \vee \overline{x_4}$，$C_3 = x_1 \vee x_3 \vee x_4$。于是，这 8 个数如表 12.1 所示。

表 12.1 从 3-SAT 给定的实例构造判定性背包问题的实例。此处未显示虚拟变量 d_j^1 和 d_j^2。容量 B 可以视作 [1 1 1 1 3 3 3]

	x_1	x_2	x_3	x_4	C_1	C_2	C_3
s_1	1	0	0	0	1	0	1
$\overline{s_1}$	1	0	0	0	0	1	0
s_2	0	1	0	0	0	1	0
$\overline{s_2}$	0	1	0	0	0	0	0
s_3	0	0	1	0	0	0	1
$\overline{s_3}$	0	0	1	0	1	0	0
s_4	0	0	0	1	1	0	1
$\overline{s_4}$	0	0	0	1	0	1	0

在指定这个实例中的其余数之前，让我们看看目标数 B 会是什么。对于每个变量数

字 x_i，B 都有 "1"。因为我们永远不会产生任何进位，所以这将确保每个解必须对所有 $i=1$，$\cdots$，n 都恰好选择 s_i 和 $\overline{s_i}$ 之一。此外，我们希望这样的选择对应于一个可满足的真值指派。换言之，我们希望为每个子句 C_j 至少选择其中包含的一个文字（即，对于前面提到的子句 C_1，我们应该至少选择 s_1，$\overline{s_3}$，s_4 之一）。所以我们希望在对应于 C_j 的数字中，B 的数字应该大于 0。但这里还存在问题——一个可满足的真值指派可能会选择将 C_j 中的 1、2 或 3 个文字指派为 T。因此，我们无法预先判断 B 中对应的子句数字应是 1 还是 2 或者 3。为解决此问题，我们为每个子句 C_j 再添加两个 "虚拟" 数，称为 d_j^1 和 d_j^2，这是另外的 $2m$ 个数。除与 C_j 对应的数字处均为 1 之外，这两个虚拟数在所有其他数字处均为 0。目标 B 是：对于每个变量数字 x_i，它具有 "1"；对于每个子句数字 C_j，它具有 "3"。这就完成了对子集和问题的输入 I 的描述。

现在我们来证明该归约具有所需的性质。首先，很容易验证，即使我们将所有 $2n+2m$ 个数相加，也不会产生任何进位。现在，假设有一个 ϕ 的可满足的真值指派，称为 α。我们现在证明 I 也有解。我们如下构造 I 中输入数的子集 S。如果 α 将 x_i 指派为 T，则将 s_i 添加到 S，否则将 $\overline{s_i}$ 添加到 S。这确保了对于每个变量数字，加到 S 上的数字之和为 1。现在考虑子句 C_j。由于 α 将 C_j 中至少一个文字指派为 T，因此 S 中至少有一个数，它的数字 C_j 为 1。现在让我们看一下 S 中有多少个这样的数。由于 C_j 有 3 个文字，因此 S 中最多包含 3 个这样的数。如果 S 恰好包含 3 个这样的数，那么我们已确保将 S 中的所有数相加将使得数字 C_j 为 3。如果 S 只有 2 个这样的数，我们将虚拟数 d_j^1 和 d_j^2 之一添加到 S 中。如果 S 只有 1 个这样的数，那么将这两个虚拟数都添加到 S，从而导致共计附加了 $3m$ 个变量。由此，我们确保了在将 S 中的所有数相加时，每个子句数字都将得到 "3"。于是，S 中的数之和恰好等于 B。

反方向的论证是非常相似的。假设输入 I 中存在一个子集 S，其元素和等于 B。由此，我们将构造 ϕ 的一个可满足的真值指派 α。如前所述，对于每个变量 x_i，S 必须恰好包含 s_i 和 $\overline{s_i}$ 之一。如果 S 包含 s_i，则 α 将 x_i 指派为 T，否则它将 x_i 指派为 F。我们断言这是一个可满足的真值指派。事实上，考虑与子句 C_j 对应的数字。即使我们在 S 中选择了两个虚拟数 d_j^1 和 d_j^2，在 S 中也必然有一个非虚拟数的数字是 "1"。否则，当我们将 S 中的所有数相加时，在这个数字处无法得到 "3"。然而，这意味着 α 将 C_j 的至少一个文字指派为 T。

于是，我们证明了子集和问题是 NP 完全的。从子集和问题出发，我们可以证明判定性背包问题也是 NP 完全的。回想在判定性背包问题中，给定了一个容量为 B 的背包，以及一组物品 I_1，$\cdots$，I_n。每个物品 I_i 的体积为 s_i，收益为 p_i。给定目标收益 P，我们希望确定是否存在物品的一个子集，其总体积不超过 B，且其总收益至少为 P。我们通过从子集和问题的归约可证明这个问题是 NP 完全的（背包问题属于 $\mathcal{NP}$ 的证明依然是平凡的）。

考虑子集和问题的一个实例 I，它由数 s_1，$\cdots$，s_n 和参数 B 组成。我们构造判定性背包问题的一个实例 I' 如下：背包具有容量 B；目标收益也是 B。对于 I 中的每个数 s_i，我们还构造体积和收益都是 s_i 的物品 I_i。现在，很容易检验子集和问题的实例 I 存在解，当且仅当相应的判定性背包问题的实例 I' 存在解。

12.5 其他重要的复杂度类

尽管 $\mathcal{P}$ 类和 $\mathcal{NP}$ 类在复杂性理论中获得了最大的关注，但还有许多其他相关类，其本身也很重要。

- co-$\mathcal{NP}$：给定一个 NP 完全问题 P，对于每个输入而言，其回答为"是"或者"否"。事实上，我们将问题定义为回答为"是"的输入集合。如果问题 P 的补问题属于 $\mathcal{NP}$，即由 P 的回答为"否"的输入集合所定义的问题属于 $\mathcal{NP}$，则称 P 属于 co-$\mathcal{NP}$ 类。例如，3-SAT 的补问题定义为不存在可满足真值指派的 3-CNF 公式集合，它属于 co-$\mathcal{NP}$。回想对于 $\mathcal{NP}$ 中的一个问题，有一个简短的论证可证明输入的回答为 YES。但对于 co-$\mathcal{NP}$ 中的一个问题，同样的事实是否成立尚不清楚。例如，在 3-SAT 问题中，验证器只需要为每个变量指定真/假的指派即可，高效的验证器可以轻松地验证解是否正确。然而，在 3-SAT 的补问题中，是否可以给出一个简短的论证来验证给定的 3-CNF 公式是不可满足的（即，所有的真值指派都使其为假），尚全然不知。

  目前尚不知道 $\mathcal{NP}$ 是否等于 co-$\mathcal{NP}$。人们普遍认为它们是不同的。请注意，$\mathcal{P}$ 中的任何问题都可以在多项式时间内求解，因此，我们也可以在多项式时间内解决它的补问题。于是得到 $\mathcal{P} \subseteq \mathcal{NP} \bigcap$ co-$\mathcal{NP}$。同样地，尚不知道这是不是"真包含"，但人们普遍认为是这样的。

- PSpace：到目前为止，我们已经根据一个算法所花费的时间来衡量它所消耗的资源。但我们也可以考虑它的空间复杂度。PSpace 类由具有使用多项式空间算法的问题组成。由于图灵机模型中的任何多项式时间算法（确定性的或非确定性的）只能修改多项式数量的存储位置，因此，$\mathcal{NP} \subseteq$ PSpace $^{\ominus}$，但不知道这是不是"真包含"（尽管推测是这样的）。

  与 $\mathcal{NP}$ 一样，我们可以在多项式时间归约下定义 PSpace 完全问题（于是它可能不属于 $\mathcal{NP}$，因为 $\mathcal{NP}$ 可能真包含于 PSpace）。以下是此类问题的一个示例。量化布尔公式（quantified Boolean formula）是一个布尔公式，且其中每个变量都使用全称量词或存在量词进行量化。例如，$\exists x_1 \forall x_2 \exists x_3 P(x_1, x_2, x_3)$，其中 $P(x_1, x_2, x_3)$ 是布尔命题公式。我们可以尝试布尔变量的所有可能（即 2^n 个）的真值指派，并对每个指派计算公式的值，由此在多项式空间内解决这个问题。然而，请注意，这个算法需要指数时间。许多与 $\mathcal{NP}$ 类中的问题相关的计数问题都属于 PSpace。例如，计算 3-CNF 公式的可满足的真值指派个数，或者计算图中大小不超过 k 的顶点覆盖的数目。

- 随机类（Randomized classes）根据随机算法的类型（主要是拉斯维加斯算法或蒙特卡洛算法），我们有以下重要类（请参阅 1.4 节）

  （ⅰ）$\mathcal{RP}$（randomized polynomial，随机多项式）：随机多项式类问题，其刻画为（蒙特卡洛）随机算法 A，满足

$$x \in L \Rightarrow \Pr[A \text{ 接受 } x] \geqslant 1/2$$
$$x \notin L \Rightarrow \Pr[A \text{ 接受 } x] = 0$$

  这些算法只能在一侧给出错误结果。$x \in L$ 时的常数 $1/2$ 可以用任意常数代替。事实上，如果我们有一种针对语言 L 的蒙特卡洛算法，且接受输入 $x \in L$ 的概率为 ε，那么我们可以通过重复多次运行相同的算法，将该概率提高到任意常数（足够接近 1），并且如果 x 在任一次算法运行中被接受，则接受 x（参见习题）。多项式恒等式检验（polynomial identity testing）问题是属于此类的一个著

$\ominus$　由 Savitch 定理可知，PSpace 与非确定性多项式空间是相同的。

名问题，但还不知道该问题是否属于 $\mathcal{P}$。这个问题的输入是具有 n 个变量的多项式。通常来讲，这样的多项式可以具有指数数量个单项式，因此即使将其写出也可能需要（关于 n 的）指数空间。我们假设多项式是由一个短布尔电路以紧凑形式给出的，它以 n 个变量（对应于 x_1，…，x_n）作为输入，并输出多项式的值（例如，多项式可能是 $(x_1+1)\cdot(x_2+1)\cdots(x_n+1)$）。该语言由不恒等于为零的那些多项式（事实上，是电路）组成。一个简单的随机算法如下：随机均匀地选取 x_1，…，x_n（需要指定其取值范围，但我们暂时先忽略这个问题）。我们在 $(x_1$，…，$x_n)$ 处对多项式进行求值，并检查它是否为 0。如果是，我们断言它恒等于 0。如果多项式恒等于 0，则算法不会出错；如果它不恒等于零，那么可以证明，它在随机输入上的值为 0 的概率是很小的。该问题的确定性多项式时间算法的设计是主要的开放性问题之一。很容易验证，$\mathcal{RP}$ 包含于 $\mathcal{NP}$。

（ii）$\mathcal{BPP}$（bounded-error probabilistic polynomial time，有限错误概率多项式时间）：当随机算法在两侧都允许出错时

$$x\in L\Rightarrow\Pr[A\ \text{接受}\ x]\geqslant 1/2+\varepsilon$$
$$x\notin L\Rightarrow\Pr[A\ \text{接受}\ x]\leqslant 1/2-\varepsilon$$

其中，ε 是固定的非零常数。同样地，参数 ε 可取任意值——我们可以多次重复算法，并取占多数的回答（参见习题 12.15），使两个概率之间的差异变大（例如，0.99 和 0.01）。目前尚不知道 $\mathcal{BPP}$ 是否包含于 $\mathcal{NP}$ 中（事实上，有些人认为 $\mathcal{P}=\mathcal{BPP}$）。

（iii）$\mathcal{ZPP}$（zero error probabilistic polynomial time，零错误概率多项式时间）：此复杂度类对应于拉斯维加斯算法，该算法不会产生任何错误，但只会在期望意义下具有多项式时间（即，在最坏情况下可能需要更多时间）。

12.6　使用近似算法处理困难性

自 20 世纪 70 年代初发现 NP 完全问题以来，算法设计者一直在谨慎地为这些问题设计算法，因为没有 "$\mathcal{P}=\mathcal{NP}$" 问题的明确解答，这被认为是一种相当绝望的处境。不幸的是，许多有趣的问题都属于这一类，因此忽视这些问题也不是一种可接受的态度。为了解决这些问题，很多研究者都在探索基于启发式和经验结果的非精确方法⊖。一些著名的启发式方法包括模拟退火（simulated annealing）、基于神经网络（neural network）的学习方法以及遗传算法（genetic algorithms）。当在任何关键应用中使用这些技术时，你不得不做一个乐观主义者。

在过去的十年中，公认的范式是设计优化问题的多项式时间算法，以确保得到优化问题的接近最优（near-optimal）解。对于最大化问题，我们希望得到一个至少为 $f\cdot\text{OPT}$ 的解，其中 OPT 是最优解的值，而 $f\leqslant 1$ 是最差情况输入时的近似因子（approximation factor）。同样地，对于最小化问题，我们希望得到不超过 $f\cdot\text{OPT}$ 的解，因子 $f\geqslant 1$。显然，f 越接近 1，算法就越好。这种算法被称作近似（approximation）算法。尽管在实践中解决的大多数优化问题都是 $\mathcal{NP}$ 困难的，但在近似处理时它们的表现却大不相同。事实上，假定 $\mathcal{P}\neq\mathcal{NP}$，这类问题有着非常丰富的复杂度理论，它告诉我们：问题能近似的程度会因

⊖　读者必须意识到，由于我们无法计算实际的解，因此很难在一般情况下评估这些方法。

问题不同而有很大差异。实际上，仅仅因为我们可以将一个 NP 完全问题归约为另一个 NP 完全问题，并不一定就意味着这些问题的优化版本也会具有类似的近似算法。例如，最小顶点覆盖问题和最大独立集问题之间存在简单的关系——最小顶点覆盖的补集是一个最大独立集。虽然我们知道有顶点覆盖问题的 2 近似算法，但对于最大独立集问题，尚不存在已知的具有这么小的近似比的算法。

现在，我们对近似比可能取值的范围进行简要说明（尽管并不详尽无遗）。

- PTAS(polynomial time approximation scheme，多项式时间近似方案)：对于此这类中的问题，我们可以设计 $f=1+\varepsilon$ 的多项式时间算法，其中 ε 是用户定义的任意常数(运行时间可能依赖于 $1/\varepsilon$，因此当 ε 接近 0 时会变得更差)。此外，如果算法关于 $1/\varepsilon$ 是多项式时间的，则称为 FPTAS(fully PTAS，完全 PTAS)。从某种意义上讲，这是我们在 NP 困难的最优化问题中所能希冀的最好结果。对于许多重要的优化问题，近似困难性(hardness of approximation)理论给出了近似因子的界(最小值问题的下界和最大值问题的上界)。背包问题是存在 PTAS 的问题示例之一。回想给定了容量为 B 的背包和一组物品，每个物品都有各自的体积和收益。我们希望找到物品的一个子集，其总体积不超过 B 且总收益达到最大化。由于判定性背包问题是 NP 完全的，因此这个优化问题是 NP 困难的。我们在本章的最初讨论了如何将一个问题归约为另一个问题。回想可以通过动态规划来解决这个问题，然而此算法关于指定输入所需的比特数是指数时间的。事实证明，该问题存在 PTAS。存在 PTAS 的问题很少。现在在已经知道，除非 $\mathcal{P}=\mathcal{NP}$，否则很多问题不可能存在 PTAS。这包括诸如最小顶点覆盖、最小集合覆盖、最大独立集、最大割等问题。
- 常数因子：如果我们无法获得问题的 PTAS，那么次优的选择就是尝试获得常数因子近似值(即 f 是一个常数，不依赖于问题实例的大小)。对于包括最小顶点覆盖、最大 3-SAT 问题在内的许多问题，我们都可以得到这样的结果，其中最大 3-SAT 问题涉及找到 3-CNF 表达式中可满足子句的最大数目。
- 对数因子：对于一些 NP 困难问题，我们不能指望得到常数因子近似算法(除非 $\mathcal{P}=\mathcal{NP}$)。此类问题中最著名的是最小集合覆盖问题，对此我们只有一个 $\log n$ 近似算法，其中 n 是集合覆盖问题实例中的元素数(而且已经知道，如果 $\mathcal{P}\neq\mathcal{NP}$，则无法改进这个界)。
- 更困难的问题：有很多问题，我们甚至无法得到多项式时间内的对数近似因子。这样的问题之一就是最大独立集问题，对于任意常数 $\varepsilon>0$，我们甚至无法得到 $f=n^{1-\varepsilon}$ (假设 $\mathcal{P}\neq\mathcal{NP}$)。

存在着一些问题，我们并不知道它们的正确近似率。此类问题之一就是(最优化版本的)3 着色问题。在该问题中，给定了已知可以 3 着色的图 G。问题是在多项式时间内使用尽可能少的颜色为顶点着色。即使不排除使用恒定数量颜色的多项式时间算法的可能性，最著名的多项式时间算法也会使用大约 $n^{0.2}$ 种颜色。

在下一节中，我们将给出几个近似算法的示例说明。算法分析中的主要挑战之一是：即使缺乏最优解的具体知识，我们仍然可以证明近似算法解的性能保证。

12.6.1 最大背包问题

给定 n 个物品的集合以及一个容量为 B 的背包。物品的体积和收益分别为 s_1, s_2, …, s_n 和 p_1, p_2, …, p_n，我们希望找到这 n 个物品的、可装入背包的子集，使得这些物品的总收益最大化。

回想之前在 5.1 节中所使用的动态规划策略：我们维护表 $S(j, r)$，其中 $0 \leqslant r \leqslant B$，$1 \leqslant j \leqslant n$。表项 $S(j, r)$ 存储给定容量为 r 的背包时，从前 j 个物品中可以获得的最大收益。我们可以写出如下递推式来计算 $S(j, r)$（$j=1$ 的基本情况很容易写出）：

$$S(j, r) = \max\{S(j-1, r), p_j + S(j-1, r-s_j)\}$$

虽然这一动态规划只计算了最优解的值，但是很容易对其修改来计算产生此最优收益的物品子集。该算法的运行时间是 $O(nB)$，这不是多项式时间，因为它关于写入 B 所需的比特数是指数级的。获得 PTAS 的一个想法是对物品的体积进行舍入，使得 B 变成为多项式界。然而，这可能需要很高的技巧。例如，考虑一个输入，它的最优解方案由 2 个体积不同但收益相等的物品组成。如果我们对物品体积的舍入不够谨慎，那么在舍入后的实例中，二者可能都无法放入背包中，因此，我们可能无法获得两者的收益。

这里有另一个动态规划递推式，它不那么直观，但它考虑的是物品的收益，而不是他们的体积。令 $p_{\max}$ 表示任一物品的最大收益，即 $\max_j p_j$。令 P 表示 $n \cdot p_{\max}$，这是任何解方案所可能获得收益的最大界。我们维护表 $T(j, r)$，$1 \leqslant j \leqslant n$，$0 \leqslant r \leqslant P$，它存储的是可以从前 j 个物品中选择总收益至少为 r 的子集时的背包最小容量（如果恰好 r 大于前 j 个物品的总收益，或者如果背包的最小容量大于 B，则此表项取值为无穷大）。$T(j, r)$ 的递推式可以很容易地写作：

$$T(j, r) = \min(T(j-1, r), T(j-1, r-p_j) + s_j)$$

在表的最后一行，即 $j=n$ 时，可以得到最优解，它取得总体积不超过 B 时的最大收益。此算法的运行时间为 $O(Pn)$，如果 P 非常大，那么该算法的表现可能也是差的。现在的想法是将物品 j 的 p_j 值进行舍入。更具体地讲，令 M 表示 $\varepsilon p_{\max}/n$，其中 ε 是任一正常数。用 I 表示原始的输入。定义一个新的输入 I'，它具有与 I 相同的物品集合，并且这些物品的体积也与 I 中的相同。但是，物品 j 的收益现在变为 $\overline{p}_j = \lfloor p_j/M \rfloor$。请注意，$I'$ 中的最大收益不超过 n/ε，因此我们可以使用 $n \times (n^2/\varepsilon)$ 的表在多项式时间内运行上述动态规划算法。令 S 表示该动态规划算法所选择的物品子集，O 表示 I 的最优解所选择的物品子集。就输入 I' 而言，S 至少与 O 一样好。因此，我们得到

$$\sum_{j \in S} \overline{p}_j \geqslant \sum_{j \in O} \overline{p}_j$$

显然，$(p_j/M) - 1 \leqslant \overline{p}_j \leqslant (p_j/M)$。于是，由这个不等式可得

$$\sum_{j \in S} \frac{P_j}{M} \geqslant \sum_{j \in O} \left(\frac{p_j}{M} - 1\right) \Rightarrow \sum_{j \in S} p_j \geqslant \sum_{j \in O} p_j - M|O| \geqslant \sum_{j \in O} p_j - Mn$$

令 $p(S)$ 和 $p(O)$ 分别表示 S 和 O（在 I 中）的总收益。由此，我们得到

$$p(S) \geqslant p(O) - Mn = p(O) - \varepsilon p_{\max} \geqslant p(O)(1-\varepsilon)$$

最后一个不等号源于最优收益至少为 $p_{\max}$ 这一事实。由此，我们得到了针对该问题的 PTAS。

12.6.2　最小集合覆盖

给定一个基础集合 $S = \{x_1, x_2, \cdots, x_n\}$ 以及它的子集族 $S_1, S_2, \cdots, S_m$，其中 $S_i \subset S$。这些子集中的每一个子集 S_i 都具有成本值 $C(S_i)$。我们希望能想找到一个集合覆盖（set cover），即这些子集的集合，满足它们的并集是 S，且具有最小的总成本值。直观地讲，我们希望选择成本低且包含大量元素的集合。由此产生了如下的贪婪算法：我们将选

代地选择子集。令 $V \subset S$ 表示迄今为止已所选取的子集所覆盖的元素集合。在下一个步骤中，我们选择成本与其所覆盖的新元素数之比 $\frac{C(U)}{|U-V|}$ 最小的子集 U。我们将这个比率表示 U 在此时的成本–效益（cost-effectiveness）。我们会重复执行此操作，直至所有元素都被覆盖。我们现在来分析这个算法的近似比。

让我们对 S 的元素按照被贪婪算法所覆盖的次序进行编号（不失一般性地，我们可以把它们重编号为 x_1，x_2，$\cdots$）。我们将覆盖元素 $e \in S$ 的成本平摊为 $w(e) = \frac{C(U)}{|U-V|}$，其中 e 因 U 而首次被覆盖。于是覆盖的总成本值为 $\sum_i w(x_i)$。

断言 12.7

$$w(x_i) \leqslant \frac{C_o}{n-i+1}$$

式中，C_o 是最优集合覆盖的总成本值。

在考虑到元素 x_i 的迭代中，未覆盖元素的数目至少为 $n-i+1$。贪婪算法的选择比当前剩余的集合中属于最优覆盖的任何一个集合的成本效益都小（或相等）。假设最优覆盖中的子集的最小成本–效益值为 C'/U'，即 $C'/U' = \min\left\{ \frac{C(S_{i_1})}{S_{i_1} - S'}, \frac{C(S_{i_2})}{S_{i_2} - S'}, \cdots, \frac{C(S_{i_k})}{S_{i_k} - S'} \right\}$，其中 S_{i_1}，S_{i_2}，$\cdots$，S_{i_k} 属于最优覆盖，S' 是第 i 次迭代时已被覆盖的元素的集合。则有

$$C'/U' \leqslant \frac{C(S_{i_1}) + C(S_{i_2}) + \cdots C(S_{i_k})}{(S_{i_1} - S') + (S_{i_2} - S') + \cdots (S_{i_k} - S')} \leqslant \frac{C_o}{n-i+1}$$

因为分子以 C_o 为界，且分母大于 $n-i+1$，所以有 $w(x_i) \leqslant \frac{C_o}{n-i+1}$。

于是，贪婪算法所得覆盖的总成本值的上界为 $C_o \cdot H_n = \sum_i \frac{C_o}{n-i+1}$，其中 $H_n = \frac{1}{n} + \frac{1}{n-1} + \cdots + 1$ [⊖]。

12.6.3　几何旅行商问题

旅行商问题（TSP）指的是：给定一个无向图 G 及各边的长度。我们的目标是寻找具有最小总长度的巡游，它从顶点 s 开始，并在访问 G 的每个顶点后再回到顶点 s（回想"巡游"允许多次经过一条边）。即使所有边的长度都是 0-1 的，该问题也是 NP 困难的。该问题的一个近似算法是：设 T 为图 G 的一棵最小支撑树。我们定义 G_T 为将 T 中的每一条边替换为两条重边而得到的图。所以 G_T 中所有边的长度之和是 T 中所有边的长度之和的二倍。在 G_T 中，每个顶点的度数都是偶数（因为每条边都有一个重边副本）。因此 G_T 是欧拉图。G_T 中存在一个巡游，它访问每条边恰一次，因此，它访问过每一个顶点。这个巡游的总长度恰好是 G_T 中所有边的长度之和。我们现在来证明最优巡游的总长度不小于

⊖　调和数 H_n 是 $O(\ln n)$ 的。——译者注

T 的总长度，于是，我们就得到了一个 2 近似算法⊖。这一点也很容易看出——令 E' 表示最佳巡游中使用（至少一次）的边集合，则 (V, E') 是 G 的一个连通子图，因此，它的总长度不小于 T 的。

需要指出的是：对于欧几里得平面上点的特殊情况，存在着一种非常出众的近似算法，它事实上是一个 PTAS。

12.6.4　3 着色问题

在这个问题中，给定了一个确保是可 3 着色的无向图 $G = (V, E)$。我们将描述一个多项式时间算法，它可以使用 $4\sqrt{n}$ 种颜色对顶点进行着色。

我们将依赖于如下简单观察结果：

- 令 $\Gamma(v)$ 表示顶点 v 的邻点集，则 $\Gamma(v)$ 是可 2 着色的，否则由 $\{v\} \cup \Gamma(v)$ 导出的子图将需要使用 3 种以上的颜色。由于我们可以有效地用 2 种颜色给可 2 着色的图（即二部图）着色，因此由 $\{v\} \cup \Gamma(v)$ 导出的子图可以有效地用 3 种颜色着色。
- 令 Δ 表示图 G 中顶点的最大度数。然后，可以通过一个简单的贪婪算法使用 $\Delta + 1$ 种颜色对其着色——以任意方式对顶点进行排序。当考虑某顶点时，从 $\{1, \cdots, \Delta + 1\}$ 中给它指定一个颜色，且该颜色没有分配给它的任何邻点。

现在我们可以描述着色算法。当图 G 中存在某顶点 v 的度数至少为 $\sqrt{n}$ 时，我们使用 3 种新颜色的集合对 $\{v\} \cup \Gamma(v)$ 进行着色（如观察结果（i）所示）。之后从 G 中移除 v 和 $\Gamma(v)$，并继续迭代进行。注意，在每次迭代中，我们将从 G 中移除至少 $\sqrt{n}$ 个顶点，因此，这个过程至多可以继续进行 $\sqrt{n}$ 次。于是，我们至多使用了 $3\sqrt{n}$ 种颜色。当这个过程结束时，每个剩余顶点的度数都小于 $\sqrt{n}$，由观察结果（ii）可知，可以使用不超过 $\sqrt{n}$ 种颜色进行着色。所以，我们的算法最多使用 $4\sqrt{n}$ 种颜色。

这是一个相当差的近似值，因为我们所使用的颜色数明显大于 3。然而，即使是最著名的算法也要使用 n^c 种颜色，其中 $c > 0$ 是某个常数。

12.6.5　最大割问题

在最大割问题中，给定了一个边有权值的无向图 G。我们希望将其顶点集划分为集合 U 和 $V - U$，使得 U 和 $V - U$ 之间边的总权值最大。

我们曾为最小割设计了一个多项式时间算法，但最大割问题是一个 NP 困难的问题。考虑如下简单想法：将每个顶点独立均匀地随机分配给划分中的两个集合之一。现在让我们来估算解的期望开销。对于任一固定的边 $e = (u, v) \in E$，令 X_e 为一随机变量。当 e 的两端点属于划分中的不同集合时，X_e 取值为 1。如果令 Y 表示两个划分块之间的边的总权重，那么很容易看到有 $Y = \sum_{e \in E} w_e X_e$。期望的线性性意味着 $\mathbb{E}[Y] = \sum_{e \in E} w_e \mathbb{E}[X_e]$。请注意，$\mathbb{E}[X_e]$ 恰为 e 的端点属于划分中两个不同集合的概率，因此等于 $1/2$。这表明 $\mathbb{E}[Y]$ 是 G 中所有边的总权值的一半。由于最优解最多可以是所有边的总权值，因此我们可以看到这是一个 2 近似算法。

⊖ 几何旅行商问题的各边长度满足三角不等式，因此在 G_T 上从任意点开始行走，并跳过重复经过的顶点，再回到起点时就得到一条经过每个点恰好一次的巡游 H，H 的总长度不超过最优巡游总长度的两倍。——译者注

拓展阅读

Cook 在他的经典论文中定义了 NP 完全问题类，并给出了一个自然的 NP 完全问题的存在性[35]。之后，它也被认为是 Levin[91] 的独立发现，现在它被称为 Cook-Levin 定理。在 Cook 的论文发表后不久，Karp[77] 证明了一些非常基本的判定性问题，如集合覆盖、团、划分，也是 NP 完全的，由此加强了 NP 完全性这一领域。它很快成为计算机科学理论界解决 $\mathcal{P} = \mathcal{NP}$ 难题的圣杯，而且直至今日，它仍然难以捉摸。Garey 和 Johnson 维护了文献中大量已知 NP 完全问题的概要汇编[57]，迄今为止，它依然是此类问题的非常可靠的资料库。Levin 进一步发展了这个理论[92]，定义了平均 NP 完全性（average NP completeness）的概念，这个概念在技术上更复杂，但在安全和密码学等领域更相关。

一些优秀的教科书[63,93] 使用图灵机计算模型处理 NP 完全性理论的形式化问题。Arora 和 Barak 最近编写的教材[13] 在复杂性理论（complexity theory）领域中提出了许多重要且有趣的结果。在该领域中，研究人员一直致力于解决这个长期存在的开放性问题。

近似算法领域得到了很大的发展，包括对近似的困难性的研究[14]，这导致许多经典问题几乎不可能存在有效算法。Vazirani 的著作[148] 以及 Williamson 和 Shmoys 的一本相对较新的著作[154] 中描述了许多有趣的近似算法设计技术和不同的参数化方法，有助于我们理解关于问题复杂度的更深层次问题。

习题

12.1 证明以下结论。

（ⅰ）若问题 $P \in \mathcal{P}$，则 P 的补问题也属于 $\mathcal{P}$。

（ⅱ）若问题 P_1，$P_2 \in \mathcal{P}$，则 $P_1 \bigcup P_2$ 和 $P_1 \bigcap P_2$ 也都属于 $\mathcal{P}$。

12.2 证明：若问题 A 和 B 都是 NPC，则 $A \leqslant_{\text{poly}} B$ 且 $B \leqslant_{\text{poly}} A$。

12.3 证明：NPC 问题的补问题在多项式时间归约意义下，作为 co-$\mathcal{NP}$ 中的问题也是完全的。

12.4 证明：任一具有 k 个变量的布尔函数都可以表示为不超过 2^k 个子句的 CNF 公式。

注意：当 k 是常数时，公式也具有常数大小。于是，在 Cook-Levin 定理的证明中，表示 NDTM 的转换函数的 CNF 公式的大小是有界的，因为它只涉及 4 个单元。

12.5 你能否设计一个可以满足 3-CNF 布尔公式中至少 50% 的子句⊖的有效算法？可以设计满足 66% 子句的算法吗？这可能需要使用随机策略。

12.6 证明：如果一个 CNF 形式的布尔公式中每个子句最多包含一个非否定的文字（即布尔变量本身），则可在多项式时间内解决它的可满足性问题。

注意：此类子句称为 Horn 子句。

12.7 如果一个 NPC 问题 P 和它的补问题 $\overline{P}$ 彼此是多项式时间可归约的，那么这将意味着什么？

12.8 证明断言 12.4。

12.9 将顶点覆盖问题表示为集合覆盖问题的一个实例。

分析由以下算法得到的近似因子。构造给定图的最大匹配，并考虑匹配中边的端点的并集 C。证明：C 是一个顶点覆盖，且最优覆盖的大小至少为 $C/2$。因此得到的近似因子优于一般的集合覆盖。

12.10 利用顶点覆盖问题的 NP 完全性，证明图上的独立集问题是 NPC。

进一步证明：团问题是 NPC。为此，可能需要使用补图的概念。图 $G = (V, E)$ 的补图是 $G' = (V, V \times V - E)$。

⊖　即给出变量的一个真值指派，使得公式中至少 50% 的子句的值为 T。——译者注

12.11 证明断言 12.6，并用它来证明对给定图的 3 着色问题是 NPC。

根据给定的 3-SAT 公式给出图的大小的界。

12.12 考虑子集和问题的如下特例（也称为"划分（PARTITION）"问题）：给定 n 个正整数 $s_1, \cdots, s_n$，我们希望知道是否可以将这些数划分为两个不相交的子集，使得每个子集中的数之和相等。证明：它是 NP 完全问题。

12.13 给定一个无向图 G 和一个参数 k，考虑问题：判断 G 是否存在大小为 k 的团以及大小为 k 的独立集。证明：该问题是 NP 完全的。

12.14 在无向图 G 中，如果在顶点的集合 S 中，除一对顶点不做考察外，其他每一对顶点之间都有一条边，则称 S 形成一个拟团（near-clique）（因此一个团也是一个拟团）。证明：判定图 G 是否具有大小为 k 的拟团的问题是 NP 完全的。

12.15 考虑属于 $\mathcal{BPP}$ 类的一个随机算法 $\mathcal{A}$，这意味着它可以在两个方向上都输出错误的回答。因此，与 $\mathcal{RP}$ 中的算法可以通过重复运行来降低错误概率的方法不同，我们应如何解释 $\mathcal{A}$ 输出的回答？一种可能性是多次运行该算法，并希望占多数的回答是正确的。考虑到参数 ε 给出了误差概率与 $1/2$ 的差异的界，你能否使用切尔诺夫界证明：独立地运行算法足够多次后，取占多数的回答可以高概率获得正确的回答。

12.16 给定两台机器和 n 个作业。每个作业 j 具有大小 p_j。要将每个作业分配给两台机器之一。机器上的负载是分配给它的所有作业的总大小。证明：最小化机器最大负载的问题是 NP 困难问题。

12.17 在哈密尔顿回路问题中，给定了一个无向图 G，我们希望知道其中是否存在包含所有顶点（不允许重复）的简单回路。在哈密尔顿道路问题中，给定了一个无向图，我们希望知道是否有一条包含所有顶点的道路。证明：哈密尔顿回路问题可多项式时间归约为哈密尔顿道路问题。反过来，证明：哈密尔顿道路问题也可以多项式时间归约为哈密尔顿回路问题。

12.18 考虑习题 12.17 中所描述的哈密尔顿回路问题。假设有一个黑盒算法 A，当给定的无向图 G 中存在哈密尔顿回路时，A 输出"是"，否则输出"否"。给出在图中寻找哈密尔顿回路（假设这样的回路存在）的多项式时间算法。对黑盒算法 A 的每次调用均记作 1 个时间单位。

12.19 道路选择问题可以定义如下：给定一个有向图 G、图 G 中的一组有向道路 $P_1, \cdots, P_r$ 以及一个数 k，是否有可能选择这些道路中的至少 k 条，使得所选道路的任两条都不存在公共顶点？证明：独立集问题可以多项式时间归约为道路选择问题。注意，参数 r 和 k 并不是常数。

12.20 风筝图是一个具有偶数个（如 $2k$ 个）顶点的图，其中 k 个顶点组成一个团，其余 k 个顶点连成一条道路，并连接到该团的一个顶点上，形成"尾巴"。给定一个图 G 和一个数 k，KITE（风筝）问题询问 G 是否存在一个大小为 $2k$ 的风筝图作为子图（即，一组 $2k$ 个顶点 $a_1, a_2, \cdots, a_{2k}$，使得 $a_1, a_2, \cdots, a_k$ 形成一个团，而且图中有边 (a_k, a_{k+1})，(a_{k+1}, a_{k+2})，$\cdots$，(a_{2k-1}, a_{2k})）。证明：KITE 是 NP 完全问题。

12.21 零权值回路问题可以定义如下：给定一个有向图 $G = (V, E)$，边 $e \in E$ 具有权值 w_e。权值可以是负整数或正整数。需要确定是否存在 G 中的回路，满足该回路上的边的权权值和恰好等于 0（即，如果存在这样的回路，则回答 YES，否则回答 NO）。证明：子集和问题可以多项式时间归约为零权值回路问题。将此结果与负回路问题进行比较。

降　维

在许多应用中，我们处理的是位于非常高维数的欧几里得空间中的点。存储 d 维空间中的 n 个点需要 $O(nd)$ 空间，即使用线性时间算法处理此类输入也可能是不切实际的。许多算法只依赖于这些点之间的成对距离。例如，最近邻问题试图找到与查询点（欧氏距离意义下）最接近的输入点。有一个简单的线性时间算法可以解决这个问题，它只需考察每个输入点并计算它到查询点的距离。由于这个问题的解只依赖于查询点到这 n 个点的距离，因此我们提出如下问题：这些点是否可以映射到一个低维空间，并保留所有的点对间距离？显然，d 可以降低到至多为 n（将其限制为这 n 个点所张成的仿射空间），而且一般来讲，无法做得更好。

例如，习题 13.1 表明：即使在平凡情况下，也无法在不改变点对间距离的情况下降低一组点的维数。如果我们愿意接受点对间距离中所产生的少量失真呢？这通常是一个可接受的选择，因为在许多实际应用中，点在 d 维空间中的实际嵌入是基于一些粗略的估计的。由于数据本身就已经存在一些固有的噪声，因此点对间距离的轻微失真应是可以接受的。

让我们将这些想法更加形式化。给定 d 维欧氏空间中 n 个点的集合 V。设 f 是这些点到 k 维欧式空间的一个映射。如果对相异的点 p_i, $p_j \in V$ 都满足如下条件，则称此映射（或嵌入）具有失真因子 $\alpha > 1$：

$$\frac{1}{\alpha} \cdot \| p_i - p_j \|^2 \leqslant \| f(p_i) - f(p_j) \|^2 \leqslant \alpha \cdot \| p_i - p_j \|^2$$

请注意，$\| v \|^2$ 表示 $v \cdot v$，这是欧几里得距离的平方——事实证明，它比欧几里得距离更容易处理。

13.1　随机投影与 Johnson-Lindenstrauss 引理

Johnson-Lindenstrauss 引理指出，对于任意小的常数 $\varepsilon > 0$，都存在一个线性映射 f，它将包含 n 个点的一个欧氏空间映射到一个维数为 $O(\log n / \varepsilon^2)$ 的欧氏空间，使得失真因子不超过 $(1 + \varepsilon)$。事实上，映射 f 非常简单。他们证明了 f 只需是点在适当维数的随机子空间上的投影。

例如，考虑在二维平面中有两个点 p 和 q 的情况，并假设我们尝试将这些点投影在通过原点的一维直线上。我们选择一条穿过原点的合适的直线 L。对于点 p，定义 $f(p)$ 为 p 在 L 上的投影。第一感觉是：这样的嵌入通常会具有很高的失真。例如，假设存在两个点 p 和 q，连接它们的线段（几乎）垂直于 L。在这种情况下，即使 $\| p - q \|$ 值可以很大，$f(p)$ 与 $f(q)$ 也会非常接近。我们可以通过选择 L 为一条沿随机方向的直线来避免这种情况——我们可以很容易地做到这一点，先选择 $[0, \pi)$ 范围内的随机数 θ，然后绘制 L，使之与坐标轴的夹角为 θ。现在，我们是否可以计算出 $f(p)$ 与 $f(q)$ 之间的距离和 p 与 q 之间的距离（几乎）相同的概率（参见习题 13.3）？

前述习题表明，这种可能性非常小。我们如何能将这个概率增加到接近 1？一个自然的想法是取多条这样的直线，将 p 在每一条直线上的投影都看作是 $f(p)$ 的一个坐标。当点已经在二维空间中时，这就没有多大意义。但是如果这样的直线的数量远小于维数 d，则可以导致显著的性能提升。

因此，假设我们在 d 维欧氏空间中有一个 n 个点的集合 V。我们沿随机方向选取 k 条穿过原点的直线，称为 $L_1,\cdots,L_k$。我们现在将 $f(p)$ 定义为一个 k 维向量，其中第 i 个坐标是 p 在 L_i 上投影的长度。首要问题就是如何在 d 维欧氏空间中选择一个随机方向。诀窍是选择一个密度不依赖于特定方向的分布。

回想用 $N(0，1)$ 表示的均值为 0 和方差为 1 的正态分布具有如下密度

$$\phi(x)=\frac{1}{\sqrt{2\pi}}e^{-x^2/2}$$

我们定义多维正态分布 $X=(x_1,\cdots,x_d)$，其中各个变量 x_i 是独立的，而且每个变量都具有分布 $N(0,1)$（这样的一组变量称作独立同分布的 $N(0,1)$ 随机变量[一]）。X 的联合分布为

$$\phi(X)=\frac{1}{(2\pi)^{d/2}}e^{-(x_1^2+\cdots+x_d^2)/2}=\frac{1}{(2\pi)^{d/2}}e^{-\|x\|^2/2}$$

请注意，这个分布只取决于 X 的长度，而与 X 的方向无关。换句话说，我们沿着随机方向选择一条直线的方法是：样本是 d 个独立同分布的 $N(0，1)$ 随机变量 $x_1,\cdots,x_d$。考虑穿过原点和向量 $(x_1,\cdots,x_d)$ 的直线。

在解决了如何沿均匀随机方向选取直线的问题之后，我们现在可以定义嵌入 f 的作用。回想 f 需要沿着 k 条这样的直线投影一个点。因此，如果 p 是坐标 $\boldsymbol{p}=(p_1,\cdots,p_d)$ 的点，则 $f(p)=\boldsymbol{R}\cdot\boldsymbol{p}$，其中 $\boldsymbol{R}$ 是一个 $k\times d$ 的矩阵，其项是独立同分布的 $N(0,1)$ 随机变量。注意，$\boldsymbol{R}$ 的每一行给出一条沿随机方向的直线，$\boldsymbol{R}\cdot\boldsymbol{p}$ 的每一个坐标都与 p 沿相应直线的投影成正比。为了理解这个嵌入的性质，我们首先需要了解关于正态分布的一些基本事实。令 $N(\mu,\sigma^2)$ 表示均值为 μ，方差为 σ^2 的正态分布。回想分布 $N(\mu,\sigma^2)$ 由下式给出

$$\phi(x)=\frac{1}{\sqrt{2\pi}\sigma}e^{-(x-u)^2/2\sigma^2}$$

习题 13.2 表明一个向量 $\boldsymbol{a}$ 沿均匀随机方向的投影也具有正态分布。利用这个事实，我们现在可以计算点 p 的 $f(p)$ 的期望长度。事实上，$f(p)$ 的每个坐标都是 p 沿随机方向（由 $\boldsymbol{R}$ 的第 i 行给出，用 R_i 表示）的投影。因此，使用该习题的结果，并代入 $a_i=p_i$，我们得到

$$E[\|f(p)\|]^2=\sum_{i=1}^{k}E[(R_i\cdot p)^2]=k\cdot\|p\|^2$$

我们希望将 $f(p)$ 正规化，使得 $E[\|f(p)\|^2]$ 与 $\|p\|^2$ 相等。因此，我们将 $f(p)$ 重新定义为 $(1/\sqrt{k})\cdot\boldsymbol{R}\cdot\boldsymbol{p}$。现在，前述计算表明 $E[\|f(p)\|^2]=\|p\|^2$。我们将证明 $\|f(p)\|^2$ 以大概率集中在其均值附近。更准确地说，我们希望证明：给定一个误差参数 $\varepsilon>0$（应将其视为一个小的常数），有

$$\Pr[\|f(p)\|^2\notin(1\pm\varepsilon)\|p\|^2]\leqslant 1/n^3$$

一旦证明了这一点，我们就完成了目标。对于 V 中所有的相异点对 p_i,p_j，我们可以用 p_i-p_j 替换 p。因此，对于任意一对相异的点 p_i,p_j，它们之间距离的失真因子大于 $(1+\varepsilon)$ 的概率最大为 $1/n^3$。但请注意，现在我们最多只需考虑 n^2 个这样的点对。因此，使用布尔不等式可知，V 中存在对点 p_i,p_j，$\|f(p_i)-f(p_j)\|^2$ 不在 $(1\pm\varepsilon)\|p_i-p_j\|^2$ 区间内的概率至多为

㊀　独立同分布（independent identically distribution，i.i.d.）——译者注

$$n^2 \cdot 1/n^3 = 1/n$$

因此，该嵌入以不小于 $1-1/n$ 的概率具有不超过 $(1+\varepsilon)$ 的失真(特别是，这表明了这种嵌入的存在性)。

现在我们来证明 $f(p)$ 的长度紧紧地集中在其均值周围。首先，观察到 $\|f(p)\|^2$ 是 $(R_1 \cdot p)^2, \cdots, (R_k \cdot p)^2$ 这 k 个独立随机变量的和，每一个随机变量的均值都是 $\|p\|^2$。因此，正如切尔诺夫-霍夫丁界的情况，我们应期望其总和紧紧地围绕其均值。然而，在切尔诺夫-霍夫丁界的情况中，这些随机变量中的每一个取值范围都有界。而在这里，每一个变量 $(R_i \cdot p)^2$ 的取值范围都无界。尽管如此，我们并不认为这些随机变量会偏离它们的均值太多，因为 $(R_i \cdot p)$ 具有正态分布，并且我们知道：当我们偏离均值的距离大于其方差时，正态分布的衰减非常快。一种选择是进行在证明切尔诺夫-霍夫丁界时相同的步骤，并证明它们在具有正态分布的独立随机变量之和的情况下有效。

定理 13.1 设 $X_1, \cdots, X_k$ 为独立同分布的 $N(0, \sigma^2)$ 随机变量。那么，对于任意常数 $\varepsilon < 1/2$，有

$$\Pr[(X_1^2 + \cdots + X_k^2)/k \geqslant (1+\varepsilon)\sigma^2] \leqslant e^{-\varepsilon^2 k/4}$$

及

$$\Pr[(X_1^2 + \cdots + X_k^2)/k \leqslant (1-\varepsilon)\sigma^2] \leqslant e^{-\varepsilon^2 k/4}$$

因此，如果我们选择 k 为 $12\log n/\varepsilon^2$，那么 $\|f(p)-f(q)\|$ 与 $\|p-q\|$ 的差异大于 $(1\pm\varepsilon)$ 因子的概率最多为 $1/n^3$。由于我们只关心最多 n^2 个这样的点对，因此该嵌入以不小于 $1-1/n$ 的概率具有不超过 $(1+\varepsilon)$ 的失真。我们现在来证明这一定理。

证明：我们只证明第一个不等式，第二个不等式是类似的。令 Y 表示 $(X_1^2 + \cdots + X_k^2)/k$，则有 $E[Y]=\sigma^2$。因此，正如切尔诺夫界的证明过程，有

$$\Pr[Y > (1+\varepsilon)\sigma^2] = \Pr[e^{sY} > e^{s(1+\varepsilon)\sigma^2}] \leqslant \frac{\mathbb{E}[e^{sY}]}{e^{s(1+\varepsilon)\sigma^2}} \tag{13.1.1}$$

其中 $s > 0$ 是一个适当的参数，我们在最后一个不等号处使用了马尔可夫不等式。现在，变量 $X_1, \cdots, X_k$ 的独立性意味着

$$\mathbb{E}[e^{sY}] = \mathbb{E}[e^{\sum_{i=1}^{k} sX_i^2/k}] = \mathbb{E}\Big[\prod_{i=1}^{k} e^{sX_i^2/k}\Big] = \prod_{i=1}^{k} \mathbb{E}[e^{sX_i^2/k}]$$

对于参数 α 和 $N(0, \sigma^2)$ 正态随机变量 X，有

$$\mathbb{E}[e^{\alpha X^2}] = \frac{1}{\sqrt{2\pi}\,\sigma} \int_{-\infty}^{+\infty} e^{\alpha x^2} \cdot e^{-x^2/2\sigma^2} dx = (1-2\alpha\sigma^2)^{-1/2}$$

为了计算积分，我们可以使用 $\int_{-\infty}^{+\infty} e^{-x^2/2} = \sqrt{2\pi}$ 的结果。由此，可以将式 $(13.1.1)$ 中的右侧表示为

$$\frac{(1-2s\sigma^2/k)^{-k/2}}{e^{s(1+\varepsilon)\sigma^2}}$$

现在，我们需要找到参数 s，使得该表达式最小化。对该表达式关于 s 做微分，并令其为 0，得到 s 应取值为 $\dfrac{k\varepsilon}{2\sigma^2(1+\varepsilon)}$。将其代入表达式中，我们发现 $\Pr[Y > (1+\varepsilon)\sigma^2]$ 至多为 $e^{k/2\ln(1+\varepsilon)-k\varepsilon/2}$。利用 $\varepsilon < 1/2$ 时 $\ln(1+\varepsilon) \leqslant \varepsilon - \varepsilon^2/2$ 的事实，我们可以得到希望的结果。∎

13.2　高斯消元法

高斯消元法是求解线性方程组的最基本工具之一。同时，它还可以给出矩阵的秩。当给定高维空间中的一组点，但其实这些点属于低维子空间时，它是很有用的。我们可以通过对以这些点的坐标作为行的矩阵进行高斯消元法来确定这个低维子空间。我们现在来解释高斯消元法背后的思想。

当 A 是一个可逆的 $n \times n$ 方阵时，算法更容易理解。我们需要求解方程组 $Ax = b$，其中 b 是长度为 n 的列向量。如果 A 是上三角矩阵，那么求解此方程组是很容易的。A 可逆的事实意味着 A 的主对角线上所有元素都不为零。因此，我们可以首先通过 $A_{n,n}x_n = b_n$ 求解 x_n。解出 x_n 后，我们可以通过考察方程 $A_{n-1,n-1}x_{n-1} + A_{n-1,n}x_n = b_{n-1}$ 来求解 x_{n-1}，依此类推。因此，我们可以在 $O(n^2)$ 时间内求解此方程组。当然，A 通常可能并不是上三角矩阵。高斯消元法背后的思想就是对 A 进行行运算，使其变为上三角矩阵。对 A 的行运算（row operation）指的是如下二者之一：（ⅰ）令向量 A_i 表示 A 的第 i 行。而后，对于给定的行 A_j，我们将 A_i 行替换为 $A_i - cA_j$，其中 c 是一个非零常数。显然，该操作是可逆的——如果将 cA_j 添加到此新矩阵的第 i 行，我们将恢复原始行向量 A_i。（ⅱ）交换 A 的两行 A_i 和 A_j。同样地，很容易看到此操作是可逆的。最重要的是，行运算保持原有的解。该算法如图 13.1 所示。

在第 i 次迭代开始时，矩阵 A 满足以下性质：（ⅰ）A 的第 1 行至第 $i-1$ 行看起来像

```
1    输入：n×n 方阵 A；
2    for i=1，…，n do
3        if A_{i,i}=0 then
4            令 j(i<j≤n)满足 A_{j,i}≠0。
5            对换行 A_i 和 A_j。
6
7        for j=i+1，…，n do
8            将 A_j 替换为 A_j - (A_{j,i}/A_{i,i})A_i。
9
10
11   输出：A。
```

图 13.1　高斯消元法

是一个上三角矩阵，也就是说，对于任意的第 j 行（$j < i$）都有 $A_{j,1}, \cdots, A_{j,j-1} = 0$ 及 $A_{j,j} \neq 0$；（ⅱ）对于所有第 j 行（$j \geq i$），前 $i-1$ 个元素都是 0。在第 i 次迭代中，我们希望这些性质能依旧保持。首先假设 $A_{i,i} \neq 0$。在这种情况下，我们可以从每个第 j 行（$j > i$）中减去第 i 行的适当倍，从而使 $A_{j,i}$ 变成 0。然而，也有可能会发生 $A_{i,i} = 0$。在这种情况下，我们寻找某个第 j 行（$j > i$），满足 $A_{j,i} \neq 0$——这样的行必然存在。否则，对于所有 $j \geq 0$，均有 $A_{j,i} = 0$。但这样的话，A 的行列式为 0（参见习题 13.4）。我们从可逆方阵 A 开始，并对其进行了可逆操作。因此，A 应该保持可逆性，这就导致了一个矛盾。所以，这样的行 A_j 必然存在。于是，我们首先对换行 A_i 和 A_j，并执行与前面相同的操作。当迭代过程结束时，A 被化简为上三角矩阵，其中所有主对角线元素都是非零的。观察到，此过程的运行时间是 $O(n^3)$ 的，因为在第 i 次迭代中，有 $O((n-i)^2)$ 个行运算。⊖

总而言之，令 $R_1, \cdots, R_k$ 为应用于 A 的行运算，其中每个行运算都可以由可逆矩阵表示（参见习题 13.5）。进而，$R_k R_{k-1} \cdots R_1 \cdot A$ 是上三角矩阵。让我们来看看如何将其用于求解方程组 $Ax = b$。如果将这些行运算应用于等号两端，我们会得到 $R_k R_{k-1} \cdots R_1 \cdot Ax = R_k R_{k-1} \cdots R_1 \cdot b$。换言之，当我们在 A 上应用这些行运算时，我们也同时在 b 上应用了它们。于是，我们用一个等价的方程组 $Ux = b'$ 代替了原有方程组，其中 U 是上三角矩

⊖　原书如此，事实上是进行了 $(n-i)$ 次行运算，每次行运算涉及 $(n-(i-1))$ 个元素。——译者注

阵，b' 是通过这一系列行运算由 b 得到的。如前所述，该方程组可在 $O(n^2)$ 时间内轻松求解。

在实现此算法时，有个问题需要担心——在第 i 次迭代时，虽然 $A_{i,i} \neq 0$，但它可能会非常接近 0。在这种情况下，计算 $A_j - (A_{j,i}/A_{i,i}) \cdot A_i$ 会导致较大的数值误差。因此，最好先找到使得 $|A_{j,i}|$ 最大的指标 $j > i$，而后对换行 A_i 和 A_j。现在，我们考虑更一般的情况，在其中 A 是不可逆的（或者 A 不是方阵）。首先从一个有用的记法开始：令 $A[i:j, k:l]$ 表示 A 的子矩阵，由第 i 行到第 j 行及第 k 列到第 l 列组成。例如，在前述高斯消元法中，第 i 次迭代开始时，子矩阵 $A[i:n, 1:i-1]$ 为 0。

对于一般的矩阵 A，我们可以运行和之前相同的算法。唯一的问题是在第 i 次迭代中，有可能 $A_{i,i}$，$A_{i+1,i}$，$\cdots$，$A_{n,i}$ 都是 0。但请注意，原则上我们可以通过执行行和列交换，从子矩阵 $A[i:n, i:n]$ 中引入任意非零元素。例如，如果 $A_{k,l}$ 是非零的，其中 $i \leqslant k \leqslant n$，$i \leqslant l \leqslant n$，那么我们可以对换行 A_i 和 A_k，同样地，对换列 A^i 和 A^l（这里 A^j 是指 A 的第 j 列）。这将使非零元素移动到位置 $A_{i,i}$ 处，且第 1 行到第 $i-1$ 行的性质保持不变（即，它们将继续看起来像上三角矩阵）。此后，我们可以像以前一样继续该算法。正如将两行互换对应于将 A 左乘可逆（置换）矩阵一样，将 A 的两列互换对应于将 A 右乘这种矩阵。于是，我们得到如下结果。

> **定理 13.2** 给定任意 $m \times n$ 矩阵 A，我们可以找到可逆行运算矩阵 R_1，$\cdots$，R_k 和可逆列交换矩阵 C_1，$\cdots$，C_l，使得 $R_k \cdots R_1 \cdot A \cdot C_1 \cdots C_l$ 具有如下结构：如果 A 的秩为 i，则子矩阵 $A[1:i, 1:n]$ 是具有非零对角线元素的上三角矩阵，且子矩阵 $A[i+1:m, 1:n]$ 是 0。

由于行运算矩阵和列交换矩阵都是可逆的，因此也可以得到由 A 的行所张成的子空间的一组基（参见习题 13.7）。

13.3 奇异值分解及其应用

奇异值分解（singular value decomposition，SVD）是理解本质上低维数据的关键工具。考虑一个 $n \times d$ 矩阵 A，其中 A 的每一行可以看作 d 维欧氏空间中的一个点。假设 A 的点实际上位于一个较低维子空间（例如，穿过原点的平面）。我们可以通过高斯消元法找到这个低维子空间的基。然而，在大多数实际应用中，点的坐标可能会受到扰动。这可能是出于测量误差，甚至是所使用模型的固有局限性造成的。因此，我们希望找到一个低秩（即行张成一个低维子空间）且与 A 十分近似的矩阵 $\tilde{A}$。可以将 $\tilde{A}$ 视为 A 的去噪——我们消除数据中的误差或噪声以获得其"真实"表示。正如我们将在应用中看到的，在很多情况下，我们猜测数据是低维的。事实证明，SVD 是找到这种低秩矩阵的重要工具。

13.3.1 矩阵代数与 SVD 定理

设 A 为 $n \times d$ 矩阵。一般来讲，将 A 看作是从 $\mathfrak{R}^d$ 到 $\mathfrak{R}^n$ 的线性变换会很实用。给定一个向量 $x \in \mathfrak{R}^d$，这个线性变换（记作 T_A）将其映射到向量 $A \cdot (x_1, \cdots, x_d)^T \in \mathfrak{R}^n$，其中 $(x_1, \cdots, x_d)$ 是 x 的坐标。现在，如果我们改变两个欧式空间中任何一个的基，它都会改变 A 的表示。让我们首先回顾一下线性代数，看看基是如何变化的。

假设 $\mathfrak{R}^d$ 当前的基由线性无关独立向量 e_1，$\cdots$，e_d 组成。因此，如果向量 x 关于当前基具有坐标 $(x_1, \cdots, x_d)$，则 $x = x_1 \cdot e_1 + \cdots + x_d \cdot e_d$。现在假设我们把 $\mathfrak{R}^d$ 的基改为

e'_1, …, e'_d, 这会如何改变线性变换 T_A 的表示? 为了理解这一点, 设 B 为 $d \times d$ 矩阵, 其第 i 列是 e'_i 在基 $\{e_1, \cdots, e_d\}$ 中的表示, 即对于每个 $i=1, \cdots, d$ 有

$$e'_i = B_{1i}e_1 + B_{2i}e_2 + \cdots + B_{di}e_d \tag{13.3.2}$$

很容易证明 B 必然是可逆矩阵(参见习题 13.8)。我们现在将回答以下问题: 在新的基中, 向量 x 的坐标是什么? 如果 $(x'_1, \cdots, x'_d)$ 是 x 在新的基中的坐标, 那么就有 $\sum\limits_{i=1}^{d} x'_i e'_i = \sum\limits_{i=1}^{d} x_i e_i$。使用式(13.3.2)中 e'_i 的表达式, 并由基中向量的无关性, 我们可知

$$x_i = \sum_{j=1}^{d} x'_j B_{ij}$$

这可以更紧凑地写为

$$(x_1, \cdots, x_d)^{\mathrm{T}} = B \cdot (x'_1, \cdots, x'_d)^{\mathrm{T}} \tag{13.3.3}$$

现在, 我们可以理解 T_A 的表示是如何变化的。先前, 一个坐标为 $(x_1, \cdots, x_d)$ 的向量 x 被映射到一个向量 $A \cdot (x_1, \cdots, x_d)^{\mathrm{T}}$。若 A' 是 T_A 的新表示, 则坐标为 $(x'_1, \cdots, x'_d)$ 的同一向量将如前地被映射到向量 $A' \cdot (x'_1, \cdots, x'_d)^{\mathrm{T}}$。由于这两个结果向量是相同的, 我们可以看到 $A' \cdot (x'_1, \cdots, x'_d)^{\mathrm{T}} = A \cdot (x_1, \cdots, x_d)^{\mathrm{T}}$。使用公式(13.3.3), 可以得到 $A' \cdot (x'_1, \cdots, x'_d)^{\mathrm{T}} = A \cdot B \cdot (x'_1, \cdots, x'_d)^{\mathrm{T}}$。因为我们可以选择 $(x'_1, \cdots, x'_d)$ 为任意向量, 所以该等式成立当且仅当 $A' = A \cdot B$。这个表达式给出了当 $\Re^d$ 的基改变时矩阵 A 的变化。同样地, 可以证明下述更一般性的结果。

定理 13.3　假设我们分别用矩阵 B 和 C 来相应地改变定义域 $\Re^d$ 和值域 $\Re^n$ 的基。那么, 线性变换 T_A 的矩阵变为 $C^{-1}AB$。

我们对基向量彼此正交的情况感兴趣, 也就是说, 如果 e_1, …, e_d 是基, 那么若 $i \neq j$ 则 $\langle e_i, e_j \rangle = 0$, 若 $i=j$ 则 $\langle e_i, e_j \rangle = 1$。此处 $\langle e_i, e_j \rangle$ 表示这两个向量的点积。正交向量是便于使用的, 如果向量 x 在此基下具有坐标 $(x_1, \cdots, x_d)$, 则 $x_i = \langle x, e_i \rangle$。这是因为 $x = \sum\limits_{j=1}^{d} x_j e_j$, 所以, $\langle x, e_i \rangle = \sum\limits_{j=1}^{d} x_j \langle e_j, e_i \rangle = x_i$。使用这种记法, 并令 B 是对应于正交基 $\{e'_1, \cdots, e'_d\}$ 和 $\{e_1, \cdots, e_d\}$ 的 $d \times d$ 矩阵。由式(13.3.2)立即可得, B 的列是正交的, 即 B 的列与其自身的点积为 1, 与任何其他列的点积为 0。为了看到这一点, 请注意

$$\langle e'_i, e'_l \rangle = \Big\langle \sum_{j=1}^{d} B_{ji}e_j, \sum_{k=1}^{d} B_{kl}e_l \Big\rangle = \sum_{j=1}^{d} B_{ji}B_{jl}$$

式中最后一个等号来自基向量 e_1, …, e_d 的正交性。等式右侧是 B 中第 i 列和第 l 列的点积。若 $i=l$, 则有 $\langle e'_i, e'_l \rangle = 1$, 因此 B 的每列的长度都是 1; 若 $i \neq l$, 则 B 的第 i 列和第 l 列彼此正交。这种矩阵也称为酉矩阵(unitary matrix)。因此, 对于酉矩阵 B 而言, B^{T} 是 B 的逆(参见习题 13.10)。奇异值分解定理表明, 给定一个从 $\Re^d$ 到 $\Re^n$ 的线性变换 T_A, 其对应的矩阵为 A, 可以找到其定义域和值域的正交基, 使得与此变换对应的矩阵变为对角矩阵。更形式化地讲, 我们可以给出如下定理。

定理 13.4　设 A 为任一 $n \times d$ 矩阵, 于是存在 $d \times d$ 酉矩阵 V 及 $n \times n$ 酉矩阵 U, 使得 $A = U\Sigma V^{\mathrm{T}}$, 其中 Σ 为 $n \times d$ 对角矩阵。此外, 如果用 σ_i 表示对角元素 $\Sigma_{i,i}$, 则有 $\sigma_1 \geqslant \sigma_2 \geqslant \cdots \geqslant \sigma_{\min(d,n)}$, 且矩阵 Σ 由 A 唯一定义。

该定理从本质上告诉我们，只要适当地改变基，任何矩阵都可以被视为是对角矩阵。将 A 分解为 $U\Sigma V^{\mathrm{T}}$ 称作是 A 的奇异值分解（singular value decomposition，SVD），而 Σ 的对角线元素也称作是 A 的奇异值。我们将在 13.3.5 节中给出 SVD 定理的证明。现在，我们给出该分解的一些有趣应用。给定 A 的 SVD 分解，可以很容易地看出 A 的几个有趣性质。由于（在左边或右边）乘以可逆矩阵不会改变矩阵的秩，因此我们可以通过将 A 左乘 U^{T}、右乘 V 得到如下结果。

> **推论 13.1** A 的秩等于其非零奇异值的个数。

令 u_1，$\cdots$，u_n 和 v_1，$\cdots$，v_d 分别表示 U 和 V 的各列。注意，SVD 分解定理意味着 $AV=U\Sigma$，于是有：若 $1\leqslant i\leqslant\min(d，n)$，则 $Av_i=\sigma_i u_i$；若 $i>n$，则 $Av_i=0$。因此，如果用 r 表示 A 的非零奇异值个数，则 u_1，$\cdots$，u_r 张成 A 的值域。事实上，如果 $x\in\Re^d$，则我们可以将 x 写为 v_1，$\cdots$，v_d 的线性组合。故而，假定 $x=\sum_{i=1}^{d}\alpha_i v_i$。所以有 $Ax=\sum_{i=1}^{d}\alpha_i Av_i=\sum_{i=1}^{r}\alpha_i\cdot\sigma_i\cdot u_i$。于是，$u_1$，$\cdots$，$u_r$ 张成 A 的值域。类似地可以证明，v_{r+1}，$\cdots$，v_d 张成 A 的零空间[⊖]。

13.3.2　使用 SVD 的低秩近似

如本节最初所述，研究 SVD 的主要动机之一就是找到矩阵 A 的低秩近似，即给定一个 $n\times d$ 的矩阵 A，找到一个秩为 k 的矩阵 $\widetilde{A}$，使得 $\widetilde{A}$ 接近 A，其中 $k\ll d$，n。我们需要正式定义何时一个矩阵接近于另一个（相同维数的）矩阵。回想向量的类似概念很容易定义：如果 $v-v'$ 的长度（或范数）很小，那么我们称两个向量 v 和 v' 接近。类似地，如果差矩阵 $A-\widetilde{A}$ 的范数很小，我们可以称 $\widetilde{A}$ 接近 A。然而，这仍然需要定义矩阵"范数"的含义。有很多方法可以定义矩阵"范数"（就像有很多方法可以定义向量的长度，例如，对 p 的不同值定义的 l_p 范数）。定义此概念的一个自然方法是将矩阵 A 视作一个线性变换。对于给定的向量 x，A 将其映射到向量 Ax。从直觉上讲，如果 A 将 x 的长度增加了较大的倍数，即 $\|Ax\|/\|x\|$ 较大，那么我们就说 A 具有较大的范数，其中 $\|\cdot\|$ 指的是向量的通常 2 范数（或欧几里得范数）。由此，我们如下定义矩阵 A 的范数（有时也称为 A 的谱范数（spectral norm）），记为 $\|A\|$

$$\max_{x：x\neq 0}\frac{\|Ax\|}{\|x\|}$$

即，A 放大非零向量长度的最大比率。尽管符号 $\|\cdot\|$ 同时用于向量的 2 范数和矩阵的谱范数，但读者应能在给定的上下文中明确地解释它。我们现在可以正式定义低秩近似问题。给定一个 $n\times d$ 矩阵和一个非负参数 $k\leqslant d$，n，我们希望找到一个秩为 k 的矩阵 $\widetilde{A}$，使得 $\|A-\widetilde{A}\|$ 最小化。

在详细介绍此构造之前，我们观察到矩阵 A 的 SVD 也可以立即给出其范数。为了证明这一点，我们给出了如下简单观察结果。

⊖　所有满足 $Av=0$ 的向量 v 全体。

> **引理 13.1**　设 A 为 $n \times d$ 矩阵，B 为 $n \times n$ 的酉矩阵，则有 $\|A\| = \|BA\|$。类似地，若 C 是一个 $d \times d$ 的酉矩阵，则有 $\|A\| = \|AC\|$。

证明：最主要的观察结果是酉矩阵保留了向量的长度，即，如果 U 是酉矩阵，那么对于任何（具有相匹配的适当维数的）向量 x，都有 $\|Ux\| = \|x\|$。事实上，由 $U^{\mathrm{T}}U = I$ 可得 $\|Ux\|^2 = (Ux)^{\mathrm{T}} \cdot Ux = x^{\mathrm{T}}U^{\mathrm{T}}Ux = \|x\|^2$。因此，若 x 是任一 d 维向量，则通过考虑向量 Ax 可得 $\|Ax\| = \|BAx\|$。所以，$\max_{x:x \neq 0} \dfrac{\|Ax\|}{\|x\|} = \max_{x:x \neq 0} \dfrac{\|BAx\|}{\|x\|}$。

对于定理的第二部分，注意若 C 是酉矩阵，则 $\|Cx\| = \|x\|$。因此，通过代入 $x = Cy$，我们得到

$$\max_{x:x \neq 0} \frac{\|Ax\|}{\|x\|} = \max_{y:y \neq 0} \frac{\|ACy\|}{\|y\|}$$

这就证明了 $\|A\| = \|AC\|$。　■

特别是，此结果意味着 $\|A\| = \|\Sigma\|$。但很容易看到 $\|\Sigma\| = \sigma_1$（参见习题 13.11）。考虑矩阵 $\widetilde{A} = U\Sigma_k V^{\mathrm{T}}$，其中 Σ_k 是将 σ_k 之后（不包括 σ_k）的所有对角线元素归零得到的，也就是说，Σ_k 中（所有可能）的非零项是 $\sigma_1, \cdots, \sigma_k$。如前所述，$\widetilde{A}$ 的秩不超过 k（如果 $\sigma_1, \cdots, \sigma_k$ 中某些奇异点的值为 0，则秩小于 k）。注意 $\Sigma - \Sigma_k$ 的范数为 σ_{k+1}，因此 $\|A - \widetilde{A}\| = \sigma_{k+1}$。我们断言：$\widetilde{A}$ 是 A 的最佳秩 k 近似，也就是说，对于其他任一个秩不超过 k 的矩阵 B，都有 $\|A - B\| \geqslant \sigma_{k+1}$。于是，SVD 提供了一种找到 A 的最佳秩 k 近似的简便方法。

为了证明这一点，我们需要线性代数的一些基本事实：

- 设 V 为 n 维的向量空间，W_1 和 W_2 为 V 的两个子空间。如果 W_1 的维数与 W_2 的维数之和严格大于 n，则 $W_1 \bigcap W_2$ 中必然存在一个非零向量。
- 设 A 为 $n \times d$ 矩阵。回想一下，A 的零空间是满足 $Av = 0$ 的向量 v 的集合。于是，A 的秩与 A 的零空间的秩之和等于 d。

有了这两个事实，我们现在可以证明 $\widetilde{A}$ 是最佳秩 k 近似。实际上，令 B 为秩不超过 k 的矩阵。$v_1, \cdots, v_d$ 为 V 的各列，V_{k+1} 表示 $v_1, \cdots, v_{k+1}$ 所张成的子空间。上述第二个观察结果表明，B 的零空间 $N(B)$ 的维数至少是 $d - k$。因此，使用第一个观察结果可知，在 $V_{k+1} \bigcap N(B)$ 中存在非零向量 x。由 $Bx = 0$ 可看出 $(A - B)x = Ax$。所以有 $\|A - B\| \geqslant \dfrac{\|Ax\|}{\|x\|}$。最后，注意 x 是 $v_1, \cdots, v_{k+1}$ 的线性组合，其中的每一个（在长度上）都被放大至少 σ_{k+1} 倍。于是，$\|Ax\| / \|x\| \geqslant \sigma_{k+1}$（参见习题 13.12）。这表明 $\|A - B\| \geqslant \sigma_{k+1}$。

对于另一种常用的矩阵范数——Frobenius 范数，SVD 也可以得到最佳的低秩近似。$m \times n$ 矩阵 A 的 Frobenius 范数定义为 $\left(\sum\limits_{i=1}^{m} \sum\limits_{j=1}^{n} |A_{i,j}|^2 \right)^{1/2}$。这是将 A 中元素线性排列后所得长度为 mn 的向量通常的欧几里得范数。我们不加证明地给出以下定理。

> **定理 13.5**　设 $\widetilde{A}$ 表示秩 k 矩阵 $U\Sigma_k V^{\mathrm{T}}$。对于秩为 k 或小于 k 的任意矩阵 B，有 $\|A - \widetilde{A}\|_F \leqslant \|A - B\|_F$。

让我们更细致地理解这个结果。假设矩阵 $m \times n$ 矩阵 A 表示 m 个点 $a_1, \cdots, a_m$，其中 a_i 是 A 的第 i 行。这些点都位于 n 维欧氏空间中。秩为 k 的矩阵 B 的行张成一个 k 维子空

间，称为 S。如果我们将第 i 行 b_i 视为 a_i 的近似值，那么 $\|a_i - b_i\|$ 就表示 a_i 与其近似值 b_i 之间的距离。因此，对秩为 k 的矩阵 $\boldsymbol{B}$，最小化 $\|\boldsymbol{A} - \boldsymbol{B}\|_F^2$ 的问题可以表述如下：我们希望在该子空间中找到秩为 k 的子空间以及点 b_i，使得 $\sum_{i=1}^m \|a_i - b_i\|^2$ 最小化。显然，b_i 应该是 a_i 在这个子空间上的正交投影。定理 13.5 指出，最优子空间是由 $\widetilde{\boldsymbol{A}}$ 的行张成的，而且 a_i 在这个子空间上的投影就是 $\widetilde{\boldsymbol{A}}$ 的第 i 行。我们能否给出这个秩为 k 的子空间的正交基？

我们断言这个子空间是由 $\boldsymbol{V}$ 的前 k 列所张成的（这也构成了该子空间的正交基）。为了看到这一点，令 $\boldsymbol{V}_k$ 和 $\boldsymbol{U}_k$ 分别是由 $\boldsymbol{V}$ 和 $\boldsymbol{U}$ 的前 k 列组成的子矩阵。令 $\boldsymbol{\Sigma}_k$ 表示对角线元素为 $\sigma_1, \cdots, \sigma_k$ 的 $k \times k$ 对角矩阵。很容易验证 $\widetilde{\boldsymbol{A}} = \boldsymbol{U}_k \boldsymbol{\Sigma}_k \boldsymbol{V}_k^{\mathrm{T}}$。由此可知，$\widetilde{\boldsymbol{A}}$ 的每一行都是 $\boldsymbol{V}_k$ 的列的线性组合。

13.3.3　低秩近似的应用

如前所述，SVD 通常用于去除数据中的噪声。现在，我们通过文本处理中的一个应用来具体说明这一点，它被称作"隐性语义索引"（latent semantic indexing）。给定一组文档，并希望执行若干项任务：（i）给定两个文档，计算它们之间的距离；（ii）给定一个查询词项，输出与此查询词项相关的所有文档。表示文档的一种常用方式（也称作"词袋"模型）是将其视作文档中出现的词的多重集合。换言之，我们将文档存储在词项-文档矩阵 $\boldsymbol{T}$ 中，其中 $\boldsymbol{T}$ 的列对应于文档，$\boldsymbol{T}$ 的行对应于这些文档中可能出现的单词（或词项）⊖。因此，对于文档 j 和项 i，元素 T_{ij} 存储了在文档 j 中项 i 出现的频率⊜。假设存在 n 个文档和 m 个项。然后我们可以把每个文档看作是 $\mathfrak{R}^m$ 中的一个向量，对应于在这个矩阵中表示它的列。类似地，我们可以把一个词项看作是一个长度为 n 的向量。现在，我们可以通过余弦相似性度量来比较两个文档。给定两个文档 i 和 j，此度量考察的是 i 与 j 对应的向量之间的角度，即

$$\cos^{-1} \frac{\langle \boldsymbol{T}_i, \boldsymbol{T}_j \rangle}{\|\boldsymbol{T}_i\| \|\boldsymbol{T}_j\|}$$

这给出了两个文档之间相似性的度量，取值范围在 $[-1, 1]$ 内。现在，假设我们要输出与一组词项 $(t_1, t_2, \cdots, t_r)$ 相关的所有文档。我们首先将这组词项看作是一个文档，其中只包含这些词项，因此，它也可以看作是一个长度为 m 的向量（于是，它是一个位向量，其中对应于这些词项的坐标位置的值为 1）。现在，我们可以再次使用余弦相似性度量来输出所有的相关文档。

这种方法在实践中非常有吸引力，因为人们可以忽略涉及语法的问题，而且大量的实验数据也表明它在实践中非常有效。然而，它也还存在几个问题。第一个问题就是计算量问题——矩阵 $\boldsymbol{T}$ 很大，因为可能的词会很容易达到数万个。第二个问题本质上是语义上的。两个文档可能频繁使用相同的词项，但涉及的主题可能完全不同。例如，"jaguar"可以指动物美洲豹，也可以指汽车品牌"捷豹"。类似地，两个不同的词项（例如，"car"和"auto"）也可能意味着同一个实体，因此，分别涉及这两个词项的两个不同文档应被视为相似。这两个问题都表明，与文本相对应的向量可能属于不同的"语义"空间，在其中有

⊖　通常，我们只使用词根，所以这个词基于时态等变化的形式都被统一。
⊜　存在着比词项频率更细微的度量，它们增大了"罕见"的词的权重，并降低了诸如"the"之类的非常频繁的词的权重。但是为了清晰起见，我们暂时忽略这些问题。

较少数量的"语义"项，而不是实际的词。SVD方法试图找到这些向量的低维表示。

以下是另一种考虑该问题的方法。假设文档只涉及 k 个不同的主题(例如：汽车、烹饪、科学、小说等)。每个文档在本质上都是一个向量$(w_1, \cdots, w_k)$，其中 w_i 表示主题 i 与此文档的相关性(如果将权重归一化，使其总和为 1，则可以将权重视为概率)。类似地，可以将每个词项都看作是长度 k 的向量。现在，可以将词项–文档矩阵中对应于文档 j 和词项 i 的元素 T_{ij} 视作长为 k 的相应向量(即，文档的和词项的)的点积(如果我们将权值看作概率，那么这个点积就是在文档 j 中看到词项 i 的概率)。同样地，容易看到，在这种情况下 T 的秩至多为 k(参见习题 13.13)。当然，实际的矩阵 T 可能不是以这种方式获得的，但我们仍然希望能够得到一个秩 k 矩阵，它代表了 T 中的大部分内容。从这个意义上讲，给出代替 T 的低秩(即秩 k)表示是非常有吸引力的。此外，请注意，如果我们可以用这样的低秩表示来代替 T，那么就有可能得到文档的低维向量表示。

我们使用 SVD 得到 T 的一个低秩表示，即若 $T = U\Sigma V^{\mathrm{T}}$，则定义 $\widetilde{T} = U\Sigma_k V^{\mathrm{T}}$，其中 Σ_k 通过将 Σ 中 σ_k 之后的所有对角线元素归零获得的。设 U_k 为选择 U 的前 k 列所得的 $m \times k$ 矩阵(类似地可以定义 V_k)。如果用 $\widetilde{\Sigma}_k$ 表示对角线元素为 $\sigma_1, \cdots, \sigma_k$ 的 $k \times k$ 方阵，那么我们可以将 $\widetilde{T}$ 的表示重写为 $\widetilde{T} = U_k \widetilde{\Sigma}_k V_k^{\mathrm{T}}$。现在，我们可以给出每个词项和文档的如下低维表示：对于词项 i，令 t_i 表示 $U_k \widetilde{\Sigma}_k$ 的第 i 行向量；对于文档 j，令 d_j 表示 V_k 的第 j 行。易于验证，$\widetilde{T}$ 的 (i, j) 元素等于 t_i 和 d_j 的点积。因此，我们可以把这些向量视作词项和文档的低维表示。注意，对于最初由 T 的(长度为 m 的)列向量 T_j 表示的文档 j，其表示 d_j 是通过计算 $\widetilde{\Sigma}_k^{-1} U_k^{\mathrm{T}} T_j$ 得到的。于是，给定查询项 q(长度为 m 的向量)，我们进行相同的计算($\widetilde{\Sigma}_k^{-1} U_k^{\mathrm{T}} q$)得到长度为 k 的向量 $\widetilde{q}$。现在我们可以对所有文档 j 的向量 d_j 计算它与 $\widetilde{q}$ 之间的夹角(的余弦)来找到与 q 最相关的文档。

通过存储这些向量的低维表示，我们节省了回答查询所需的空间和时间。此外，实验数据表明，用低维表示替换 T 可以得到更好的结果。

13.3.4　聚类问题

商业公司经常遇到的一个极其常见的场景可以表述如下：给定了某个城市的人口分布，他们将要在城市中开设 k 个门店，使得企业受益最大。将其转化为一个具体的目标函数是：一家公司希望在位置 $L = \{L_1, L_2, \cdots, L_k\}$ 开设门店，使得 $\sum_{i=1}^{n} \mathrm{dist}(a_i, L)$ 最小化，其中 a_i 表示客户 i 的位置，$\mathrm{dist}(a_i, L) = \min_{L_j \in L} \| a_i - L_j \|$，即从客户 i 到最近门店的欧氏距离。通常，我们更喜欢使用欧氏距离的平方，即 $\sum_{i=1}^{n} \mathrm{dist}^2(a_i, L)$。这属于一类称作设施选址(facility location)的优化问题，其解取决于距离度量的选择。在前述问题中，我们选择平方距离之和，即 k 均值(k-means)问题。如果选择(绝对)距离之和，则称为 k 中值(k-median)问题。所选的位置称为设施，与同一设施关联的(通常是指最近的)客户定义为聚类(cluster)。如果聚类是已知的(或固定的)，那么我们知道如下断言。

断言 13.1 在 k 个聚类中每一个的几何质心处设置设施，可以最优化 k 均值目标函数。

这对于任意的欧几里得空间都是正确的，其证明留给读者作为习题。

为潜在客户找到最优位置可以认为是前述已知位置的最近邻问题的反问题。不足为奇的是，即使在低维的情况下，解决此问题也非常困难，因此探索近似最优解的高效算法是很有意义的。

k 均值问题会受到维数灾难（curse of dimensionality）的困扰——很多已知的启发式算法的运行时间是关于维数指数形式的，因此，降低基础点的维数是一个重要的预处理步骤。例如，根据 Johnson-Lindenstrauss 引理可知，我们能够将点投影到一个 $O(\log n/\varepsilon^2)$ 维空间，而在近似比中只有 $(1+\varepsilon)$ 因子的损失。在典型的应用中，k 是一个很小的数。我们能把维数降到 k 吗？我们将证明，如果我们能够接受近似的损失因子为 2，那么这确实是可能的。

这里的诀窍依然是使用 SVD。构造表示 n 个点的 $n\times d$ 矩阵 $\boldsymbol{A}$，n 个点作为该矩阵的行。设 a_i 表示 $\boldsymbol{A}$ 的第 i 行（也就是，第 i 个点）。回想定理 13.5，$\boldsymbol{V}$ 的前 k 列给出了子空间 S 的一组基，使得 $\sum_{i=1}^{n}$ dist$(a_i, S)^2$ 最小化，其中 dist(a_i, S) 表示 a_i 与其在 S 上的投影之间的距离。此外，矩阵 $\widetilde{\boldsymbol{A}}=\boldsymbol{U}_k\boldsymbol{\Sigma}_k\boldsymbol{V}_k^{\mathrm{T}}$ 的第 i 行给出了 a_i 在 S 上的投影 $\widetilde{a}_i$。

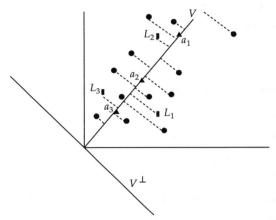

我们断言：点 $\widetilde{a}_1, \cdots, \widetilde{a}_n$ 的最优位置集合也给出了点 $a_1, \cdots, a_n$ 的 k 均值问题的一个很好的解。为了看到这一点，令 $\widetilde{L}=\{\widetilde{L}_1, \cdots, \widetilde{L}_k\}$ 为 $\widetilde{a}_1, \cdots, \widetilde{a}_n$ 在子空间 S 中的最佳位置（如图 13.2 所示）。下述命题表明，这些位置对于原始点集是好的。

图 13.2　SVD 子空间 V_1 的二维图示，$\boldsymbol{V}$ 中的点使用圆点表示，V_1 是由 $\boldsymbol{V}$ 的第一列张成的子空间。最优位置为 L_1、L_2 和 L_3。限制在子空间 V_1 上的最优位置是 a_1、a_2 和 a_3

引理 13.2　设 $L=\{L_1, \cdots, L_k\}$ 为 $a_1, \cdots, a_n$ 的最优位置集合，则有
$$\sum_{i=1}^{n}\text{dist}(a_i, \widetilde{L})^2 \leqslant 2\cdot\sum_{i=1}^{n}\text{dist}(a_i, L)^2$$

由于 $\widetilde{L}$ 是 S 的子集，而 $\widetilde{a}_i$ 是 a_i 在此子空间上的正交投影，因此勾股定理表明：
$$\text{dist}(a_i, \widetilde{L})^2 = \|a_i-\widetilde{a}_i\|^2+\text{dist}(\widetilde{a}_i, \widetilde{L})^2 \tag{13.3.4}$$
我们通过分别限定每一项来证明引理。为了限定第一项，考虑由 L 中的点张成的子空间 S'。由于 L 的基数为 k，因此 S' 的维数至多为 k。由 S 的最优性（定理 13.5）可得
$$\sum_{i=1}^{n}\|a_i-\widetilde{a}_i\|^2 = \sum_{i=1}^{n}\text{dist}(a_i, S)^2 \leqslant \sum_{i=1}^{n}\text{dist}(a_i, S')^2 \leqslant \sum_{i=1}^{n}\text{dist}(a_i, L)^2$$
其中最后一个不等式来自于 L 是 S' 的子集这一事实。这给出了等式（13.3.4）中第一项的界。现在，让我们来限定第二项。

回想 $\widetilde{L}$ 是由点 $\widetilde{a}_1, \cdots, \widetilde{a}_n$ 给出的 k 均值实例的最优解。令 $\overline{L}$ 表示 L 在子空间 S 上的投影。显然有 dist$(\widetilde{a}_i, L)\geqslant$dist$(\widetilde{a}_i, \overline{L})$。但是，$\widetilde{L}$ 的最优性表明
$$\sum_{i=1}^{n}\text{dist}(\widetilde{a}_i, \widetilde{L})^2 \leqslant \sum_{i=1}^{n}\text{dist}(\widetilde{a}_i, \overline{L})^2 \leqslant \sum_{i=1}^{n}\text{dist}(a_i, L)^2$$

式中，最后一个不等号由根据以下事实得出：$\tilde{a}_i$ 和点 $\overline{L}_j$ 分别是通过将 a_i 和 L_j 投影到子空间 S 而获得的(参见习题 13.16)。这是等式(13.3.4)中第二项的界，并证明了引理。

13.3.5 SVD 定理的证明

在本节中，我们给出 SVD 定理证明背后的主要思想。具体细节留作习题。回想 SVD 定理指出：任何 $m \times n$ 的矩阵 A 都可以写为 $U\Sigma V^{\mathrm{T}}$，其中 U 和 V 是酉方阵(分别是 $m \times m$ 和 $n \times n$ 维的)，而 Σ 仅在对角线上具有非零元素。此外，如果用 σ_i 表示 $\Sigma_{i,i}$，那么 $\sigma_1 \geqslant \sigma_2 \geqslant \cdots$。假设 v_1，$\cdots$，v_n 表示 V 的列，那么 V 是酉方阵的事实就意味着 v_1，$\cdots$，v_n 形成 $\Re^n$ 的正交基。同样，U 的列 u_1，$\cdots$，u_m 形成 $\Re^m$ 的正交基。最后，若 $1 \leqslant i \leqslant \min(m, n)$ 则 $AV_i = \sigma_i u_i$，及若 $i > \min(m, n)$ 则 $Av_i = 0$。首先，让我们来看如何确定 σ_1。观察到 $\|Av_1\| = \|\sigma_1 u_1\| = \sigma_1$。此外，如果 x 是任一单位向量，则我们断言 $\|Ax\| \leqslant \sigma_1$。为了证明这一点，我们将 x 写作 v_1，$\cdots$，v_n 的线性组合，即 $\sum_{i=1}^{n} \alpha_i v_i$。由 $\|x\|^2 = \sum_{i=1}^{n} \alpha_i^2$，可知 $\sum_{i=1}^{n} \alpha_i^2 = 1$。现在，$Ax = \sum_{i=1}^{n} \alpha_i \cdot Av_i = \sum_{i=1}^{\min(m, n)} \alpha_i \sigma_i u_i$，在其中使用到了 SVD 定理的性质。由于向量 u_i 也是正交的，因此 $\|Ax\|^2 = \sum_{i=1}^{\min(m, n)} \alpha_i^2 \cdot \sigma_i^2 \leqslant \sigma_1^2$。于是，我们可以得到：如果 SVD 定理成立，那么 σ_1 必然是 $\|Ax\|$ 在所有单位向量 x 上所能取得的最大值。

基于这个直觉，我们可以继续进行证明。定义 σ_1 为 $\|Ax\|$ 在所有单位向量 $x \in \Re^n$ 上所能取得的最大值。设 v_1 为取得该最大值时的单位向量$^\ominus$。故有 $\|Av_1\| = \sigma_1$。因此，我们可以将 Av_1 写成 $\sigma_1 u_1$，其中 u_1 是一个单位向量。如前述记法所示，向量 u_1 和 v_1 应分别构成 U 和 V 的第一列。为了完成证明，如果用 V_1 表示与 v_1 正交的向量形成的子空间 $\Re^n$，并用 U_1 表示与 u_1 正交的向量形成对应的子空间，那么我们可论证 A 将 V_1 中的任一向量都映射到 U_1 中的向量。由于 V_1 的维数比 $\Re^n$ 的维数小 1，因此可以使用归纳法完成该证明(细节留作习题 13.14)。

设 x 是 V_1 中任一向量。采用反证法，假设 Ax 不属于 U_1，即 Ax 可以写成 $\alpha u + \alpha_1 u_1$，其中 $u \in U_1$，$\alpha_1 \neq 0$。通过放缩，我们可以假定 x 是一个单位向量。同样地，通过适当地选择 α，我们也可以假定 u 是一个单位向量。现在考虑向量 $v' = v_1 + \varepsilon x$，其中 ε 是一个充分小的参数，我们将在稍后确定。由于 v_1 和 x 是正交的，因此 $\|v'\|^2 = 1 + \varepsilon^2$。此外，$Av' = (\sigma_1 + \varepsilon \alpha_1) u_1 + \varepsilon \alpha u$。由 u 和 u_1 正交，可得 $\|Av'\|^2 = (\sigma_1 + \varepsilon \alpha_1)^2 + \varepsilon^2 \alpha^2 > \sigma_1^2 + 2\varepsilon \alpha_1 \sigma_1$。因为 $\alpha_1 \neq 0$，所以我们选择绝对值充分小的 ε，使得 $2\varepsilon \alpha_1 \sigma_1 > \varepsilon^2 \sigma_1^2$。于是，$\|Av'\|^2 > \sigma_1^2 (1 + \varepsilon^2) = \sigma_1^2 \|v'\|^2$。这样，我们就发现了一个向量 v'，使得比值 $\|Av'\| / \|v'\|$ 严格大于 σ_1，产生矛盾。因此，V_1 中的任一向量都必然被 A 映射到 U_1 中。我们现在可以通过归纳来完成证明。

请注意，此证明是非构造性的。该证明需要我们找到最大化 $\|Ax\|$ 的单位向量。也存在一些计算奇异值分解的构造性方法，通常，这些方法需要(关于矩阵维数的)立方时间。奇异值分解与特征值之间也有联系。要了解这一点，首先假设 $m \geqslant n$。如果 $A = U\Sigma V^{\mathrm{T}}$，那么 $A^{\mathrm{T}} = V\Sigma^{\mathrm{T}} U^{\mathrm{T}}$。因此，$A^{\mathrm{T}} A = V\Sigma^{\mathrm{T}} \Sigma V^{\mathrm{T}}$。现在 $\Sigma^{\mathrm{T}} \Sigma$ 是一个 $n \times n$ 对角矩阵，其元素是 σ_1^2，$\cdots$，σ_n^2。但请注意，如果 $A^{\mathrm{T}} A = VDV^{\mathrm{T}}$ 对某个对角矩阵 D 和酉矩阵 V 成立，

$\ominus$ 我们需要使用紧致性来证明这样一个向量的存在，但是我们暂时先忽略这个问题。

那么 D 的对角元素必然是 A^TA 的特征值(参见习题 13.15)。因此,计算奇异值分解的一种方法是通过特征值计算——形成矩阵 A^TA 并计算其特征值。特征值的(非负)平方根将给出 A 的奇异值。

拓展阅读

Johnson-Lindenstrauss 引理[71] 在随机投影上的首批重要应用之一是 Indyk 和 Motwani 提出的高维最近邻查找问题[66]。本章中的证明遵循了 Dasgupta 和 Gupta 的表述[39]。随后的研究表明,随机投影可以通过对 $\{+1, -1\}$ 的均匀选取来近似——可参阅 Achlioptas 的论文[1]。经典的奇异值分解算法是迭代的,需要的时间为 $O(\min\{m \cdot n^2, n \cdot m^2\})$。使用复杂的随机投影技术,已知的最优近似 SVD 算法的运行时间是 ε 和 k 的多项式,其中 ε 是在适当范数下对于近似程度的一个度量,k 对应于最佳秩 k 近似——可参阅 Frieze 等人的论文[55]。

习题

13.1 考虑平面中一个等边三角形的 3 个顶点,每个顶点与其他两个顶点的距离都为 1。证明:不可能将这三个点映射到一条直线上,使得所有点对间距离均为 1。

13.2 假设 X 是一个 $N(0, 1)$ 随机变量,而 a 是一个实数,证明:aX 的分布是 $N(0, a^2)$。并由此证明:如果 X 和 Y 是两个独立的 $N(0, 1)$ 随机变量,a 和 b 是两个实数,则 $aX+bY$ 的分布为 $N(0, a^2+b^2)$。最后,使用归纳法证明:若 $X_1, \cdots, X_d$ 是 d 个独立同分布的 $N(0, 1)$ 随机变量,则 $a_1X_1+\cdots+a_dX_d$ 具有分布 $N(0, \|a\|^2)$,其中 a 表示向量 $(a_1, \cdots, a_d)$。

13.3 设直线上的随机投影 f 如 3.1 节所定义。设 ε 是一个小的正常数,证明:$\|f(p)-f(q)\|^2$ 在 $(1\pm\varepsilon)\|p-q\|^2$ 范围内的概率是 $\theta(\sqrt{\varepsilon})$。

13.4 设 A 为方阵,且对于前 $i-1$ 行,有以下性质成立:对于任意 j,$1\leqslant j\leqslant i-1$,第 j 行中的前 $j-1$ 个元素都是 0。此外,假定对于所有的 $j\geqslant i$ 有 $A_{j,i}=0$。证明:A 的行列式为 0。

13.5 设 A 为方阵。找到一个可逆矩阵 P,使得 PA 是通过交换 A 中行 A_i 和 A_j 获得的矩阵。找到一个可逆矩阵 Q,使得 QA 是通过在 A 中用 A_j-cA_i 替换行 A_j 获得的矩阵,其中 c 是某个常数。

13.6 假设 A 是秩为 $k(k\leqslant d)$ 的 $n\times d$ 矩阵。表明如何使用高斯消元法找到这些点的低维表示。

13.7 表明如何使用高斯消元法获得 A 的行向量的基。

13.8 证明 13.3.1 节中的矩阵 B 是可逆的。

13.9 假设 A 和 A' 是两个 $n\times d$ 矩阵,且对所有向量 x 都有 $Ax=A'x$。证明:$A=A'$。

13.10 设 B 为酉矩阵。证明:B 的逆等于 B 的转置。

13.11 假设 D 是 $n\times d$ 对角矩阵。证明:$\|D\| = \max_{i=1}^{\min(d,n)}|D(i, i)|$。

13.12 假设 $v_1, \cdots, v_s$ 是 $\Re^d$ 中一组正交向量,A 是一个 $n\times d$ 矩阵。此外,假定对所有 $i=1, \cdots, s$ 都有 $\|Av_i\|\geqslant\sigma$。证明:若 x 是任一由 $v_1, \cdots, v_s$ 张成的非零向量⊖,则 $\|Ax\|/\|x\|\geqslant\sigma$。

13.13 令 $v_1, \cdots, v_n, w_1, \cdots, w_m$ 是 $\Re^k$ 中的一组向量。构造一个矩阵 T,其中 T_{ij} 等于 v_i 和 w_j 的点积。证明:T 的秩至多为 k。并举例说明,T 的秩可以严格小于 k。

13.14 在子空间 U_1 和 V_1 上使用归纳法,完成 SVD 定理的证明。

13.15 令 B 为 $n\times n$ 方阵。假设我们可以将 B 表示为 V^TDV,其中 V 为酉矩阵,D 为对角矩阵。证明:D 的对角元素是 B 的特征值。

13.16 假设 S 是 n 维欧氏空间的一个子空间。令 a 和 b 为欧式空间中的两个点,且令 $\tilde{a}$ 和 $\tilde{b}$ 分别表示 a 和 b 在 S 上的正交投影。证明:$\|\tilde{a}-\tilde{b}\| \leqslant \|a-b\|$。

13.17 证明断言 13.1。

⊖ 即 x 是 $v_1, \cdots, v_s$ 的任一个非零线性组合。——译者注

并 行 算 法

14.1　并行计算模型

更快的计算是人类的永恒需求，而这却是不可能满足的。伴随着设备技术达到物理极限，人们在努力探索替代的计算模型。大数据（Big Data）现象在此术语诞生之前已经存在了数十年。对计算进行加速的最早且自然的方向之一就是部署多个处理器，而不是单个处理器，来运行同一程序。理想的目标是通过同时使用 p 个处理器来将程序运行的速度提高到 p 倍。一个常见的警示是：雇用多个厨师并不能使一个鸡蛋煮得更快！类比地讲，使用越来越多的处理器并不能使程序执行得无限快。这不仅仅是因为物理上的限制，还因为优先约束导致代码各个片段之间的依赖性。

在较低的层次上，即在数字硬件设计中，并行性是固有的——任何电路都可以看作是一个并行计算模型。信号经过不同道路、不同部件，并组合得到所需的结果。相比之下，程序是以一种非常串行化的方式进行编码的，而且数据流通常是彼此依赖的——试想一个串行执行的循环。其次，对于给定的问题，可能需要重新设计一个串行算法来取得更多的并行度。在本章中，我们的重点是对基本问题设计快速的并行算法。

并行算法设计的一个非常重要的方面就是计算机的底层架构，即处理器之间如何进行通信和并发访问数据。此外，是否有一个公共时钟可以用来测量实际运行时间？同步（Synchronization）是一个重要的特性，它使得并行算法的设计更容易处理。在更具一般性的异步模型中，还存在死锁甚至收敛性等问题，这些问题很难分析。

在本章中，我们将考虑同步并行模型（有时称作 SIMD [一]），并考察两个重要的模型——并行随机存取机（parallel random access machine，PRAM）和互连网络（interconnection network）模型。PRAM 模型是通常的串行 RAM 模型所对应的并行版，其中 p 个处理器可以同时访问一个称为共享内存的公共内存。显然，这需要大量的硬件支持，使得处理器能够并发访问共享内存，并可以随着处理器数量和内存大小的增加而扩展。然而，我们对读和写采用一致化访问时间假设。最弱的模型称为 EREW PRAM 或互斥读互斥写PRAM，其中当访问的位置没有冲突时，所有处理器都可以同时访问内存。算法设计者必须保证其互斥性。也还有其他的变体，称作 CREW [二] PRAM 和 CRCW PRAM，它们允许读冲突和写冲突。虽然这些抽象的模型难以构建，但它们为算法设计提供了概念上的简单性，所设计的算法随后可以映射到（较弱的）实际模型中，这可能会导致速度有些变慢。

互连网络基于一些规则的图拓扑结构，其中顶点表示处理器，边表示一条物理链路。处理器通过有线链路的消息相互通信，其中每条链路都假定花费固定时间。在两个处理器之间发送消息的时间与两个处理器之间线路中的链路（边）数成正比。这可能会促使我们增加更多的链路，然而在边的数量和电路（通常将其构建为 VLSI 电路）的成本及面积之间需

[一]　单指令流多数据流（single instruction multiple data，SIMD）。——译者注
[二]　C 代表 Concurrent，意为并发；E 代表 Exclusive，意为互斥或独占。

要有一个折中。将正确的数据发送到正确的处理器是加快算法执行速度的关键。这个问题通常被称为路由（routing）。在本章的最后，我们将讨论路由算法，它提供了 PRAM 算法和互连网络之间的桥梁。

14.2   排序和比较问题

14.2.1   寻找最大值

在串行模型中，这被认为是一个平凡的问题，已经有许多使用 $n-1$ 次比较计算最大值的方法。进行一个简单的扫描，并维护目前所见元素中的最大值，即可。

> **断言 14.1**   找到 n 个元素中的最大值至少需要 $n-1$ 次比较。

其证明留作习题。我们希望并行地进行多个比较，这样就可以为进一步的考虑排除多个元素——每次比较都会排除较小的元素。我们假设在每一轮中，每个可用的处理器都会比较一对元素。如果我们希望将轮数最小化，那么可以使用 $\binom{n}{2}$ 个处理器进行所有的成对比较，并输出在所有（参与的）比较中都获胜的元素。第二阶段将要定位从未失败的元素，这需要并行环境中的更多细节，而且可能需要多轮。但第一阶段本身是否高效？我们需要大约 $\Omega(n^2)$ 个处理器，因此操作总数远远超过了串行算法的 $O(n)$ 次比较界，这似乎并不划算。我们通常将操作次数与处理器时间积⊖相比较，后者是对总计算带宽的度量。如果操作次数接近处理器时间积，则认为并行算法是有效的⊜。

我们是否可以将处理器的数目减少到 $O(n)$？这似乎不太可能⊜，因为通过将元素进行配对，我们可以在一轮中进行至多 $n/2$ 次比较，而且在第一轮结束时有至少 $n/2$ 个潜在的最大值。我们可以继续这样做：将胜者继续进行配对，并将它们在第二轮中进行比较。不断重复此过程，直至找到最大值。这类似于一个淘汰制锦标赛，在 i 轮之后，最多有 $n/2^i$ 个潜在获胜者。因此在 $\log n$ 轮之后，我们可以选择出最大值。

我们需要多少个处理器？

如果我们以一种直截了当的方式为任意给定轮中的每个比较分配一个处理器，那么我们需要 $n/2$ 个处理器（这是所有轮中的最大值）。因此处理器时间积为 $\Omega(n\log n)$。然而，比较的总数为 $n/2+n/4+\cdots\leqslant n$，这是最优的。因此，我们必须探究处理器使用效率低的原因。

一种可能的做法是将处理器的数量减少到 $p\ll n$，并使每一轮变慢。例如，原来在第一轮中的 $n/2$ 次比较可以使用 p 个处理器在约 $\lceil n/(2p)\rceil$ 轮中完成。这相当于将原来的第 i 轮减慢了 $n/(2^i \cdot p)$ 倍⊛，因此总轮数为

$$\frac{n}{p} \cdot \left(\frac{1}{2}+\frac{1}{2^2}+\cdots+\frac{1}{2^i}\right)\leqslant \frac{n}{p}$$

根据定义，这是最优的，因为处理器时间积是线性的。但这里需要切记的是：在每一轮中，我们忽略了将可用处理器分配给指定比较所产生的相关开销。这是实现并行算法的一

⊖ 即处理器个数与并行运行时间二者的乘积。——译者注
⊜ 另一种常用的度量是 FLOPS（floating point operations per second，每秒浮点运算数）。
⊜ 因为这就意味着需要使用常数轮次。——译者注
⊛ 为简单起见，忽略掉天花板函数（$\lceil x \rceil$）。

个关键部分，称作负载均衡(load balancing)。它本身就是一个非常重要的并行过程，需要在系统层面加以注意。我们将在 14.3 节中概述一些可行的方法。目前，我们先忽略掉这一部分，于是我们有一个计算 n 个元素的最大值的并行算法，它需要 $O(n/p)$ 并行时间。然而，这告诉我们，使用 $p=\Omega(n)$ 可以在 $O(1)$ 时间内找到最大值！显然，在前述算法中，我们无法在小于 $O(\log n)$ 轮中做到这一点。

因此，这里有一个陷阱——当比较次数降至 p 以下时，时间至少为 1，而这一事实在之前的求和中被忽略了。因此，让我们将求和分为两个部分：一个部分是比较次数大于或等于 p 时，另一个部分是比较次数小于 p 时。当比较次数小于 p 时，我们可以运行第一个版本，共用 $O(\log p)$ 个轮次，这是由 $O((n/p)+\log p)$ 给出的并行时间表达式中的一个附加项。现在很明显，对于 $p=\Omega(n)$，运行时间为 $\Omega(\log n)$；更有趣的观察结果是，对于 $p=n/\log n$，并行运行时间为 $O(\log n)$，处理器时间积为 $O(n)$。

达到这个界的一个更简单方法是：首先使用 $p=n/\log n$ 个处理器在 $\log n$ 次比较中串行查找 $\log n$ 个元素的(不相交子集的)最大值⊖，然后使用 p 个处理器对这 $n/\log n$ 个最大值元素执行第一个版本，共用 $\log(n/\log n)\leqslant\log n$ 个并行步骤。这样做有另一个优点是实际上不需要任何负载均衡，因为所有比较都可以由适当索引的处理器执行。如果一个处理器的索引是 i，$1\leqslant i\leqslant p$，则必须将比较预分配给每个处理器。这一部分留作习题。

我们能否在不牺牲效率的情况下减少轮数？

让我们重新考虑单轮算法并尝试改进它。假设我们有 $n^{3/2}$ 个处理器，它比 n^2 个处理器少得多。我们可以将元素划分为 $\sqrt{n}$ 个不相交子集，并在单轮中使用 $n^{3/2}$ 个处理器计算它们的最大值。在这一轮之后，我们还剩下 $\sqrt{n}$ 个元素，它们是最大值的候选者。但是，我们可以在另一轮中使用单轮算法计算它们中的最大值⊜。进一步发展此思想，我们可以将算法的递归表示为：

令 $T^{\parallel}(x,y)$ 表示用 y 个处理器计算 x 个元素的最大值的并行时间，于是我们可以使用 $T^{\parallel}(x,y)$ 写出并行时间的递推式

$$T^{\parallel}(n,n)\leqslant T^{\parallel}(\sqrt{n},\sqrt{n})+T^{\parallel}(\sqrt{n},n)$$

第二项可得 $O(1)$，并且选择适当的终止条件，我们可以证明 $T^{\parallel}(n,n)$ 是 $O(\log\log n)$。这的确优于 $O(\log n)$，而且使用前述技术可以进一步改进处理器时间积。处理器的数量可以进一步减少到 $n/(\log\log n)$，并且仍然保持 $T^{\parallel}(n,n/(\log\log n))=O(\log\log n)$。这一部分留作习题。

我们能否进一步改进并行运行时间？

这是一个非常有趣的问题，需要另一个论证角度。事实证明，对于 n 个处理器，任何算法都需要 $\Omega(\log\log n)$ 个轮次。我们将给出证明的梗概。考虑图 $G=(V,E)$，其中 $|V|=n$ 和 $|E|=p$。每个顶点对应一个元素，一条边表示一对元素之间的比较。我们可以将边视为在算法的单轮中所完成的一组比较。考虑一个独立集 $W\subset V$。我们可以将最大的 $|W|$ 个值赋给与 W 相关联的元素。于是，在该轮结束时，仍有 $|W|$ 个最大值的候选元素。在下一轮中，我们考虑关于 W 的(约减)图 G_1 以及第 i 轮次中对应于 G_{i-1} 中边的所发生的比较序列。同样地，我们可以在这个图中选择一个独立集，并使得它们成为本轮比较的"胜者"。

⊖　即把 n 个元素分成 $n/\log n$ 组，每组 $\log n$ 个元素，之后每个处理器独立地对分配给自己的一组元素使用串行算求最大值。——译者注

⊜　忽略负载均衡的开销。

边的条数的界为 p。关于图的独立集的大小有如下结果，称作图兰定理（Turan's theorem），非常有助于我们的论证。

> **引理 14.1**   在具有 n 个顶点和 m 条边的无向图中，存在一个大小至少为 $n^2/(2m+n)$ 的独立集。

证明：我们将概述一个基于概率推理的证明。对 V 中顶点进行随机编号，取值范围为 1 到 n，其中 $n=|V|$，并按递增顺序对它们进行扫描。如果一个顶点 i 的所有邻点的编号都大于 i 的编号，那么就将它加入独立集 I 中。读者很容易确认 I 是一个独立集。现在我们来寻找 $\mathbb{E}[|I|]$ 的界。顶点 $v \in I$ 当且仅当它的所有 $d(v)$ 个邻点的编号都大于 v 的编号（其中 $d(v)$ 表示顶点 v 的次数），且此事件的概率为 $1/(d(v)+1)$。我们定义一个示性随机变量 I_v，如果 $v \in I$ 则 $I_v=1$，否则 $I_v=0$。那么就有

$$\mathbb{E}[|I|] = \mathbb{E}\left[\sum_{v \in V} I_v\right] = \sum_{v \in V} \frac{1}{d(v)+1}$$

注意 $\sum_v d(v) = 2m$，且当所有的 $d(v)$ 都相等时，即 $d(v) = 2m/n$ 时，上述表达式达到最小值。因此，$\mathbb{E}[|I|] \geqslant \dfrac{n}{2m/n+1} = \dfrac{n^2}{2m+n}$。由于 $|I|$ 的期望值至少为 $\dfrac{n^2}{2m+n}$，这意味着对于至少一个置换，I 可获得该值，于是引理 14.1 成立。   ∎

由算法中的独立集定义了序列 $G=G_0, G_1, G_2, \cdots, G_i$，设 n_i 表示其中的 $|G_i|$（$i=0, 1, 2, \cdots$）。于是，由前述断言 14.1 可知，当 $m=n$ 时，可以使用归纳法证明下式

$$n_i \geqslant \frac{n}{3^{2^i}-1}$$

> **断言 14.2**   对于 $p=n$，可证明在 $j = (\log \log n)/2$ 轮后，有 $n_j > 1$。

详细证明留作习题。

14.2.2   排序

让我们讨论互连网络模型上的排序，其中每个处理器最初都持有一个元素，并且在排序后，索引为 i（$1 \leqslant i \leqslant n$）的处理器应包含秩为 i 的元素。最简单的互连网络是由 n 个处理单元组成的线性阵列。由于其直径是 $n-1$，因此我们不能比 $\Omega(n)$ 个并行步骤更快地进行排序，这是因为交换位于两端的元素将不得不移动 $n-1$ 步骤。

一种直观的排序方法是比较并交换相邻元素，将较小的元素放到较小索引处。此操作可以同时对所有（不相交）的元素执行。更具体地讲，我们将定义"轮"，其中每一轮都包含两个阶段——奇-偶阶段和偶-奇阶段。在奇-偶阶段（参见图 14.1），每个奇数号的处理器将其元素与较大的偶数号（右邻）的处理器中元素进行比较；在偶-奇阶段，每个偶数号的处理器将其元素与较大的奇数号（右邻）的处理器中元素进行比较。

我们重复很多轮次，直到元素都被排序。为了证明元素的确进行了排序，先考虑最小的元素。在每一次比较中，它都会向编号为 1 的处理器移动，这是它的最终目的地。一旦它到达这个处理器，之后它将会一直保持在那里。随后，我们可以考虑下一个元素，它最终将驻留在编号为 2 的处理器中，以此类推。请注意，一旦元素到达了它们的最终目的地，并且所有更小的元素也都到达了它们的正确位置，那么我们就可以在后续的比较中忽

```
Procedure Odd-even transposition sort for processor (i)
 1    for j = 1 to ⌈n/2⌉ do
 2        for p = 1, 2 do
 3            if i 是奇数 then
 4                与处理器 i+1 比较并交换;
 5            else
 6                与处理器 i−1 比较并交换;
 7            if i 是偶数 then
 8                与处理器 i+1 比较并交换;
 9            else
10                与处理器 i−1 比较并交换;
```

图 14.1　并行奇偶交换排序

略它们。因此，该数组将在不超过 n^2 轮后被排序，因为任何元素到达其最终目的地最多需要 n 轮。从加速的角度看，此分析并不令人鼓舞，因为它仅和冒泡排序相当。为了改进我们的分析，我们必须同时跟踪元素的运动，而不是一次只跟踪一个元素。为了简化分析，我们引入如下结果。

引理 14.2(0-1 原理)　对于任一排序算法而言，如果它可以对 0 和 1 的所有可能输入进行正确的排序，那么它对所有可能的输入都将正确进行排序[⊖]。

我们在此处省略其证明，但请注意长度为 n 的输入只有 2^n 种可能的 0-1 输入，却有 $n!$ 个置换。该引理的反方向显然成立。

于是，让我们来分析前述称作奇偶交换(odd-even transposition)排序的算法，将其输入限制为 $\{0, 1\}^n$。如果所有 0 都在所有 1 的左侧，则认为此输入已经被排序。让我们跟踪最左边的 0 在连续几轮比较中的移动。很明显，最左边的 0 将一直移动，直到它到达处理器 1 处[⊖]。如果这个 0 最初在位置 k，那么它将在不超过 $\lceil k/2 \rceil$ 轮内到达其最终目的地。我们考虑下一个 0(即剩余元素中最左边的 0)，记为 0_2，唯一可以阻止它向左移动的元素是最左边的 0，并且这至多可以发生一次。事实上，当最左边的 0 不再是 0_2 的直接左邻居之后，该元素将一直向左移动，直至到达其最终目的地。如果我们用 0_i 表示序列中左起第 i 个 0，那么可以用归纳法证明如下结论。

断言 14.3　最初，元素 0_i 在至多 i 个阶段(即 $\lceil i/2 \rceil$ 轮次)中不发生移动；随后，它将在每一阶段中移动，直至到达其最终目的地。

该断言的详细证明留给读者作为习题。

因为 0_i 的最终目的地是 i，而且它最多可以距离最终目的地 $n-i$ 个阶段，所以它到达处理器 i 的总阶段数至多为 $i+n-i=n$。请注意，这个论断同时对所有 0 元素成立，因此所有的 0(所有的 1 也是)在 n 个阶段或 $\lceil n/2 \rceil$ 轮内，将处于其最终位置。

接下来，我们考虑二维网格，它是一种被广泛使用的并行结构。对于排序，我们可以

⊖　高德纳(Donald Ervin Knuth)在《计算机程序设计艺术·第 3 卷　排序与选择》的 "5.3.4 节 Networks for Sorting" 中，提出并论证了这个原理。原始表述针对的是 "sorting network"。——译者注

⊖　我们假设输入中至少有一个 0;否则，没有什么东西需要证明。

从一些标准的索引方案中进行选择，例如行优先或者行主序(row-major)——每一行所包含的元素都小于下一行的元素，而且每一行中的元素都是自左而右排序。列优先或者列主序(column-major)是跨列具有相同的性质，并且蛇形行主序是各行交替地从左到右排序及从右到左排序。

假设我们在相继的阶段中对行和列进行排序。其结果是否可以是一个有序的数组？回答是否定的，你可以构造一个输入，其中每一行都是有序的，每一列(从上到下)也是有序的，但并非所有元素都在其最终位置。一个小小的变化就可以解决这个问题——用类似于蛇形行主序的方式对行进行排序(即，按从左到右的递增顺序对第一行排序，再按从右到左的递增顺序对第二行排序，依此类推)，以及按从上到下的顺序对列进行排序。更有趣的问题是：需要多少轮行/列排序？

每一行/列都可以使用奇偶交换排序。所以如果我们需要 t 次迭代，那么对于一个 $\sqrt{n}\times\sqrt{n}$ 的数组，总的并行步骤数是 $O(t\sqrt{n})$。为了简化我们的分析，将再次引入 0-1 原理。首先考虑只包含 0 和 1 的两行，让我们从左到右对第一行排序，再从右到左对第二行排序。然后我们进行列排序。

引理 14.3　要么第一行只包含 0，要么最后一行仅包含 1，二者中至少有一个条件成立。

如果一行只由 0 或 1 组成，则我们定义它是干净的(clean)，否则定义它是脏的(dirty)。根据引理 14.3(请严格证明它)，行和列排序之后，至少有一行是干净的。于是在下一次迭代(对行排序)中，数组将被排序(参见图 14.2)。现在将此分析扩展到 $m\times n$ 数组。经过一轮行排序和列排序之后，至少有一半的行是干净的。事实上，每一对连续的行都至少产生一个干净的行，此后它们将继续保持干净。在每次迭代中，脏行的数量至少减半，从而 $\log m$ 次迭代可使得(除了一行外的)所有行的都是干净的。之后再进行一次行排序即可完成排序[⊖]。

0	0	0	0	0	0	0	1	1	1	1	1	1	1	1	1
1	1	1	1	0	0	0	0	0	0	0	0	0	0	0	0

a）次序交替地对行进行排序后

0	0	0	0	0	0	0	0	0	0	0	0	0	0	0	0
1	1	1	1	0	0	0	1	1	1	1	1	1	1	1	1

b）对列排序后，第一行是干净的

图 14.2　通过交替对行和列进行排序来对这两行进行排序

引理 14.4　对于 $m\times n$ 数组，对行和列进行交替排序，在最多 $\log m+1$ 次迭代后将产生蛇形有序数组。

这个相当简单的算法称作 Shearsort(参见图 14.3)，在 $O(\log n)$的因子内接近最优。因此，可以使用 $O(\sqrt{n}\log n)$个并行步骤对$\sqrt{n}\times\sqrt{n}$的数组进行排序。在习题中，读者将了

⊖ 最后一次如果依然是用类似于蛇形行主序的方式对行进行排序，那么得到的就是蛇形行主序形式；最后一次如果按从左到右的递增顺序对各行进行排序，那么得到的就是行主序形式。——译者注

解到基于 Shearsort 的递归变体的 $O(\sqrt{n})$ 算法。

Procedure Shearsort (m,n)
1　**for** $j = 1$ to $\lceil \log m \rceil$ **do**
2　　交替以不同方向对行进行排序;
3　　将各列自上而下排序;

图 14.3　矩形网格的 Shearsort 算法

将 Shearsort 扩展到高维网格并不困难，但它在超立方网络中得不到 $O(\log n)$ 时间的排序算法。在有 n 个处理器的互连网络上获得一个具有理想加速的排序算法是非常困难的，并且就算法和网络拓扑而言都需要许多复杂的构思。

在 PRAM 这样的共享内存模型中，通过推广快速排序算法的思想，可以得到 $O(\log n)$ 时间的排序算法。该算法称作划分（partition）排序，如图 14.4 所示。

Procedure Parallel partition sort
1　输入: $X = \{x_1,\ x_2,\ \cdots,\ x_n\}$;
2　**if** $n \leqslant C$ **then**
3　　使用任一种串行算法进行排序
4　**else**
5　　均匀随机地选取大小为 $\sqrt{n}$ 的样本 $\mathcal{R}$;
6　　对 $\mathcal{R}$ 进行排序，记排序后的结果为 $r_1,\ r_2,\ \cdots$;
7　　令 $X_i = \{x \in X \mid r_{i-1} \leqslant x \leqslant r_i\}$ 为第 i 个子问题;
8　　并行执行;
9　　对所有的 i，递归地对 X_i 进行并行划分排序;

图 14.4　并行划分排序

算法分析需要使用如切尔诺夫界的概率不等式，这使得我们能够很好地控制递归调用子问题的大小。粗略地讲，当将 n 个元素划分成 $\sqrt{n}$ 个区间时，如果我们能够得到递归调用的大小的界为 $O(\sqrt{n})$，那么递归层数就能够以 $O(\log \log n)$ 为界$^{\ominus}$（图 14.4）。此外，每层递归都可以在 $O(\log n_i)$ 时间内完成，其中 n_i 表示第 i 层递归中的最大子问题的大小。那么，总的并行运行时间就以 $\sum_i \log(n^{1/2^i}) = O(\log n)$ 为界（忽略一些复杂的细节）。

在下文中，我们概述了使用均匀采样的子集 $\mathcal{R} \subset S$ 限制子问题大小的界的证明，其中 $|S| = n$ 且 $\mathcal{R}$ 的大小约为 r。

引理 14.5　假设 S 的每个元素都是以概率 r/n 均匀独立地采样的，那么，在 $\mathcal{R}$ 诱导的任何区间内，S 的未采样元素的数目都以不小于 $1 - \dfrac{1}{r^{\Omega(1)}}$ 的概率以 $O\left(\dfrac{n \log r}{r}\right)$ 为界。

证明: 令 $x_1,\ x_2,\ \cdots$ 是 S 的有序序列，且如果 x_i 被采样，则令随机变量 $X_i = 1$，

$\ominus$　对于任意的 $c < 1$，如果子问题大小以 n^c 为界，那么这都是适用的。

否则令 $X_i = 0$，其中 $1 \leqslant i \leqslant n$。于是样本元素个数的期望为 $\sum_{i=1}^{n} \Pr[X_i = 1] = n \cdot (r/n) = r$。使用切尔诺夫界（式（2.2.7）和式（2.2.8）），我们可以以概率 $1 - 1/r^2$ 将其限制在 $r \pm O(\sqrt{r \log r})$ 内。实际数字可能有所变化，但我们可以假定 $|R| = r$，这可以通过合并若干对连续的区间来确保。假设 Y_i 表示两个相继的采样元素 $[r_i, r_{i+1}]$ 之间的未采样元素数量（Y_0 是第一个采样元素之前的元素数量）。由于元素是独立采样的，因此 $\Pr[|Y_i| = k] = (r/n) \cdot (1 - r/n)^k$，这是因为在采样元素之前有 k 个连续的未采样元素。于是可得

$$\Pr[|Y_i| \geqslant k] = \sum_{i=k} \frac{r}{n} \cdot \left(1 - \frac{r}{n}\right)^i \leqslant \left(1 - \frac{r}{n}\right)^k$$

当 $k = (cn \log r)/r$ 时，它小于 $e^{-c \log r} \leqslant 1/r^c$。

如果某个区间中有超过 $k = (cn \log r)/r$ 个未采样元素，那么某对连续的采样元素 $[r_i, r_{i+1}]$ 之间就有多于 k 个未采样元素，我们已经计算出了此事件的概率。因此，在 $\binom{r}{2}$ 对元素中，r 个连续对是我们所关心的事件。换言之，先前的计算表明显示，对于元素对 (r', r'')，有

$$\Pr[|(r', r'') \cap S| \geqslant k \,|\, r', r'' \text{是连续的}] \leqslant \frac{1}{r^c}$$

由于 $\Pr[A|B] \geqslant \Pr[A \cap B]$，我们可以得到

$$\Pr[|(r', r'') \cap S| \geqslant k \text{ 且 } r', r'' \text{是连续的}] \leqslant \frac{1}{r^c}$$

因此，对于所有元素对，由布尔不等式可知：存在连续的采样对中有多于 k 个未采样元素的概率为 $O(r^2/r^c)$。当 $c \geqslant 3$ 时，它小于 $1/r$。

我们的采样未能确保差距小于 $cn \log r/r$ 的原因出于以下事件之一：

（ⅰ）样本数量超过 $2r$；

（ⅱ）给定样本数量小于 $2r$，存在间距超过 k。

由概率的并可得其概率为 $O(1/r)$。请注意，对于 r^2 个样本，我们可以增大 c 以进一步降低失败概率，并使得并的界小于 $1/r$。 ∎

该引理表明，对于大小为 $n = |X|$ 的输入，下一次递归调用的输入的大小为 $O(\sqrt{n} \cdot \log n)$。这稍微改变我们对阶段数的计算（我们已假定递归子问题的大小最大为 $\sqrt{n}$）。但仍然可以很容易验证递归阶段的数量保持为 $O(\log \log n)$。

14.3 并行前缀

给定元素 $x_1, x_2, \cdots, x_n$ 及一个可结合的二元运算符 $\odot$，我们希望计算
$$y_i = x_1 \odot x_2 \cdots x_i, \quad i = 1, 2, \cdots, n$$
将 $\odot$ 视作加法或乘法，虽然在串行环境中这看起来很简单，但在并行计算中，前缀计算是最基本的问题之一，并具有广泛的应用。

注意，$y_n = x_1 \odot x_2 \odot \cdots \odot x_n$ 可以作为二叉树计算结构在 $O(\log n)$ 个并行步骤中计算。我们还需要其他记号。令 $y_{i,j} = x_i \odot x_{i+1} \odot \cdots \odot x_j$。于是，我们可以给出一个递归计算过程，如图 14.5 所示。令 $T^{\parallel}(x, y)$ 表示使用 y 个处理器计算 x 个输入的前缀所需的并行时间。对于图 14.5 所示算法，我们得到如下递归式

$$T^{\|}(n, n) = T^{\|}(n/2, n/2) + O(1)$$

其中第一项表示两个大小为一半的问题的（并行）递归调用所需时间，而第二组输出要与项 $y_{1,n/2}$ 进行 $\odot$ 运算，这需要附加一个常数时间。例如，给定 x_1, x_2, x_3, x_4，并行计算 $\mathrm{prefix}(x_1, x_2) = x_1$, $x_1 \odot x_2$ 和 $\mathrm{prefix}(x_3, x_4) = x_3$, $x_3 \odot x_4$。然后，在一个并行步骤中，我们计算 $x_1 \odot x_2 \odot \mathrm{prefix}(x_3, x_4) = x_1 \odot x_2 \odot x_3$, $x_1 \odot x_2 \odot x_3 \odot x_4$，并将结果与 $\mathrm{prefix}(x_1, x_2)$ 一起在第 6 行中返回$^{\ominus}$。其解为 $T^{\|}(n, n) = O(\log n)$。请注意，这不是最优的，因为前缀可以用 n 次操作串行计算，但我们的算法的处理器时间积是 $O(n\log n)$。

Procedure Prefix (a, b)

1　**if** $b - a \geqslant 1$ **then**
2　　　$c = \lfloor (a+b)/2 \rfloor$;
3　　　并行执行
4　　　$\mathrm{prefix}(a, c)$, $\mathrm{prefix}(c+1, b)$;
5　　　结束并行执行；
6　　　返回$(\mathrm{prefix}(a, c), y_{a,c} \odot \mathrm{prefix}(c+1, b))$
　　　　$(^*\, y_{a,c}$ 可以由 $\mathrm{prefix}(a, c)$ 得到，并与 $\mathrm{prefix}(c+1, b)$ 中的每个输出都进行 $\odot$ 运算$^*)$
7　**else**
8　　　返回 x_a;

图 14.5　并行前缀计算：此过程计算了 x_a, x_{a+1}, $\cdots$, x_b 的前缀

　　让我们尝试另一种方法，对于适当选择的 k，形成 n/k 个块，每一块有 k 个输入，并对于所有 $1 \leqslant i \leqslant \lfloor n/k \rfloor$ 计算值 $x_i' = x_{(i-1)k+1} \odot x_{(i-1)k+2} \cdots \odot x_{ik}$。现在，我们使用 n/k 个处理器计算 x_i' 的前缀，这将得出关于原始输入 x_i 的前缀值 y_i，其中 $i = k, 2k, \cdots$。对于块 j 中的剩余元素，我们可以串行计算其前缀值：

$$y_{(j-1)k+\ell} = y_{(j-1)k} \odot x_{(j-1)k+1} \odot x_{(j-1)k+2} \cdots \odot x_{(j-1)k+\ell}, \quad 1 \leqslant \ell \leqslant k-1$$

这对于每个块需要额外的 k 个步骤，并且可以使用 n/k 个处理器对所有 n/k 个块同时执行。

　　例如，考虑元素 x_1, x_2, $\cdots$, x_{100}，由于 $x_1 \odot x_2 \odot \cdots \odot x_{20} = x_1' \odot x_2' = y_{20}$ 和 $k = 10$，那么有

$$y_{27} = x_1 \odot x_2 \odot \cdots \odot x_{27} = (x_1 \odot x_2 \odot \cdots \odot x_{10}) \odot (x_{11} \odot x_{12} \odot \cdots \odot x_{20}) \odot (x_{21} \odot \cdots \odot x_{27})$$
$$= y_{20} \odot (x_{21} \odot x_{22} \odot \cdots \odot x_{27})$$

（括号中的）最后一项在块内作为 10 个元素 x_{21}, x_{22}, $\cdots$, x_{30} 的前缀计算，其余部分由 x_i' 的前缀计算。

　　此方法的正式描述见图 14.6。终止条件是：对于大小不超过 P 的输入，使用 P 个处理器在 $O(\log P)$ 并行时间内完成。一个有趣的变体是递归地计算 Z_i 的前缀（图 14.6 中算法的第 8 行）。读者可以写出适当的递推式来完成对该算法的分析，并为 P 个处理器的最佳利用选择适当的 k 值——请参见习题 14.1。

$\ominus$　读者可能会注意到，尽管该过程是使用参数 a 和 b 定义的，但在文中我们将其称为 $\mathrm{prefix}(x_a, x_b)$。

Procedure Blocked prefix computation prefix (n, k, P)

1   输入：$[x_1, x_2, \cdots, x_n]$，$P=$ 处理器个数；
2   输出：前缀 $y_i=x_1 \odot x_2 \odot \cdots \odot x_i$，其中 $i=1, \cdots, n$；
3   **if** $n \geqslant P$ **then**
4   将 $x_1, \cdots, x_n$ 分为大小为 k 的块；
5   并行独立计算每个 k 块的前缀；
6   令 $Y_{(i-1) \cdot k+l}=x_{(i-1) \cdot k+1} \odot x_{(i-1) \cdot k+2} \odot \cdots \odot x_{(i-1) \cdot k+l}$，$1 \leqslant l \leqslant k-1$；
7   令 Z_i 表示块 i 中的最后一项，即 $Z_i=x_{(i-1)k+1} \odot x_{(i-1)k+2} \odot \cdots \odot x_{ik}$；
8   对所有 $1 \leqslant i \leqslant \lfloor n/k \rfloor$，并行计算 $y_{ik}=Z_1 \odot Z_2 \odot \cdots \odot Z_i$；
9   对所有 $i \leqslant n/k$，$l \leqslant k-1$，计算 $y_{(i-1) \cdot k+l}=Z_1 \odot Z_2 \odot \cdots \odot Z_{(i-1)} \odot Y_{(i-1) \cdot k+l}$；
10   **else**
11   使用图 14.5 中算法并行计算前缀；

图 14.6　使用分块的并行前缀计算

$k=2$ 时，该方案实际上定义了一个使用门来计算 $\odot$ 运算的电路（参见图 14.7）。

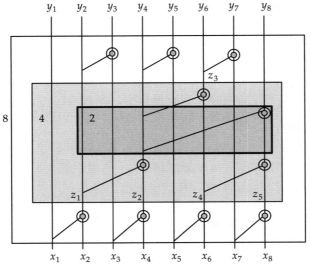

图 14.7　具有 8 个输入的前缀电路按 4 输入和 2 输入电路的递归展开。这些由中间的矩形表示。带阴影的圆点对应于 $\odot$ 运算

并行紧缩

并行计算中一个很常见的场景是对活动进程进行定期紧缩，以便有效地利用可用的处理器。即使在如二叉树这样的结构化计算图中，在每一层上都会有一半的元素不参与未来的计算。应公平地将可用的处理器分配给活动的元素，以使得并行时间最小化。

实现此目的的一种方法是考虑数组中的元素[⊖]，将它们标记为 0 或 1，分别表示它们是无效的（dead）还是活动的（active）。如果我们可以将所有 1 紧缩到数组的一侧，那么我们就可以知道有多少个（比如，有 m 个）元素是活动的。如果我们有 p 个处理器，那么我们就可以平均地分配它们，这样每个处理器大约分配 m/p 个活动元素。

⊖　它们也可以被看作是进程的标签。

这很容易通过在元素上运行并行前缀(将运算⊙定义为加法)来实现,该操作称为前缀和(prefix sum)。如果左数的第 i 个 "1" 的标签为 i,那么就可以将其移至第 i 个位置,而不会发生任何冲突。考虑数组

$$1,\ 0,\ 0,\ 1,\ 0,\ 1,\ 0,\ 1,\ 0,\ 0,\ 0,\ 1,\ 1$$

在计算前缀和之后,我们得到各个标签 y_i 为

$$1,\ 1,\ 1,\ 2,\ 2,\ 3,\ 3,\ 4,\ 4,\ 4,\ 4,\ 5,\ 6$$

然后我们可以把这些 "1" 移动到适合的位置,当 $p \leqslant n/\log n$ 时,这可以在 n/p 并行时间中完成。

模拟 DFA

给定一个 DFA M,令 $\delta: Q \times \Sigma \to Q$ 表示它的转移函数,其中 Q 是状态集,Σ 是一个有限的字母表。对于 $a \in \Sigma$ 及 Σ 上任一字符串 $w = a \cdot w_1$,转移函数可扩展为 $\delta(q,\ a \cdot w) = \delta(\delta(q,\ a),\ w)$,因此 δ 也表示 M 在任意长度字符串上的连续转移。我们把这个概念推广为转移向量(transition vector)$\delta_M(\overline{q},\ w)$,其中 $\overline{q}$ 是一个长度为 $|Q|$ 的向量,其第 i 个分量是 $\delta(q_i,\ w)$,$q_i \in Q$。换言之,转移向量给出了 $|Q|$ 个初始态中每一个的最终状态。尽管看起来这似乎是多余的——因为任一个 DFA 都有一个特定的初始状态,但是它将帮助我们进行预测(lookahead)转换,以实现连续转换之间的并行性。例如,如果 $w = w_1 \cdot w_2$,其中 $w,\ w_1,\ w_2$ 是字符串,我们可以独立计算 $\delta_M(\overline{q},\ w_1)$ 和 $\delta_M(\overline{q},\ w_2)$,然后以一种明显的方式将它们组合来得到 $\delta_M(\overline{q},\ w)$。尽管我们不知道由于 w_1 引起的转换后的中间状态,但是由于我们已经针对所有可能的中间状态进行了预计算,因此我们可以很容易地将由于 w_1 和 w_2 引起的状态转移进行复合。例如,令 $Q = \{q_0,\ q_1\}$,转换函数由下表给出

	0	1
q_0	q_0	q_0
q_1	q_0	q_1

对于 $w = 1011$,$\delta_M(10) = \begin{bmatrix} q_0 \\ q_0 \end{bmatrix}$,$\delta_M(11) = \begin{bmatrix} q_0 \\ q_1 \end{bmatrix}$。我们在表示中省去了 $\overline{q}$,因为它无须指明的。

这可得到 $\delta_M(1011) = \delta_M(10) \odot \delta_M(11) = \begin{bmatrix} q_0 \\ q_0 \end{bmatrix}$,其中 $\odot$ 表示转移函数的复合(composition)。或者,我们可以将 $\delta_M(a)$ 表示为一个 $|Q| \times |Q|$ 的矩阵 $\boldsymbol{A}$,其中当 $\delta(q_i,\ a) = q_j$ 时 $\boldsymbol{A}_{i,j}^a = 1$,否则 $\boldsymbol{A}_{i,j}^a = 0$。设 $w = w_1 w_2 \cdots w_k$,其中 $w_i \in \Sigma$,我们将使用符号 $w_{i,j}$ 来表示子串 $w_i \cdot w_{i+1} \cdot \cdots \cdot w_j$。可以很容易地验证

$$\delta_M(w_{i,j}) = \boldsymbol{A}^{w_i} \otimes \boldsymbol{A}^{w_{i+1}} \otimes \cdots \otimes \boldsymbol{A}^{w_j}$$

其中 $\otimes$ 对应于矩阵乘法。由于状态数是固定的,因此我们可以将乘法开销的界限定为 $O(1)$。我们需要以下性质来将此问题简化为前缀计算。

断言 14.4 由矩阵乘法的结合性可得

$$(\boldsymbol{A}^{w_1} \otimes \boldsymbol{A}^{w_2}) \otimes \boldsymbol{A}^{w_3} = \boldsymbol{A}^{w_1} \otimes (\boldsymbol{A}^{w_2} \otimes \boldsymbol{A}^{w_3})$$

这表明推广的转移函数 $\delta_M(a)$ 的复合运算是可结合的,因此我们可以使用前缀计算在

$O(\log n)$ 并行时间内使用 $n/\log n$ 个处理器计算所有中间状态。这给了我们所有可能初始状态的中间状态，从中我们可以选择对应于实际初始状态的那个中间状态。

两个二进制数的加法可以很容易地表示为有限状态机的状态转换。例如，如果两个数分别为 1011 和 1101，则可以为加法器设计 DFA，该加法器采用输入流（11，10，01，11），该输入流是从 LSB 开始的比特对。连续的转换是根据之前的进位进行的，因此有分别对应于进位 0 和进位 1 的两个状态。一旦知道进位，就可以在常数时间内生成和的比特。鼓励读者给出进位保留加法器（carry save adder）的其他设计细节。

14.4 基本的图算法

许多有效的图算法都基于 DFS（深度优先搜索）编号。设计并行图算法的一个自然方法就是为 DFS 设计一个有效的并行算法。事实证明，这是非常具有挑战性的，目前还尚没有简单的解决方案，而且有证据表明，这可能是根本无法做到的。这就引出了并行图算法设计的有趣的替代技术。我们将考虑在无向图中构造连通分支的问题。

14.4.1 列表排名

一个基本的并行子过程包括查找给定链表中每个节点到链表尾部[⊖]的距离。为了具体和简单起见，我们使用数组 $A[1,n]$ 来表示列表，其中如果在列表中节点 x_j 是节点 x_i 的后继，则 $A[i]=j$。列表的最后一个元素被称作尾部（tail），它没有后继，而所有其他元素都恰有一个后继。设列表尾部的标识为 k，则满足 $A[k]=k$，也就是说，它指向自身。列表排名的目的是给出每个元素与列表尾部之间的距离，其中尾部到自身的距离被视为 0。

串行算法可以简单地在 n 个步骤内遍历该列表，从而很容易地识别出列表的尾部（在 $\{1,\cdots,n\}$ 中却不出现在数组中的整数[⊖]）。对于并行算法，我们首先假设每个元素都有一个处理器，而且每个处理器都执行图 14.8 中的算法。为了分析该算法，我们对列表元素重新编号，使得 x_0 是列表尾部，x_i 与 x_0

Procedure Parallel list ranking (p_i)
1　初始化 **if** $A[i]\neq i$ **then** $d[i]=1$ **else** $d[i]=0$;
2　**while** $d[A[i]]>0$ **do**
3　　$\vert$　　$A[i]\leftarrow A[A[i]]$;
4　　$\llcorner$　　$d[i]\leftarrow d[i]+d[A[i]]$;
5　返回 $d[i]$;

图 14.8　并行列表排名

的距离为 i。该算法的关键是加倍（doubling）策略。在 $j\geqslant 1$ 个步骤后，负责 x_i 的处理器（例如 p_i）指向元素 k，满足 k 距离 x_i 为 2^{j-1} 步。于是，在下一个步骤中，距离加倍为 2^j。当然，它不能超出列表的尾部，因此我们必须考虑到这一点。请注意，当一个处理器指向尾部时，所有编号较小的处理器也必然都指向尾部。此外，它们都具有正确的距离。

引理 14.6　经过 j 次迭代后，$A[i]=\max\{i-2^j,0\}$。等价地，到 i 的距离函数 $d(i)$ 为 $\min\{2^j,i\}$。

证明：初始时，元素 i 指向元素 $i-1$。请注意，对于任意的 i 而言，一旦 $A[i]=0$，

⊖　原书本节中"头部"（head）和"尾部"（tail）、"前趋"（predecessor）和"后继"（successor）使用比较混乱，译文中统一进行了调整。——译者注

⊖　原书如此，但是这与前文中"$A[k]=k$"相矛盾；事实上可以通过判断是否有"$A[i]=i$"来断定 i 是否是列表的尾部。——译者注

那么之后它就将保持不变，始终为 0。对于 $d(i)=i$ 的情况也同样如此。将 $l(i)$ 定义为 $2^{l(i)-1}<i\leqslant 2^{l(i)}$，例如，$l(8)=3$，$l(9)=4$。我们将通过对迭代次数 j 使用归纳法来证明下述结论：

（i）所有满足 $l(i)\leqslant j$ 的元素 x_i 都有 $A(i)=0$ 和 $d(i)=i$；

（ii）对于 $j<l(i)$，$A[i]=i-2^j$，$d(i)=2^j$。

此外，在第 j 次迭代中，所有 $l(i)=j$ 的元素 i 首次满足性质（i）。对于基本情况 $i=0$，这显然是正确的，因为 x_0 始终指向自身，并且 $d[0]$ 从不改变（示例如表 14.1 所示）。

表 14.1　15 个元素上列表排名算法的连续快照。$A(i)$ 和 $d(i)$ 表示 i 次迭代后指针的值和到 x_i 的距离。方便起见，x_i 显示在连续的位置上。事实上，它们是任意排列的，但是算法的进度仍然如表中所示

i	x_0	x_1	x_2	x_3	x_4	x_5	x_6	x_7	x_8	x_9	x_{10}	x_{11}	x_{12}	x_{13}	x_{14}
$A(0)$	0	0	1	2	3	4	5	6	7	8	9	10	11	12	13
$d(0)$	0	1	1	1	1	1	1	1	1	1	1	1	1	1	1
$A(1)$	0	0	0	1	2	3	4	5	6	7	8	9	10	11	12
$d(1)$	0	1	2	2	2	2	2	2	2	2	2	2	2	2	2
$A(2)$	0	0	0	0	0	1	2	3	4	5	6	7	8	9	10
$d(2)$	0	1	2	3	4	4	4	4	4	4	4	4	4	4	4
$A(3)$	0	0	0	0	0	0	0	0	0	1	2	3	4	5	6
$d(3)$	0	1	2	3	4	5	6	7	8	8	8	8	8	8	8
$A(4)$	0	0	0	0	0	0	0	0	0	0	0	0	0	0	0
$d(4)$	0	1	2	3	4	5	6	7	8	9	10	11	12	13	14

假设归纳假设对所有 $<j$ 的迭代均成立，其中 $j\geqslant 1$。对于 $l(k)\geqslant j$ 的所有元素 k，根据归纳假设，在第 $j-1$ 次迭代中，所有这些元素 k 将有 $A[k]=k-2^{j-1}$。特别是，对于 $l(k)=j$，在第 $j-1$ 次结束时，$A[k]=k'$，其中 $l(k')\leqslant j-1$。实际上，当 $l(k)=j$ 时，k 的最大值为 2^j，且有 $2^j-2^{j-1}=2^{j-1}$，因此 $l(2^{j-1})=j-1$。由于在第 $j-1$ 次迭代中所有满足 $l(i)\leqslant j-1$ 的元素 i 都指向 x_0，因此在第 j 次迭代更新后，第 j 次迭代中 $l(k)=j$ 的所有元素 k 都将有 $A[k]=0$ 和 $d[k]=k$。于是归纳假设适用于第 j 次迭代，从而完成了证明。

如果 $j<l(i)$，则可以类似地论证，经过 j 次迭代后，$d[i]$ 增加了 2^j。但在最后一次迭代中，长度不会翻倍，而是增加了 $2^{l(i)}-i$。　■

由于 $l(n)\leqslant\log n$，整个算法使用 n 个处理器在 $O(\log n)$ 步骤内终止。将处理器数量减少到 $n/\log n$，使得效率与串行算法相当，这是一项具有挑战性的工作。

> **断言 14.5**　列表排序算法中的处理器数目可以减少到 $n/\log n$，而不增加算法的渐近时间界。

为此，我们可以使用一种非常有用的随机技术来打破对称性（symmetry-breaking）。假设可以将列表中的交替元素都剪接出来，并在缩短后的列表中求解列表排名；然后，还可以重新插入已删除的元素，并根据相邻元素轻松计算它们的排名。这主要有两个难点：

（i）识别交替元素：由于列表元素不在连续的内存位置中，因此我们无法使用简单的方法，例如奇数/偶数（odd/even）定位。这是打破对称性（symmetry-breaking）的典型例子。

（ii）我们没有为每个元素都提供一个处理器，因此我们必须进行负载均衡，以取得每一轮剪接的理想加速。

为了解决第一个问题，我们等概率地将元素独立地标记为雄性/雌性。随后，我们移除所有不存在雄性邻点的雄性节点。对于任何节点，它的概率为 1/8，所以此类节点的期

望数量为 $n/8$。由于这些节点不会相邻，因此可以很容易地进行剪接。虽然它们不是节点数的一半，但它是一个常数分数，且满足我们的目的。这种技术在文献中有时被称为随机配对（random mate）。

为了实现负载均衡，我们可以在每一轮结束时使用并行前缀。在 $O(\log \log n)$ 轮后，我们可以将活动元素的数目减少到 $n/\log n$，之后我们可以应用前述算法。细节留作习题。

在 PRAM 模型中，每次迭代可以用 $O(1)$ 个并行步骤来实现。但由于互连网络中数组元素可能相距较远，因此指针更新不能在 $O(1)$ 个步骤中发生，所以可能需要更多时间。

上述算法可以推广到树上，其中每个节点都包含指向其（唯一）父节点的指针，根指向它自己。列表是退化的树的一个特例。

14.4.2 连通分支

给定一个无向图 $G=(V,E)$，我们希望知道在 G 中是否存在一条从 u 到 w 的道路，其中 $u,w \in V$。解决这个问题的自然方法是计算彼此连通的顶点的极大子集[⊖]。

由于并行计算图中的 DFS 和 BFS 编号是很困难的，因此已知的方法采用了类似计算最小支撑树的策略。这种方法有点类似于图 4.9 中描述的 Boruvka 算法。每个顶点都以作为单顶点的连通分支开始，使用有向边相互连接。顶点 u 使用边 (u,w) 钩连（hook）到另一个顶点 w，中间的连通分支由钩连步骤中所使用的边定义。然后将这些连通分支合并为一个元顶点（meta-vertex），并重复此步骤，直到元顶点没有任何出边。这些元顶点定义了连通分支。要将这个高层次的过程转换成一个有效的并行算法，存在如下一些挑战：

C1：适合于维护元顶点的数据结构是什么？

C2：哪种钩连策略可以使中间结构收缩为一个元顶点？这需要在多个钩连策略中进行选择。

C3：如何减少并行阶段数？

让我们逐一解决这些问题。对于 C1，我们从每个连通分支中选择一个表示该分支的顶点，称为根（root），并令同一连通分支中的其他顶点指向根。这种结构称作一颗星（star），它可以被认为是深度为 1 的（有向）树。根指向自己。这是一个非常简单的结构，很容易验证一棵树是否为一颗星。每个顶点都可以检查它是否连接到根（这是唯一的，因为根指向自己）。如果有足够数量的处理器，则可以在单个并行阶段中完成。

我们将只允许根顶点执行钩连步骤，以使得中间结构有一个唯一的根（有向树），可以收缩成一颗星。请注意，根据此策略，根顶点可以钩连到非根顶点。我们还需要处理以下复杂问题。

我们如何防止两个（根）顶点相互钩连？这是并行算法中破坏对称性的一个典型问题，我们要使用一些判别性质从多种（对称）可能性中选择其一来继续。在这种情况下，我们可以遵循一个约定，编号较小的顶点可以钩连到编号较大的顶点。我们假设所有顶点都有一个介于 1 和 n 之间的唯一标识。此外，在它可以进行合理钩连的顶点中，它将任意选择其中一个[⊖]。这使得多个顶点钩连到同一个顶点的可能性仍然存在，但这并不影响算法的成功进行。

我们来刻画钩连所形成的子图的结构。一个分支中编号最大的顶点不能与任何顶点钩连。每个顶点最多有一条有向出边，并且在这个结构中不可能存在回路。如果我们对每个

⊖ 这是顶点集上的一个等价关系。

⊖ 这本身隐含着打破对称性的需求，但我们将诉诸于支持并发写入的模型。

顶点执行类似于列表排名的直连(shortcut)操作，那么有向树将被转换为星。

钩连步骤涉及所有由树向外发出的有向边，因为星可以被视为是元顶点。如果所有的有向树都是星，而且我们可以确保在每一个并行钩连步骤中都是一颗星与另一颗星合并，那么阶段数不超过 $\log n$。星的数量将除以 2(除了已经是最大连通分支的星)。这就要求我们对钩连策略进行修改，使得每一颗星都有机会与另一颗星合并。

图 14.9 给出了一个示例，由于破坏对称性的规则，每一个步骤都只有一颗星被钩连。因此，我们可以添加另一个步骤，其中，一颗由于根的编号更大而未能合并(没有竞争过其他编号较大的根)的星可以钩连到一个编号较小的根。由于编号较小的根必然已经钩连了其他树(因为当前树仍然是一颗星)，因此这不会产生任何回路，所以是安全的。

该算法的正式描述参见图 14.10。

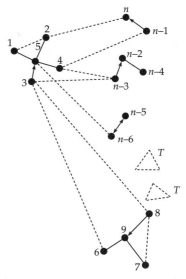

图 14.9　以顶点 5 为根的星与右侧所有具有更大编号顶点的星相连(虚线边)。它一次只能钩连其中一棵树，这使得该过程事实上是串行进行的。其他星彼此互不连通

Procedure Parallel graph connectivity(G)

1　初始化 对所有 $v \in V$，令 $p(v)=v$，$allstar=$FALSE；
2　**while** NOT allstar **do**
3　　**for** $(u, v) \in E$ 并行 **do**
4　　　**if** Isroot($p(u)$)且($p(u)<p(v)$) **then**
5　　　　$p(p(u)) \leftarrow p(v)$(将 u 的根钩连到 $p(v)$)；
6　　　**if** IsStar(v) **then**
7　　　　$p(p(v)) \leftarrow p(u)$(由于 v 属于星，因此将 v 的根钩连到 $p(u)$)：
8　　**for** $v \in V$ **do**
9　　　$p(v) \leftarrow p(p(v))$(指针跳转以减少树的高度)；
10　allstar←TRUE(检验是否所有分支都是星)；
11　　**for** 所有顶点 v 并行 **do**
12　　　**if** NOT IsStar(v) **then**
13　　　　allstar←FALSE

Function IsStar(w)

1　**if** $p(w) \neq p(p(w))$ **then**
2　　(包含 w 的树不是星)；
3　　将 w 的标记设置为 FALSE。

Function IsRoot(v)

1　**if** $p(v)=v$ **then**
2　　true
3　**else**
4　　false

图 14.10　并行连通性：我们假定给每个顶点 $v \in V$ 和每条边 $(u, w) \in E$ 都分配一个处理器，仅当所有连通分支都是星时，全局变量 allstar 才为真(TRUE)

为了便于理解，读者可以假定给每个顶点和每条边都分配了一个处理器。事实上，在处理器较少的情况下，我们需要在迭代之间重复使用负载均衡。

该算法为每个顶点 v 都维护一个父指针 $p(v)$——它旨在维护星的数据结构。对于任一根顶点 r，$p(r)$ 被设置为 r 本身——图 14.10 中的函数 IsRroot() 检验一个顶点是否为根顶点。类似地，函数 IsStar(w) 检查 w 的父顶点是否为根。随着算法的进行，可能会在某一个特定的分支中，所有顶点的父指针都不指向根。步骤 8~9 通过将每个 $p(v)$ 指针都移近相应的根来修正这个问题。在步骤 4~5 中，我们确保如果添加边(u，v)，则 u 的父顶点是该分支的根。事实上，我们希望将 $p(p(u))$ 赋值为 $p(v)$，因此，最好是 $p(p(u))$ 指向 $p(u)$ 本身。在步骤 6~7 中进行了类似的检查。

单个顶点需要特殊处理，因为它们没有任何子顶点。函数 IsStar() 可能会遇到问题，因为它无法区分深度为 1 的星和深度为 0 的顶点。读者可以验证它可能会导致产生回路，因为单个顶点可以相互钩连。为了避免这种情况，我们通过创建伪子顶点 v' 来初始化所有的单个顶点 v，使之成为一颗星。而后，我们让星与其他的星相钩连，形成一颗深度为 2 的树，避免了之前所提及的回路带来复杂性。额外的顶点 v' 并不会影响算法。

顶点使用"父"指针 $p()$ 维护树结构。任一分支的根都将指向自身。过程 IsStar() 在所有顶点上并行执行，并标记那些 $p(p(v))$ 不等于 $p(v)$ 的顶点 v——仅当指针 $p(v)$ 未指向相应的根顶点时才会发生这种情况。

算法分析基于一个势能函数，它根据树的高度捕捉算法的进度。根据我们对指针跳转的分析，一旦所有的连通分支都连接在一起，算法至多经过 $\log n$ 次迭代将它们转换成星。

我们定义势能函数 $\Phi_i = \sum_{T \in F} d_i(T)$，其中 $d_i(T)$ 是迭代 i 中树 T 的深度（星的深度为 1），这里 F 表示树组成的森林。请注意，树包含来自单个连通分支的所有顶点。我们可以分别考虑每个分支，并计算从单个顶点开始的分支形成单个星所需的迭代次数。Φ 的初始值是 $|C|$，其中 $C \subset V$ 是一个极大分支，最后我们希望其值为 1，即一颗星。

如果 T_1 和 T_2 是两棵树，钩连后合并为一棵树 T，则很容易看到 $\Phi(T) \leqslant \Phi(T_1) + \Phi(T_2)$。对于任意一棵（除星之外的）树，其高度必定降低近 1/2。实际上，深度等于 3 的树会降低为深度等于 2，这是最差的情况。因此，在每次迭代中，$\Phi(C) = \sum_{T \in C} d(T)$ 必然会减少 2/3，从而导致总共有 $O(\log n)$ 次迭代。每次迭代中的操作总数与 $O(|V| + |E|)$ 成正比。

根据使用的并发模型的不同，总的运行时间会有 $\log n$ 因子的差异。此处的描述假定使用了 CRCW 模型，特别是 IsStar 和 IsRoot 函数都涉及多个处理器试图在同一位置进行写入和读取。可以以每个步骤的 $O(\log n)$ 倍开销为代价，将 CRCW 模型映射到 EREW 模型。其细节不在此节的讨论范围内。

我们鼓励读者分析此算法的一个变体，其中的第 3 步将重复执行指针跳转，以便在进行下一次迭代前将树转换为星。对连通性算法的两个变体的比较留作习题。

14.5 基本的几何算法

7.5 节中描述的 Quickhull 算法是并行算法的理想选择，因为其中大多数操作都可以同时完成。它们是 $O(1)$ 时间的左转测试(left-turn test)，涉及 3×3 行列式的符号。基于这些测试，一些点不再需要进一步考虑。子问题不超过原问题的 3/4，这意味着递归层数为 $O(\log n)$。每一层的运算次数都与 $O(n)$ 成正比，并且因此，如果每层递归都可以在 $t(n)$ 并行时间内完成，则总时间为 $O(t(n) \cdot \log n)$。如果 $t(n)$ 为 $O(1)$，则会产生一个 O

($\log n$)时间的并行算法。由于存在大量相关的下界，因此通常将其视为最优算法。尽管左转测试可以在 $O(1)$ 步中完成，但很难在 $O(1)$ 时间内将点集划分为数组中的连续位置。缺失了这一点，我们将无法递归应用该算法或处理连续位置的点。我们知道可以使用前缀计算在 $O(\log n)$ 时间内完成紧缩，因此我们采用 $O(\log^2 n)$ 时间的并行算法。

处理器的数量是 $O(n/\log n)$，这将使得我们可以在 $O(\log n)$ 时间内执行 $O(n)$ 次左转测试。与（串行）快速凸包算法（Quickhull）不同，算法分析对输出大小并不敏感。为此，我们将并行运行时间与串行界联系起来，以获得如下改进。

> **定理 14.1**　存在一个以 $O(\log^2 n \cdot \log h)$ 并行时间构造平面凸包的并行算法，且总计算量为 $O(n \log h)$，其中 n 和 h 分别是输入和输出大小。

我们将描述在并行算法中进行负载分配的一种非常通用的技术。假设某算法中有 T 个并行阶段，在同一个阶段内执行的各个操作之间不存在依赖关系。如果有 p 个可用的处理器，那么通过将第 i 个阶段中的 m_i 个任务平均分配给它们（$1 \leqslant i \leqslant T$），第 i 个阶段的任务可以在 $O(\lceil m_i/p \rceil)$ 时间内完成。因此，总并行时间由 $\sum_i^T O(\lceil m_i/p \rceil) = O(T) + O((\Sigma_i m_i)/p)$ 给出。

为此，我们还需要增加基于前缀计算的负载均衡时间，即只要有 $m_i \geqslant p \log p$，阶段 i 中负载均衡的时间就是 $O(m_i/p)$。于是，这意味着，由 $m_i/p \geqslant \log p$ 可知 T 个阶段中的每一个阶段都需要 $\Omega(\log p)$ 步骤。我们可以将结果陈述如下。

> **引理 14.7（负载均衡）**　对于任一具有 T 个并行阶段且在第 i 个阶段需进行 m_i 次运算的并行算法，它可以使用 p 个处理器在 $O(T \log p + \Sigma_i m_i/p)$ 个并行步骤中执行。

让我们将前述结果应用于 Quickhull 算法。一共有 $\log n$ 个并行阶段，并且在每个阶段中，由于属于不同子问题的点是不相交的，因此最多有 n 个操作。通过对串行算法的分析，我们知道有 $\Sigma_i m_i = O(n \log h)$，其中 h 是输出的点的个数。然后在 p 个处理器上应用前述负载平衡技术，将可得到 $O(\log n \cdot \log p) + O((n \log h)/p)$ 的运行时间。使用 $p \leqslant n/\log^2 n$ 个处理器可以得到定理 14.1 所需的界。

请注意，虽然使用 $p = \dfrac{n \log h}{\log^2 n}$ 可以得到一个更优的时间界 $O(\log^2 n)$，但是，由于 h 是一个未知参数，因此我们无法在算法描述中使用它。

14.6　并行模型之间的关系

PRAM 模型显然比互连网络（interconnection network）更强大，因为所有处理器都能够以 $O(1)$ 步骤从共享内存中访问任意数据。更正式地讲，互连网络的任何单个步骤都可以由 PRAM 在一个步骤中进行模拟。反之则不然，因为网络中的数据再分配可能需要花费与其直径成正比的时间。

与数据再分配相关的最简单问题称作 1-1 置换路由（1-1 permutation routing）。在这里，每个处理器都恰好是一个数据项的源和目的地。理想的目标是在与直径 $\mathscr{D}$ 成正比的时间内实现这种路由。在不同的体系结构中都有达到此时间界的路由算法。

最简单的算法之一是贪婪算法，其中数据项沿着最短道路发送到目的地。处理器可以在一个步骤中向/从每个邻居发送和接收一个数据项。

断言 14.6   在有 n 个处理器的线性阵列中，置换路由可以在 n 个步骤内完成。

我们可以观察数据包的移动方向——向左或向右，并且可以论证所用步骤数与源和目的地间的距离成正比。细节留作习题。

如果一个处理器有多个数据项要发送到某个特定的邻居，那么在任一时刻都只能有一个数据项被传输，而其余的数据项都必须在队列中等待。在任何路由策略中，最大队列长度必须具有可伸缩性的上限。在线性阵列的情况下，队列长度可以由一个常数界定。

为了在互连网络上模拟 PRAM 算法，需要超越置换路由。更具体地讲，必须能够模拟并发读和并发写。有大量文献描述了在小直径的网络（如超立方体网络和蝶形网络）上使用常数大小的队列、以 $O(\log n)$ 时间对 PRAM 算法的模拟。这意味着 PRAM 算法可以在互连网络上运行，效率的降低不超过对数因子。

14.6.1　网格上的路由

考虑有 n^2 个处理器的一个 $n \times n$ 网格，其直径为 $2n$。用 (i, j) 标识第 i 行第 j 列的一个处理器。令 (i', j') 表示从 (i, j) 开始的数据包的目的地。

路由策略由下述条件所定义：

（ⅰ）道路选择。

（ⅱ）争用同一链路的数据包之间的优先级方案。

（ⅲ）任一节点上的最大队列长度。

对于线性阵列，道路选择是唯一的，并且优先级是多余的，因为永远也不会有两个数据包试图在同一链路上向同一方向移动（我们假设链路是双向的，于是允许两个数据包同时在同一链路的相反方向上移动）。在路由过程中不会有任何队列建立。

然而，如果我们更改初始条件和最终条件，允许从同一个处理器发出多个数据包，那么就必须在竞争数据包之间确定优先级顺序。假设在第 i 个处理器中有 n_i 个数据包（$1 \leqslant i \leqslant n$），且满足 $\Sigma_i n_i \leqslant cn$，其中 c 是某个常数。一个自然的优先级顺序定义为最远目的地优先（furthest destination first）。令 n_i' 表示以第 i 个节点为目的地的数据包的数量，显然有 $\Sigma_i n_i = \Sigma_i n_i'$。设 $m = \max_i \{n_i\}$，$m' = \max_i \{n_i'\}$。使用队列长度为 $\max\{m, m'\}$ 的贪婪路由策略的路由时间为 cn 个步骤。我们概述 $c = 1$ 时的论证，它可以扩展到更一般的情况。

以下是使用最远目的地优先方案时的分析。对于源为第 i 个处理器、目的地为第 j 个处理器的数据包（$j > i$），它只可能被目的地在 $[j+1, n]$ 范围中的数据包所推延。如果对于所有 i 都有 $n_i' = 1$，恰有 $n - j - 1$ 个这样的数据包，那么该数据包将在 $n - j - 1 + (j - i) = n - i - 1$ 个步骤内到达其目的地。这可以很容易地从最右边的一个移动中的数据包和最多只能被推延一次的下一个数据包开始进行论证。当 n_i' 超过 1 时，一个数据包可能会被推延 $\sum_{i=j}^{i=n} n_i'$ 个步骤。在处理器接收和发送数据包时，队列长度不会增加，但是当数据包到达其目的地时，将需要额外的存储空间。

我们可以将先前的策略扩展到网格上的路由。让我们使用这样一条道路：让数据包首先到达正确的列，然后再到达目的行。如果我们允许队列长度为无限大，那么可以使用两个阶段的一维路由轻松完成，至多需要 $2n$ 个步骤。但是，队列长度可能会达到 n。例如，在(r, i)中的所有数据包可能都具有的目的地(i, r)，其中r是固定值且$1 \leqslant i \leqslant n$。为了避免这种情况，我们要将数据包分散在同一列中，以使得必须到达同一特定列的数据包分布在不同的行中。

一种简单的实现方法是让每个数据包在同一列中随机选择一个中间目标。从我们之前的观察来看，这个路由最多需要$n+m$步，其中m是任何（中间）目的地中的最大数据包数。随后，路由到正确列的时间将取决于到达各行的最大数据包数。由于每个处理器都是一个数据包的目的地，因此第3阶段的路由将不超过n步。图14.11展示了一个数据包在三阶段路由中的道路。

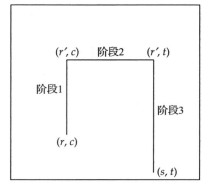

图 14.11　从(r, c)开始，数据包被路由到同一列c内的随机行r'。随后，它到达目的列t，最后到达目的地(s, t)

为了分析阶段1和阶段2，我们需要计算选择了一个特定目的地的数据包期望个数的界，以及在同一行中目的地为某一指定列的数据包数量的界。这将使我们能够限制所需的队列长度以及在阶段2中必须进行路由的最大数据包数量。由于目的地是均匀随机选择的，因此在阶段1中选择第r行中处理器的概率为$1/n$。令X_i为一个0-1随机变量，如果数据包i选择了行r，则X_i值为1，否则X_i值为0。那么，最终到达第r行中处理器的数据包数量是一个随机变量$X = \sum_{i=1}^{i=n} X_i$。因此有，

$$\mathbb{E}[X] = \mathbb{E}\left[\sum_i X_i\right] = \sum_i \Pr[X_i = 1] = 1$$

可以将随机目的地视为独立的伯努利试验，因此它们的和是期望值为1的二项随机变量。由切尔诺夫界（式2.2.5）可得

$$\Pr[X \geqslant \Omega(\log n / \log \log n)] \leqslant \frac{1}{n^3}$$

关于n^2个处理器使用布尔不等式，可以限定第1阶段结束时在任一处理器中的最大数据包数。

令Y_r表示在阶段1结束时终止于行r的数据包数。而后，通过对上述论断进行推广，可得到数据包数量的期望$\mathbb{E}[Y_r] = n^2 \cdot (1/n) = n$。由切尔诺夫界（式2.2.7）可得

$$\Pr[Y_r \geqslant n + \Omega(\sqrt{n \log n})] \leqslant \frac{1}{n^2}$$

这将第2阶段行r内的路由时间限制为$n + O(\sqrt{n \log n})$，这来自我们之前关于使用最远目的地优先的贪婪路由的讨论。

为界定第2阶段中队列的大小，我们还需要对任意的$1 \leqslant j \leqslant n$界定（在行$r$中）目的地为列$j$的数据包的数量。令$n_j$表示最初在列$j$中、而目的地在列$C$的数据包的数量，其中$\Sigma_j n_j = n$。其中有多少个选择了行$r$作为随机目的地？如果用$X_{j,c}$表示列$j$中此类数据包的数量，则使用之前的论证可得$\mathbb{E}[X_{j,c}] = (1/n) \Sigma_j n_j = 1$，因为$n_j$个数据包中的每一个都独立地在第1阶段中选择了行$r$。再次由切尔诺夫界可得

$$\Pr[X_{j,c} \geqslant \Omega(\log n / \log \log n)] \leqslant \frac{1}{n^3}$$

使用布尔不等式可知，它对所有行 r 和所有列 C 都成立。

因此，在第 1 阶段和第 2 阶段中，所有队列大小都可以 $\log n/\log\log n$ 为界。此外，第 2 阶段的路由时间可以 $n+O(\sqrt{n\log n})$ 为界。所以，使用 $O(\log n/\log\log n)$ 大小的队列，所有三个阶段的总路由时间可以 $3n+O(\sqrt{n\log n})$ 为界。

通过使用更复杂的分析以及将第 2 阶段和第 3 阶段重叠（即数据包在完成第 2 阶段后即开始其第 3 阶段，而不必等待所有其他数据包都完成第 2 阶段），可以将这个界改进为 $2n+o(n)$ 的路由时间和 $O(1)$ 的队列长度。

拓展阅读

并行算法领域的早期工作的灵感来源于一些优雅的排序网络的发现，例如 Stone 提出的基于双调排序（bitonic sort）的洗牌交换/混洗交换（shuffle exchange）网络[137]，以及 Batcher 提出的奇偶归并排序（odd-even merge sort）[16]。Knuth 详细介绍了并行排序网络中的许多早期基础工作，以及排序的 0-1 原理的重要性（引理[14.2]）[83]，关于其进一步推广，可参看 Rajasekaran 和 Sen 的著作[120]。对 n 个处理器 $O(\log n)$ 时间的并行算法的探索带来了一些令人激动的进展：从 Reischuk 排序算法[124] 到 Flashsort 算法[123] 以及基于膨胀图（expander graph）的 AKS 排序网络[9]。Cole 成功地提出了归并排序在 PRAM 模型上的一个优雅简洁的改编版[33]。

这引发了将近二十年来对并行算法在图论、几何、代数、数值计算等所有问题领域中的狂热探索。早期的工作集中在定义和解决诸如前缀[87] 和列表排名[50] 之类的基本并行算法技术上。读者会发现 Leighton[89] 和 JáJá[68] 的两本教科书内容极为丰富而严谨，前者讨论了互连网络的算法，后者介绍了基于 PRAM 的算法。此外，读者还可以参阅 Reif 的书[122]，这是许多领军研究人员编辑的文集。

并行算法的局限性是计算机科学理论中一个引人入胜的领域。在 Valiant 的早期著作[145] 中，他在并行比较树问题中获得了极值选择的 $\Omega(\log\log n)$ 轮次下界。此后，研究人员证明，在 CRCW PRAM 中，即使使用多项式数量的处理器，计算 n 个数的和的时间也无法快于 $O\left(\dfrac{\log n}{\log\log n}\right)$[18,156]。这是一个非凡的基本结果，它建立了即使在不考虑网络速度的限制下的并行计算的信息计算界。它还引出了有趣的并行复杂度类的定义，例如 $\mathcal{NC}$ 和 $\mathcal{RNC}$ 对应于使用多项式数量的处理器来实现具有对数多项式时间的问题（后者对应于随机算法）。当 Reif[121] 证明了字典序 DFS 是一个 P 完全问题后，并行复杂性理论中一个有趣的问题就是，是否有 $\mathcal{P}=\mathcal{NC}$？

尽管大数据现象在当代应用中已经引起了广泛的关注，但大规模并行算法及架构的研究是对此的早期认识，即使应用还没有及时跟上。直至今日，处理器之间的通信仍被认为是获得接近理想加速的瓶颈。这使得研究人员对许多架构和理论模型（文献[38，146]）进行了实验，以弥合预计复杂度与实际速度提升之间的差距。近来多核（multicore）架构和 GPU 的流行证明了我们仍然在寻找一个可接受的模型来构建和设计并行计算机。如果缺失了有效的算法，这些架构将只能夸耀其高 FLOPS，但无法证明其优于使用了许多代码优化工具进行优化的标准串行算法。

习题

14.1 写出适合的递归式，并由此分析图 14.6 所述算法的递归版本的并行运行时间。

当块大小 k 的最优值是多少时，可将使用最优个数处理器的并行运行时间最小化？

14.2 证明：必须要进行 $n-1$ 次比较才能确定 n 个元素的最大值。

14.3 证明排序的 0-1 原理。

注意：其必要性是显而易见的，但充分性需要严格证明。可以使用反证法进行证明。

14.4 如果处理器的索引为 i，$1 \leqslant i \leqslant p$，则请找到一种将比较预先分配给每个处理器的方法，以解决第 14.2.1 节中所述的查找 n 个元素中最大值的问题。

使用二叉树编号方法来标记指定的比较。

14.5 当查找 n 个元素的最大值时，表明如何可以进一步将处理器的数量减少到 $n/\log \log n$，并且仍然保留 $T^{\|}(n, n/\log \log n) = O(\log \log n)$。

14.6 在寻找最大元素的并行比较模型中，当 $p=n$ 时，证明：在 $j = \log \log n/2$ 轮次后，$n_j > 1$。这意味着任何使用 n 个处理器正确识别最大值的确定性算法都需要 $\Omega(\log \log n)$ 个并行轮次。

14.7 给定两个包含 n 个元素的有序序列 A 和 B，在 CRCW PRAM 模型中设计 $O(\log \log n)$ 时间的最优加速归并算法。

14.8 （ⅰ）对于任意的 $0 < \varepsilon < 1$，将使用 $n^{3/2}$ 在 $O(1)$ 时间内计算 n 个元素的最小值的算法思想细化到使用 $n^{1+\varepsilon}$ 个 CRCW 处理器。

（ⅱ）表明如何使用随机算法在 $O(1)$ 的期望时间内使用 n 个 CRCW 处理器计算 n 个元素的最小值。

请注意，这突破了确定性的下界。

14.9 给定 n 个元素的集合 S 以及 $1 \leqslant k \leqslant n$，设计一个使用 $n/\log n$ 个处理器的 $O(\log n)$ 时间 PRAM 算法，以找到 S 中的秩为 k 的元素。显然，你不能使用排序，但可以随意使用随机技术。

提示：可以通过并行独立地掷币选择大小为 m 的样本集。

14.10 给定一个 0-1 元素组成的数组 A，设计一个 $O\left(\dfrac{\log n}{\log \log n}\right)$ 时间、$O(n)$ 个操作的 CRCW 算法，可计算 A 中各比特的和。请注意，这表明了 $\Omega(\log n)$ 不是此类问题的下界。

提示：对于适当的 k 值，使用 k 叉树和表查找来计算 k 个比特的和。预计算阶段也应仔细分析。

14.11 回想之前在习题 3.21 中所定义的 ANSV 问题。针对 ANSV 问题，设计一个使用 $O(n)$ 个处理器的对数时间 CRCW PRAM 算法。

14.12 考虑 n 个整数的数组 A 以及另一组整数 i_1，i_2，$\cdots$，i_k，其中 $1 = i_1 < i_j < i_{j+1} < i_k = n+1$。描述一个最优的 $O(\log n)$ 时间 PRAM 算法，可以对所有 $1 \leqslant j \leqslant k-1$ 计算部分和 $S_j = \displaystyle\sum_{t=i_j}^{i_{j+1}-1} x_t$。

例如，对于输入 4，2，8，9，-3 和指标 1，2，4，6，回答是 4、$2+8=10$、$9-3=6$。通常的前缀和可以由 $i_1=1$，$i_2=n+1$ 来完成。

14.13 考虑对 $n \times n$ 数组进行排序的如下算法。为简单起见，假设 $n = 2^k$。

● 根据某种索引方案递归地对四个 $(n/2) \times (n/2)$ 的子数组进行排序。

● 将各个小的子数组的每行交替地向右/向左旋转 $n/2$ 个位置。

● 执行 shearsort 的 3 次迭代。

证明该算法可以正确地排序，并在适当的模型下分析其并行运行时间。

14.14 考虑一个 $N \times N \times N$ 的三维网格。为这 N^3 个数值设计一个有效的排序算法，其中每个具有 $O(1)$ 存储能力的处理器最初和最终都保存一个元素。

你可以为排序后的置换选择任何预定义的索引方案。请证明你的算法是最优的或接近最优的。

14.15 使用 14.4.1 节末尾描述的关于列表排名的随机配对技术，在不增加渐近时间界的情况下，将列表排名算法中的处理器数目减少到 $n/\log n$。作为中间步骤，请首先设计一个并行运行时间为 $O(\log n \cdot \log \log n)$ 的最优加速算法。

你可能还需要使用（比对数时间）更快的前缀计算来达到 $O(\log n)$ 的界。为此，可以假定 n 个元素的前缀计算可以在 $O\left(\dfrac{\log n}{\log \log n}\right)$ 时间内使用 n 个操作这一最优数量来完成。

14.16   将列表排名算法推广到树上，并分析其性能。在这里，我们感兴趣的是确定每个顶点到根顶点的距离。

14.17   给定[1，log n]范围内的 n 个整数，

（ⅰ）表明如何在 PRAM 模型中使用 $n/\log n$ 个处理器在 $O(\log n)$ 时间内完成排序。

（ⅱ）表明如何将其推广到使用 $n/\log n$ 个处理器在 $O\left(\dfrac{\log^2 n}{\log\log n}\right)$ 时间内对[1，n^2]范围内的整数进行排序。

请注意，处理器时间积为 $O(n\log n)$。

14.18   分析并行连通性算法的变体如下。每一棵有向树在钩连步骤后都收缩为一颗星。使用列表或数组数据结构，而不是邻接矩阵，使用 $O(|E|+|V|)$ 个处理器在对数多项式并行时间内实现算法。比较连通性算法的这两种变体。

14.19   针对图的最短道路问题，设计使用多项式数量处理器的对数多项式时间算法。虽然它在资源方面不是很具有吸引力，但它仍然证明了最短道路问题属于 $\mathcal{NC}$ 类。

修改你的算法，使得能够以相同的界进行拓扑排序。

提示：你可能需要探索基于矩阵的计算。

14.20   给定具有 n 个顶点的一棵树（不一定是二叉树），一个欧拉巡游（Euler tour）访问每条边恰好两次——每个方向一次。

（ⅰ）表明如何在 $O(1)$ 时间内使用 n 个处理器找到一个欧拉巡游。找到一个巡游意味着定义每个顶点的后继，其中每个顶点可能会被访问多次（与顶点度数成正比）。

（ⅱ）给定一棵无根树，对于指定的根 r，为每个顶点定义一个父函数 $p(v)$。请注意 $p(r)=r$。设计一个 PRAM 算法，可使用 $n/\log n$ 个处理器在 $O(\log n)$ 时间内计算父函数。

（ⅲ）在 PRAM 模型中，使用 $n/\log n$ 个处理器在 $O(\log n)$ 时间内找到一棵根树的后序编号。

14.21   证明：在具有 n 个处理器的线性阵列中，置换路由可以在 n 个步骤内完成。每个处理器都是一个数据包的源和目的地。

14.22   考虑具有 n 个处理器的线性阵列，其中处理器 p_i 最初持有 n_i 个数据包，$1\leqslant i\leqslant n$。此外，$\Sigma_i n_i = n$，且满足每个处理器都恰好是一个数据包的目的地。针对这一问题，分析基于最近目的地优先（furthest destination first）排队原则的贪婪路由算法，严格化且完整化本章中所概述的证明。

14.23   **奇偶归并排序**。回想第 3 章中对奇偶归并排序的描述。

基于该思想设计一个高效的并行排序算法，并分析其运行时间以及总体工作复杂度。

14.24   对于 $n\times n$ 的下三角矩阵 A，设计一个求解方程组 $A\cdot\overline{x}=\overline{b}$ 的快速并行算法，其中 $\overline{x}$ 和 $\overline{b}$ 是 n 维向量。

请注意，如果使用简单的回代法，算法将至少需要 n 个阶段。要获得对数多项式时间算法，请使用如下恒等式。下三角矩阵 A 可以写作

$$A=\begin{bmatrix} A_1 & 0 \\ A_2 & A_3 \end{bmatrix}$$

其中 A_1 和 A_3 是 $(n/2)\times(n/2)$ 的下三角矩阵。然后可以验证

$$A^{-1}=\begin{bmatrix} A_1^{-1} & 0 \\ -A_3^{-1}A_2A_1^{-1} & A_3^{-1} \end{bmatrix}$$

层次化存储结构及高速缓存

15.1 层次化存储模型

存储体系结构的设计是计算机组织结构的一个重要组成部分,它试图在计算速度和存储器速度(即从存储器获取操作数的时间)之间取得平衡。由于处理是在芯片内进行的,因此计算的速度要快得多。然而,存储器访问可能涉及片外存储器单元。为了弥补这种差异,现代计算机具有多层存储器,称为高速缓存(cache memory),它可以更快地访问操作数。由于技术和成本的限制,高速缓存提供了一些速度与成本之间的折中。例如,L1(一级)高速缓存是最快的高速缓存级别,通常也是最小的。L2(二级)高速缓存更大,比如说可能是 L1 的十倍,但比 L1 高速缓存慢得多。辅助存储器(Secondary Memory)(如磁盘)就容量而言是最大的,但可能比 L1 高速缓存慢 10 000 倍。对于任一大型应用程序而言,它的大多数数据都驻留在磁盘上,并在需要时传输到更快的缓存级别中[一]。

这种数据移动通常会超出普通程序员的控制范围,由操作系统和硬件进行管理。通过使用称为存储访问的时间(temporal)和空间(spatial)局部性的经验原理,数种替换策略被用来最大程度地将操作数保留在更快的缓存级别中。然而,必须清楚的是,在有些情况下,L1 中不存在所需的操作数。因此不得不去访问 L2 及更高层存储级别,并付出更高的访问开销。换言之,存储器访问开销并不像本书开头所讨论的那样是一致的,但是为了简化分析,我们曾假设它保持不变。

在本章中,我们将不再使用这一假设;然而,为了更简单的说明,我们将只处理两级存储——慢速存储器和快速存储器[二],其中慢速存储器的大小是无限的,而快速存储器的大小是有限的(比如,大小为 M),并且明显更快。因此,我们可以假定快速存储器的访问开销为零(即可以忽略不计),而慢速存储器的访问开销为 1。对于任一计算,操作数都必须位于高速缓存中。如果它们不在高速缓存中,则必须从慢速存储器中获取它们,并付出单位开销(可适当放缩)。为了抵消传输开销,将允许传输连续 B 个位置的存储块。这个方式对慢速存储器的读和写操作都适用。该模型称作参数为 M 和 B 的外部存储器模型(external memory model),并用 $C(M, B)$ 表示。请注意 $M \geqslant B$,且在大多数实际应用场景中都有 $M \geqslant B^2$。

我们将假定算法设计者可以使用参数 M 和 B 来设计适当的算法,以在 $C(M, B)$ 模型中获得高效性。稍后我们将讨论,即使不显式地使用 M 和 B,也可以设计有效的算法,称为高速缓存参数无关(cache oblivious)算法。为了更好地专注于存储管理问题,我们将不再考虑计算的开销,只是尽量最小化高速缓存和辅助存储器之间的存储传输开销。我们还将假定有适当的指令可用于将特定块从辅助存储器传输到高速缓存。如果高速缓存中已无空间,则必须替换高速缓存中的一个现有块,然后可以选择要被移除的高速缓存块[三]。

[一] 在这里,我们不考虑一种称作预取的预测技术。

[二] 在后文中,"快速存储器"与"高速缓存""主存"含义相同。——译者注

[三] 这通常不由用户模式下的程序员控制,而是留给负责存储管理的操作系统。

一个非常简单的应用场景就是对存储在 n/B 个存储块中的 n 个元素进行求和，这些元素最初都在辅助存储器中。显然，仅仅读取所有元素，就至少有 n/B 次存储器传输。

我们将要研究和扩展这两级存储模型中一些基本问题的高效算法设计技术，并重点关注常规算法中忽略的问题。我们还希望能提醒读者，在任何操作系统中，存储管理都是最重要的特性之一。对于给定的存储访问模式，已提出了旨在最小化其缓存未命中数的各种缓存替换策略，即先进先出（first in first out，FIFO）、最近使用最少（least recently used，LRU）等。还有一种最优的替换策略，称作 OPT，对于任意给定的存储访问模式，它都可以在所有可能的替换策略中获得最小值。OPT 策略（又被称作预知（clairvoyant）策略）由 Belady 发现，它将移除未来最长时间内不再需要的缓存块。这使得它实现起来很困难，因为访问模式可能事先未知，并且可能依赖于数据。本章的目标是研讨针对特定问题的算法技术，以使得在存储访问模式依赖于算法的情况下，可以最小化最差情况下的缓存未命中数。换言之，不存在可预先确定的存储访问模式，使我们可以试图将其缓存未命中数最小化。相反，我们希望为给定问题找到与基于系统的优化不同的最优访问模式。

15.2 矩阵转置

考虑一个 $p \times q$ 的矩阵 $\boldsymbol{A}$，我们要将其转置并存储在另一个 $q \times p$ 的矩阵 $\boldsymbol{A}'$ 中。最初，该矩阵存储在较慢的辅助存储器中，并以行主序（row-major）模式排列。由于它在存储器中是以线性数组的形式组织的，因此行主序格式先存储第一行的所有元素，然后存储第二行元素，依此类推。而列主序（column major）布局先存储第一列的元素，然后存储第二列的元素，依此类推。因此，计算 $\boldsymbol{A}' = \boldsymbol{A}^{\mathrm{T}}$ 需要将布局从行主序更改为列主序。

转置的直接算法是，对于所有 i 和 j，将元素 $\boldsymbol{A}_{i,j}$ 移动到 $\boldsymbol{A}'_{j,i}$。在 $C(M,B)$ 模型中，我们希望能同时为 B 个元素做到这一点，因为我们总是会一次性传输 B 个元素。回想矩阵是以行主序方式排列的。一种想法是从 $\boldsymbol{A}$ 的行中不断获取 B 个元素（假定 p 和 q 都是 B 的倍数），然后将它们同时转存到 $\boldsymbol{A}' = \boldsymbol{A}^{\mathrm{T}}$。然而这 B 个元素位于 $\boldsymbol{A}'$ 的不同块中，因此每个这样的传输都需要 B 次存储器传输。这显然是一个低效的方案，但只要稍加考虑就不难做出改进。将矩阵 $\boldsymbol{A}$ 划分为 $B \times B$ 的子矩阵（参见图 15.1），并将这些子矩阵表示为 $\boldsymbol{A}_{t(a,b)}$，其中 $1 \leqslant a \leqslant p/B$，$1 \leqslant b \leqslant q/B$。这些子矩阵定义了矩阵 $\boldsymbol{A}$ 的平铺（tiling），$\boldsymbol{A}'$ 对应的块记为 $\boldsymbol{A}'_{t(a,b)}$，$1 \leqslant a \leqslant q/B$，$1 \leqslant b \leqslant p/B$。

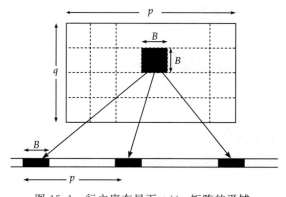

图 15.1　行主序布局下 $p \times q$ 矩阵的平铺

现在的想法是首先将每个这样的子矩阵（假设 $M > B^2$）读入缓存。每一个这样的子矩阵都可以使用 B 次存储器传输读入，因为此类的子矩阵的每一行都存储在连续的位置。之后，我们在高速缓存中计算它的转置，并再次使用 B 次存储器传输将该子矩阵写回 $\boldsymbol{A}'$（在每次存储器传输中，我们写入 $\boldsymbol{A}'$ 的相应子矩阵的一行）。图 15.1 给出了图示。该算法的细节如图 15.2 所示。很容易验证算法需要 $O(pq/B)$ 次存储器传输，这也是最优的。

Procedure Computing transpose efficiently in for matrix $\boldsymbol{A}\,(p,q)$

1　输入：在外部存储器中以行主序布局的 $p \times q$ 矩阵 $\boldsymbol{A}$；
2　**for** $i=1$ **to** p/B **do**
3　　**for** $j=1$ **to** q/B **do**
4　　　使用函数 Transfer 将 $\boldsymbol{A}_{t(i,j)}$ 读入高速缓存 C；
5　　　在 C 内，以常规的逐元素方式计算转置 $\boldsymbol{A}_{t(i,j)}^{\mathrm{T}}$；
6　　　使用函数 Transfer 将 $\boldsymbol{A}_{t(i,j)}^{\mathrm{T}}$ 传输到外部存储器中的 $\boldsymbol{A}'_{t(j,i)}$。
7　$\boldsymbol{A}'$ 在外部存储器中包含 $\boldsymbol{A}$ 的转置；

Function Transfer $(D_{t(k,l)}, r, s)$

1　输入：将一个 $r \times s$ 矩阵的位于 $k \cdot B - 1, l \cdot B - 1$ 的 $B \times B$ 子矩阵传输到高速缓存中；
2　**for** $i=1$ **to** B **do**
3　　将起始于 $(k \cdot B + i) \cdot s + B \cdot l$ 的块传输到 C 的第 i 个块；
4　注：类似的过程可用于从 C 传输到外部存储器。

图 15.2　使用最少传输的矩阵转置

15.2.1　矩阵乘法

给定 n 行 n 列的矩阵 $\boldsymbol{X}$ 和 $\boldsymbol{Y}$，首先对 $\boldsymbol{Y}$ 进行转置，因为这可以将矩阵布局更改为列主序。随后，当计算所有 n^2 个行列点积时，连续的元素可以按块获取。

让我们来分析直接将 $\boldsymbol{X}$ 的行与 $\boldsymbol{Y}$ 的列相乘的方法。为简单起见，假定 B 可以整除 M。我们可以使用 $M/(2B)$ 次 I-O 操作从 $\boldsymbol{X}$ 的一行中获取大约 $M/2$ 个元素，并也从 $\boldsymbol{Y}$ 的一列中获取相同数量的元素。将对应元素相乘并求和，即通过对大小为 $M/2$ 的子行和子列重复前述计算可得到 $\boldsymbol{Z}_{i,j} = \sum_k \boldsymbol{X}_{i,k} \cdot \boldsymbol{Y}_{k,j}$。这种简单方法的快速计算表明，共产生 $O\left(n^2 \cdot \dfrac{M}{2B} \cdot \dfrac{n}{M}\right) = O(n^3/B)$ 次 I-O 操作。乍一看这可能是合理的，因为计算矩阵 $\boldsymbol{X}$ 和 $\boldsymbol{Y}$ 的乘积需要 $O(n^3)$ 次运算。然而，这是 I-O 操作的数量，而且不直接依赖于内部存储器的大小 M。假如 $M \geqslant 3n^2$，那么显然我们可以使用 $O(n^2/B)$ 次 I-O 操作将 $\boldsymbol{X}$ 和 $\boldsymbol{Y}$ 的所有元素读入内部存储器，然后在内部产生乘积矩阵 $\boldsymbol{Z}$，并使用相同数量的 I-O 操作将其写回外部存储器，从而总计使用 $O(n^2/B)$ 次 I-O 操作。这明显是更优的，而且我们充分利用了巨大的内部存储器。这鼓励我们应比简单矩阵乘法（simple matrix multiplication，SMM）过程看得更远些。请考虑图 15.3 中给出的算法。

Procedure Tiled matrix multiplication TMM $(\boldsymbol{X}, \boldsymbol{Y}, \boldsymbol{Z}, s)$

1　输入：在外部存储器中以行主序模式排列的 $n \times n$ 矩阵 $\boldsymbol{X}$ 和 $\boldsymbol{Y}$
2　令 $\boldsymbol{D}^s$ 表示矩阵 $\boldsymbol{D}$ 关于 $s \times s$ 大小的分块的平铺，其中 $\boldsymbol{D}_{\alpha,\beta}^s$ 表示元素 $\{\boldsymbol{D}_{i,j} \mid \alpha s \leqslant i \leqslant (\alpha+1)s - 1, \beta s \leqslant j \leqslant (\beta+1)s - 1\}$；
3　$\boldsymbol{Y} \leftarrow \boldsymbol{Y}^{\mathrm{T}}$；
4　**for** $\alpha = 1$ **to** n/s **do**
5　　**for** $\beta = 1$ **to** n/s **do**
6　　　**for** $k = 1$ **to** n/s **do**
7　　　　将 $\boldsymbol{X}_{\alpha,k}^s, \boldsymbol{Y}_{k,\beta}^s, \boldsymbol{Z}_{\alpha,\beta}^s$ 传输到高速缓存中；
8　　　　$\boldsymbol{Z}_{\alpha,\beta}^s \leftarrow \boldsymbol{Z}_{\alpha,\beta}^s + SMM(\boldsymbol{X}_{\alpha,k}^s, \boldsymbol{Y}_{k,\beta}^s)$；
9　　　　将 $\boldsymbol{Z}_{\alpha,\beta}^s$ 传输到外部存储器中；

图 15.3　使用大小为 s 的分块计算矩阵乘积 $\boldsymbol{Z} = \boldsymbol{X} \cdot \boldsymbol{Y}$

读者应能看出，这个使用大小为 $s\times s$ 的分块表示矩阵的矩阵乘法变体确实是正确的。让我们来分析所需的 I-O 操作数量。通过使用前述转置算法，步骤 2 可以在 $O(n^2/B)$ 次 I-O 操作内完成。在主循环中，使用标准方法对大小为 $s\times s$ 的矩阵进行乘法运算，而且如果选择 s 的大小可以使得所有的矩阵 $\boldsymbol{X}^s$，$\boldsymbol{Y}^s$，$\boldsymbol{Z}^s$ 都可以放入高速缓存，则不再需要 I-O 操作。内部嵌套循环执行 n^3/s^3 次，每次执行涉及使用 $O(n^2/B)$ 次 I-O 操作传输 3 个子矩阵。因此，I-O 操作总次数的界为 $O(n^3/Bs)$。可选的 s 最大值约为 $\sqrt{M}$，于是 3 个子矩阵可以和高速缓存在大小上相匹配。这使得总体 I-O 操作次数为 $O(n^3/(B\sqrt{M}))$。请注意，对于 $M=n^2$，我们可得到最优 I-O 操作次数 $O(n^2/B)$。

该方法可推广至非方阵 $\boldsymbol{X}^{m\times n}$ 和 $\boldsymbol{Y}^{n\times k}$，使得所需的 I-O 操作次数为 $O(mnk/(B\sqrt{M}))$。

15.3　在外部存储器中进行排序

在本节中，我们考虑在 $C(M，B)$ 模型中对 n 个元素进行排序的问题。我们希望能够提醒读者，与传统的排序算法不同，在这个模型中比较的次数无关紧要。我们通过选择更大的归并路数来使归并排序适应此模型。有关归并的路数会如何影响复杂性，请参见本章末的习题 15.2。

让我们简要回顾一下，传统的归并排序为何被认为是使用 $\log n$ 次遍历对 n 个数值进行排序的。假设数值存储在大小为 n 的数组 A 中。在第一次遍历中，我们考察连续的数对 $A[2i]$ 和 $A[2i+1]$，并依序排列它们。经过 j 次遍历后，得到类型为 $A[2^j\cdot l+1]$，$A[2^j\cdot l+2]$，$\cdots$，$A[2^j\cdot l+2^j]$ 的已有序不变式，其中 l 是非负整数。在下一次遍历中，我们考虑两个连续的长度为 2^j 的子序列，并将它们归并为一个大小为 2^{j+1} 的有序子序列。因此，在经过 $\log n$ 次遍历后，我们将对整个数据进行排序。现在的想法是不仅仅考虑两个连续的子序列，而是要选择一个合适的参数 k，并将 k 个连续的有序子序列进行归并。请注意，现在我们需要 $\log_k n$ 次遍历。让我们看看如何归并 k 个这样的有序子序列。回想归并算法——我们需要将每个序列中排头(最小)的块保留在高速缓存中，并在其中选择最小的元素作为下一个输出。为了节省存储器间的传输，我们希望读写连续的 B 个元素的块，因此我们仅在输出了 B 个元素之后才进行写操作。注意，最小的 B 个元素必然出现在各个有序序列的排头块(B 个最小的元素)中。由于所有的 $k+1$ 个序列(包括 k 个输入序列和 1 个输出序列)都必须位于高速缓存中，因此 k 的最大值为 $O(M/B)$。我们还需要一些额外的空间来存储用于归并的(k 叉最小堆)数据结构，但是由于它可以在高速缓存中使用任一常规方法来完成，因此我们不再讨论该实现的任何细节。于是我们可以假设，对于某个适当的常数 $c>1$，有 $k=M/(cB)$。

我们首先分析归并 k 个长度为 l 的有序序列所需的块传输次数。如前所述，我们在高速缓存中维护每个序列中排头的块，并在处理完后获取下一个块。因此，对于每个序列，我们需要 $l/B=l'$ 次块传输，这可以被认为是序列中的块数(如果 l 不是 B 的倍数，则将部分块计为额外的块)。同样地，输出以块为单位写出，输出的块数必然是所有输入序列块数的总和，即 $k\cdot l'$。换言之，用于归并的块传输次数与要归并的序列长度之和成正比。这意味着，对于数据的每次遍历，归并的总开销与 n/B 成正比。

当 $k=\Omega(M/B)$ 时，由于序列的最小长度至少有 B，因此共有 $\log_{M/B}(n/B)$ 层递归。所以在 $C(M，B)$ 模型中对 n 个元素进行排序所需的块传输总数为 $O((n/B)\cdot\log_{M/B}(n/B))$。

回想这仅仅是块传输的次数——与通常的归并排序一样，比较的次数仍然是 $O(n\log n)$。

请注意，当 $M>B^2$ 时，$\log_{M/B}(n/B)=O(\log_M(n/B))$。

*15.3.1   我们可以改进这个算法吗

在本节中，我们给出了在 $C(M,B)$ 模型中对 n 个元素进行排序的下界。我们将排序和置换相联系。给定 n 个元素的置换 π，我们希望算法能重新排列该置换中的元素。置换（问题）的任一下界也都适用于排序（问题），因为置换可以通过对元素的目标索引进行排序来完成。如果 $\pi(i)=j$，那么可以对于 j 进行排序，其中 $\pi()$ 是置换函数。

我们将做一些假设，以简化对于下界的论证。这些假设可以在最终的界中去掉，但可能会损失一些常数因子。假定任何元素都只有一个副本，也就是说，当从慢速存储器中读取出元素时，慢速存储器中不再存有任何副本。同样地，当一个元素存储在慢速存储器中时，高速缓存中也不会存在它的副本。稍加思考后，读者应该可以确信在置换算法中维护多个副本毫无用处，因为最终输出中只有一个副本可以作为相关副本进行追溯。

该证明基于一个简单的计数论证，即确定 t 次块传输后可能有多少种可能的顺序。对于最差情况的界，n 个元素可能的排序必然至少为 $n!$。此论证不是生成任何特定的置换，而是通过限制 I-O 数量来计算可生成的顺序总数。我们并不坚持元素必须位于相邻的位置。对于所有的 i 和 j，若 $\pi(i)>\pi(j)$，则 $R_i>R_j$，其中 R_i 表示第 i 个元素的最终位置。

典型的算法具有以下行为：

1. 从慢速存储器中读取一个块放入高速缓存。
2. 在高速缓存中执行计算以促进置换。
3. 将高速缓存中一个块写入慢速存储器。

请注意，步骤 2 不需要块传输，并且不产生任何开销（free），因为"计数"并不计入高速缓存中的操作。因此，我们要计算的是由步骤 1 和步骤 3 生成的其他顺序。

一旦将 B 个元素的一个块读入高速缓存，那么它关于已在高速缓存中的 $M-B$ 个元素就可能会产生新的顺序。新顺序的个数是 $\dfrac{M!}{B!\cdot(M-B)!}=\dbinom{M}{B}$，这是 $M-B$ 个元素和 B 个元素之间的相对顺序。此外，如果这 B 个元素之前没有被写出，即它们之前从未在高速缓存中出现过，那么它们内部就有 $B!$ 种顺序。（如果块在前一步骤中写出，那么它们一起都在高速缓存中，并且这些顺序应该都已经被计数。）因此最多可能发生 n/B 次，即仅适用于初始输入块。

在步骤 3 中，在第 t 个输出期间，相对于现有块，至多有 $n/B+t$ 个位置。起始时有 n/B 个块和 $t-1$ 个先前写入的块，所以第 t 个块相对于其他块而言，可以在 $n/B+t$ 个间隔内写入。请注意，只要获得了相对顺序，那么块之间就可能存在任意的间隔。

由前述论证，我们可以将 t 次存储传输后可获得的顺序数限制为

$$(B!)^{n/B}\cdot\prod_{i=0}^{i=t-1}\left[(n/B+i)\cdot\binom{M}{B}\right]$$

如果 T 是块传输次数最差情况的界，则使用 Stirling 近似 $n!\sim(n/e)^n$ 及 $\dbinom{n}{k}\leqslant(en/k)^k$ 可得

$$(B!)^{n/B}\cdot\prod_{i=1}^{i=T}(n/B+i)\cdot\binom{M}{B}\leqslant(B!)^{n/B}\cdot(n/B+T)!\cdot\binom{M}{B}^T$$

$$\leqslant B^n\cdot(n/B+T)^{n/B+T}\cdot e^{-n}\cdot(M/B)^{BT}$$

由最后的不等式，有[⊖]

$$e^{-n} \cdot B^n \cdot (n/B+T)^{n/B+T} \cdot (M/B)^{BT} \geqslant n! \geqslant (n/e)^n$$

两侧取对数，整理后可得

$$BT\log(M/B)+(T+n/B) \cdot \log(n/B+T) \geqslant n\log n - n\log B = n\log(n/B)$$

$$(15.3.1)$$

由于任何算法都必须读取所有数值，因此可知 $n/B \leqslant T$。于是，$(T+n/B)\log(n/B+T) \leqslant 4T\log(n/B)$。我们可以将不等式重写为

$$T(B\log(M/B)+4\log(n/B)) \geqslant n\log(n/B)$$

当 $4\log(n/B) \leqslant B\log(M/B)$ 时，我们得到 $T = \Omega((n/B)\log_{M/B}(n/B))$。当 $\log(n/B) \leqslant 4 \cdot B\log(M/B)$ 时，我们得到 $T = \Omega\left(n\dfrac{\log(n/B)}{\log(n/B)}\right) = \Omega(n)$。

> **定理 15.1** 在 $C(M，B)$ 模型中，置换 n 个元素的任何算法在最差情况下都需要使用 $\Omega((n/B) \cdot \log_{M/B}(n/B))$ 次块传输。

由定理 15.1 可知，排序的下界与归并排序算法的下界相匹配，因此该算法在渐近复杂度上无法改进。通过使用置换网络与 FFT 图之间一些简洁而优雅的联系，上述结果也给出了外部存储器中 FFT 计算的类似的界。

15.4 高速缓存参数无关的算法设计

考虑在外部存储器中具有 n 个元素的大型静态字典里进行查找的问题。如果我们使用 B 树类型的数据结构，那么就可以很容易地使用 $O(\log_B n)$ 次存储传输来进行查找。这可以通过有效地执行 B 叉查找来解释。B 树的每个节点都包含 B 条记录，我们可以使用单次块传输来获取这些记录。

构建 B 树需要明确知道 B 的值。由于我们处理的是静态字典，因此可以考虑在有序数据集中进行简单的 B 叉查找。然而，它仍然需要关于 B 的知识。如果不允许程序员使用参数 B，那又该怎么办？考虑进行 $\sqrt{n}$ 叉查找的替代方法如图 15.4 所示。

Procedure Search $(x，S)$

1   输入：有序集合 $S=\{x_1，x_2，\cdots，x_n\}$；

2   **if** $|S|=1$ **then**

3   根据是否有 $x \in S$，返回 Yes 或者 No

4   **else**

5   令 $S'=\{x_{i\sqrt{n}}\}$ 为 S 中 $\sqrt{n}$ 倍数位置的元素组成的序列；

6   Search $(x，S')$；

7   令 $p，q \in S'$，其中 $p \leqslant x < q$；

8   返回 Search$(x，S \cap [p，q])$——搜索 S' 的相关区间；

图 15.4　在外部存储器中查找字典

该算法在 $C(M，B)$ 模型中的分析主要取决于位于连续位置的元素。尽管 S 最初是连

⊖ 即前文所述的"n 个元素可能的排序必然至少为 $n!$"。——译者注

续的，然而 S' 不是连续的，因此对 S 的索引必须以递归的方式仔细进行。S' 中的元素必须先于 $S-S'$ 中元素被索引，而且 $S-S'$ 的 $\sqrt{n}$ 个子集中的每一个也都需要被递归地索引。图 15.5 显示了 16 个元素的编号。

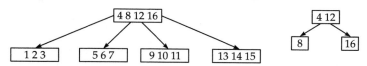

图 15.5　考虑根据图 15.4 中算法排列的 1 到 16 之间的数字。在左侧，我们展示了第一级递归。在右侧，我们展示了 4，8，12，16 的实际存储顺序

由于有两次对大小为 $\sqrt{n}$ 的子问题的调用，因此用于查找的存储器传输次数 $T(n)$ 满足以下递归式

$$T(n)=T(\sqrt{n})+T(\sqrt{n})\quad T(k)=O(1)\quad \text{其中 } k\leqslant B$$

由此可得 $T(n)=O(\log_B n)$。请注意，尽管该算法不依赖于关于 B 的知识，但递归过程有效地利用了 B，因为在连续的 B 个元素中进行查找需要一次块传输（如果存储传输没有与块边界对齐，则最多需要两次传输）。在该块驻留在高速缓存中后，就不再需要进行存储器传输。但是，递归调用将继续，直至满足终止条件。

15.4.1　参数无关的矩阵转置

我们考虑矩阵的转置问题。回想一个常见的假设[注]就是 M 属于 $\Omega(B^2)$。对于任意的 $m\times n$ 矩阵 A，我们使用递归方法将其转置为 $n\times m$ 矩阵 $B=A^{\mathrm{T}}$。依据 A 的行数多于列数或者相反，会出现以下两种情况。

$$\begin{bmatrix} A_1^{m\times n/2} & A_2^{m\times n/2} \end{bmatrix} \Rightarrow \begin{bmatrix} B_1^{n/2\times m} \\ B_2^{n/2\times m} \end{bmatrix}\quad \text{其中 } n\geqslant m，B_i=A_i^{\mathrm{T}}$$

$$\begin{bmatrix} A_1'^{m/2\times n} \\ A_2'^{m/2\times n} \end{bmatrix} \Rightarrow \begin{bmatrix} B_1'^{n\times m/2} & B_2'^{n\times m/2} \end{bmatrix}\quad \text{其中 } m\geqslant n，B_i'=A_i'^{\mathrm{T}}$$

基于前述的递归方法的正式算法如图 15.6 所述。

图 15.6　矩阵转置算法

当 m，$n\leqslant B/4$ 时，就不再会产生缓存未命中，因为每一行（列）至多可以占用两个缓存行（图 15.7）。当递归终止于大小 $c\ll B$ 时，算法开始实际地从外部存储器中移动元素。

㊀　也称作高缓存（tall cache）。

从该阶段开始，直至 m，$n \leqslant B/4$，不再有缓存未命中，因为有足够的空间容纳大小为 $(B/4) \times (B/4)$ 的子矩阵。递归处理的其他情况分别对应于拆分列或行，由行数和列数中的较大者而定。因此，一个 $m \times n$ 矩阵的存储块传输次数 $Q(m, n)$ 满足以下递推式。

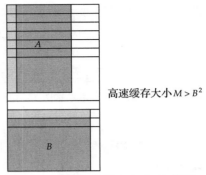

高速缓存大小 $M > B^2$

$$Q(m, n) \leqslant \begin{cases} 4m & \text{在高速缓存中 } n \leqslant m \leqslant B/4 \\ 4n & \text{在高速缓存中 } m \leqslant n \leqslant B/4 \\ 2Q(m, \lceil n/2 \rceil) & m \leqslant n \\ 2Q(\lceil m/2 \rceil, n) & n \leqslant m \end{cases}$$

建议读者求得递推式的解（参见习题 15.11）。当矩阵中的元素少于 B^2 个（$m \leqslant n \leqslant B$ 或 $n \leqslant m \leqslant B$）时，递归算法会取走所有所需的块（最大值为 B），将它们在高速缓存中转置并写出。所有这些都是在不清楚参数 M 和 B 的情况下发生的，但是需要存储管理策略的支持。例如，考虑基本情况。当我们读取（来自不

图 15.7　基本情况：A 和 B 都可放入高速缓存——不会再产生高速缓存未命中

同块的）m 行时，算法不应在读取下一行时逐出先前获取的行。特别是，递归对于最近使用最少（least recently used，LRU）策略有效。由于该算法是参数无关的，对要替换的块并没有显式的控制，因此它天生地依赖于替换策略。好消息是，众所周知，相对于理想的最优替换策略而言，LRU 策略是具有竞争力的。

定理 15.2　假设 OPT 是当缓存大小为 p 时，最优算法在任一长度为 n 的序列上产生的缓存未命中数，那么当缓存大小为 $k \geqslant p$ 时，LRU 策略在同一序列上产生的未命中数的上界为 $\left(\dfrac{k}{k-p}\right) \text{OPT}^{\ominus}$。

观察到算法 OPT 预先知道长度为 n 的整个序列，而 LRU 策略以在线方式考察该序列，即，当它接收到页面请求时，它需要在不知道还要请求哪些页面的情况下，决定要逐出哪个页面（假设缓存已满）。从上述定理可以得出，当 $k = 2p$ 时，由 LRU 策略引起的高速缓存未命中数是最优替换的两倍以内。

我们可以假装可用高速缓存的大小是 $M/2$，这保持了之前所有的渐近计算。LRU 策略导致的高速缓存未命中数将不超过这个界的 2 倍。定理 15.2 是竞争算法（competitive algorithms）领域$^{\ominus}$的一个众所周知的结果，这有点超出了本文讨论的范围，但是我们将给出该定理的一个证明。

考虑 n 个请求 $\sigma_i \in \{1, 2, \cdots, N\}$ 构成的序列，此处的 $\{1, 2, \cdots, N\}$ 可以看作是高速缓存行的集合。我们进一步把这个序列分成子序列 $s_1, s_2, s_3, \cdots$，使得每个子序列都有来自 $\{1, 2, \cdots, N\}$ 的 k 个不同请求，并且子序列的长度最小。也就是说，当我们第一次遇到不包含在此请求中的第 $k+1$ 个不同请求时，它将结束。例如，假设 $k=3$ 并假设有 5 个页面。考虑请求序列 1，2，1，2，4，4，1，2，3，3，4，5，4，3，3，1，2，其中整数 i 表示正在请求第 i 页。在这里，我们将子序列定义为 1，2，1，2，4，4；1，2，3，

$\ominus$　更精确的比率是 $k/(k-p+1)$。

$\ominus$　若一个问题的在线算法的性能为 P_n，而其最优的离线算法性能为 P_f，那么如果对于任何输入序列都满足 $P_n/P_f \leqslant k$，则称该在线算法是 k 竞争的（k-competitive）。——译者注

3；4，5，4，3，3；1，2。在每个子序列中，LRU 策略至多将导致 k 次未命中（参见图 15.8）。现在考虑任一缓存大小为 p 的策略（包括最优策略），其中 $k>p$。在每个阶段中，它将导致至少 $k-p$ 次未命中，因为它必须至少逐出那么多项来处理 k 个不同的请求。此处我们假定在 k 个不同的请求中，有来自前一阶段的 p 个高速缓存行——这再好不过。在第一阶段中，两种策略都会产生相同数量的未命中（从空缓存开始）。

$$\sigma_{i_1}\sigma_{i_1+1}\cdots\sigma_{i_1+r_1}\big|\sigma_{i_2}\sigma_{i_2+1}\cdots\sigma_{i_2+r_2}\big|\sigma_{i_3}\sigma_{i_3+1}\cdots\sigma_{i_3+r_3}\big|\cdots\big|\sigma_{i_t}\sigma_{i_t+1}\cdots$$

图 15.8　子序列 $\sigma_{i_1}\sigma_{i_1+1}\cdots\sigma_{i_1+r_1}\sigma_{i_2}$ 包含有 $k+1$ 个不同的元素，而子序列 $\sigma_{i_1}\sigma_{i_1+1}\cdots\sigma_{i_1+r_1}$ 有 k 个不同的元素

令 f_{LRU}^i 和 f_{OPT}^i 分别表示 LRU 策略和最优策略在子序列 i 中引发的高速缓存未命中数量。于是 $\sum_{i=1}^t f_{\text{LRU}}^i \leqslant (t-1)\cdot k+k$ 及 $\sum_{i=1}^t f_{\text{OPT}}^i \geqslant (k-p)\cdot(t-1)+k$。它们的比的界是

$$\frac{\sum_{i=1}^t f_{\text{LRU}}^i}{\sum_{i=1}^t f_{\text{OPT}}^i} \leqslant \frac{(t-1)\cdot k+k}{(t-1)\cdot(k-p)+k} \leqslant \frac{(t-1)\cdot k}{(t-1)\cdot(k-p)} = \frac{k}{k-p}$$

拓展阅读

外部存储器（external memory）模型由 Aggarwal 和 Vitter 正式引入[3]，他们提出了归并排序的使用至多 $O\left(\dfrac{N}{B}\log_{M/B}N/B\right)$ 次 I-O 操作的版本。此外，他们通过证明一个紧的下界来表明这是可能的最好算法。我们对算法和下界的描述基于他们的表述。在这个模型之前，已有关于 I-O 复杂度的非常有趣的工作，这些工作没有存储块的概念。磁带和磁盘上的外部排序领域具有重要的历史意义，Floyd 给出了矩阵转置最早的下界之一[48]。Hong 和 Kung 引入了卵石游戏（pebbling games）的概念[70]，由此导出了 I-O 复杂度的许多非平凡的下界。Aggarwal 和 Vitter 提出的模型[3]被进一步细化为多级缓存——例如，参见 Aggarwal 等人的模型[4]。

Frigo 等人[56]正式引入了高速缓存参数无关模型，他们提出了很多与高速缓存感知（cache-aware）模型中性能相匹配的技术。其中一个非常重要的算法是使用 $\sqrt{n}$ 路递归归并排序算法的高速缓存参数无关排序算法，称为漏斗排序（Funnel sort）。高缓存假设对于界的最优性至关重要。Sen 等人[131]提出了一种在受限的组相连（limited set-associative）缓存模型上有效地模拟外部存储器算法的通用技术，该模型具有存储器到高速缓存的固定映射，并且限制了高速缓存的有效使用。Vitter 对外部存储器的算法和数据结构进行了全面的综述[150]。

随后有关存储层次结构的工作将范围扩展到了具有自己的缓存并可以访问共享存储的多处理器。本地访问要快得多。Arge 等人[12]形式化了并行外部存储器（parallel external memory，PEM）模型，并提出了一种高速缓存感知归并排序算法，该算法在 $O(\log n)$ 时间内运行，并具有最优的缓存未命中率。Blelloch 等人[30]提出了一种资源参数无关（resource-oblivious）的分布式排序算法，其在私有高速缓存多核模型中取得次优缓存开销。Valiant 给出了一个稍有不同的模型[144]，该模型设计为一个 BSP ⊖ 类型的高速缓存感知模型，具有多级多核，很难将其与以前的结果进行直接比较。最近，Cole 和 Ramachandran

---

⊖　整体同步并行计算模型（bulk synchronous parallel computing model，BSP 模型）。——译者注

对于资源参数无关的多核模型提出了一种新的最优归并排序算法(SPMS)[34]。

习题

15.1 当 $M=O(B)$ 时,对 $n \times n$ 矩阵进行转置的 I-O 复杂度(块传输的次数)是多少?

15.2 在归并排序中,我们将输入分成大小(几乎)相等的两个部分,并递归地对它们进行排序。在外部存储器归并排序中,我们将其划分为 $k \geqslant 2$ 个部分并进行 k 路归并,请分析所需的比较次数——尽管它不是设计的度量指标。

15.3 为参数为 M 和 B 的外部存储器模型设计划分排序(具有多个枢轴的快速排序)的一个有效版本。证明它与归并排序的性能相当。

> 提示:你可能要使用曾在基于 PRAM 的划分排序中用过的采样引理。

15.4 证明:置换的平均情况下界与最差情况下界是渐近相似的。

15.5 $n=k \cdot l$ 个元素的 k 换位排列定义如下

$$x_1 x_2 x_3 x_l x_{l+1}, \ x_{l+2}, \cdots x_{l \cdot k}, \ x_{l \cdot k+1} \cdots x_{l \cdot k+l} \text{ 映射到 } x_1, \ x_{l+1}, \ x_{2 \cdot l+1} \cdots x_{lk}, \ x_2, \ x_{l+2} \cdots x_{2lk} \cdots$$

表明如何在外部存储器模型中使用 $O\left(\dfrac{n}{B} \log_{M/B} k\right)$ 次 I-O 操作完成此工作。

15.6 对于参数 M 和 B,描述一个计算矩阵乘积 $\boldsymbol{C}^{m \times n} = \boldsymbol{X}^{m \times k} \cdot \boldsymbol{Y}^{k \times n}$ 的高速缓存有效算法。

15.7 在外部存储器模型中,对于参数 M 和 B,描述 Shearsort 算法的高速缓存有效的实现方法(有关 Shearsort 的讨论,请参阅 14.2.2 节)。

15.8 在外部存储器模型中,描述构造 n 个点的平面凸包的一个高速缓存有效算法。

15.9 在外部存储器模型中,描述寻找 n 个平面点的极大元素的一个高速缓存有效算法。

15.10 在 I-O 模型中,描述计算所有最小最近值问题(其定义参见习题 3.21)的一个高速缓存有效算法。

15.11 考虑第 15.4.1 节的分析中所使用的递推式 $Q(m, n)$,由此证明:$Q(m, n) \leqslant O(mn/B)$。你可能需要将基本情况重写以简化计算。

15.12 针对 $M \geqslant B^{3/2}$ 的情况,设计一个计算矩阵转置的高速缓存参数无关算法。回想本章中所描述的方法假定了 $M \geqslant B^2$。

15.13 设计一个计算 $N \times N$ 的矩阵与 N 维向量的乘积的高速缓存参数无关算法。

15.14 基于图 9.2 中蝶形网络的 FFT 计算是一个非常重要的问题,具有众多应用。表明如何在 $C(M, B)$ 模型中以 $O\left(\left(\dfrac{n}{B}\right) \cdot \log_{M/B}(n/B)\right)$ 次 I-O 操作中完成此运算。

> 提示:将计算划分成大小为 M 的 FFT 子网络。

15.15 *并行磁盘模型。考虑对外部存储器模型的实际扩展,其中有能够同时进行输入和输出的 D 个磁盘。也就是说,在任何读取操作中,都可以从 D 个磁盘中的每一个并行地读取大小为 B 的块,并且类似地,可以并行地写入大小为 B 的 D 个块。与从磁盘同时访问任意一组 D 个块的能力相比,它受到更大的限制——前者会产生一个大小为 DB 的虚拟块。

(i) 设计 $N \times N$ 矩阵的一个转置算法,其速度是单磁盘模型的 D 倍。

(ii) 重新设计归并排序算法,以利用增长 D 倍的 I-O 能力。

15.16 *讨论设计一个高效的外部存储器优先级队列数据结构的方法。它必须可以有效地支持 delete-min(删除最小值)、insert(插入)和 delete(删除)操作。使用它来实现外部存储器上的堆排序。由于直接应用 n 次 delete-min 操作将导致 $O(n \log_B(n/B))$ 次 I-O 操作,因此读者需设计出优先级队列操作的快速平摊版本,以使得堆排序与外部存储器上的归并排序的性能相当。

15.17 考虑分页问题,其中我们有一个大小为 p 的高速缓存,并在开始时就给定了页面请求序列(即,我们预先知道整个页面序列)。证明以下算法(称作"未来最远")是最优的——当我们需要逐出一个页面时,我们选择在随后最长时间内不会被访问的页面。

流数据模型

16.1 引言

在本章中，我们考虑一种新的计算模型，其中数据作为元素长度未知的长序列到达。在需要处理海量数据而没有空间存储所有数据，或者没有时间对数据进行多次扫描的情况下，该计算模型变得越来越重要。例如，考虑一个网络路由器遇到的流量——它每秒会看到数百万个数据包。我们可能需要计算路由器看到的数据的一些属性，例如，最频繁的（或排名前十的）目的地。在这种情况下，我们不能指望路由器存储每个数据包的详细信息——这将需要万亿字节（TB 级）的存储容量，而且即使我们可以存储所有数据，对关于它们的查询给出回答也将花费太多时间。在分析网站流量、大型传感器网络生成的数据等情况时，也会出现类似的问题。

在数据流模型中，我们假定数据以长流 x_1，x_2，$\cdots$，x_m 的形式到达，而算法在步骤 i 接收到元素 x_i（参见图 16.1）。此外，我们假定元素都属于一个全集 $U = \{e_1, \cdots, e_n\}$。注意，流中可以有重复多次的相同元素$^\ominus$。假定 m 和 n 都非常大，我们希望算法使用亚线性空间（有时甚至是对数空间）。这意味着存储所有数据并可以访问数据中任何元素（例如，在 RAM 模型中）的经典方法在这里不再有效，因为不允许我们存储所有数据。这也意味着可能对于许多查询，我们无法给出准确的回答。例如，考虑以下查询——输出流中最频繁出现的元素。现在

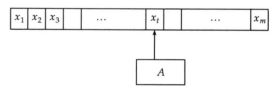

图 16.1　算法 A 在时刻 t 接收输入 x_t，但其空间有限

考虑这样一个场景：每个元素仅到达一次，但是有一个例外元素到达两次。除非我们将所有不同的元素都存储在流中，否则识别这个异常元素似乎是不可能的。因此，自然需要对算法预期输出的性质进行更多的假设。例如，在这里，我们希望算法仅在存在某个元素出现的频率比其他元素高得多的时候才起作用。这是关于算法所看到的数据性质的假设。在其他时候，我们将允许算法输出近似的回答。例如，考虑查找流中不同元素个数的问题。在大多数实际情况下，我们会满足于得到一个与实际答案相差小常数因子的回答。

在本章中，我们考虑在流数据模型中研究的一些最基本问题。这些算法中有很多都是随机的。换句话说，它们将以高概率输出正确的（或近似的）回答。

16.2　查找流中的频繁元素

在本节中，我们考虑在流中查找频繁元素的问题。如前所述，这对于许多应用而言是非常有用的统计信息。频繁元素的概念可以通过多种方式定义：

$\ominus$　有更通用的模型允许插入和删除元素。尽管本章中讨论的某些算法也可以扩展到这种更一般的设定上，但我们不会在本章中讨论这些模型。

- 众数（Mode）：频率最高的一个或多个元素。如果存在多个众数，则其中任何一个都是可接受的输出。
- 主元素（Majority）：出现率超过 50％的元素——请注意，可能不存在此类元素。
- 阈值（Threshold）：对于任意的 $0 < f \leqslant 1$，找到出现次数超过流长度的 f 比例的所有元素。寻找主元素是 $f = 1/2$ 时的特例。

从经典算法设计的角度来看，上述问题几乎没有引起人们的注意，因为它们可以很容易地归约到排序问题。设计更有效的算法需要进一步的思考（例如，寻找众数）。在存储受限的流环境中，完成相同的任务则带来了算法设计的有趣挑战。让我们首先回顾一下寻找 n 个元素中主元素的著名算法，即 Boyer-Moore 投票算法。回想长度为 m 的流中的主元素指的是在流中出现次数超过 $m/2$ 的元素。如果不存在这样的元素，则允许算法输出任一元素。如果允许再次扫描数组，那么它总是可以接受的，因为我们可以检查算法输出的元素是否的确是主元素。因此，我们可以安全地假定该数组具有一个主元素。

该算法如图 16.2 所示。此过程按顺序扫描数组$^{\ominus}$并维护一个计数器变量。它同时还维护了另一个变量 maj，该变量存储（猜测的）主元素。每当算法看到与 maj 中存储的元素相同的元素时，它就会将计数器变量递增，否则会将计数器变量递减。如果计数器达到 0，它会将变量 maj 重置为下一个元素。如果存在主元素，那么它应该会返回主元素，虽然其原因还尚不明显。如果流中不存在主元素，那么它可能返回任意元素。

Procedure Finding majority of m elements in array (a)

1   count ← 0
2   **for** $i = 1$ to m **do**
3   **if** count = 0 **then**
4   maj ← $a[i]$（*对 *maj* 进行初始化*）
5   **if** maj = $a[i]$ **then**
6   count ← count + 1
7   **else**
8   count ← count - 1
9   返回 maj

图 16.2   Boyer-Moore 主元素投票算法

如前所述，我们首先假设存在一个主元素，将其用 M 表示。我们需要证明，当算法终止时，变量 maj 的值与 M 相同。算法尝试在不影响主元素的情况下删除元素。更形式化地讲，我们将证明在每个步骤 t 开始时（即，在 x_t 到达之前），算法维护以下不变式：令 S_t 表示由元素 x_t，x_{t+1}，$\cdots$，x_m 和元素 maj 的 count 个副本组成的多重集合，即，$S_t = \{x_t, \cdots, x_m\} \bigcup \underbrace{\{maj, maj, \cdots\}}_{count}$。我们将证明在任一时刻 t，M 都是 S_t 的主元素。这一论断是充分条件，因为当算法终止时（即当 $t = m$ 时），S_t 是仅由元素 maj 的副本构成的多重集合。该不变式表明 M 是 S_t 的主元素。于是，算法终止时，它必然与变量 maj 相同。

$\ominus$ 通常，我们会将流视为只能扫描一次的长数组。然而实际上，有一些更通用的模型允许算法对数组进行多次遍历。

例 16.1　考虑一个由 $abbccaabaaa$ 构成的输入。每次迭代后 maj 和 count 的值分别是

$$(a, 1), (a, 0), (b, 1), (b, 0), (c, 1), (c, 0),$$
$$(a, 1), (a, 0), (a, 1), (a, 2), (a, 3)$$

我们将通过对 t 的归纳来证明这个不变式。最初，S_1 与输入序列相同，因此论断自然成立。假设这一事实在步骤 t 开始时是成立的。一个关键的观察结果是，如果 M 是一组元素中的主元素，那么如果删除了若干其他元素 $x \neq M$ 以及主元素的一个实例——这是通过隐式地递减 count 的值来完成的，它还将保持作为主元素。事实上，如果 M 出现了 m_1 次，$m_1 > m/2$，则 $m_1 - 1 > (m/2 - 2)/2$。所以，如果 $x_t \neq$ maj，我们就将 count 递减。因此，S_{t+1} 是从 S_t 中去掉 x_t 和 M 的至多一个副本获得的。请注意，也有可能 maj 和 x_t 都不等于 M。从这个观察结果来看，M 仍然是 S_{t+1} 的主元素。

另一种情况是 x_t 恰好与 maj 相同。此时 $S_{t+1} = S_t$，因为我们用变量 count 将 x_t 替换为 maj 的另一个副本。因此，不变式自然继续保持。这表明该变式将始终成立，并且算法最终将输出主元素 M。如果不存在主元素，算法可能会输出任意元素。于是，如果我们要验证输出的元素是否的确是主元素，就必须再次遍历数组。

这种思想可以推广到对于任意的整数 k 寻找出现频数超过 m/k 的元素，参见图 16.3。请注意，最多可以有 $k-1$ 个这样的元素。因此，我们将使用 $k-1$ 个计数器，而不只是单独一个计数器。当我们扫描下一个元素时，如果存在该元素的计数器，则将其递增；如果使用的计数器个数小于 $k-1$，则可以启动一个新的计数器。否则，我们将目前所有计数器的值递减。如果有任何计数器变为零，那么就丢弃其相对应的元素，并且为新元素分配一个计数器。最后，返回所有计数器具有非零值的元素。和之前一样，这些可能是频数超过 m/k 的元素，我们还需要通过第二次遍历来验证。

```
Procedure Algorithm for threshold (m, k)
1    cur: 流中的当前元素;
2    S: 当前计数器值非零的元素构成的集合, |S| ⩽ k;
3    if cur ∈ S then
4        将 cur 的计数器递增
5    else
6        if |S| < k then
7            为 cur 新开启一个计数器，并更新 S
8        else
9            将所有计数器的值递减;
10           若有计数器值为零则将其从 S 中移除
11   返回 S;
```

图 16.3　频繁元素的 Misra-Gries 流算法

正确性的证明与关于主元素的证明相同。请注意，最多可以有 $k-1$ 个频数超过 m/k 的元素，也就是出现频率超过 $1/k$ 的元素。因此，如果我们去掉 1 个这样的元素和 $k-1$ 个不同于它的元素，那么它将仍然占剩余元素的至少 $(1/k)$：$n_1 > (m/k) \Rightarrow n_1 - 1 > ((m-k)/k)$。

前述算法具有如下特性：按出现顺序扫描数据，并且所用空间与计数器的个数成正比，其中每个计数器都具有 $\log m$ 比特。因此，空间需求是输入大小的对数规模。此算法

可用于近似计数(approximate counting),请参见习题 16.12。

16.3　流中的相异元素

这个问题的挑战之处在于如何在有限的存储空间 s 中计算输入流的不同元素的数量 d,其中 $s \ll d$。如果允许存储空间与 d 的大小相当,那么我们就可以简单地对元素进行哈希处理并计算非零存储桶的个数。从流中均匀采样得到元素的一个子集可能会产生误导。事实上,如果某些元素出现的频率比其他元素高很多,那么均匀采样时将会多次出现此类元素,然而它不会提供关于不同元素个数的任何重要信息。

与之不同,我们将传入的元素均匀地哈希到区间 $[1, p]$ 内。这样一来,如果有 d 个不同的元素,那么彼此间距应大致为 p/d,其中 $p > n \geqslant d$。如果 g 是两个连续的被哈希到的位置之间的距离,那么我们就可以估计出 $d = p/g$。设想,将 d 个球随机地掷到 p 个桶中,它们会均匀地散布其中。或者,我们可以使用第一个被哈希到的位置作为 g 的估计值。这是图 16.4 中给出的算法背后的基本思想。该算法(在变量 Z 中)记录了元素哈希值的最小值。同样地,该算法的思路是:如果有 d 个不同的元素,那么这些元素将被映射到数组中间距大约为 p/d 的值内。因此,p/Z 应是 d 的一个很好的近似值。

Procedure Distinct elements in a stream $S(m, n)$

1　输入:流 $S = \{x_1, x_2, \cdots x_m\}$,其中 $x_i \in [1, n]$;
2　假设 p 是区间 $[n, 2n]$ 内的一个素数。随机均匀地选取 $0 \leqslant a \leqslant p-1$ 及 $0 \leqslant b \leqslant p-1$;
3　$Z \leftarrow \infty$;
4　**for** $i = 1$ to m **do**
5　　　$Y = (a \cdot x_i + b) \bmod p$;
6　　　**if** $Y < Z$ **then**
7　　　　$Z \leftarrow Y$
8　　返回 $\lceil p/Z \rceil$;

图 16.4　相异元素个数的计数

我们将使用 6.3 节中讨论的全域哈希族的性质来严格分析此过程。我们感兴趣的是相邻的哈希值之间的期望间距。策略是证明 Z 以高概率位于 $k_1 p/d$ 和 $k_2 p/d$ 之间,其中 k_1 和 k_2 是两个常数。然后可得估计值 p/Z 与 d 至多相差常数因子。

令 $Z_i = (a \cdot x_i + b) \bmod p$ 是流的哈希值构成的序列。于是,我们可做出如下断言。

断言 16.1　数值 $Z_i (1 \leqslant i \leqslant m)$ 在区间 $[0, p-1]$ 内随机均匀分布,并且彼此独立,即对于 $i \neq k$ 有

$$\Pr[Z_i = r, Z_k = s] = \Pr[Z_i = r] \cdot \Pr[Z_k = s] = \frac{1}{p^2}$$

证明:对于固定的值 $i_0 \in [0, p-1]$ 和 $x \in [1, n]$,我们希望找到 x 映射为 i_0 的概率。因此有

$$i_0 \equiv (ax + b) \bmod p$$
$$i_0 - b \equiv ax \bmod p$$
$$x^{-1}(i_0 - b) \equiv a \bmod p$$

其中 x^{-1} 是 x 在模 p 素域中关于乘法的逆元，而且因为 p 是素数，所以它是唯一的[○]。对于任一固定的 b，都存在 a 的唯一解。由于 a 是随机均匀地选择的，因此对于 b 的任一固定的选择，发生这种情况的概率为 $1/p$。于是，这也就是 x 映射为 i_0 的无条件概率。

对于第二部分，考虑 $i_0 \neq i_1$。我们可以考察分别映射到 i_0 和 i_1 的 x 和 y，$x \neq y$。于是能够写出与上一个方程类似的方程组。

$$\begin{bmatrix} x & 1 \\ y & 1 \end{bmatrix} \cdot \begin{bmatrix} a \\ b \end{bmatrix} \equiv_p \begin{bmatrix} i_0 \\ i_1 \end{bmatrix}$$

当 $x \neq y$ 时，这个 2×2 的矩阵是可逆的。因此，存在对应于 (i_0, i_1) 的固定选择的唯一解。由于 a 和 b 是随机均匀选取的，因此它们与解相匹配的概率是 $1/p^2$。∎

回想 d 表示流中不同元素的数量。我们将证明如下结果。

断言 16.2　对于任意常数 $c \geqslant 2$，$Z \in [p/(cd), cp/d]$ 的概率不小于 $1 - 2/c$。

证明：请注意，如果 $Z = p/d$，那么算法将返回 d，这是流中不同元素的数量。由于 Z 是一个随机变量，我们只能限定它在区间 $[p/(cd), (cp)/d]$ 内的概率，而这个概率大就意味着算法将以极大概率返回区间 $[d/c, cd]$ 范围内的回答。当然，它也有可能落在这个窗口之外，但这是蒙特卡罗（Monte Carlo）随机算法所固有的特性。

首先，我们将对于任意值 s 计算 $Z \leqslant s - 1$ 的概率。为了简化表述，假设这 d 个互异元素分别是 $x_1, x_2, \cdots, x_d$。我们以如下方式定义一族示性随机变量

$$X_i = \begin{cases} 1 & \text{当 } (ax_i + b) \mod p \leqslant s - 1 \text{ 时} \\ 0 & \text{其他} \end{cases}$$

因此，映射到区间 $[0, s-1]$ 范围内数值的 x_i 的总数等于 $\sum_{i=1}^{d} X_i$（回想我们假设 x_1，$x_2, \cdots, x_d$ 是彼此互异的）。令 $X = \sum_{i=1}^{d} X_i$，于是由期望的线性性可得

$$\mathbb{E}[X] = \mathbb{E}\left[\sum_i X_i\right] = \sum_i \mathbb{E}[X_i] = \sum_i \Pr[X_i = 1] = d \cdot \Pr[X_i = 1] = \frac{sd}{p}$$

最后一个等号源于前述断言 16.1 的结果，即 x_i 的映射值存在 s 种可能性（即 $0, 1, \cdots, s-1$），每一种可能性的概率都是 $1/p$。

如果选择 $s = p/(cd)$，其中 c 是某个常数，那么就有 $\mathbb{E}[x] = 1/c$。由马尔可夫不等式可得 $\Pr[X \geqslant 1] \leqslant 1/c$。这意味着，没有任何 x_i 映射到区间 $[0, \lceil p/(cd) \rceil]$ 内数值的概率大于 $1 - 1/c$。由此即得 $\Pr[Z \leqslant p/(cd)] \leqslant 1/c$。

对于不等式的另一半，我们将使用切比雪夫不等式（式（2.2.4）），它需要计算 X 的方差，表示为 $\sigma^2(X)$。我们知道

$$\sigma^2[X] = \mathbb{E}[(X - \mathbb{E}[X])^2] = \mathbb{E}[X^2] - \mathbb{E}^2[X]$$

考虑 $X = \sum_{i=1}^{d} X_i$，由期望的线性性以及各个 X_i 与 X_j 的彼此独立性[○]可以进行如下计算（假设指标 i 和 j 在 $1 \sim d$ 变化）：

○　根据我们对 p 的选择可知 $x \not\equiv 0 \mod p$。
○　这一点需要被严格证明，可以使用断言 16.1 通过映射到 (i_0, i_1) 的数对 (x_i, x_j) 的彼此独立性来完成。从技术角度来讲，我们必须考虑区间 $(0, s-1)$ 内的所有数对。

$$\mathbb{E}[X^2] = \mathbb{E}\left[\left(\sum_{i=1}^{d} X_i\right)^2\right] = \mathbb{E}\left[\sum_{i=1}^{d} X_i^2 + \sum_{i \neq j} X_i \cdot X_j\right]$$

$$= \mathbb{E}\left[\sum_{i=1}^{d} X_i^2\right] + \mathbb{E}\left[\sum_{i \neq j} X_i \cdot X_j\right] = \sum_{i=1}^{d} \mathbb{E}[X_i^2] + \sum_{i \neq j} \mathbb{E}[X_i] \cdot \mathbb{E}[X_j]$$

因为 X_i 取值为 0 或 1，所以易得 $\mathbb{E}[X_i^2] = \mathbb{E}[X_i]$，于是该表达式可简化为 $d \cdot s/p + d(d-1) \cdot (s^2/p^2)$。继而可得

$$\sigma^2(X) = \frac{sd}{p} + \frac{d(d-1)s^2}{p^2} - \frac{s^2 d^2}{p^2} = \frac{sd}{p} \cdot (1 - \frac{s}{p}) \leqslant \frac{sd}{p}$$

当 $s = cp/d$ 时，该方差以 c 为上界。根据切比雪夫不等式，我们知道对于任意的随机变量 X，有

$$\Pr[|X - \mathbb{E}[X]| \geqslant t] \leqslant \frac{\sigma^2(X)}{t^2}$$

令 $t = \mathbb{E}[X] = sd/p = c$，我们得到 $\Pr[|X - \mathbb{E}[X]| \geqslant \mathbb{E}[X]] \leqslant (c/c^2) = 1/c$。而事件 $|X - \mathbb{E}[X]| \geqslant \mathbb{E}[X]$ 是下述两个不相交事件的并集

(i) $X \geqslant 2\mathbb{E}[X]$；

(ii) $\mathbb{E}[X] - X \geqslant \mathbb{E}[X]$，或者等价地讲，$X \leqslant 0$。

显然，这两个事件的概率都以 $1/c$ 为界，特别是第二个事件意味着这 m 个元素都没有映射到区间 $[0, cp/d]$ 内的概率小于 $1/c$。使用布尔不等式可得 $\Pr[Z \leqslant p/(cd) \bigcup Z \geqslant (cp)/d] \leqslant 1/c + 1/c = 2/c$，即得到所需的结果。

因此，该算法将以不小于 $1 - 2/c$ 的概率输出一个位于 $[d/c, cd]$ 范围内的数值。

16.4 频数矩问题及其应用

假设流 $S = \{x_1, \cdots, x_m\}$ 中的元素都属于全集 $U = \{e_1, \cdots, e_n\}$。定义元素 e_i 的频数 f_i 为 e_i 在流 S 中出现的次数。流的 k 阶频数矩定义为

$$F_k = \sum_{i=1}^{n} f_i^k$$

请注意，F_0 恰好是流中不同元素的数量[⊖]。F_1 对流中元素的个数进行计数，并且可以很容易地通过维护一个大小为 $O(\log m)$ 的计数器来估计。2 阶频数矩 F_2 捕获了数据中的不均匀性——如果所有 n 个元素的频数都同为 m/n（在本例中假定 m 是 n 的倍数），则 F_2 等于 m^2/n；而如果流仅包含 1 个元素（频数为 m），那么 F_2 等于 m^2。因此，F_2 值越大就表明流中的数据越不均匀。高阶矩可以提供关于流的类似的统计信息——随着 k 值增加，我们会将更多的注意力放在具有较高频数的元素上。

对 F_k 进行估计的思想非常简单：假设我们从流中随机均匀地采样一个元素，称为 X。并假设 X 恰好是元素 e_i。以此事实为前提，X 等可能地是 e_i 的 f_i 次出现之一。接下来，我们观察从现在开始 e_i 在流中出现的总次数。假设它从现在开始共出现了 r 次，那么我们能给出关于 r^k 的期望值的哪些信息？因为 e_i 在流中共出现 f_i 次，所以随机变量 r 等可能地是 $\{1, \cdots, f_i\}$ 之一。因此，

$$\mathbb{E}[r^k \mid X = e_i] = \frac{1}{f_i} \sum_{j=1}^{f_i} j^k$$

⊖　此处认为 0 的 0 次幂为 0。——译者注

根据上述表达式可得 $\mathbb{E}[r^k-(r-1)^k\,|\,X=e_i]=1/f_i\cdot f_i^k$。现在，我们去除 X 上的条件，得到

$$\mathbb{E}[r^k-(r-1)^k]=\sum_i\mathbb{E}[r^k-(r-1)^k\,|\,X=e_i]\Pr[X=e_i]=\sum_i\left(\frac{1}{f_i}\cdot f_i^k\cdot\frac{f_i}{m}\right)=\frac{1}{m}\cdot F_k$$

因此，随机变量 $m(r^k-(r-1)^k)$ 具有期望值 F_k。

唯一的问题就是我们还不知道如何对流的元素进行随机均匀采样。由于 X 是流中的随机元素，因此我们希望对于所有 $j=1,\cdots,m$ 都有

$$\Pr[X=x_j]=\frac{1}{m}$$

然而，我们事先并不知道 m 的值，因此不能直接使用此表达式。幸运的是，有一种更巧妙的采样过程，称作蓄水池采样（reservoir sampling），如图 16.5 所示（另请参阅 2.3.2 节）。请注意，在第 i 次迭代中，该算法只是抛掷一个正面概率等于 $1/i$ 的硬币。于是，对于每个步骤 i，X 都的确是从 $\{x_1,\cdots,x_i\}$ 中随机均匀选择的元素，其证明留作习题。

Procedure Reservoir sampling

```
1   X ← x₁;
2   for i = 2 to m do
3       对二元随机变量 tᵢ 进行采样，使其值为 1 的概率等于 1/i;
4       if tᵢ = 1 then
5           X ← xᵢ
6   Return X
```

Procedure Estimating F_k

```
1   X ← x₁, r ← 1, i ← 1;
2   while 流未结束 do
3       i ← i + 1;
4       对二元随机变量 tᵢ 进行采样，使其值为 1 的概率等于 1/i;
5       if tᵢ = 1 then
6           X ← xᵢ, r ← 1
7       else
8           if X = xᵢ then
9               r ← r + 1;
10  返回 m(rᵏ − (r−1)ᵏ);
```

图 16.5　将蓄水池采样与 F_k 的估计相结合

现在我们需要证明此算法以高概率给出了 F_k 的一个很好的近似。到目前为止，我们仅证明了存在一个随机变量，即 $Y\colon m(r^k-(r-1)^k)$，其期望值等于 F_k。但现在我们要计算 Y 的值位于 $(1\pm\varepsilon)F_k$ 范围内的概率。为此，我们需要估计 Y 的方差。如果方差不太大，那么我们就可以使用切比雪夫界。我们知道 Y 的方差至多为 $\mathbb{E}[Y^2]$，因此只需要对 $\mathbb{E}[Y^2]$ 进行估计。由于将使用切比雪夫不等式，因此我们希望使用 $(\mathbb{E}[Y])^2$ 来限制 $\mathbb{E}[Y^2]$，而 $(\mathbb{E}[Y])^2$ 就等于 F_k^2。对 $\mathbb{E}[Y^2]$ 进行估计的前几个步骤与估计 $\mathbb{E}[Y]$ 的步骤相同：

$$\mathbb{E}[Y^2]=\sum_{i=1}^n\mathbb{E}[Y^2\,|\,X=e_i]\cdot\Pr[X=e_i]=\sum_{i=1}^n m^2\cdot\mathbb{E}[(r^k-(r-1)^k)^2\,|\,X=e_i]\cdot\frac{f_i}{m}$$

$$=\sum_{i=1}^n mf_i\cdot\frac{1}{f_i}\sum_{j=1}^{f_i}(j^k-(j-1)^k)^2=m\cdot\sum_{i=1}^n\sum_{j=1}^{f_i}(j^k-(j-1)^k)^2$$

$$\text{(16.4.1)}$$

现在展示如何处理表达式 $\sum_{j=1}^{f_i} (j^k - (j-1)^k)^2$。首先，断言有

$$j^k - (j-1)^k \leqslant k \cdot j^{k-1}$$

这是通过将中值定理应用于函数 $f(x) = x^k$ 得到的。给定两个点 $x_1 < x_2$，中值定理指出存在一个 $\theta \in [x_1, x_2]$ 使得 $f'(\theta) = \dfrac{f(x_2) - f(x_1)}{x_2 - x_1}$。现在分别用 $j-1$ 和 j 代换 x_1 和 x_2，并注意 $f'(\theta) = k\theta^{k-1} \leqslant kx_2^{k-1}$，可得

$$j^k - (j-1)^k \leqslant k \cdot j^{k-1}$$

于是，

$$\sum_{j=1}^{f_i} (j^k - (j-1)^k)^2 \leqslant \sum_{j=1}^{f_i} k \cdot j^{k-1} \cdot (j^k - (j-1)^k)$$

$$\leqslant k \cdot f_i^{k-1} \sum_{j=1}^{f_i} (j^k - (j-1)^k) \leqslant k \cdot f_\star^{k-1} \cdot f_i^k$$

其中 $f_\star$ 表示 $\max_{i=1}^n f_i$。将其带入式(16.4.1)可得

$$\mathbb{E}[Y^2] \leqslant k \cdot m \cdot f_\star^{k-1} F_k$$

回想我们希望使用 F_k^2 来估计 $\mathbb{E}[Y^2]$ 的界。所以我们需要使用 F_k 来估计 $m \cdot f_\star^{k-1}$ 的界。显然有，

$$f_\star^{k-1} = (f_\star^k)^{\frac{k-1}{k}} \leqslant F_k^{\frac{k-l}{k}}$$

为了估计 m 的界，我们将 Jensen 不等式$^{\ominus}$应用于凸函数 x^k，于是得到

$$\left(\frac{\sum_{i=1}^n f_i}{n} \right)^k \leqslant \frac{\sum_{i=1}^n f_i^k}{n}$$

而这表明了

$$m = \sum_{i=1}^n f_i \leqslant n^{1-1/k} \cdot F_k^{1/k}$$

综合所有这些不等式，我们可以看到

$$\mathbb{E}[Y^2] \leqslant k \cdot n^{1-1/k} \cdot F_k^2$$

如果现在使用切比雪夫界，可以得到

$$\Pr[|Y - F_k| \geqslant \varepsilon F_k] \leqslant \frac{\mathbb{E}[Y^2]}{\varepsilon^2 F_k^2} \leqslant k/\varepsilon^2 \cdot n^{1-1/k}$$

右端的表达式(有可能)大于 1，所以这并没有给我们提供太多信息。接下来的想法是通过保留 Y 的多个独立副本并计算所有这些副本的均值来进一步减小 Y 的方差。更形式化地讲，我们维护了 t 个独立同分布的随机变量 $Y_1, \cdots, Y_t$，其中每一个都具有与 Y 相同的分布。如果定义 Z 为这些随机变量的均值，那么由期望的线性性可知 $\mathbb{E}[Z]$ 仍然等于 F_k。然而现在，Z 的方差变为了 Y 的 $1/t$（参见习题 16.3）。

因此，如果现在我们用 Z 来估计 F_k，那么可以得到

$$\Pr[|Z - F_k| \geqslant \varepsilon F_k] \leqslant \frac{k}{t \cdot \varepsilon^2} \cdot n^{1-1/k}$$

$\ominus$　对于任意凸函数 f 都有 $\mathbb{E}[f(X)] \geqslant f(\mathbb{E}[X])$，其中 X 是一个随机变量。

如果希望输出的估计值位于$(1\pm\epsilon)F_k$范围内的概率至少为$1-\delta$，我们应选择 t 为$(k/\delta\epsilon^2)\cdot$ $n^{1-1/k}$。很容易验证，更新 Y 的一个副本所需的空间为$O(\log m+\log n)$。因此，我们的算法的总空间需求为$O((k/\delta\epsilon^2)\cdot n^{1-1/k}\cdot(\log m+\log n))$。

16.4.1 均值的中位数

我们现在证明，有可能获得关于 Z 的相同性能保证，只需要保留$O((k/\epsilon^2)\cdot\log(1/\delta)\cdot$ $n^{1-1/k})$个 F_k 的估计值的副本即可。请注意，我们将因子$1/\delta$代换成了$\log(1/\delta)$。这个想法是，如果在之前的分析中只使用$t=(4k/\epsilon^2)\cdot n^{1-1/k}$个变量 Y 的副本，那么我们将得到

$$\Pr[\,|Z-F_k|\geqslant\epsilon F_k\,]\leqslant 1/4$$

虽然这对我们来说还不足够好，但是如果保留 Z 的多个副本会如何呢(其中每一个都是 Y 的多个副本的平均值)？事实上，如果保留 Z 的$\log(1/\delta)$个副本，那么至少其中之一将以不小于 δ 的概率给出所需的精度——实际上，所有副本都远离 F_k 至少 ϵF_k 的概率不超过$(1/2)^{\log(1/\delta)}\leqslant\delta$。然而我们不知道这些副本中的哪一个是正确的。因此，我们计划保留 Z 的更多副本，例如大约 $4\log(1/\delta)$ 个。利用切尔诺夫界，我们可以证明，这些副本中的主元素将给出在$(1\pm\epsilon)F_k$范围内的估计值的概率至少为$1-\delta$。因此，所有这些副本的中位数将给出所需的答案。这个技巧称作"均值的中位数"。

我们现在给出这个想法的具体细节。保留变量 Y_{ij} 的数组，其中 i 从 1 到 $l:=4\log(1/\delta)$ 变化，而 j 从 0 到 $t:=\dfrac{4k}{\epsilon^2}\cdot n^{1-1/k}$ 变化。此数组的每一行(即，在元素 Y_{ij} 中，我们固定了 i 并使 j 变化)将对应于此处描述的估计值的一个副本。因此，我们定义 $Z_i=\sum\limits_{j=1}^{t}Y_{ij}/t$。最后，定义 Z 为 Z_i 的中位数，其中 $i=1,\cdots,l$。我们现在来证明 Z 位于$(1\pm\epsilon)F_k$范围内的概率至少为$1-\delta$。令 E_i 表示事件：$|Z_i-F_k|\geqslant\epsilon F_k$。我们已经知道有 $\Pr[E_i]\leqslant1/4$。现在，我们要证明这样的事件数接近于 $l/4$。我们可以使用切尔诺夫界证明集合$\{i:E_i$ 发生$\}$的大小不超过 $l/2$ 的概率至少为$(1-\delta)$(参见习题 16.4)。

现在假定上述情况已经发生。如果查看序列 $Z_i(i=1,\cdots,l)$，会发现其中至少一半位于$(1\pm\epsilon)F_k$范围内。该序列的中位数也将位于$(1\pm\epsilon)F_k$范围内，其原因如下：如果它的中位数(比如说)大于$(1+\epsilon)F_k$，那么至少有一半的事件 E_i 将发生，这就导致了矛盾。由此，我们可以给出如下结果：

> **定理 16.1**　我们可以使用$O(((k/\epsilon^2)\cdot\log(1/\delta)\cdot n^{1-1/k})\cdot(\log m+\log n))$空间对流的频数矩 F_k 进行估计，使估计值的乘性误差为$(1\pm\epsilon)$的概率至少为$1-\delta$。

16.4.2 二阶频数矩的特例

事实上，我们可以只使用对数空间来对二阶频数矩 F_2 进行估计(前述结果表明，空间需求将与$\sqrt{n}$成正比)。想法依然是使用一个期望值为 F_2 的随机变量，但是现在我们能够更好地控制方差。我们将使用全域哈希函数的思想(请参阅 6.3 节)。需要使用二值哈希函数，也就是说，它们将集合$U=\{e_1,\cdots,e_n\}$映射到$\{-1,+1\}$。对两两独立的全域哈希函数的概念进行推广，如果对于任何基数不超过 k 的指标集 S 都有下式成立，则称函数集合 H 是 k 全域的：

$$\Pr_{h \in H}\left[\wedge_{i \in s} h(x_i) = a_i\right] = \frac{1}{2^{|S|}}$$

其中 h 是从 H 中均匀选择的一个哈希函数，$a_1, \cdots, a_k \in \{-1, +1\}$。我们可以构造具有 $O(n^k)$ 个函数的集合 H，哈希函数 $h \in H$ 可以只使用 $O(k \log n)$ 空间存储(参见习题 16.6)。我们将需要一组 4 全域哈希函数。因此，我们可以只使用 $O(\log n)$ 空间来存储哈希函数。

对 F_2 进行估计的算法如图 16.6 所示。它维护了一个运行期间的和 X——当元素 x_t 到达时，它首先计算散列值 $h(x_t)$，然后将 $h(x_t)$ 添加至 X(因此，我们将 +1 或 -1 与 X 相加)。最后，它输出 X^2。很容易验证 X^2 的期望值的确就是 F_2。可以观察到，如果 f_i 代表元素 e_i 的频数，那么 $X = \sum_{i=1}^{n} f_i \cdot h(e_i)$。因此，由期望的线性性可得，

$$\mathbb{E}[X^2] = \sum_{i=1}^{n} \sum_{j=1}^{n} f_i f_j \mathbb{E}[h(e_i) h(e_j)]$$

Procedure Second frequency moment

1   $X \leftarrow 0$，$h \leftarrow$ 从一个 4 全域哈希族中均匀选取的二值哈希函数；
2   **for** $i = 1$ to m **do**
3   $\quad \lfloor X \leftarrow X + h(x_i)$
4   返回 X^2

图 16.6   对 F_2 进行估计

这个和分为两部分：如果 $i = j$，那么 $h(e_i) h(e_j) = h(e_i)^2 = 1$；如果 $i \neq j$，那么 "H 是 4 全域的" 这一事实就意味着 $h(e_i)$ 和 $h(e_j)$ 是彼此独立的随机变量。因此由 $h(e_i)$ 取值为 1 或 -1 的概率相同，可得 $\mathbb{E}[h(e_i) h(e_j)] = \mathbb{E}[h(e_i)] \mathbb{E}[h(e_j)] = 0$。于是，

$$\mathbb{E}[X^2] = \sum_{i=1}^{n} f_i^2 = F_2$$

和之前一样，我们想证明 X^2 以高概率接近 F_2 的值。我们需要限制 X^2 的方差，它最多为 $\mathbb{E}[X^4]$。如前所述，我们将 X 的四次幂的表达式展开：

$$\mathbb{E}[X^2] = \sum_{i, j, k, l=1}^{n} f_i f_j f_k f_l \mathbb{E}[h(e_i) h(e_j) h(e_k) h(e_l)]$$

每个求和项都是 4 项的乘积——$h(e_i)$、$h(e_j)$、$h(e_k)$ 和 $h(e_l)$。考虑这样一个求和项。如果其中一个指标不同于其余三个指标，那么我们可以看到它的期望值是 0。例如，如果 i 与 j、k、l 都不同，则 $\mathbb{E}[h(e_i) h(e_j) h(e_k) h(e_l)] = \mathbb{E}[h(e_i)] \mathbb{E}[h(e_j) h(e_k) h(e_l)]$(我们在这里使用了 4 全域的性质——4 个不同散列值的任一集合都是相互独立的)。由 $\mathbb{E}[h(e_i)] = 0$ 可知，整个求和项的期望值是 0。因此只有两种情况总和不是 0：(i)所有四个指标 i，j，k，l 是相同的——在这种情况下，$\mathbb{E}[h(e_i) h(e_j) h(e_k) h(e_l)] = \mathbb{E}[h(e_i)^4] = 1$，因为 $h(e_i)^2 = 1$；(ii)i，j，k，l 中正好有两个指标取相同值，而其他两个指标同取另一个值——例如，$i = j$，$k = l$，但 $i \neq k$。在这种情况下，我们也可以得到 $\mathbb{E}[h(e_i) h(e_j) h(e_k) h(e_l)] = \mathbb{E}[h(e_i)^2 h(e_k)^2] = 1$。于是我们可以将上式简化为

$$\mathbb{E}[X^4] = \sum_{i=1}^{n} f_i^4 + \sum_{i=1}^{n} \sum_{j \in \{1, \cdots, n\} \setminus \{i\}} f_i^2 f_j^2 \leqslant 2F_2^2$$

因此，我们看到 X^2 的方差的估计值至多为 $2\mathbb{E}[X^2]^2$。其余的计算方法与前一节相同(参

见习题 16.8）。

16.5　流模型下界的证明

流模型中的主要挑战在于有限的空间以及我们无法在输入数据上来回移动，即"单次遍历（一趟）"的限制。后者已经有所放宽，允许多次遍历（多趟），以理解某些特定问题的相对复杂性，特别是在图问题中，很难通过一次或者甚至于常数次遍历解决。然而，在现实中，单次遍历是最实际的设定，因此希望能得到这一问题的下界。由于我们肯接受近似并愿意使用随机性，因此使得问题进一步复杂，于是下界必须能够以某种折中方式来处理这些方面。

最成功的方法是通过通信复杂度（communication complexity）来进行，它还在证明信息论下界方面具有很多应用。在这个模型中有两个参与方，通常命名为 Alice 和 Bob。Alice 持有称作 X 的输入，而 Bob 持有称作 Y 的输入。该模型的目标是通过交换尽可能少的信息来计算函数 $f: X \times Y \to \mathbb{Z}$。输入 X 和 Y 可以被认为是长度为 n 的比特串。例如，我们可能想要计算两个输入的和 $X+Y$，或者甚至是更简单的函数，如 $(X+Y) \bmod 2$ 等。如果一方将自己的所有输入都发送给另一方，那么函数的计算将非常简单，但它会涉及 n 个比特的通信。尽管计算输入的总和可能需要知道整个输入，但对于计算总和模 2 的余数问题，其中一方可以仅发送一个比特给对方，之后对方可以使用 $(X+Y) \bmod 2 = X \bmod 2 + Y \bmod 2$ 来轻松计算出正确答案。

在最一般的设定下，通信将会在 $k \geq 1$ 个轮次中发生，其中 Alice 和 Bob 交替地向对方发送各自输入的一部分——这将有助于函数 f 的自适应计算。假定最终答案由 Bob 得到，而 f 的通信复杂度指的是在所有轮次中交换的总比特数。在我们的场景中假定 $k=1$，所以只有 Alice 能将她的部分输入信息传输给 Bob，而后者负责计算答案。

为能使读者了解此模型，请考虑等值函数的计算

$$\text{等值（Equal）}: X \times Y \to \{0, 1\} = \begin{cases} 1 & \text{当 } X = Y \text{ 时} \\ 0 & \text{其他} \end{cases}$$

显然有传输 n 个比特的方案，因此让我们来考虑当 Alice 发送 $n-1$ 个或更少个比特时，Bob 是否能够正确计算等值函数。因为每一个比特都可以是 0 或 1，而 Alice 至少必须发送一个比特（否则该问题是平凡的），所以她可以发送给 Bob 的消息总数为 $\sum_{i=1}^{n-1} 2^i = 2^n - 2$。由于 Alice 持有 n 个比特，因此共有 2^n 种可能性。于是至少存在两个不同的输入 $\{x_1, x_2\} \in \{0, 1\}^n$，对于它们，Alice 会向 Bob 发送相同的消息。因为 Bob 计算的答案仅依赖于 Alice 发送给他的消息，所以 Bob 为他的输入 $Y=\{x_1\}$ 和 $Y=\{x_2\}$ 计算的答案必然是相同的。然而 $\text{Equal}(x_1, x_2) \neq \text{Equal}(x_2, x_2)$，因此，显然不能对所有输入都正确地计算该函数。

一个有趣的变体是允许使用随机化技术。Alice 会把她的输入值模某个随机素数 p 后发送给 Bob，其中 p 的比特长度比 n 小得多。Bob 也将他的输入值模相同的素数 p 进行哈希，之后进行比较。如果它们二者相等，Bob 就回答 1，否则他将回答 0。显然，当哈希值不一致时，Bob 的回答总是正确的。但是即使它们相同，Bob 的回答也可能是错误的。在 Rabin-Karp 字符串匹配算法（8.1 节）中，我们非常巧妙地使用了这种方法。在该算法中，我们证明了只需使用 $O(\log n)$ 比特就能以高概率完成匹配。在本例中，Alice 还可以以 $O(\log n)$ 比特发送用于计算哈希的随机素数。这意味着通过使用随机化对 n 比特方案进

行了指数级的改进。显然，确定性算法和随机算法的通信复杂性之间存在明显的差别。关于通信复杂度有很多有趣的结果，但是本节的目的仅在于强调它与流算法的关系。

我们假想将流分成两半，即前半部分和后半部分。前半部分可以看作是属于 Alice 的，而后半部分则是属于 Bob 的。对于任一通信复杂度问题，我们都可以如下定义一个等价的流问题。我们需要注意一个小细节，即具有两个输入$(x，y)$的通信问题应该被视作一个单独的输入，也就是将分别对应于前半部分和后半部分的 x 和 y 串连接起来。例如，Equality$(x，y)$可转换为 Streamequal$(x，y)$，当且仅当流的前半部分等于后半部分时 Streamequal$(x，y)$等于 1。

Alice 仅需要在她的输入上模拟流算法，并向 Bob 传输 s 比特数据，其中 s 是相应的流算法所使用的空间。如果流算法可以使用 s 大小的空间正确地计算此函数，那么 Bob 也应该能够成功地计算该函数。注意，这既适用于确定性的设定，也适用于随机化的设定。因此，我们可以给出如下断言

断言 16.3 如果单轮通信复杂度问题的下界为 s 比特，则对应的单次遍历流算法具有 $\Omega(s)$ 的空间界。

让我们使用主元素问题来说明这一技巧。为此，我们给 Alice 和 Bob 定义了一个索引（Index）问题。Alice 有一个长 n 比特的输入串 $X=\{0，1\}^n$，而 Bob 有一个整数 j，$1\leqslant j\leqslant n$。于是 Index$(X，j)=X[j]$，也就是说，Bob 将根据只有 Alice 知道的 X 的第 j 位的值输出 0 或 1。

断言 16.4 索引问题的通信复杂度是 $\Omega(n)$。

该断言的证明留作习题，可以按照等值问题的思路进行论证。请注意，这个问题不像等值问题那样是对称的。如果允许 Bob 传输比特，那么 Alice 可以使用 $\log n$ 的通信进行计算。索引问题的另一个重要特性在于，即使使用随机化技术，它的通信复杂度也是 $\Omega(n)$ 的。其证明基于定理 3.1，而且需要比较复杂地构造一个适当的分布函数——我们在此不再赘述。

现在让我们将索引问题归约为流中的主元素。如下所示将比特序列 $X[i]$ 转换为整数序列 σ_i：

$$\sigma_i=2i+X[i]，\qquad 1\leqslant i\leqslant n$$

例如，10011010 被转换为 3，4，6，9，11，12，15，16。类似地，Bob 的输入被转换成序列 $\sigma'=2j，2j，\cdots$，共重复 n 次。那么在组合流 $\sigma \cdot \sigma'$ 中，整数 $2j$ 是主元素当且仅当 $X[i]=0$。回到前述例子，假设 Bob 的 $j=4$，那么在转换后的流

$$3，4，6，9，11，12，15，16 \| 8，8，8，8，8，8，8，8$$

中，因为 $X[4]=1$，所以不存在主元素。读者可以验证：如果 $X[4]=0$，那么就存在主元素，即 8。

拓展阅读

Alon 等人的论文[10]使得流算法的研究被正式确认，尽管已有许多关于空间受限算法的著名成果，例如 Munro 和 Paterson 的著作[108]，以及 Misra 和 Gries 的著作[104]中的"单次读取"范式。Misra 和 Gries 的著作中的主要技术在后来的许多研究论文中被反复发

现，显示了这一简洁优雅的技术的本质属性。Boyer-Moore 投票算法最早是在 1980 年被发现的，但很久之后才发布[24]。

Alon 等人的论文[10]的确引出了流算法领域的一系列基本结果，这些结果可以在 Muthukrishnan 所著的综述[109]中找到。由于模型的局限性，该模型面临的挑战通常更多的是在分析和下界方面，而不是复杂的算法设计上。频数矩问题由 Alon 等人正式提出，而过了一段时间它才得到令人满意的解决方案[67]，而且也发现了它与度量嵌入之间的有趣联系。关于算法的下界，在通信复杂度[86]与流算法之间存在密切的联系——示例参见 Chakrabarti 等人的著作[27]与 Kalyansundaram 和 Schnitger 的著作[73]。之后的研究论文将流模型扩展至多次遍历，以理解在此范式下各种具有挑战性的问题(特别是许多图问题)的复杂性。可参阅 McGregor 的很好的综述[100]。

习题

16.1 令 f_i 表示流中元素 i 的频数。修改 Mishra-Gries 算法(图 16.3)以证明：对于长度为 m 的流，可以计算关于元素 i 的量 $\hat{f}_i$，满足

$$f_i - \frac{m}{k} \leqslant \hat{f}_i \leqslant f_i$$

16.2 回想图 16.5 中描述的蓄水池采样算法。通过对 i 进行归纳证明：在 i 个步骤之后，随机变量 X 是从流 $\{x_1, \cdots, x_i\}$ 中均匀选择的元素。

16.3 设 $Y_1, \cdots, Y_t$ 为 t 个独立同分布的随机变量。证明：$Z = (1/t) \cdot \sum_i Y_i$ 的方差 $\sigma^2(Z)$ 等于 $1/t \cdot \sigma^2(Y_1)$。

16.4 假设 $E_1, \cdots, E_k$ 是 k 个独立事件，每个事件发生的概率至多为 $1/4$。假设 $k \geqslant 4\log(1/\delta)$，证明：有多于 $k/2$ 个事件发生的概率不超过 δ。

16.5 设 $a_1, a_2, \cdots, a_n$ 为 n 个 $[0, 1]$ 范围内的元素组成的数组。设计一个随机算法，它只需读取数组中的 $O(1/\epsilon^2)$ 个元素，且可以在加性误差 $\pm\epsilon$ 的范围内估计数组中所有元素的平均值。算法成功的概率应至少为 0.99。

16.6 证明：如下定义的一族哈希函数是一个 k 独立的全域哈希族，其中 $a_i \in_U \{0, 1, 2, \cdots, p-1\}$，$p$ 是某个素数。

$$h(x): a_{k-1}x^{k-1} + a_{k-2}x^{k-2} + \cdots + a_0 \bmod p$$

16.7 考虑函数族 H，其中每个函数 $h \in H$ 都形如 $h: \{0, 1\}^k \to \{0, 1\}$。$H$ 的元素使用一个向量 $r \in \{0, 1\}^{k+1}$ 进行索引。对于 $x \in \{0, 1\}^k$，$h_r(x)$ 的值如下定义：通过在 x 尾部附加 1 得到 $x_0 \in \{0, 1\}^{k+1}$，然后取 x_0 与 r 的点积模 2 的结果(即计算 x_0 与 r 的点积，如果这个点积是奇数则 $h_r(x)$ 为 1，如果这个点积是偶数则 $h_r(x)$ 为 0)。证明：函数族 H 是 3 相互独立的。

16.8 对于图 16.6 中给出的用于估计 F_2 的算法，证明：维护 t 个独立的随机变量并最终输出这些值的平方的均值 Z，可得

$$\Pr[|Z - F_2| \geqslant \epsilon F_k] \leqslant \frac{2}{\epsilon^2 \cdot t}$$

16.9 回想估计流中的二阶频数矩时的设定：元素的全集为 $U = \{e_1, \cdots, e_n\}$，元素 $x_1, x_2, \cdots$ 随着时间的推移依次到达，其中每个 x_t 都属于 U。现在考虑一个算法，它接收两个流：$S = x_1, x_2, x_3, \cdots$ 和 $T = y_1, y_2, y_3, \cdots$。在时刻 t 时，元素 x_t 和 y_t 分别从这两个流中到达。令 f_i 和 g_i 分别表示元素 e_i 在 S 和 T 这两个流中的频数。用 G 表示 $\sum_{i=1}^{n} f_i g_i$。

- 类似于二阶频数矩的情况，定义一个期望值为 G 的随机变量 X。你应可以仅使用 $O(\log n + \log m)$ 的空间来存储 X(其中 m 表示流的长度)。

- 令 $F_2(S)$ 表示 $\sum_{i=1}^{n} f_i^2$、$F_2(T)$ 表示 $\sum_{i=1}^{n} g_i^2$。证明：X 的方差的界是 $O(G^2 + F_2(S) \cdot F_2(T))$。

16.10 给定包含 n 个不同数值的数组 A 以及一个介于 0 和 1 之间的参数 ε。如果数组 A 中的元素 x 在 A 中元素（递增）排序中的位置位于区间 $[n/2 - \varepsilon n, \ n/2 + \varepsilon n]$ 范围内，则称其为一个近中位数元素。考虑下述寻找近中位数的随机算法：从 A 中独立均匀地随机选取 t 个元素，之后输出它们的中位数。假设我们希望这个算法输出近中位数的概率至少为 $1 - \delta$（其中 δ 是介于 0 和 1 之间的参数），t 的值应该设置为多大？对 t 值的估计应尽可能小。请说明理由。

16.11 **流的滑动窗口模型**。考虑常规的流模型的一个变体，在该模型中，我们感兴趣的是计算仅涉及最后（而不是从流开头的）N 项的函数。

给定一个 0-1 比特流，请设计一个算法：使用大小为 s 的空间来记录最后 N 个输入中 "1" 的个数。你的回答可以近似（乘性或加性）为 s 的函数。例如，当 $s = N$ 时，我们可以得到准确的回答。

16.12 考虑对具有标签 $[0, 1, \cdots, n-1]$ 的元素维护其尽可能准确近似计数的问题，作为 Misra-Gries 技术的替代方案。想法是维护一个哈希值的表 T，从中可以获得所需标签的估计值。

表 T 的维数为 $r \times k$，这些参数的具体值应通过分析确定。我们将使用 r 个互异的全域哈希函数（每行一个），其中每个哈希函数都形如 $h_i : \{0, 1, \cdots, n-1\} \to \{0, 1, \cdots, k-1\}$，$i \leqslant r$。

对于每项 $x \in [0, 1, \cdots, n-1]$，对每个 $i = 1, 2, \cdots, r$，将 $h_i(x)$ 在表中对应的位置都递增 1。也就是说，位置 $T(i, h_i(x))$ $(i = 1, 2, \cdots, r)$ 将递增。

关于标签 j 的计数的查询将被回答为 $F_j = \min_{1 \leqslant i \leqslant r} T(i, h_i(j))$。

（i）证明：$f_i \leqslant F_i$，其中 f_i 是标签为 i 的项的实际计数，F_i 是其估计值。

（ii）对于任意给定的参数 $0 < \varepsilon, \delta < 1$，表明如何选择 r 和 k 使得 $\Pr[F_j \geqslant f_j + \varepsilon N_{-j}] \leqslant \delta$，其中 $N_{-j} = \sum_{i} f_i - f_j$ 是除 j 外所有元素的计数和。

16.13 **最稠密区间问题**。给定点 x_i 的流 S 以及一个固定长度 $r > 0$，其中 $x_i \in \mathbb{R}$，$1 \leqslant i \leqslant m$。我们希望找到一个区间 $I = [s, s+r]$，使得 $I \cap S$ 达到最大。换言之，找到放置长度为 r 的区间的一个位置，使得 S 在此区间中的点数最大。

（i）在常规模型中为此问题设计一个线性时间的串行算法。

（ii）在流模型中对于一般性问题进行求解是相当困难的，因此我们考虑一个特殊情况，点 $x_1 < x_2 < \cdots$ 按序依次出现。设计一个精确的算法，使用 $O(D)$ 的空间输出最稠密区间，其中 D 是最大密度。

（iii）给定一个近似参数 ε，表明如何使用 $O((\log n)/\varepsilon)$ 的空间输出区间 I_z，满足 $D \geqslant |I_z \cap S| \geqslant (1 - \varepsilon)D$。此处的 I_z 表示区间 $[z, z+r]$。

（iv）是否可以将空间的界改进为 $O(1/\varepsilon)$。

提示：考虑形成有序流的一个样本，彼此间距为 k，并选择一个可以存储的合适的 k 值。

16.14 证明断言 16.4。

递推关系与生成函数

考虑序列 a_1，a_2，…，a_n（即一个定义域为整数的函数）。其中一种简洁紧凑的表示方法就是用与自身相关的等式来表示，也就是一个递推关系。最常见的例子之一就是斐波那契数列 $a_n = a_{n-1} + a_{n-2}$，$n \geqslant 2$ 及 $a_0 = 0$，$a_1 = 1$。值 a_0 和 a_1 称作边界条件（boundary conditions）。给定边界条件及递推关系，我们可以逐步计算序列各项，或者我们可以编写一个计算机程序则更好。有时，我们想找到序列的项的一般形式。通常而言，一个算法的运行时间可以表示为一个递推式，而我们希望知道这个运行时间的显式函数，以便进行一些预测和比较。由分治算法产生的一个典型递推式是

$$a_{2n} = 2a_n + cn$$

它的解是 $a_n \leqslant 2cn \lceil \log_2 n \rceil$。在对算法进行分析时，我们通常满足于上界。然而，最好能够在可能范围内得到一个精确的表达式。

不幸的是，没有一个通用的方法可以求解所有的递推关系。在本章中，我们讨论了几类重要的递推式的解。在本节的第二部分，我们讨论了一种基于生成函数（generating functions）的重要技术，而生成函数自身也很重要。

A.1 一种迭代方法——求和

首先，一些递推关系可以通过求和、猜测和归纳验证来求解。

例 A.1 n 个圆盘的汉诺塔问题所需的移动次数可以写为

$$a_n = 2a_{n-1} + 1。$$

将 a_{n-1} 代入，上式变为

$$a_n = 2^2 a_{n-2} + 2 + 1。$$

不断代入展开直至 a_1，我们得到

$$a_n = 2^{n-1} a_1 + 2^{n-2} + \cdots + 1。$$

由初值 $a_1 = 1$ 并使用等比数列求和公式可以得到 $a_n = 2^n - 1$。

例 A.2 对于下述递推式

$$a_{2n} = 2a_n + cn，$$

我们可以用同样的方法来证明 $a_{2n} = \sum_{i=0}^{\log_2 n} 2^i n / 2^i \cdot c + 2na_1 = (\log_2 n + 1) \cdot n \cdot c + 2na_1$。

注意： 此处我们假设 n 是 2 的幂。一般情况下，这可能会带来一些技术复杂性，但其解的性质仍保持不变。考虑下述递推式

$$T(n) = 2T(\lfloor n/2 \rfloor) + n，$$

假设 $T(x) = cx \log_2 x$ 对所有 $x < n$ 成立，其中 $c > 0$ 是一个常数。那么有 $T(n) = 2c \lfloor n/2 \rfloor \log_2 \lfloor n/2 \rfloor + n$。因此，对于 $c \geqslant 1$，有 $T(n) \leqslant cn \log_2 (n/2) + n \leqslant cn \log_2 n - (cn) + n \leqslant cn \log_2 n$。

在分治算法（如归并排序）中非常频繁地出现的递推式具有如下形式

$$T(n) = aT(n/b) + f(n),$$

其中 a，b 为常数，$f(n)$ 为正值的单调函数。

> **定理 A.1** 对于下列不同情况，上述递推具有如下的解
> - 如果对于某个常数 ε 满足 $f(n) = O(n^{\log_b a - \varepsilon})$，则 $T(n)$ 是 $\Theta(n^{\log_b a})$。
> - 如果 $f(n) = O(n^{\log_b a})$，则 $T(n)$ 是 $\Theta(n^{\log_b a} \log n)$。
> - 如果对于某个常数 ε 满足 $f(n) = O(n^{\log_b a + \varepsilon})$ 且 $af(n/b)$ 是 $O(f(n))$，则 $T(n)$ 是 $\Theta(f(n))$。

例 A.3 n 条直线最多可以把平面分成多少个区域？如果用 L_n 代表区域的数量，那么就可以得到如下递推式[一]：

$$L_n \leqslant L_{n-1} + n, \quad L_0 = 1。$$

通过类似求和的方式，我们可以得到结果 $L_n = \dfrac{n(n+1)}{2} + 1$。

例 A.4 让我们来尝试解斐波那契数列的递推式，有

$$F_n = F_{n-1} + F_{n-2}, \quad F_0 = 0, \quad F_1 = 1。$$

如果我们尝试像之前那样展开它，它很快会变得难以处理。相反，我们"猜测"它的解是

$$F_n = \frac{1}{\sqrt{5}} (\phi^n - \overline{\phi}^n)$$

其中 $\phi = (1 + \sqrt{5})/2$，$\overline{\phi} = (1 - \sqrt{5})/2$。这个解可以通过归纳法验证。当然，目前还不足以解释这个正确的解是如何神奇地被猜测出来的。不过，我们将在本章后文中讨论这个问题。

A.2 线性递推关系

若一个递推式具有如下形式：

$$c_0 a_r + c_1 a_{r-1} + c_2 a_{r-2} + \cdots + c_k a_{r-k} = f(r)$$

其中 c_i 是常数，则称为 k 阶线性递推关系（linear recurrence equation of order k），本章中的大多数例子都属于这一类。如果 $f(r) = 0$，则称为齐次线性递推关系（homogeneous linear recurrence）。

A.2.1 齐次递推关系

我们首先讨论齐次类的解，然后将其推广到一般的线性递推关系上。首先要确定解的数量。可以看出，我们必须先知道 a_1，a_2，$\cdots$，a_k 的值，才能根据递推式计算序列中其他项的值。否则，不同的边界条件可能会产生不同的解。给定了 k 个边界条件，我们可以唯一地确定序列中各项的值。请注意，这对于非线性递推关系可能并不成立，例如下式：

$$a_r^2 + a_{r-1} = 5, \quad a_0 = 1。$$

这个结果（解的唯一性）使我们对于某些解的猜测和验证变得更容易。

假设我们猜测了一个形如 $a_r = A\alpha^r$ 的解，其中 A 是某个常数。这可以由例 A.1[二] 的

解验证。将其代入齐次线性递推关系中，简化后得到如下方程：

$$c_0\alpha^k+c_1\alpha^{k-1}+\cdots+c_k=0。$$

这称作该递推关系的特征方程(characteristic equation)，这个 k 次方程有 k 个复数根(记重数)[一]，记作 α_1，α_2，$\cdots$，α_k。如果各个根彼此不同，那么下式是该递推关系的解

$$a_r^{(h)}=A_1\alpha_1^r+A_2\alpha_2^r+\cdots+A_k\alpha_k^r。$$

其中 A_1，A_2，$\cdots$，A_k 的值可以由 k 个边界条件确定(通过解 k 个联立方程)。它也称作该线性递推关系的齐次解(homogeneous solution to linear recurrence)。

当根不唯一时，即某些根是重根时，假设它的重数是 m，则 α^n，$n\alpha^n$，$n^2\alpha^n$，$\cdots$，$n^{m-1}\alpha^n$ 是相关的解[二]。因为如果 α 是特征方程的重根，那么它也是特征方程的导函数的根。

A.2.2　线性非齐次递推关系

若 $f(n)\neq0$，则没有一般性求解方法。但可以给出某些特定情况下的解，称为特解。假设忽略 $f(n)$ 之后的齐次线性递推关系的解为 $a_n^{(h)}$，而 $a_n^{(p)}$ 为一个特解，则可以证明 $a=a_n^{(h)}+a_n^{(p)}$ 是该非齐次线性递推关系的解。

下表给出了一些特解的情况[三]

d 是一个常数	B
dn	B_1n+B_0
dn^2	$B_2n^2+B_1n+B_0$
ed^n，其中 e 和 d 是常数	Bd^n

表中 B，B_0，B_1 和 B_2 是由初始条件[四]确定的常数。当 $f(n)=f_1(n)+f_2(n)$ 为表中函数之和时，分别求解等式右端为 $f_1(n)$ 和 $f_2(n)$ 的方程，之后将它们的解相加，就得到了 $f(n)$ 对应的特解。

A.3　生成函数

序列 a_1，a_2，$\cdots$，a_i 的另一种表示方式是多项式函数 $a_1x+a_2x^2+\cdots+a_ix^i$。多项式是非常有用的数学对象，尤其是作为"占位符"使用时。例如，如果我们知道两个多项式相等(即它们对所有的 x，值都相同)，那么它们所有相应的系数都必须相等。其原因在于一个众所周知的性质，即 d 次多项式的不同根的个数不超过 d(除非它是零多项式)[五]。此时，收敛性问题并不重要，但在我们使用微分法时，收敛性问题却是需要考虑的。

例 A.5　考虑找零问题：假设我们有无限多张面额为 50、20、10、5 和 1 印度卢比的零钱，有多少种凑成 100 印度卢比的方法？我们可以使用以下多项式表示每种零钱，其中对应于 x^i 的系数是非零的，当且仅当我们可以使用该给定面额的钱币组成 i 印度卢比的总额。

[一]　由代数基本定理可知。——译者注
[二]　原书如此。事实上，准确地讲：在给定边界条件的情况下，这 m 项的一个线性组合是该齐次线性递推关系的一部分。读者可以参阅相关文献以获知细节内容。——译者注
[三]　表的左列表示 $f(n)$，表的右列表示通解形式。——译者注
[四]　即前文所述的"边界条件"。——译者注
[五]　由代数基本定理可得。——译者注

$$P_1(x) = x^0 + x^1 + x^2 + \cdots$$
$$P_5(x) = x^0 + x^5 + x^{10} + x^{15} + \cdots$$
$$P_{10}(x) = x^0 + x^{10} + x^{20} + x^{30} + \cdots$$
$$P_{20}(x) = x^0 + x^{20} + x^{40} + x^{60} + \cdots$$
$$P_{50}(x) = x^0 + x^{50} + x^{100} + x^{150} + \cdots$$

例如，我们无法使用 50 印度卢比的钱币凑出 51 印度卢比到 99 印度卢比的面额，所以所有这些项的系数都是零。

将这些多项式相乘，我们得到

$$P(x) = E_0 + E_1 x + E_2 x^2 + \cdots + E_{100} x^{100} + \cdots + E_i x^i + \cdots$$

其中 E_{100} 是使得各个多项式的项的指数之和为 100 的组合数。请相信，这正是我们要寻找的。然而，我们仍然必须得到 E_{100} 的显式公式。或者更一般地说，需要得到 E_i 的显式公式，即用这些零钱凑成 i 印度卢比的方法。

注意，对于多项式 P_1，P_5，$\cdots$，P_{50}，下式成立

$$P_k(1 - x^k) = 1 \quad \text{for} \quad k = 1, 5, \cdots, 50,$$

并因此有

$$P(x) = \frac{1}{(1-x)(1-x^5)(1-x^{10})(1-x^{20})(1-x^{50})}。$$

我们现在使用结果 $\frac{1}{1-x} = 1 + x + x^2 + \cdots$ 及 $\frac{1-x^5}{(1-x)(1-x^5)} = 1 + x + x^2 + \cdots$。因此相应的系数具有 $B_n = A_n + B_{n-5}$ 的关系，其中 A 和 B 是多项式 $\frac{1}{1-x}$ 和 $\frac{1}{(1-x)(1-x^5)}$ 的系数。由于 $A_n = 1$，因此这是一个线性递推关系。通过扩展这些结果可以得到最终结果。

让我们来尝试使用斐波那契数列的生成函数。

例 A.6   令生成函数 $G(z) = F_0 + F_1 z + F_2 z^2 + \cdots + F_n z^n + \cdots$，其中 F_i 是第 i 个斐波那契数。于是由 $F_0 = 0$，$F_1 = 1$，$G(z) - zG(z) - z^2 G(z)$ 可以写作如下的无限序列：

$$F_0 + (F_1 - F_0)z + (F_2 - F_1 - F_0)z^2 + \cdots + (F_{i+2} - F_{i+1} - F_i)z^{i+2} + \cdots = z$$

其中 $F_0 = 0$，$F_1 = 1$，可得 $G(z) = \frac{z}{1 - z - z^2}$。因此可以计算出

$$G(z) = \frac{1}{\sqrt{5}} \left(\frac{1}{1 - \phi z} - \frac{1}{1 - \overline{\phi} z} \right)$$

其中 $\overline{\phi} = 1 - \phi = \frac{1 - \sqrt{5}}{2}$。

A.3.1   二项式定理

使用生成函数时需要计算幂级数 $(1+x)^\alpha$ 的系数，其中 $|x| < 1$，且 α 是任意值。因此，下述结果将派上用场，x^k 的系数由下式给出：

$$C(\alpha, k) = \frac{\alpha \cdot (\alpha - 1) \cdots (\alpha - k + 1)}{k \cdot (k - 1) \cdots 1}。$$

这可以从泰勒级数展开得到：令 $f(x) = (1+x)^\alpha$，之后由泰勒定理将 z 在 0 点处展开有

$$f(z) = f(0) + zf'(0) + \alpha \cdot z + z^2 \frac{f''(0)}{2!} + \cdots + z^k \frac{f^{(k)}(0)}{k!} \cdots$$

$$= f(0) + 1 + z^2 \frac{\alpha(\alpha-1)}{2!} + \cdots + C(\alpha, k) + \cdots$$

由此得到 $(1+z)^\alpha = \sum_{i=0}^{\infty} C(\alpha, i)z^i$，这就是二项式定理。

A.4 指数型生成函数

如果一个序列的项增长太快，即对于任意的 $0 < x < 1$ 序列第 n 项都超过 x^n，那么它可能不会收敛。我们知道，序列收敛当且仅当序列 $|a_n|^{1/n}$ 有界。于是，可以将系数除以一个快速增长的函数（例如 $n!$）。例如，如果我们考虑 n 个相同对象的排列数的生成函数⊖

$$G(z) = 1 + \frac{p_1}{1!}z + \frac{p_2}{2!}z^2 + \cdots + \frac{p_i}{i!}z^i + \cdots$$

其中 $p_i = 1$，则可得 $G(z) = e^z$。从 n 类对象（每类都有无数多个个体）中选择 r 个对象的排列数由指数型生成函数（exponential generating function，EGF）给出。

$$\left(1 + \frac{p_1}{1!}z + \frac{p_2}{2!}z^2 + \cdots\right)^n = e^{nz} = \sum_{r=0}^{\infty} \frac{n^r}{r!}z^r$$

例 A.7 假设 D_n 表示 n 个对象的错排数⊜。可以证明有 $D_n = (n-1)(D_{n-1} + D_{n-2})$。可以将其重写为 $D_n - nD_{n-1} = -(D_{n-1} - (n-1)D_{n-2})$。通过不断迭代，我们得到 $D_n - nD_{n-1} = (-1)^{n-2}(D_2 - 2D_1)$。使用初始值 $D_2 = 1$，$D_1 = 0$，可得⊜

$$D_n - nD_{n-1} = (-1)^{n-2} = (-1)^n$$

等式两端同乘以 $x^n/n!$，并对 $n = 2$ 到 ∞ 求和，有

$$\sum_{n=2}^{\infty} \frac{D_n}{n!}x^n - \sum_{n=2}^{\infty} \frac{nD_{n-1}}{n!}x^n = \sum_{n=2}^{\infty} \frac{(-1)^n}{n!}x^n$$

如果我们用 $D(x)$ 表示错排数的指数型生成函数，经简化后得到

$$D(x) - D_1 x - D_0 - x(D(x) - D_0) = e^{-x} - (1-x)$$

整理即有 $D(x) = e^{-x}/(1-x)$。

A.5 具有两个变量的递推关系

对于"从 n 个不同对象中选择 r 个"的问题，我们可以写出熟知的递推式：

$$C(n, r) = C(n-1, r-1) + C(n-1, r),$$

其边界条件是 $C(n, 0) = 1$ 和 $C(n, 1) = n$。

具有两个指标的常系数线性递推关系的一般形式是：

$$C_{n,r}a_{n,r} + C_{n,r-1}a_{n,r-1} + \cdots + C_{n-k,r}a_{n-k,r} + \cdots + C_{0,r}a_{0,r} + \cdots = f(n, r)$$

其中 $C_{i,j}$ 都是常数。可以将单变量的生成函数的方法进行扩展。令

⊖　原文如此。——译者注
⊜　可参阅"错排问题"。——译者注
⊜　由初值及递推关系可得 $D_0 = 1$。——译者注

$$A_0(x) = a_{0,0} + a_{0,1}x + \cdots + a_{0,r}x^r + \cdots$$
$$A_1(x) = a_{1,0} + a_{1,1}x + \cdots + a_{1,r}x^r + \cdots$$
$$\cdots\cdots$$
$$A_n(x) = a_{n,0} + a_{n,1}x + \cdots + a_{n,r}x^r + \cdots$$

那么我们就可以由序列 $A_0(x)$，$A_1(x)$，$A_2(x)$，$\cdots$定义一个生成函数，新的不定项选择为 y：

$$A_y(x) = A_0(x) + A_1(x)y + A_2(x)y^2 + \cdots + A_n(x)y^n + \cdots 。$$

对于本节开始的例子，我们可以得到

$$F_n(x) = C(n, 0) + C(n, 1)x + C(n, 2)x^2 + \cdots C(n, r)x^r + \cdots$$

$$\sum_{r=0}^{\infty} C(n, r)x^r = \sum_{r=1}^{\infty} C(n-1, r-1)x^r + \sum_{r=0}^{\infty} C(n-1, r)x^r$$

$$F_n(x) - C(n, 0) = xF_{n-1}(x) + F_{n-1}(x) - C(n-1, 0)$$

$$F_n(x) = (1+x)F_{n-1}(x)$$

由此可得 $F_n(x) = (1+x)^n C(0, 0) = (1+x)^n$。

参 考 文 献

[1] Dimitris Achlioptas. Database-friendly random projections: Johnson-lindenstrauss with binary coins. *Journal of Computer and System Sciences*, 66(4):671–687, June 2003.

[2] Leonard M. Adleman. On constructing a molecular computer. In *DNA Based Computers, Proceedings of a DIMACS Workshop, Princeton, New Jersey, USA, April 4, 1995*, pages 1–22, 1995.

[3] A. Aggarwal and J. S. Vitter. The input/output complexity of sorting and related problems. *Communications of the ACM*, pages 1116–1127, 1988.

[4] Alok Aggarwal, Bowen Alpern, Ashok K. Chandra, and Marc Snir. A model for hierarchical memory. In *Proceedings of the 19th Annual ACM Symposium on Theory of Computing (STOC)*, pages 305–314. ACM, 1987.

[5] Manindra Agrawal, Neeraj Kayal, and Nitin Saxena. Primes is in P. *Annals of Mathematics*, 2:781–793, 2002.

[6] Alfred V. Aho and Margaret J. Corasick. Efficient string matching: An aid to bibliographic search. *Communications of the ACM*, 18(6):333–340, June 1975.

[7] Alfred V. Aho, John E. Hopcroft, and Jeffrey D. Ullman. *The design and analysis of computer algorithms*. Addison-Wesley, Reading, 1974.

[8] Ravindra K. Ahuja, Thomas L. Magnanti, and James B. Orlin. *Network Flows: Theory, Algorithms, and Applications*. Prentice-Hall, Inc., Upper Saddle River, NJ, USA, 1993.

[9] M. Ajtai, J. Komlós, and E. Szemerédi. An 0(n log n) sorting network. In *Proceedings of the 15th Annual ACM Symposium on Theory of Computing (STOC)*, pages 1–9, 1983.

[10] Noga Alon, Yossi Matias, and Mario Szegedy. The space complexity of approximating the frequency moments. *Journal of Computer and System Sciences*, 58(1):137–147, 1999.

[11] Ingo Althöfer, Gautam Das, David P. Dobkin, Deborah Joseph, and Jośe Soares. On sparse spanners of weighted graphs. *Discrete and Computational Geometry*, 9:81–100, 1993.

[12] L. Arge, M. T. Goodrich, M. Nelson, and N. Sitchinava. Fundamental parallel algorithms for private-cache chip multiprocessors. In *Proceedings of the 20th ACM Symposium on Parallelism in. Algorithms and Architectures (SPAA)*, pages 197–206, 2008.

[13] Sanjeev Arora and Boaz Barak. *Computational Complexity: A Modern Approach*. Cambridge University Press, New York, NY, USA, 2009.

[14] Sanjeev Arora, Carsten Lund, Rajeev Motwani, Madhu Sudan, and Mario Szegedy. Proof verification and the hardness of approximation problems. *J. ACM*, 45(3):501–555, May 1998.

[15] Surender Baswana and Sandeep Sen. A simple and linear time randomized algorithm for computing sparse spanners in weighted graphs. *Random Structures and Algorithms*, 30:532–563, 2007.

[16] K. E. Batcher. Sorting networks and their application. *Proc. AFIPS 1968 SJCC*, 32:307–314, 1968.

[17] Paul Beame, Stephen A. Cook, and H. James Hoover. Log depth circuits for division and related problems. *SIAM Journal on Computing*, 15(4):994–1003, 1986.

[18] Paul Beame and Johan Hastad. Optimal bounds for decision problems on the crcw pram. *Journal of the ACM*, 36(3):643–670, July 1989.

[19] Jon Louis Bentley. Multidimensional binary search trees used for associative searching. *Communications of the ACM*, 18(9):509–517, September 1975.

[20] Mark de Berg, Otfried Cheong, Marc van Kreveld, and Mark Overmars. *Computational Geometry: Algorithms and Applications*. Springer-Verlag TELOS, Santa Clara, CA, USA, 3rd ed. edition, 2008.

[21] Binay K. Bhattacharya and Sandeep Sen. On a simple, practical, optimal, output-sensitive randomized planar convex hull algorithm. *Journal of Algorithms*, 25(1):177–193, 1997.

[22] Manuel Blum, Robert W. Floyd, Vaughan Pratt, Ronald L. Rivest, and Robert E. Tarjan. Time bounds for selection. *Journal of Computer and System Sciences*, 7(4):448–461, August 1973.

[23] Stephen Boyd and Lieven Vandenberghe. *Convex Optimization*. Cambridge University Press, New York, NY, USA, 2004.

[24] Robert S. Boyer and J. Strother Moore. MJRTY: A fast majority vote algorithm. In *Automated Reasoning: Essays in Honor of Woody Bledsoe*, Automated Reasoning Series, pages 105–118. Kluwer Academic Publishers, 1991.

[25] A. Bykat. Convex hull of a finite set of points in two dimensions. *Information Processing Letters*, 7:296 – 298, 1978.

[26] J. Lawrence Carter and Mark N. Wegman. Universal classes of hash functions (extended abstract). In *Proceedings of the 9th Annual ACM Symposium on Theory of Computing (STOC)*, pages 106–112, 1977.

[27] Amit Chakrabarti, Subhash Khot, and Xiaodong Sun. Near-optimal lower bounds on the multi-party communication complexity of set disjointness. In *Proceedings of the 18th IEEE Annual Conference on Computational Complexity (CCC)*, pages 107–117, 2003.

[28] Timothy M. Chan, Jack Snoeyink, and Chee-Keng Yap. Primal dividing and dual pruning: Output-sensitive construction of four-dimensional polytopes and three-dimensional voronoi diagrams. *Discrete & Computational Geometry*, 18(4):433–454, 1997.

[29] Bernard Chazelle. A minimum spanning tree algorithm with inverse-ackermann type complexity. *Journal of the ACM*, 47(6):1028–1047, 2000.

[30] G. Blelloch R. Chowdhury P. Gibbons V. Ramachandran S. Chen and M. Kozuch. Provably good multicore cache performance for divide-and-conquer algorithms. In *Proceedings of the 19th ACM-SIAM Symposium on Discrete Algorithms (SODA)*, pages 501–510, 2008.

[31] V. Chvátal. *Linear Programming*. Series of books in the mathematical sciences. W.H. Freeman, 1983.

[32] Kenneth L. Clarkson and Peter W. Shor. Application of random sampling in computational geometry, II. *Discrete & Computational Geometry*, 4:387–421, 1989.

[33] Richard Cole. Parallel merge sort. *SIAM Journal on Computing*, 17(4):770–785, August 1988.

[34] Richard Cole and Vijaya Ramachandran. Resource oblivious sorting on multicores. In *Proceedings of the 37th International Colloquium on Automata, Languages and Programming (ICALP)*, pages 226–237, 2010.

[35] Stephen A. Cook. The complexity of theorem-proving procedures. In *Proceedings of the 3rd Annual ACM Symposium on Theory of Computing (STOC)*, STOC '71, pages 151–158, 1971.

[36] J. W. Cooley and J. W. Tukey. An algorithm for the machine computation of the complex fourier series. *Mathematics of Computation*, 19:297–301, April 1965.

[37] Thomas H. Cormen, Charles E. Leiserson, Ronald L. Rivest, and Clifford Stein. *Introduction to Algorithms*. The MIT Press, 2nd edition, 2001.

[38] David E. Culler, Richard M. Karp, David Patterson, Abhijit Sahay, Eunice E. Santos, Klaus Erik Schauser, Ramesh Subramonian, and Thorsten von Eicken. Logp: A practical model of parallel computation. *Communications of the ACM*, 39(11):78–85, November 1996.

[39] Sanjoy Dasgupta and Anupam Gupta. An elementary proof of a theorem of johnson and lindenstrauss. *Random Structures and Algorithms*, 22(1):60–65, January 2003.

[40] Sanjoy Dasgupta, Christos H. Papadimitriou, and Umesh Vazirani. *Algorithms*. McGraw-Hill, Inc., New York, NY, USA, 1 edition, 2008.

[41] Rene De La Briandais. File searching using variable length keys. In *Papers Presented at the the March 3-5, 1959, Western Joint Computer Conference*, IRE-AIEE-ACM '59 (Western), pages 295–298. ACM, 1959.

[42] Reinhard Diestel. *Graph Theory (Graduate Texts in Mathematics)*. Springer, August 2005.

[43] Martin Dietzfelbinger, Anna Karlin, Kurt Mehlhorn, Friedhelm Meyer auf der Heide, Hans Rohnert, and Robert E. Tarjan. Dynamic perfect hashing: Upper and lower bounds. *SIAM Journal on Computing*, 23(4):738–761, 1994.

[44] James R. Driscoll, Neil Sarnak, Daniel D. Sleator, and Robert E. Tarjan. Making data structures persistent. *Journal of Computer and System Sciences*, 38(1):86–124, February 1989.

[45] Herbert Edelsbrunner. *Algorithms in Combinatorial Geometry*. Springer-Verlag, Berlin, Heidelberg, 1987.

[46] Taher El Gamal. A public key cryptosystem and a signature scheme based on discrete logarithms. In *Proceedings of CRYPTO 84 on Advances in Cryptology*, pages 10–18, 1985.

[47] M. J. Fischer and M. S. Paterson. String-matching and other products. Technical report, Massachusetts Institute of Technology, Cambridge, MA, USA, 1974.

[48] R. Floyd. Permuting information in idealized two-level storage. *Complexity of Computer Computations*, pages 105–109, 1972.

[49] Robert W. Floyd and Ronald L. Rivest. Expected time bounds for selection. *Communications of the ACM*, 18(3):165–172, March 1975.

[50] Steven Fortune and James Wyllie. Parallelism in random access machines. In *Proceedings of the 10th Annual ACM Symposium on Theory of Computing (STOC)*, pages 114–118. ACM, 1978.

[51] Edward Fredkin. Trie memory. *Communications of the ACM*, 3(9):490–499, September 1960.

[52] Michael L. Fredman, János Komlós, and Endre Szemerédi. Storing a sparse table with 0(1) worst case access time. *Journal of the ACM*, 31(3):538–544, June 1984.

[53] Michael L. Fredman and Robert Endre Tarjan. Fibonacci heaps and their uses in improved network optimization algorithms. *Journal of the ACM*, 34(3):596–615, 1987.

[54] Michael L. Fredman and Dan E. Willard. Surpassing the information theoretic bound with fusion trees. *Journal of Computer and System Sciences*, 47(3):424–436, 1993.

[55] Alan M. Frieze, Ravi Kannan, and Santosh Vempala. Fast monte-carlo algorithms for finding low-rank approximations. *Journal of the ACM*, 51(6):1025–1041, 2004.

[56] Matteo Frigo, Charles E. Leiserson, Harald Prokop, and Sridhar Ramachandran. Cache-oblivious algorithms. In *Proceedings of the 40th Annual Symposium on Foundations of Computer Science (FOCS)*, pages 285–298, 1999.

[57] Michael R. Garey and David S. Johnson. *Computers and Intractability; A Guide to the Theory of NP-Completeness*. W. H. Freeman & Co., New York, NY, USA, 1990.

[58] Andrew V. Goldberg and Satish Rao. Beyond the flow decomposition barrier. *Journal of the ACM*, 45(5):783–797, 1998.

[59] R.L. Graham. An efficient algorith for determining the convex hull of a finite planar set. *Information Processing Letters*, 1(4):132 – 133, 1972.

[60] Dan Gusfield. *Algorithms on Strings, Trees, and Sequences: Computer Science and Computational Biology*. Cambridge University Press, New York, NY, USA, 1997.

[61] Harary. *Graph Theory*. Perseus Books, Reading, MA, 1999.

[62] Daniel S. Hirschberg. Algorithms for the longest common subsequence problem. *Journal of the ACM*, 24(4):664–675, October 1977.

[63] John E. Hopcroft and Jeff D. Ullman. *Introduction to Automata Theory, Languages, and Computation*. Addison-Wesley Publishing Company, 1979.

[64] John E. Hopcroft and Jeffrey D. Ullman. Set merging algorithms. *SIAM Journal on Computing*, 2(4):294–303, 1973.

[65] Ellis Horowitz, Sartaj Sahni, and Sanguthevar Rajasekaran. *Computer Algorithms*. Silicon Press, Summit, NJ, USA, 2nd edition, 2007.

[66] Piotr Indyk and Rajeev Motwani. Approximate nearest neighbors: Towards removing the curse of dimensionality. In *Proceedings of the 30th Annual ACM Symposium on Theory of Computing (STOC)*, pages 604–613, 1998.

[67] Piotr Indyk and David P. Woodruff. Optimal approximations of the frequency moments of data streams. In *Proceedings of the 37th Annual Symposium on Theory of Computing (STOC)*, pages 202–208, 2005.

[68] Joseph JáJá. *An Introduction to Parallel Algorithms*. Addison Wesley Longman Publishing Co., Inc., Redwood City, CA, USA, 1992.

[69] R.A. Jarvis. On the identification of the convex hull of a finite set of points in the plane. *Information Processing Letters*, 2(1):18 – 21, 1973.

[70] Hong Jia-Wei and H. T. Kung. I/o complexity: The red-blue pebble game. In *Proceedings of the 13th Annual ACM Symposium on Theory of Computing (STOC)*, pages 326–333, New York, NY, USA, 1981. ACM.

[71] W. B. Johnson and J. Lindenstrauss. Extensions of lipschitz mappings into hilbert space. *Contemporary Mathematics*, 26:189– 206, 1984.

[72] Adam Kalai. Efficient pattern-matching with don't cares. In *Proceedings of the 13th Annual ACM-SIAM Symposium on Discrete Algorithms (SODA)*, SODA '02, pages 655–656, 2002.

[73] Bala Kalyanasundaram and Georg Schnitger. The probabilistic communication complexity of set intersection. *SIAM Journal on Discrete Mathematics*, 5(4):545–557, 1992.

[74] David R. Karger. Global min-cuts in rnc, and other ramifications of a simple min-cut algorithm. In *Proceedings of the 4th Annual ACM/SIGACT-SIAM Symposium on Discrete Algorithms (SODA)*, pages 21–30, 1993.

[75] David R. Karger, Philip N. Klein, and Robert Endre Tarjan. A randomized linear-time algorithm to find minimum spanning trees. *Journal of the ACM*, 42(2):321–328, 1995.

[76] David R. Karger and Clifford Stein. A new approach to the minimum cut problem. *Journal of the ACM*, 43(4):601–640, 1996.

[77] R. Karp. Reducibility among combinatorial problems. In R. Miller and J. Thatcher, editors, *Complexity of Computer Computations*, pages 85–103. Plenum Press, 1972.

[78] Richard M. Karp and Michael O. Rabin. Efficient randomized pattern-matching algorithms. *IBM J. Res. Dev.*, 31(2):249–260, March 1987.

[79] S. Khuller and Y. Matias. A simple randomized sieve algorithm for the closest-pair problem. *Information and Computation*, 118(1):34 – 37, 1995.

[80] David G. Kirkpatrick and Raimund Seidel. The ultimate planar convex hull algorithm? *SIAM Journal on Computing*, 15(1):287–299, 1986.

[81] Jon Kleinberg and Eva Tardos. *Algorithm Design*. Addison-Wesley Longman Publishing Co., Inc., Boston, MA, USA, 2005.

[82] Donald E. Knuth. *Seminumerical Algorithms*, volume 2 of *The Art of Computer Programming*. Addison-Wesley, Reading, Massachusetts, second edition, 1981.

[83] Donald E. Knuth. *Sorting and Searching*, volume 3 of *The Art of Computer Programming*. Addison-Wesley, Reading, Massachusetts, second edition, 1981.

[84] Donald E. Knuth, James H. Morris Jr., and Vaughan R. Pratt. Fast pattern matching in strings. *SIAM Journal on Computing*, 6(2):323–350, 1977.

[85] Jnos Komls, Yuan Ma, and Endre Szemerdi. Matching nuts and bolts in o(n log n) time. *SIAM Journal on Discrete Mathematics*, 11(3):347–372, 1998.

[86] Eyal Kushilevitz and Noam Nisan. *Communication complexity*. Cambridge University Press, 1997.

[87] Richard E. Ladner and Michael J. Fischer. Parallel prefix computation. *Journal of the ACM*, 27(4):831–838, October 1980.

[88] E. Lawler. *Combinatorial optimization - networks and matroids*. Holt, Rinehart and Winston, New York, 1976.

[89] F. Thomson Leighton. *Introduction to Parallel Algorithms and Architectures: Array, Trees, Hypercubes*. Morgan Kaufmann Publishers Inc., San Francisco, CA, USA, 1992.

[90] Frank Thomson Leighton, Bruce M. Maggs, Abhiram G. Ranade, and Satish Rao. Randomized routing and sorting on fixed-connection networks. *Journal of Algorithms*, 17(1):157–205, 1994.

[91] L.A. Levin. Universal sequential search problems. *Probl. Peredachi Inf.*, 9:115–116, 1973.

[92] Leonid A Levin. Average case complete problems. *SIAM Journal on Computing*, 15(1):285–286, February 1986.

[93] Harry R. Lewis and Christos H. Papadimitriou. *Elements of the Theory of Computation*. Prentice Hall PTR, 2nd edition, 1997.

[94] L. Lovasz and M. D Plummer. *Matching Theory*. Elsevier, 1986.

[95] Rabin M. Probabilistic algorithm for testing primality. *Journal of Number Theory*, 12(1):128–138, 1980.

[96] Aleksander Madry. Computing maximum flow with augmenting electrical flows. In *IEEE 57th Annual Symposium on Foundations of Computer Science (FOCS)*, pages 593–602, 2016.

[97] Udi Manber and Gene Myers. Suffix arrays: A new method for on-line string searches. In *Proceedings of the 1st Annual ACM-SIAM Symposium on Discrete Algorithms (SODA)*, pages 319–327. Society for Industrial and Applied Mathematics, 1990.

[98] Edward M. McCreight. A space-economical suffix tree construction algorithm. *Journal of the ACM*, 23(2):262–272, April 1976.

[99] Edward M. McCreight. Priority search trees. *SIAM Journal on Computing*, 14(2):257–276, 1985.

[100] Andrew McGregor. Graph stream algorithms: a survey. *SIGMOD Record*, 43(1):9–20, 2014.

[101] K. Mehlhorn. *Data Structures and Algorithms III: Multi-dimensional Searching and Computational Geometry*, volume 3 of *EATCS Monographs on Theoretical Computer Science*. Springer, 1984.

[102] Kurt Mehlhorn. *Data structures and algorithms. Volume 1 : Sorting and searching*, volume 1 of *EATCS Monographs on Theoretical Computer Science*. Springer, 1984.

[103] G Miller. Riemann's hypothesis and tests for primality. *Journal of Computer and System Sciences*, 13(3):300–317, 1976.

[104] Jayadev Misra and David Gries. Finding repeated elements. *Science of Computer Programming*, 2(2):143–152, 1982.

[105] Michael Mitzenmacher and Eli Upfal. *Probability and Computing: Randomized Algorithms and Probabilistic Analysis*. Cambridge University Press, New York, NY, USA, 2005.

[106] Rajeev Motwani and Prabhakar Raghavan. *Randomized Algorithms*. Cambridge University Press, 1995.

[107] Ketan Mulmuley. A fast planar partition algorithm, I (extended abstract). In *Proceedings of the 29th Annual IEEE Symposium on Foundations of Computer Science (FOCS)*, pages 580–589, 1988.

[108] J. I. Munro and M. S. Paterson. Selection and sorting with limited storage. In *Proceedings of the 19th Annual Symposium on Foundations of Computer Science (SFCS)*, SFCS '78, pages 253–258, 1978.

[109] S. Muthukrishnan. Data streams: Algorithms and applications. *Foundations and Trends in Theoretical Computer Science*, 1(2):117–236, August 2005.

[110] Jaroslav Nesetril, Eva Milková, and Helena Nesetrilová. Otakar boruvka on minimum spanning tree problem translation of both the 1926 papers, comments, history. *Discrete Mathematics*, 233(1-3):3–36, 2001.

[111] Michael A. Nielsen and Isaac L. Chuang. *Quantum Computation and Quantum Information*. Cambridge University Press, 2000.

[112] James B. Orlin. Max flows in o(nm) time, or better. In *ACM 45th Annual Symposium on Theory of Computing Conference (STOC)*, pages 765–774, 2013.

[113] Rasmus Pagh and Flemming Friche Rodler. Cuckoo hashing. *Journal of Algorithms*, 51(2):122–144, May 2004.

[114] Christos M. Papadimitriou. *Computational complexity*. Addison-Wesley, Reading, Massachusetts, 1994.

[115] David Peleg and A. A. Schaffer. Graph spanners. *Journal of Graph Theory*, 13:99–116, 1989.

[116] Yehoshua Perl, Alon Itai, and Haim Avni. Interpolation search: a log logn search. *Communications of the ACM*, 21(7):550–553, July 1978.

[117] F. P. Preparata and S. J. Hong. Convex hulls of finite sets of points in two and three dimensions. *Communications of the ACM*, 20(2):87–93, February 1977.

[118] Franco P. Preparata and Michael I. Shamos. *Computational Geometry: An Introduction*. Springer-Verlag, Berlin, Heidelberg, 1985.

[119] William Pugh. Skip lists: A probabilistic alternative to balanced trees. *Communications of the ACM*, 33(6):668–676, June 1990.

[120] Sanguthevar Rajasekaran and Sandeep Sen. A generalization of the 0-1 principle for sorting. *Information Processing Letters*, 94(1):43–47, 2005.

[121] John H. Reif. Depth-first search is inherently sequential. *Information Processing Letters*, 20:229–234, 06 1985.

[122] John H. Reif. *Synthesis of Parallel Algorithms*. Morgan Kaufmann Publishers Inc., San Francisco, CA, USA, 1st edition, 1993.

[123] John H. Reif and Leslie G. Valiant. A logarithmic time sort for linear size networks. *Journal of the ACM*, 34(1):60–76, January 1987.

[124] Rüdiger Reischuk. A fast probabilistic parallel sorting algorithm. In *Proceedings of the 22nd Annual IEEE Symposium on Foundations of Computer Science (FOCS)*, pages 212–219. IEEE Computer Society, 1981.

[125] R. L. Rivest, A. Shamir, and L. Adleman. A method for obtaining digital signatures and public-key cryptosystems. *Communications of the ACM*, 21(2):120–126, February 1978.

[126] Sheldon M. Ross. *Introduction to Probability Models*. Academic Press, San Diego, CA, USA, sixth edition, 1997.

[127] Neil Sarnak and Robert E. Tarjan. Planar point location using persistent search trees. *Communications of the ACM*, 29(7):669–679, July 1986.

[128] Isaac D. Scherson and Sandeep Sen. Parallel sorting in two-dimensional VLSI models of computation. *IEEE Transactions on Computers*, 38(2):238–249, 1989.

[129] Raimund Seidel and Cecilia R. Aragon. Randomized search trees. *Algorithmica*, 16(4/5):464–497, 1996.

[130] Sandeep Sen. Some observations on skip-lists. *Information Processing Letters*, 39(4):173–176, 1991.

[131] Sandeep Sen, Siddhartha Chatterjee, and Neeraj Dumir. Towards a theory of cache-efficient algorithms. *Journal of the ACM*, 49(6):828–858, November 2002.

[132] Adi Shamir. Factoring numbers in o(log n) arithmetic steps. *Information Processing Letters*, 8(1):28–31, 1979.

[133] Y. Shiloach and Uzi Vishkin. An o (logn) parallel connectivity algorithm. *Journal of Algorithms*, 3:57 – 67, 1982.

[134] Peter W. Shor. Polynomial-time algorithms for prime factorization and discrete logarithms on a quantum computer. *SIAM Journal on Computing*, 26(5):1484–1509, 1997.

[135] Marc Snir. Lower bounds on probabilistic linear decision trees. *Theoretical Computer Science*, 38:69 – 82, 1985.

[136] Robert Solovay and Volker Strassen. A fast monte-carlo test for primality. *SIAM Journal on Computing*, 6(1):84–85, 1977.

[137] H. S. Stone. Parallel processing with the perfect shuffle. *IEEE Transactions on Computers*, 20(2):153–161, February 1971.

[138] Robert E. Tarjan and Jan van Leeuwen. Worst-case analysis of set union algorithms. *Journal of the ACM*, 31(2), March 1984.

[139] Robert Endre Tarjan. Efficiency of a good but not linear set union algorithm. *Journal of the ACM*, 22(2):215–225, 1975.

[140] Robert Endre Tarjan. Sensitivity analysis of minimum spanning trees and shortest path trees. *Information Processing Letters*, 14(1):30–33, 1982.

[141] Mikkel Thorup. Integer priority queues with decrease key in constant time and the single source shortest paths problem. *Journal of Computer and System Sciences*, 69(3):330–353, 2004.

[142] Mikkel Thorup and Uri Zwick. Approximate distance oracles. *Journal of Association of Computing Machinery*, 52:1–24, 2005.

[143] E. Ukkonen. On-line construction of suffix trees. *Algorithmica*, 14(3):249–260, Sep 1995.

[144] L. G. Valiant. A bridging model for multi-core computing. In *Proceedings of the 16th Annual European Symposium on Algorithms (ESA)*, pages 13–28, 2008.

[145] Leslie G. Valiant. Parallelism in comparison problems. *SIAM Journal on Computing*, 4(3):348–355, 1975.

[146] Leslie G. Valiant. A bridging model for parallel computation. *Communications of the ACM*, 33(8):103–111, August 1990.

[147] Peter van Emde Boas. Preserving order in a forest in less than logarithmic time. In *Proceedings of the 16th Annual Symposium on Foundations of Computer Science (FOCS)*, pages 75–84. IEEE Computer Society, 1975.

[148] Vijay V. Vazirani. *Approximation Algorithms*. Springer Publishing Company, Incorporated, 2010.

[149] Andrew J. Viterbi. Error bounds for convolutional codes and an asymptotically optimum decoding algorithm. *IEEE Transactions on Information Theory*, 13(2):260–269, 1967.

[150] Jeffrey Scott Vitter. *Algorithms and Data Structures for External Memory*. Now Publishers Inc., Hanover, MA, USA, 2008.

[151] Jean Vuillemin. A data structure for manipulating priority queues. *Communications of the ACM*, 21(4):309–315, April 1978.

[152] P. Weiner. Linear pattern matching algorithms. In *14th Annual Symposium on Switching and Automata Theory (SWAT)*, pages 1–11, Oct 1973.

[153] Hassler Whitney. On the abstract properties of linear dependence. *American Journal of Mathematics*, 57(3):509–533, 1935.

[154] David P. Williamson and David B. Shmoys. *The Design of Approximation Algorithms*. Cambridge University Press, New York, NY, USA, 2011.

[155] A. C. C. Yao. Probabilistic computations: Toward a unified measure of complexity. In *18th Annual Symposium on Foundations of Computer Science (sfcs 1977)*, pages 222–227, Oct 1977.

[156] Andrew C-C. Yao. Separating the polynomial-time hierarchy by oracles. In *Proceedings of the 26th Annual IEEE Symposium on Foundations of Computer Science (FOCS)*, pages 1–10, 1985.

[157] Andrew Chi-Chih Yao. Should tables be sorted? *Journal of the ACM*, 28(3):615–628, July 1981.

[158] F. Frances Yao. Speed-up in dynamic programming. *SIAM Journal on Algebraic Discrete Methods*, 3(4):532–540, 1982.

推荐阅读

算法导论（原书第3版）

作者：Thomas H.Cormen, Charles E.Leiserson, Ronald L.Rivest, Clifford Stein
译者：殷建平 徐云 王刚 等 ISBN：978-7-111-40701-0 定价：128.00元

MIT四大名师联手铸就，影响全球千万程序员的"算法圣经"！国内外千余所高校采用！

《算法导论》全书选材经典、内容丰富、结构合理、逻辑清晰，对本科生的数据结构课程和研究生的算法课程都是非常实用的教材，在IT专业人员的职业生涯中，本书也是一本案头必备的参考书或工程实践手册。

本书是算法领域的一部经典著作，书中系统、全面地介绍了现代算法：从最快算法和数据结构到用于看似难以解决问题的多项式时间算法；从图论中的经典算法到用于字符串匹配、计算几何学和数论的特殊算法。本书第3版尤其增加了两章专门讨论van Emde Boas树（最有用的数据结构之一）和多线程算法（日益重要的一个主题）。

—— Daniel Spielman，耶鲁大学计算机科学系教授

作为一个在算法领域有着近30年教育和研究经验的教育者和研究人员，我可以清楚明白地说这本书是我所见到的该领域最好的教材。它对算法给出了清晰透彻、百科全书式的阐述。我们将继续使用这本书的新版作为研究生和本科生的教材及参考书。

—— Gabriel Robins，弗吉尼亚大学计算机科学系教授

算法基础：打开算法之门

作者：Thomas H. Cormen 译者：王宏志 ISBN：978-7-111-52076-4 定价：59.00元

《算法导论》第一作者托马斯 H. 科尔曼面向大众读者的算法著作；理解计算机科学中关键算法的简明读本，帮助您开启算法之门。

算法是计算机科学的核心。这是唯一一本力图针对大众读者的算法书籍。它使一个抽象的主题变得简洁易懂，而没有过多拘泥于细节。本书具有深远的影响，还没有人能够比托马斯 H. 科尔曼更能胜任缩小算法专家和公众的差距这一工作。

—— Frank Dehne，卡尔顿大学计算机科学系教授

托马斯 H. 科尔曼写了一部关于基本算法的引人入胜的、简洁易读的调查报告。有一定计算机编程基础并富有进取精神的读者将会洞察到隐含在高效计算之下的关键的算法技术。

—— Phil Klein，布朗大学计算机科学系教授

托马斯 H. 科尔曼帮助读者广泛理解计算机科学中的关键算法。对于计算机科学专业的学生和从业者，本书对每个计算机科学家必须理解的关键算法都进行了很好的回顾。对于非专业人士，它确实打开了每天所使用的工具的核心——算法世界的大门。

—— G. Ayorkor Korsah，阿什西大学计算机科学系助理教授

推 荐 阅 读

数据结构与算法分析：C语言描述（原书第2版）典藏版

作者：Mark Allen Weiss ISBN：978-7-111-62195-9 定价：79.00元

数据结构与算法分析：Java语言描述（原书第3版）

作者：Mark Allen Weiss ISBN：978-7-111-52839-5 定价：69.00元

数据结构与算法分析——Java语言描述（英文版·第3版）

作者：Mark Allen Weiss ISBN：978-7-111-41236-6 定价：79.00元